高等学校计算机类“互联网+”规划教材

AI 信息技术

主　编　蒋桂文　罗荣端　农丹华
副主编　刘春霞　梁永侦　黄蓓静　蒋　明

本书资源使用说明

北京邮电大学出版社
·北京·

内 容 简 介

本书是面向高等职业技术院校与职业本科院校的学生及广大计算机初学者编写的，以从实际应用和工作中提炼的典型项目为驱动，整合知识，突出技术，将人工智能（AI）的应用贯穿全书。本书根据《高等职业教育专科信息技术课程标准（2021年版）》，将AI信息技术中具有代表性的案例按照知识点和技能点进行归纳整理，构建了11个模块、28个项目、75个任务。全书共分为两大部分：第一部分为基础部分，包含AI时代信息素养、常用的AI软件、信息检索、WPS AI文档编辑、WPS AI表格处理、WPS AI演示文稿制作；第二部分为拓展部分，包含信息安全、程序设计基础、人工智能简介、人工智能支撑技术及人工智能涉及的领域，为学生学习后续相关专业课程奠定基础。

本书结合《全国计算机等级考试一级WPS Office考试大纲（2023年版）》进行编写，每一任务后配有习题。本书内容全面，操作性强，步骤详尽，图文并茂，适合作为高等职业技术院校与职业本科院校的信息技术课程的教材，也可供广大AI初学者参考使用。

图书在版编目（CIP）数据

AI信息技术 / 蒋桂文，罗荣端，农丹华主编．
北京：北京邮电大学出版社，2025.（2025重印）．
ISBN 978-7-5635-7480-3

Ⅰ．TP18；G202

中国国家版本馆CIP数据核字第202439D0Q3号

策划编辑：李　平　　**责任编辑：**韦爱荣　　**封面设计：**义和文创

出版发行：北京邮电大学出版社
社　　址：北京市海淀区西土城路10号（100876）
电话传真：010-82333010　62282185（发行部）　010-82333009　62283578（传真）
网　　址：www. buptpress3. com
电子信箱：buptpress3@163. com
经　　销：各地新华书店
印　　刷：三河市骏杰印刷有限公司
开　　本：787 mm×1 092 mm　1/16
印　　张：22
字　　数：563千字
版　　次：2025年1月第1版
印　　次：2025年8月第3次印刷

ISBN 978-7-5635-7480-3　　定价：59.80元

如有质量问题请与发行部联系

前言

PREFACE

在信息技术飞速发展的今天，高等教育正面临着前所未有的机遇与挑战。数字化转型不仅是应对各种挑战的有效手段，更是推动教育创新、提升教学品质的核心路径。借助先进的 AI（人工智能）技术，可以重新塑造一个更加个性化、交互性强、效率高的教学和学习环境。正是在这样的时代背景下，编者精心策划并编写了这本《AI 信息技术》，旨在为读者提供一本全面、系统且深入浅出的 AI 信息技术学习指南。本书不仅适合对 AI 充满好奇的初学者，让他们可借此踏入这一领域；也面向有一定基础的从业者，让他们能够在理论与实践的结合中深化对理论的理解，提升技能。

1. 写作目的

通过这本书，读者不仅能够了解 AI 信息技术的原理与机制，还能掌握 AI 技术在 Office 办公场景中的应用，培养学生对信息的获取、表示、存储、传输、处理、控制和应用的能力。同时，本书可以帮助职业院校的学生紧跟时代步伐，掌握 AI 与智能办公系统的融合与应用，为未来的职业生涯奠定坚实的基础。

2. 本书特点

（1）本书内容先进、注重应用、案例丰富、步骤详尽、图文并茂，引导学生思考信息技术对社会、经济和文化的影响，培养学生的社会责任感和使命感。此外，本书着重培养学生的信息意识、信息处理能力和信息社会责任，帮助学生在海量信息中筛选出有价值的内容，并学会运用 AI 工具进行高效处理。

（2）本书配有 AI 微课视频、PPT 课件、电子教案、答案与解析等丰富的数字教学资源，全方位支持教育数字化转型，赋能新时代智慧学习。

3. 内容结构

本书共分为两大部分，每个部分设计若干模块，内容聚焦于 AI 信息技术和 Office 办公应用。

基础部分：包括从“AI 时代信息素养”的培育，到“常用的 AI 软件”的介绍；从“信息检索”的技巧，到 WPS 系列软件的深入应用（包括“WPS AI 文档编辑”、“WPS AI 表格处理”和“WPS AI 演示文稿制作”）。

拓展部分：包括从“信息安全”的介绍，到“程序设计基础”的启蒙，再到“人工智能简介”、“人工智能支撑技术”及“人工智能涉及的领域”的深入探讨。每一个模块都经过精心的设计和编排，力求内容全面、结构清晰、层次分明。

4. 适用人群

本书适合作为高等职业教育的信息技术课程的教材，也可供对信息技术感兴趣的自学者参考使用。通过对本书的学习，读者可以全面了解信息技术的各个方面，并掌握相关的实践技能。同时，也希望本书能够激发读者对 AI 技术的兴趣和热情，在该领域不断探索和创新。

本书由广西机电职业技术学院的教师组织编写，刘晓负责模块 1，蒋桂文和侯炳旭负责模块 2，韦敏革负责模块 3，罗荣端和韦艳萍负责模块 4，蒋桂文负责模块 5，农丹华负责模块 6，蓝雪燕负责模块 7，黄蓓静负责模块 8，梁永侦和韦海负责模块 9，刘春霞负责模块 10，黄善禄、梁永侦、吴群、韦钰琪负责模块 11，全国优秀教师包之明与广西数科院科技有限公司蒋明博士负责本书的校对与审核，蒋桂文和蒋明负责整本书的编写体例及统稿工作。

在编写本书的过程中，编者广泛研读了众多文献资料，并深深受益于诸多教育工作者的宝贵经验，在此向相关人员深表感激。同时，编者付出了辛勤的努力，不断深入企业进行实地调研和实践，力求使本书更加贴合学生的学习需求和使用习惯。然而，由于时间仓促，书中可能仍存在疏漏或不足之处。在此，诚挚地邀请广大读者给予批评指正，你们的反馈和建议将是驱动我们持续改进和提升的不竭动力。

编者

目 录

CONTENTS

第一部分 基础部分

第二部分　拓展部分

第一部分

基础部分

模块 1
AI 时代信息素养

★知识目标★

（1）能够清晰阐述信息素养的定义，认识到信息素养在信息时代的重要性。

（2）能够概述信息技术的发展历程，理解各技术阶段对社会的影响。

（3）能够列举并解释信息伦理的核心原则，如隐私保护、尊重知识产权、避免信息误导等。

★能力目标★

（1）能够熟练运用多种信息源进行高效检索。

（2）能够运用伦理原则进行独立思考，做出合理的道德判断，并提出解决方案。

（3）能够基于信息伦理和职业自律的要求，制定个人职业发展规划，培养自我管理和持续学习的能力。

（4）能够分析 AI 技术在具体领域的应用案例，识别其优势和局限性。

★素质目标★

（1）形成良好的信息素养意识，能够在日常生活中主动寻求、利用信息，同时注重信息的安全与合法性。

（2）能够认识到作为信息时代公民的责任，积极参与信息社会的建设，倡导诚信、公正的信息环境。

（3）能够展现出批判性思维，勇于质疑传统观念，不断探索创新思路和方法。

（4）能够与他人有效沟通，共同协作，形成团队合力。

随着人工智能、大数据等信息技术的迅猛发展，大学生的信息素养面临着前所未有的多维度、全方位的挑战，其重要性愈发凸显。在这个智能时代，信息素养已不再仅仅是获取信息的技能，而是演变成了衡量大学生素质教育发展水平的关键标尺。信息素养在智能时代的大学生素质教育中扮演着举足轻重的角色。它不仅是大学生们适应社会发展的必备技能，更是他们实现自我价值、成就未来事业的重要基石。

信息素养已成为公民生存与发展的必备素养，作为一个跨学科领域的综合性概念，信息素养的内涵和外延正随着时代的进步而不断地深化和扩展。同时，信息技术的迅猛发展引发了社会的深刻变革，在改善人们生活质量的同时，也带来了诸多挑战。在此背景下，数字素养的概念被提出。2021 年 11 月，中央网络安全和信息化委员会印发了《提升全民数字素养与技能行动纲要》，标志着提升全民信息素养上升为国家战略。

项目 1　信息素养概述

任务 1　认知信息素养概念

任务背景

本任务聚焦于深化“信息素养”这一核心理念的理解与实战应用，以日常学习与生活为实践舞台，旨在助力大学生稳步构筑坚实的认知信息素养基石，为未来蜕变成为兼具深厚信息素养与专业技能的计算机应用技术精英打下坚实基础。本任务通过深入探讨如何系统地规划职业生涯发展，引导学生将认知信息素养融入实际决策中。在面对未来社会的重重挑战时，学生便能凭借扎实的认知信息素养，做出明智且具有前瞻性的选择。通过本任务的学习，学生将学会如何以认知信息素养为武器，积极应对社会挑战，展现卓越的职业素养，同时勇于承担其社会责任。

任务目标

（1）掌握信息素养的主要内容。

（2）了解信息素养的定义。

（3）培养良好的信息素养。

（4）培养实践能力和解决问题的能力。

任务要求

（1）熟练掌握各种信息采集工具（如搜索引擎、数据库等）的使用方法。能够根据学习目标主动通过多途径搜集各种学习资料与信息。

（2）具备鉴别、筛选、分析、综合、抽象、概括、记忆和表达信息的能力。能够熟练运用各种信息处理软件，如 Excel、SPSS 等。

（3）善于运用外界信息改进学习方法，调整学习计划。能够将驾驭信息的能力转化为自觉、高效的学习和交流能力。

（4）善于运用创造性思维、灵感思维与发散思维，发现与创造新的信息。能够通过比较分析、相关分析，寻找信息生长点，提出新的见解和观点。

（5）具备正确的信息观和价值观，能够自觉清除垃圾信息，避开有害信息。善于与他人合作，共同完成任务，分享信息和资源。

（6）了解信息安全的基本概念和原则，掌握信息安全的基本技能。能够保护个人信息和隐私，防止信息泄露和滥用。

基础知识

1. 信息素养的概念

信息素养（information literacy）的本质是为了实现全球信息化而需要人们具备的一种基本能力。信息素养是信息化社会成员必须具备的基本素养。

信息素养是一种全面的信息能力，它借助信息技术的力量，使个体能够在信息的海洋中游刃有余，准确捕捉并有效利用关键信息，为个人的成长与发展注入强大动力。它横跨人文、技术、经济、法律等多个领域，与众多学科紧密相连，展现出独特的涵盖面和深度。信息素养的核心不仅在于对信息的理解与应用，更在于如何高效、准确地获取、评估和利用信息。作为信息素养的强大支撑，信息技术扮演着至关重要的角色。掌握信息技术，意味着能够深入理解、熟练运用各种技术工具，为信息素养的提升奠定坚实基础。然而，信息素养的精髓远不止于此。它更注重信息的内容、传播与分析，涵盖从信息检索到评价的全过程，涉及更加宽广的知识层面。信息素养实际上是一种完备的知识结构，它要求个体不仅具备熟练的信息技术技能，还需掌握科学的调查方法，以及具有敏锐的鉴别和推理能力。信息技术作为一种不可或缺的工具，助力信息素养的实现与提升。

2. 信息素养的要素

（1）信息意识。人们对信息的敏感程度，衡量的是对信息的识别与获取能力、对信息的分析与判断能力，以及对信息的利用与评价能力。信息意识就是每当遇到不懂的事情时，能主动寻找答案，而且知道去哪里找、怎么找的能力。这种意识涵盖了很多方面。例如，能及时了解自己专业领域的最新消息，就像医生要知道最新的医疗技术；还会注意保护信息，不让个人信息被泄露，如不随便告诉陌生人密码；在生活中，也能捕捉到有用的信息，如看天气预报决定穿什么衣服；做完数据整理后，还会记得保存起来，以防重要信息丢失。提升信息意识，是培养人们更好地处理和利用信息的能力的基础，非常重要。

（2）信息知识。信息知识是指与信息有关的理论知识和方法，包括信息理论知识与信息技术知识。信息理论知识包括信息的基本概念、信息处理的方法与信息的社会文化特征等。信息技术知识包括信息技术基本常识、信息系统工作原理及相关信息技术新发展趋势等。

（3）信息能力。信息能力是指人们有效利用信息设备和信息资源获取信息、加工处理信息以及创造新信息的能力。信息能力的核心在于增强人们解决问题的能力。谈论信息素养时，终极目标是利用信息技术提升这一能力。具体来说，信息能力包括如下 5 个部分。

- 信息检索能力：能够灵活地运用多种方式，高效搜索所需信息。
- 信息处理能力：对收集到的信息能迅速识别并妥善处理。

- 信息工具使用能力：掌握多种检索工具，并了解它们的优缺点，以便选择最适合的工具。
- 信息获取能力：通过多渠道获取广泛信息。
- 信息应用能力：正确、有效地将信息应用于实际问题的解决中。

（4）信息道德。信息道德是指人们在信息活动中应遵循的道德规范。在信息泛滥的今天，强化学生的信息伦理道德修养至关重要。首先，应教导学生如何明智地选择和判断媒体信息，引导他们寻找对学习、生活有益的内容，如优质教育资源，同时培养学生的批判性思维，以辨别并自觉抵制不良信息，如暴力、色情内容，保护身心健康。其次，应强调不组织和参与非法活动的重要性，通过法律知识教育增强学生的法制观念，鼓励他们参与正面社会活动，树立社会责任感。最后，应严正告诫学生不得利用网络技术危害他人的信息系统、网络安全或侵犯他人权益，强调此类行为的严重性及法律后果，同时提醒他们保护个人信息安全，不在不安全的环境中透露个人信息。

信息素养的4个要素共同构成一个不可分割的统一整体。信息意识是先导，信息知识是基础，信息能力是核心，信息道德是保证。

任务实施

（1）自我认知：深入了解自己的兴趣、能力、价值观及职业倾向，明确个人职业定位。

（2）行业与市场分析：通过信息搜集与分析，了解目标行业的发展趋势、市场需求及竞争态势。

（3）目标设定：基于自我认知和行业分析，设定短期、中期及长期的职业发展目标。

（4）策略规划：制定实现职业目标的行动计划，包括学习提升、实践锻炼、人脉拓展等方面。

（5）评估与调整：建立反馈机制，定期评估职业发展进展，并根据实际情况适时调整规划。

（6）总结：把自己的规划写出来。

任务评价

请填写如表1–1所示的自我评价表。

表1–1 自我评价表

<table>
<tr><td rowspan="2">知识与技能</td><td colspan="3">掌握程度</td></tr>
<tr><td>熟练掌握</td><td>掌握</td><td>基本掌握</td></tr>
<tr><td>信息素养的概念</td><td></td><td></td><td></td></tr>
<tr><td>信息知识</td><td></td><td></td><td></td></tr>
<tr><td>信息意识</td><td></td><td></td><td></td></tr>
<tr><td>信息能力</td><td></td><td></td><td></td></tr>
<tr><td>信息道德</td><td></td><td></td><td></td></tr>
<tr><td>自评结果</td><td colspan="3">A. 优秀　B. 良好　C. 中等　D. 及格　E. 不及格</td></tr>
</table>

习　　题

单选题

1. 以下对信息素养的理解中，正确的是（　　）。

A. 信息素养是一种检索工具

B. 信息素养是一种检索能力

C. 信息素养是能认识到何时需要信息以及有效地搜索、评估和使用所需信息的能力

D. 信息素养仅是对大学生的素养要求

2.（　　）是影响信息主体的信息行为效果的关键因素。

A. 信息意识　　B. 信息知识

C. 信息能力　　D. 信息道德

任务拓展

李鸣是计算机专业的大三学生，他比较喜欢通过数据系统了解某公司情况，以便毕业找工作时做出更明智的选择。他当前正面临着就业，可以采取什么方法系统地了解一个公司？

任务 2　追溯信息技术发展史

任务背景

信息技术（information technology，IT）堪称 20 世纪人类科技史上的一项辉煌成就。随着信息技术日新月异的发展，其已深深融入人们的生产与生活，成为不可或缺的一部分，对人们的生产活动和社会互动产生了前所未有的深远影响。如今，我们正处于一个崭新的“数字化”与“智能化”时代，全球因信息技术的连接而紧密相依，形成了名副其实的“地球村”。

信息技术正以前所未有的速度在全球范围内掀起新一轮的科技革命，并迅速转化为强大的现实生产力，引领着科技、经济和社会的高速发展。在这场科技变革中，了解信息技术的核心定义、追溯其发展历程以及掌握新一代信息技术的关键代表技术，显得尤为重要。

任务目标

（1）理解信息技术的定义。

（2）了解信息技术的发展史。

（3）了解新一代信息技术的概念。

（4）能自觉接受信息素质教育，提高信息化能力。

任务要求

分小组讨论什么是信息技术，在日常生活中的哪些方面应用到了信息技术，它为我们的生活带来了哪些便利，并将讨论的结果汇总到表 1–2 中。

表 1-2 信息技术的应用及其带来的便利

信息技术的名称	带来的便利

基础知识

1. 信息技术的概念

信息技术通常指的是使用计算机、软件及网络设施处理、存储和传输信息的技术。信息技术主要包括传感技术、通信技术、计算机技术和控制技术。更具体地说，信息技术涉及对信息的收集、处理、存储、传输、展示和应用，这些过程主要通过计算机和通信技术实现。根据国际标准化组织的定义，信息技术主要是指用于管理和处理信息所采用的各种技术的总称，它是一个庞大的技术联合体与集合。

信息技术在各个领域都有广泛的应用，如商业、教育、医疗、政府、娱乐等。在商业领域，信息技术被用于提高生产效率、优化业务流程、增强市场竞争力；在教育领域，信息技术为远程教育、在线学习等提供了新的教学手段；在医疗领域，信息技术支持电子病历、远程医疗等新型医疗服务模式；在政务领域，信息技术推动了电子政务、智慧城市等的建设；在娱乐领域，信息技术为人们提供了丰富的数字娱乐内容和服务。

2. 信息技术的特征

（1）技术性。信息技术产生的基础是人类科技能力和水平的不断进步，以及技术方法的科学性。

（2）信息性。信息技术以信息为基础与核心，围绕信息的获取、加工处理和使用，以提高信息处理与利用的效率，服务信息使用对象，从而发挥信息的本质功能。

（3）智能性。信息技术的出现使智能机器模仿人类的思维和行为成为可能，虽然机器不可能完全地代替人类完成所有工作，但是，在某些特定工作或高危操作中，信息技术发挥了极大作用，帮助人类远离危险工种。虽然现在信息技术的发展赋予机器的能力还不能完全取代人类，只能对人类的行为和思维进行复制和模仿，不能完全按照人类的思维方式主动进行思考和灵活变通，但是随着信息技术的发展与进步，机器模仿人类思维的能力会逐渐增强。智能机器可以看成是人的主观能动性的一种具体的物化表现形式，其实质仍旧是人类的主观能动性和智能的进一步延伸和扩展。

（4）实践性。社会生活在本质上是实践的。信息技术的不断发展使社会生活的实践有了无限可能，也充满了不确定性，信息技术的实践性使其具有变革其相关联事物属性的特质，即从根本上改变人们的生活方式、生产方式、思维方式、行为模式，而这种不确定性和变革性本质上也是社会生活的实践。

3. 信息技术的发展过程

人类对信息的需要促使信息技术出现。在人类的漫长发展历程中，从农业文明到工业文明，对信息的需求和获取信息手段的提升都是每次文明进步的重要原因。从信息量的丰富程度和获取信息的手段和方式的不同，可以将信息技术的发展历程概括为三个阶段。

第一阶段：现代意义上真正的信息技术的出现和开始得到使用，是以第三次科技革命的出现为标志的。第三次科技革命是继第二次工业革命之后，人类发展历史上又一次伟大的技术进步，它以原子能、电子计算机、空间技术和生物工程的发明和应用为主要标志。1946 年，世界上第一台电子计算机在美国出现，计算机的出现使信息的收集、整理、存储和使用能力得到前所未有的提高，并且实现了信息资源的共享。现代意义上的信息技术登上历史舞台，人类社会开始从工业化社会向信息化社会过渡。

第二阶段：20世纪50年代，随着人工智能的出现与发展，信息技术进入快速发展阶段。1955 年，著名计算机科学家克劳德·艾尔伍德·香农发明了一种依赖计算机技术的树状信息搜索引擎，当程序运行时，计算机通过事先设置的程序在树状结构中自动搜索答案。以此为发端，它作为生活的重要方面开始改变人类的生活。信息技术的发展使思考和逻辑不再是人类的专属，人类面临更大的挑战。

第三阶段：进入 21 世纪后，在世纪初的十年中，互联网技术进一步成熟，移动互联让地球上的每一个人随时都可以联系在一起，与此同时，智能手机越来越普及，手机 APP 的数量以几何倍数增长，移动支付、移动互联、物联网、5G 等技术越来越成熟，并迅速铺开，人们只需要一部手机就可以满足社交、购物、信息获取与发布等基本生活需求，手机的功能与作用已经不仅仅局限于沟通和交流了。

4. 新一代信息技术的概念

新一代信息技术是指依托云计算、大数据、物联网、人工智能等新兴技术，构建起来的高效、智能、互联的信息技术体系。这一体系不仅代表了信息技术的最新发展成果，更体现了信息技术与其他领域的深度融合与创新应用。新一代信息技术是一个涵盖多个前沿科技领域的综合性概念，其范畴广泛且不断扩展。随着技术的不断进步和应用领域的不断拓展，新一代信息技术将继续引领科技、经济和社会的发展潮流。

任务实施

以组为单位，搜索并汇报新一代信息技术的应用领域。

任务评价

请填写如表 1–3 所示的自我评价表。

表 1–3　自我评价表

<table>
<tr><td rowspan="2">知识与技能</td><td colspan="3">掌握程度</td></tr>
<tr><td>熟练掌握</td><td>掌握</td><td>基本掌握</td></tr>
<tr><td>信息技术的定义</td><td></td><td></td><td></td></tr>
<tr><td>信息技术的发展史</td><td></td><td></td><td></td></tr>
<tr><td>新一代信息技术的概念</td><td></td><td></td><td></td></tr>
<tr><td>自评结果</td><td colspan="3">A. 优秀　B. 良好　C. 中等　D. 及格　E. 不及格</td></tr>
</table>

习　题

单选题

1. 信息技术主要使用（　　）处理、存储和传输信息。

A. 纸张和笔　　B. 计算机、软件及网络设施

C. 电话和传真机　　D. 电视和广播

2. 下面不属于信息技术特征的是（　　）。

A. 技术性　　B. 信息性

C. 娱乐性　　D. 智能性

3. 在信息技术的发展历程中，（　　）标志着现代意义上真正的信息技术的出现和开始得到使用。

A. 第一次工业革命　　B. 第二次工业革命

C. 第三次科技革命　　D. 信息技术革命

任务拓展

假如你的同学需要购买智能手环，你会怎么推荐？

项目2　伦理与责任的传播

任务1　探讨信息伦理与职业行为自律

任务背景

本任务将紧紧围绕信息伦理与职业操守的主要内容，即生活情趣、职业态度、职业操守和维护核心商业利益等方面开展教学，以日常学习生活小习惯为基础，帮助读者塑造大学生日常行为举止规范，从学生时代开始养成良好的生活情趣、职业态度和职业操守等信息素养和社会责任担当，为日后成为一名有信息伦理与职业行为素养的公民打下扎实的基础。

任务目标

（1）了解信息伦理的主要构成要素。

（2）了解信息处理与传播中的法律界限与责任。

（3）掌握信息伦理的基本概念，明确其在信息时代的重要性。

（4）掌握信息伦理知识并能有效辨别虚假信息，培养社会责任感。

任务要求

（1）职业操守要求：任务中强调了对张思德“以人民为中心”的崇高思想理念以及“敢为人先”的优良职业操守的体会和学习，以及对大国工匠精神的传承，这有助于培养学

生的职业道德观念，使他们在未来的工作中能够坚守承诺、勇于担当，展现出高度的职业责任感和敬业精神。

（2）社会责任要求。通过探讨企业如何在信息网络技术时代平衡商业利益与社会责任，以及要求学生在学习生活中践行大国工匠精神，本任务旨在培养学生的社会责任感，使他们意识到个人行为对社会的影响，并鼓励他们积极为社会做出贡献。提交一份心得报告，阐述自己对大国工匠精神的理解，以及如何在个人层面进行传承与实践。

基础知识

1. 信息伦理的定义

信息伦理学的形成与信息技术的快速发展密切相关。随着计算机网络的兴起和广泛应用，人们开始关注信息技术对社会伦理的影响。这一学科的诞生，旨在解决因信息技术发展而引发的伦理问题。

信息伦理一词可以追溯到米歇尔·福柯的“自由演说”之中，后来经过各国学者的研究，信息伦理逐渐演化为探讨信息主体在信息的开发、传播、管理以及使用等过程中所涉及的相关伦理要求和伦理准则。总之，信息伦理这一概念是在信息技术和信息社会不断发展的背景中产生的。

信息伦理是在信息生产、信息获取、信息利用、信息发布与传播、信息管理以及信息技术应用等信息活动中的伦理要求与伦理准则。信息伦理的目的在于引导信息活动的“善”，它具有非强制性，主要依靠个人的道德信念和行为习惯以及外部的教育手段与社会舆论力量来维持。

2. 信息伦理的发展

信息伦理是一个动态变化的概念，随着信息社会的发展，其内涵也发生变化。信息伦理这一学术概念经历了20世纪40年代控制论与信息论的发酵酝酿，在计算机伦理与网络伦理两个概念相继形成之后，于20世纪90年代得以正式提出。总体来看，信息伦理最初是由计算机伦理、网络伦理等概念演化发展而来的。

（1）起源与早期发展。

信息伦理的早期概念可以追溯到计算机伦理学。20世纪40年代，控制论的创始人诺伯特·维纳在其著作中展开了对计算机伦理问题的研究，被视为计算机伦理的创始人。后来，随着计算机技术的广泛应用，学者们开始关注计算机应用所产生的伦理问题。

20世纪70年代，美国教授沃尔特·曼纳首先提出了“计算机伦理学”这一术语，并将其应用于因计算机技术而产生、改变或突出的伦理问题。这一事件标志着计算机伦理学作为一个新兴学科领域的诞生。

（2）计算机伦理阶段。

从20世纪70年代中期到90年代中期，信息伦理主要处于计算机伦理阶段。这一阶段的研究主要关注计算机技术应用过程中出现的伦理问题，如计算机程序的编写、使用过程中的隐私保护、数据安全等。

1985年，美国《元哲学》杂志刊登了詹姆斯·摩尔的《什么是计算机伦理学》和贝奈姆的《计算机与伦理学》两篇论文，这两篇论文对计算机伦理学的发展产生了重要影响，标志着计算机伦理学开始从理论探讨走向系统研究。一些机构开始制定与计算机伦理相关的道德准则，以指导具体行为。

（3）网络伦理与信息伦理阶段。

网络伦理的兴起：随着互联网的普及和发展，网络伦理逐渐成为信息伦理学的重要组成部分。网络伦理关注人们在网络空间中的行为准则和道德规范，如网络隐私保护、网络言论自由、网络版权等。

信息伦理学的确立：20 世纪 90 年代中后期，信息伦理学的研究对象逐渐从单一的计算机技术拓展到更广泛的信息技术领域。学者们开始用“信息伦理学”这一术语来涵盖更广泛的信息伦理问题，包括信息生产、信息传播、信息处理和信息利用等过程中的伦理问题。

第二代信息伦理学的形成：1996 年，英国学者 R. 西蒙和美国学者 W. 特立尔共同发表题为“信息伦理学 : 第二代”的文章，提出了第二代信息伦理学的概念。他们认为，第一代信息伦理学（即计算机伦理学）的研究范围有限，缺乏全面的伦理学理论，而第二代信息伦理学则更加注重对信息技术和信息系统的伦理问题和社会问题进行深层次的研究和认识。

（4）现代信息伦理的发展。

随着信息技术的不断发展，信息伦理的研究内容也在不断拓展。现代信息伦理不仅关注传统的计算机伦理和网络伦理问题，还涉及人工智能技术、大数据、云计算等新技术领域中的伦理问题。信息伦理学已成为一个全球性的学术领域，各国学者之间的交流与合作日益频繁。国际学术会议、研讨会等活动为学者们提供了交流思想、分享成果的平台，推动了信息伦理学的不断发展。例如，随着人工智能技术的兴起，如何确保人工智能的决策公正、透明和可解释，成为了信息伦理研究的新热点。

3. 信息伦理的构成要素

信息伦理是调整人们之间以及个人与社会之间信息关系的行为规范的总和，其构成要素可以从 4 个维度进行剖析。

（1）信息伦理认知：这是信息伦理规范形成的基础前提，是信息伦理养成的先导。它涉及对信息伦理原则、规范的认识和理解，以及在此基础上形成的道德观念和判断能力。例如，计算机网络技术的发展使信息传播得更加迅速和广泛，但同时也带来了隐私泄露、网络欺诈等伦理问题。因此，个体需要认识到在网络空间中尊重他人隐私、保护信息安全的重要性。此外，大数据、云计算和人工智能技术的广泛应用也引发了一系列新的伦理挑战，如数据滥用、算法偏见等。个体需要理解这些技术的运作机制，并认识到在利用这些技术时应遵循的伦理原则和规范。

（2）信息伦理情感：这是产生信息伦理行为的内部动力，是实现转化的催化剂。信息伦理情感包括对信息伦理价值的认同、对信息伦理行为的情感倾向等。例如，对于大数据和人工智能技术，个体可能对其在提高生活便利性、推动社会进步方面的价值表示认同，并对此产生积极的情感体验。同时，个体也可能对新技术带来的隐私泄露、就业冲击等负面影响表示担忧和不安。这些情感体验会促使个体更加关注新技术带来的伦理问题，并积极参与相关讨论和行动。

（3）信息伦理意志：这是调节信息伦理行为的精神力量，是信息伦理行为发生的重要保证。它体现为在面临道德冲突时，个体能够坚守信息伦理原则，克服困难和诱惑，做出正确的道德选择。例如，在面对大数据和云计算技术的诱惑时，个体需要坚守不滥用数据、不泄露隐私的道德底线；在面对人工智能技术的挑战时，个体需要确保算法的公正性和透明度，避免算法偏见和歧视。这些都需要个体具备坚定的信息伦理意志，以应对复杂多变的信息技术环境。

（4）信息伦理行为：这是实现信息伦理认知、情感及由信息伦理需要产生的道德动机的行为定向及外部表现，是衡量信息伦理水平的重要标志。信息伦理行为涉及个体在信息活动中的具体行为方式，如尊重他人隐私、遵守信息法律法规等。例如，个体在使用社交媒体时应尊重他人隐私，不随意泄露他人信息；在使用大数据技术时应遵循合法、正当、必要的原则，不滥用数据；在使用云计算服务时应确保数据的安全性和隐私性；在开发和应用人工智能技术时应遵循公正、透明、可解释的原则，避免算法偏见和歧视。

4. 职业行为自律的基本概念

职业行为自律是指从业者在从事特定职业活动的过程中，基于对行业规范、法律法规以及职业道德标准的深入理解和高度认同，通过内在的自我约束机制和自我管理能力，主动调整和控制自己的职业行为，以确保其行为符合社会公共利益、行业要求以及个人职业操守的一种自觉、主动且持续的行为模式。

5. 职业行为自律的构成要素

职业行为自律是从业者在职业活动中展现出的高度自觉性和责任感，其构成要素主要包括以下几个方面。

（1）自我意识：自我意识是职业行为自律的基础，指从业者对自己职业身份、职责和使命的清晰认识。从业者需要明确自己在职业中的角色定位，理解自己行为的影响和后果，从而有意识地调整和控制自己的行为。

（2）职业道德认知：职业道德认知是指从业者对行业规范、法律法规以及职业道德标准的了解和掌握。从业者需要深入学习和理解这些规范和要求，形成正确的职业道德观念，为自律行为提供指导。

（3）自我约束能力：自我约束能力是职业行为自律的核心，指从业者能够自觉地对自己的职业行为进行自我控制和调节。这包括合理安排工作时间、遵守工作纪律、保持诚信公正、尊重他人权益等多个方面。从业者需要具备强大的自我约束能力，才能在面对诱惑和挑战时坚守职业道德底线。

（4）自我激励机制：自我激励机制是职业行为自律的动力来源，指从业者通过内在或外在的激励方式，激发自己保持自律行为的积极性和持续性。这包括对自己的工作成果进行肯定、设定职业目标并为之努力、寻求职业发展的机会等。

（5）责任感与使命感：责任感与使命感是职业行为自律的精神支柱，指从业者对自己职业行为的后果负责，并愿意为行业的健康发展和社会公共利益做出贡献。从业者需要具备高度的责任感和使命感，才能在工作中始终保持自律，为行业的进步和社会的发展贡献力量。

任务实施

1. 体会“以人民为中心”的崇高思想理念以及“敢为人先”的优良职业操守

张思德的事迹激励了一代又一代共产党人不忘初心、奋勇前进。张思德出生于四川省仪陇县一个贫苦佃农家庭，母亲在他出生后不久去世，他由婶母抚养长大。1933年，他积极报名参加了中国工农红军，并在同年加入了中国共产主义青年团。1935年，他随红四方面军参加了长征，途中表现出色，尤其在川西茂州地区，他一人夺得敌人两挺机枪，被战士们亲切地称为“小老虎”。1944年，张思德积极响应大生产运动的号召，主动前往安塞县石硖谷办生产农场，担任副队长。他白天巡回各窑掌握火候，晚上数次爬上窑顶观察烟色。窑里温度很高，有的木炭出窑还有火星。但每次出炭，他都抢先钻到窑的最里边捡木炭。1944年9月5日，张思德带领战友进山挖窑，窑顶坍塌。在危难时刻，他一把将战友小白推出洞口，自己却被埋在下边，牺牲时年仅29岁。通过学习张思德“以人民为中心”的崇高思想理念，探讨“敢为人先”的职业操守，彰显“以人民为中心”的崇高思想理念以及“敢为人先”的优良职业操守的真正内涵与价值。

2. 追忆黄大年，传承大国工匠精神

请观看电影《黄大年》，加强对大国工匠精神楷模的认识和学习，端正自我职业态度，并将大国工匠精神真正践行到自己的学习与生活中。

任务评价

请填写如表1–4所示的自我评价表。

表1–4 自我评价表

知识与技能	掌握程度		
	熟练掌握	掌握	基本掌握
信息伦理的主要构成要素			
信息伦理的基本概念，在信息时代的重要性			
信息伦理知识，有效辨别虚假信息的能力			
自评结果	A. 优秀　B. 良好　C. 中等　D. 及格　E. 不及格		

习　题

一、单选题

1. 信息伦理学的形成与（　　）的快速发展密切相关。

A. 生物学　　B. 信息技术

C. 心理学　　D. 经济学

2. “信息伦理”一词可以追溯到（　　）的理论之中。

A. 柏拉图　　B. 米歇尔·福柯

C. 亚里士多德　　D. 康德

3. 下列选项中不属于信息伦理构成要素的是（　　）。

A. 信息伦理认知　　B. 信息伦理情感

C. 信息技术应用技能　　D. 信息伦理行为

4. 职业行为自律的核心是（　　）。

A. 自我意识　　B. 自我约束能力

C. 自我激励机制　　D. 责任感与使命感

二、多选题

1. 信息伦理在信息活动中的伦理要求与伦理准则包括（　　）。

A. 信息生产　　B. 信息获取

C. 信息利用　　D. 信息发布与传播

E. 信息技术应用

2. 职业行为自律的构成要素包括（　　）。

A. 自我意识　　B. 职业道德认知

C. 自我约束能力　　D. 自我激励机制

E. 责任感与使命感

3. 下列哪些是现代信息伦理关注的新技术领域中的伦理问题？（　　）

A. 计算机技术　　B. 大数据

C. 云计算　　D. 人工智能

E. 生物工程

三、判断题

1. 信息伦理的目的在于引导信息活动的"善"，它具有强制性。（　　）

2. 在信息处理与传播中，个人隐私的保护是信息伦理的重要要求之一。（　　）

任务拓展

案例背景：

2024 年，中央网络安全和信息化委员会办公室深入组织开展"清朗·优化营商网络环境——整治涉企侵权信息乱象"专项行动，旨在加强网上涉企信息内容管理，依法依约处置一批侵犯企业、企业家网络合法权益的违法违规行为。在此背景下，某知名饮用水企业（以下简称"Y 企业"）遭遇了一系列网络谣言和虚假信息的攻击，导致其企业形象和市场份额受到严重影响。Y 企业迅速响应，通过法律手段并和网络平台合作，成功打击了造谣者，并借此机会加强了自身的信息伦理建设和网络公关能力。

案例描述：

一段时间内，多个网络账号恶意解读 Y 企业股权结构、产品包装图案，散布虚假信息和极端言论，抹黑诋毁企业形象。这些谣言和虚假信息在社交媒体上迅速传播，导致 Y 企业股价波动、消费者信任度下降。面对这一危机，Y 企业立即启动应急预案，采取了以下一系列措施。

（1）通过法律手段追究造谣者的责任，向相关部门举报了涉事账号，并积极配合调查取证工作。

（2）与网络平台合作，要求平台依法依约关闭涉事账号，删除虚假信息，防止谣言进一步扩散。

（3）通过官方渠道发布声明，澄清谣言，强调企业始终秉持诚信经营的原则，产品质量和安全有保障。

（4）加强内部信息伦理教育，提升员工对虚假信息的辨别能力和对信息伦理的认知水平。

（5）积极参与网络治理，与政府部门、行业协会等合作，共同打击网络谣言和网络暴力。

问题：

1. 结合案例内容，分析Y企业在应对网络谣言危机中是如何体现信息伦理与职业行为自律的。

2. Y企业在加强信息伦理建设和职业行为自律方面有哪些值得借鉴的经验？

任务2 分析信息社会责任

任务背景

在如今这个信息化高速发展的时代，信息技术已经渗透到人们生活的方方面面，成为推动社会进步和经济发展的重要力量。然而，随着信息技术的广泛应用，一系列与信息相关的法律问题也日益凸显，如个人信息泄露、网络攻击、数据滥用等。这些问题不仅威胁到个人的信息安全和隐私权益，也对国家安全和社会稳定造成了严峻挑战。因此，掌握信息法律法规，了解其在实践中的应用，对于每一个信息时代的参与者来说都至关重要。智能智造专业的学生在以后的学习与工作中应该肩负起什么样的责任？本任务将紧紧围绕信息社会责任的主要内容，即定义、构成要素、信息法律法规等方面开展教学，以社会实时热点事件为例，激励与警示大学生，从学生时代开始培养优秀的社会责任意识，为日后成为一名富有社会责任感的有志青年打下扎实的基础。

任务目标

（1）了解信息社会责任的主要构成要素。

（2）了解信息处理与传播中的法律界限与责任。

（3）掌握信息社会责任的基本概念。

任务要求

（1）法律法规意识要求：通过收集和学习相关法律法规的文本内容和解读文章，以及分析涉及信息法律法规的典型案例，培养学生的法律法规意识。这有助于学生了解并遵守相关法律法规，确保他们在信息处理和网络安全方面的行为合法合规。

（2）独立思考要求：鼓励学生培养独立思考的能力，进行现实案例分析。要勇于挑战已有观点，提出自己的独到见解。

基础知识

1. 信息社会责任的定义

信息社会责任是指个体在信息社会中的文化修养、道德规范和行为自律等方面应承担的责任。具体来说，信息技术从业人员应当具有良好的安全意识和能力，并且愿意严格遵守相关信息法律规定，尊重信息社会的道德准则，在现实世界和虚拟世界中都要遵守公共规范，以有效维护个人和他人的权益及公共信息安全，保障经济社会的正常运转；信息技术从业人员还应关心信息技术革命带来的环境和人文挑战，并且愿意积极学习新的观念和事物，做出理性的判断和负责的行动。

2. 信息社会责任的构成要素

（1）信息技术的正确使用：在信息社会中，个体或组织应正确、合理地使用信息技术，避免滥用或误用技术带来的负面影响。包括遵守信息法律法规，不利用信息技术从事违法犯罪活动，如网络诈骗、侵犯他人隐私等；同时，也要求个体或组织在使用信息技术时，充分考虑技术的道德和社会影响，避免对他人或社会造成不良影响。

（2）信息资源的合理利用：在信息社会中，个体或组织应合理利用信息资源，避免浪费或过度利用。包括尊重知识产权，不随意复制和传播他人的知识成果；在获取和利用信息资源时，应考虑到信息资源的有限性，避免过度消耗和浪费；同时，也应积极促进信息资源的共享和开放，提高信息资源的利用率。

（3）信息安全的保障：在信息社会中，个体或组织应采取措施保障信息安全，防止信息泄露、被篡改或滥用。包括保护个人隐私和组织信息安全，防止信息被非法获取和利用；加强信息系统的安全防护，防范网络攻击和恶意软件等威胁；同时，也应提高信息安全意识，加强信息安全教育和培训。

（4）信息素养的培养：在信息社会中，个体或组织应具备良好的信息素养，能够有效地获取、评估、分析和利用信息。包括信息意识的培养，即对信息的敏感度和洞察力的培养；信息知识的获取，如了解信息基础知识、信息技术知识等；信息能力的提升，如信息处理与利用能力、信息的创新能力等的提升；信息道德的遵守，即在信息活动中遵守道德规范，不传播虚假信息、不侵犯他人隐私等。

（5）文化修养、道德规范与行为自律：在信息社会中，个体或组织应具备良好的文化修养、道德规范和行为自律，以维护信息社会的良好秩序和健康发展。包括遵守社会公德和职业道德，尊重他人权益和尊严；在信息活动中保持诚信和公正，不传播虚假信息、不恶意攻击他人；同时，也应加强自我约束和自我管理，避免过度依赖信息技术或沉迷于虚拟世界等。

信息社会责任的理论知识体系涵盖信息技术的正确使用，信息资源的合理利用，信息安全的保障，信息素养的培养，文化修养、道德规范与行为自律等。这些要素共同构成了信息社会责任的完整框架，为个体或组织在信息社会中承担相应责任提供了全面的指导和支持。

3. 信息法律法规

信息法律法规是调整有关信息的生产、处理、流通、使用和保护的法律规范的总称。随着信息社会的来临，各国纷纷出台了相关法律法规以应对信息技术发展带来的挑战。以下是一些重要的信息法律法规。

1）《中华人民共和国个人信息保护法》

目的：保护个人信息权益，规范个人信息处理活动，促进个人信息合理利用。

概述：明确个人信息处理的基本原则，如合法、正当、必要和诚信原则；规定个人信息处理者的义务，如告知、同意、安全保护等；赋予个人在信息处理活动中的权利，如查阅、复制、更正、删除等。

2)《中华人民共和国网络安全法》

目的：保障网络安全，维护网络空间主权和国家安全、社会公共利益，保护公民、法人和其他组织的合法权益，促进经济社会信息化健康发展。

概述：规定网络运营者的安全保护义务，如制定内部安全管理制度、采取防范技术措施等；明确网络安全的监管机制和法律责任。

3)《中华人民共和国数据安全法》

目的：规范数据处理活动，保障数据安全，促进数据开发利用，保护个人、组织的合法权益，维护国家主权、安全和发展利益。

概述：确立数据安全保护的基本原则，如合法、正当、必要原则；规定数据处理者的安全保护义务，如建立健全的数据安全管理制度、采取技术措施保障数据安全等；加强政务数据安全与开放的管理。

4)《网络数据安全管理条例》

目的：规范网络数据处理活动，保障网络数据安全，促进网络数据依法合理有效利用，保护个人、组织的合法权益，维护国家安全和公共利益。

概述：明确网络数据处理者的安全保护义务，如制定数据安全事件应急预案、采取技术措施保障数据安全等；加强跨境数据流动的安全管理；规定网络数据处理者的法律责任。

任务实施

1. 任务准备阶段

（1）资料收集：学生需自行收集《中华人民共和国个人信息保护法》《中华人民共和国网络安全法》《中华人民共和国数据安全法》等相关法律法规的文本内容，以及相关的解读文章、案例分析等资料。收集近年来涉及信息法律法规的典型案例，包括个人信息泄露、网络攻击、数据滥用等，为后续的案例分析做准备。

（2）小组组建：根据任务要求，学生将被分成若干小组，每组 5~6 人，以便进行小组讨论和合作完成任务。小组组长需负责协调组内成员的工作进度，确保任务按时完成。

2. 任务实施阶段

（1）案例分析。学生需选择收集的典型案例进行深入分析，包括案例背景、法律问题、解决方案等方面。学生可以撰写案例分析报告，展示自己对案例的理解和思考。

（2）实践应用。学生需根据设计的信息处理场景，制定合规方案，包括数据处理流程、安全措施、法律责任等。学生可以制作演示文稿，展示自己的合规方案，并进行口头阐述。

任务评价

请填写如表 1–5 所示的自我评价表。

表 1-5　自我评价表

知识与技能	掌握程度		
	熟练掌握	掌握	基本掌握
信息社会责任的主要构成要素			
信息处理与传播中的法律界限与责任			
信息社会责任的基本概念			
自评结果	A. 优秀　B. 良好　C. 中等　D. 及格　E. 不及格		

习　题

一、单选题

1. 信息社会责任是指个体在信息社会中的（　　）方面应承担的责任。

A. 经济责任　　B. 文化修养、道德规范和行为自律

C. 政治责任　　D. 社会地位

2.（　　）旨在保护个人信息权益，规范个人信息处理活动。

A.《中华人民共和国网络安全法》

B.《中华人民共和国数据安全法》

C.《中华人民共和国个人信息保护法》

D.《网络数据安全管理条例》

3.（　　）不属于信息社会责任的构成要素。

A. 信息技术的正确使用　　B. 信息资源的合理利用

C. 个人财富的积累　　D. 信息安全的保障

4.《中华人民共和国网络安全法》的主要目的是（　　）。

A. 保护个人隐私

B. 促进数据开发利用

C. 保障网络安全，维护网络空间主权和国家安全

D. 规范数据处理活动

5. 在信息社会中，个体或组织应如何对待信息资源？（　　）。

A. 随意复制和传播　　B. 过度消耗和浪费

C. 合理利用，避免浪费　　D. 禁止共享和开放

二、多选题

1. 信息法律法规主要包括（　　）。

A.《中华人民共和国个人信息保护法》

B.《中华人民共和国网络安全法》

C.《中华人民共和国数据安全法》

D.《消费者权益保护法》

2. 信息社会责任的理论知识体系涵盖（　　）。
A. 信息技术的正确使用
B. 个人财富的积累
C. 信息安全的保障
D. 文化修养、道德规范与行为自律
3.（　）属于信息素养的培养内容。
A. 信息意识的培养
B. 信息知识的获取
C. 信息能力的提升
D. 信息道德的遵守
三、判断题
1. 信息社会责任要求个体或组织在使用信息技术时，必须充分考虑技术的道德和社会影响。（　）
2.《网络数据安全管理条例》的主要目的是规范网络数据处理活动，但不涉及跨境数据流动的安全管理。（　　）

任务3　理性运用AI技术

任务背景

小林作为本科毕业生，即将完成学业，他计划运用先进的AI技术撰写其毕业论文。然而，在追求创新与效率的同时，他也对论文的查重率表示了高度的关注，担忧论文可能因高查重率而无法通过审核。因此，小林目前正陷入如何处理这一潜在问题的深思熟虑之中。

任务目标

（1）了解保持学术诚信的重要性。
（2）鼓励独立思考和创新能力的培养。
（3）加强监管和规范使用AI技术。

任务要求

（1）原创性要求：学生在撰写毕业论文和学术论文时，必须确保内容的原创性，不得抄袭、剽窃他人成果。应通过自己的思考和研究，提出新的观点、见解或解决方案。

（2）独立思考：鼓励学生培养独立思考的能力，不依赖外部工具（如AI写作软件）进行论文撰写。要勇于挑战已有观点，提出自己的独到见解。

基础知识

AI写作功能是如何实现的？

AI写作功能是通过一系列复杂的技术和算法实现的，其核心原理主要基于自然语言处理（NLP）技术和深度学习算法。以下是AI写作功能生成过程的详细解析。

1）数据收集与预处理

数据收集：AI 写作系统首先需要收集大量的文本数据，这些数据包括科技书刊、新闻报道、文学作品等各种类型的文本。这些数据为 AI 系统提供了丰富的训练素材，使其能够学习到人类语言的规律和特点。

数据预处理：在收集到大量文本数据后，AI 系统需要对这些数据进行预处理，包括文本清洗（去除无关字符、标点符号等）、分词（将文本拆分成单词或词组）、词性标注（识别每个词的词性，如名词、动词等）以及句法分析（解析句子的结构）等步骤。这些预处理工作有助于 AI 系统更好地理解文本的结构和意义。

2）模型训练

选择合适的算法：AI 写作系统通常采用深度学习算法，如循环神经网络（RNN）、长短时记忆网络（LSTM）、生成对抗网络（GAN）以及预训练语言模型（如 BERT、GPT 等）等。这些算法能够捕捉文本中的长距离依赖关系，生成连贯、有逻辑的文本。

训练模型：利用预处理后的文本数据，AI 系统开始训练模型。在训练过程中，算法会不断调整模型的参数，以最小化预测误差。通过大量的迭代训练，模型逐渐学习到人类语言的规律和模式，并能够根据输入的提示或主题生成新的文本内容。

3）文本生成

输入提示信息：用户在使用 AI 写作功能时，需要输入提示词、主题或上下文信息。这些信息将作为 AI 系统生成文本的起点。

生成文本：根据用户输入的提示词或主题，AI 系统开始生成文本。在生成过程中，模型会根据上下文信息和概率分布选择最合适的词语进行组合，从而生成连贯、有逻辑的文本内容。同时，AI 系统还会根据训练过程中学到的语言规律和模式，对生成的文本进行润色和优化，以提高其可读性和质量。

4）优化与调整

反馈机制：AI 写作系统通常会提供用户反馈机制，允许用户对生成的文本进行评价和修改。这些反馈数据将被用于进一步优化模型，提高生成文本的质量和准确性。

持续学习：AI 写作系统具有持续学习的能力。通过不断收集用户的反馈数据和新的文本数据，系统可以对模型进行持续优化和更新，以适应不同领域和场景的需求。

AI 写作是通过收集大量文本数据、进行预处理、选择合适的算法进行模型训练、根据用户输入生成文本以及通过反馈机制进行优化和调整等步骤进行的。在学术论文及毕业论文的写作方面，必须遵循实事求是的原则，坚持严谨的学术态度和执行规范的操作流程，确保研究成果的可靠性和有效性。同时，AI 写作系统在辅助创作过程中，还需注重保护用户隐私和数据安全，遵守相关法律法规，以维护良好的学术道德和秩序。

任务实施

1. 认清 AI 技术的局限性

虽然 AI 技术在许多领域都取得了显著的成果，但在毕业论文和学术论文写作方面，其局限性仍然十分明显。毕业论文和学术论文不仅要求内容具有创新性、深度和广度，还要求作者具备独立思考和批判性思维的能力。AI 技术虽然可以辅助作者进行文献整理、数据分析和语法检查等工作，但难以替代作者进行原创性思考和独立分析。因此，使用 AI 技术撰写毕业论文和学术论文是不可取的。

2. 保持学术诚信的重要性

毕业论文和学术论文是学术成果的重要体现，也是衡量学者学术水平的重要标准。在撰写论文的过程中，保持学术诚信是至关重要的。如果使用AI技术撰写论文，不仅违反了学术诚信原则，还可能引发抄袭、剽窃等学术不端行为。这些行为不仅损害作者的声誉和学术地位，还可能对学术界的健康发展造成负面影响。

3. 鼓励独立思考和创新能力

毕业论文和学术论文的撰写过程，实际上是作者进行独立思考和创新的过程。通过这个过程，作者可以深入地探索研究领域的前沿问题，提出新的观点和见解，从而推动学科的发展。如果使用AI技术替代这个过程，将不利于作者独立思考和创新能力的培养。因此，应该鼓励作者在撰写毕业论文和学术论文时，充分发挥自己的主观能动性和创造力，不断挑战和超越自己。

4. 加强监管和规范使用AI技术

尽管AI技术不能用于毕业论文和学术论文的撰写，但在学术研究中，AI技术仍然可以发挥重要作用。例如，AI技术可以用于文献检索、数据分析、图表制作等方面，提高研究效率和准确性。然而，在使用AI技术时，必须加强监管和规范使用，确保其不会损害学术诚信及学术研究的真实性、科学性和原创性。

任务评价

请填写如表1–6所示的自我评价表。

表1–6 自我评价表

知识与技能	掌握程度		
	熟练掌握	掌握	基本掌握
AI生成文本的原由			
学术诚信的重要性			
AI技术的局限性			
规范使用AI技术			
自评结果	A. 优秀　B. 良好　C. 中等　D. 及格　E. 不及格		

习　　题

单选题

1. 学术诚信的核心价值不包括（　　）。

A. 尊重原创性　　B. 鼓励抄袭

C. 维护学术公正　　D. 促进知识发展

2. 在使用AI技术辅助写作时，（　　）是违反学术诚信的。

A. 利用AI生成初稿后，进行大量修改和润色

B. 直接将 AI 生成的文字作为最终成果提交

C. 将 AI 作为灵感来源，结合个人理解和研究进行创作

D. 在论文中明确标注 AI 辅助写作的部分

3. 关于引用他人研究成果，以下选项中做法正确的是（　　）。

A. 不需要标注来源，因为已经在脑海中消化理解

B. 仅在文中提及作者姓名，不给出具体出处

C. 使用引号明确标注直接引用的内容，并在文后列出详细参考文献

D. 随意改写他人原句，不注明出处

4. 在使用 AI 技术进行数据分析时，以下选项中做法不恰当的是（　　）。

A. 验证 AI 结果的准确性，并进行必要的调整

B. 依赖 AI 的自动分析，不进行人工审核

C. 透明地报告 AI 在数据分析中的角色和局限性

D. 在研究设计中考虑 AI 技术的适用性

5. 在学术研究中，以下选项中属于剽窃行为的是（　　）。

A. 在论文中直接引用他人的原话，并标注出处

B. 使用自己的实验数据和结果进行分析

C. 将他人的研究成果作为自己的创新点进行宣传

D. 在综述文章中概述不同学者的观点，并标注来源

任务拓展

鉴于学术诚信的至关重要性，请学生查阅并遵循相关的学术规范。

模块 2
常用的 AI 软件

★知识目标★

（1）了解文心一言的核心功能与应用场景。
（2）熟悉讯飞星火的特性与界面设计。
（3）认识 Kimi 的核心功能与多语言支持。

★能力目标★

（1）能够熟练操作常用 AI 软件。
（2）能够根据实际需求调整输入以获得理想输出。
（3）具备解决复杂问题的能力和优化流程的技巧。

★素质目标★

（1）培养爱国情怀与社会责任感。
（2）提升自主学习与创新的能力。
（3）培养团队合作精神与沟通协调的能力。
（4）具备批判性思维与问题解决的能力。

项目1 文心一言

任务1 文心一言及其使用方法简介

任务背景

小文作为公司文秘，面对日益繁重的工作量与质量提升的要求，深感自身笔力需精进。为应对挑战，他计划借助文心一言，提升写作技艺，优化工作流程，提高效率与文档品质。

任务目标

（1）了解文心一言的功能及实际应用。

（2）了解文心一言的工作界面。

（3）了解文心一言的注册与登录方法。

（4）培养爱国情怀。

任务要求

（1）了解文心一言的核心功能。

（2）了解文心一言的应用场景 。

（3）熟悉文心一言的界面设计。

（4）了解文心一言的多平台使用。

基础知识

文心一言（ERNIE Bot）是由百度研发的一款生成式人工智能（generative AI）系统，主要专注于中文内容的生成和理解，具备多模态技术的支持，即不仅可以处理和生成文本，还可以处理图像、音频等数据。文心一言利用百度多年来在自然语言处理（NLP）和深度学习（deep learning）方面的技术积累，旨在为用户提供更加智能、全面的中文内容服务。文心一言官网首页如图 2-1 所示。

图 2-1　文心一言官网首页

文心一言的诞生离不开百度在 AI 领域的深厚积累。百度自 2013 年起便开始布局人工智能。从深度学习开始，到自然语言处理，再到图像识别，百度一直处于技术发展的前沿。近年来，随着多模态技术的发展，百度将文本、图像和音频等技术融合，最终推出了文心一言，标志着百度生成式 AI 的新阶段。

1. 文心一言的核心功能

（1）自动化内容生成：能够根据用户输入的提示快速生成符合语境的中文文本，无论是小说、文案、诗歌，还是其他类型的内容。

（2）自然语言处理：具备深度的中文语义理解能力，可完成语法分析、情感分析和语言生成等任务。

（3）中文语境理解：在对话和内容生成时，能准确理解和运用中文语言的复杂性及文化背景。

（4）图像生成：结合生成对抗网络（GAN）技术，文心一言不仅可以生成文本内容，还可以生成相关图像，使其应用场景更加多样化。

2. 文心一言的主要用户群体

（1）内容创作者：如需要创作中文文本的作者、编辑及营销人员，能够利用文心一言生成高质量的内容。

（2）客户服务从业者：文心一言可用于自动化客户服务系统，提升客户服务响应速度和准确性。

（3）教育行业人员：如教师和教育内容开发者，可利用文心一言辅助教学，生成教学材料及批改学生作业等。

3. 文心一言的界面设计

文心一言的界面简洁明了，以文心大模型 3.5 为例，主要分为几大部分。顶部为功能选择按钮，包含“创意写作”、“文档分析”、“网页分析”、“多语种翻译”及“我的指令”按钮；中间是输入框，用户可在此输入自然语言问题或指令；底部设有多模态选择按钮，支持文件、图片等多种格式的数据。右下角为生成按钮，如图 2–2 所示。

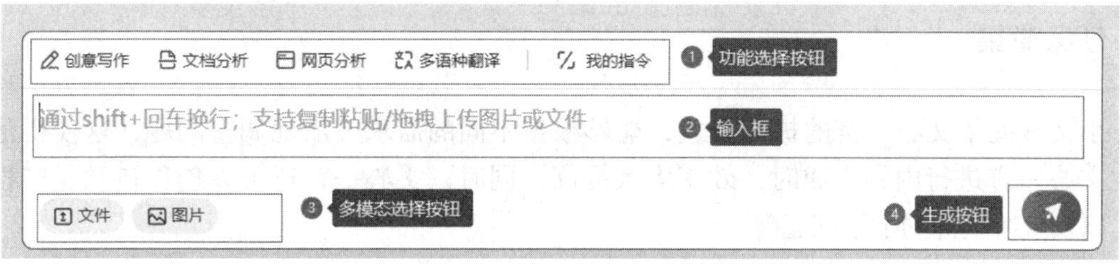

图 2–2　文心一言的界面

（1）功能选择按钮：利用此处的按钮可实现的功能包括创意写作、文档分析、网页分析及多语种翻译等。创意写作包含文章优化、日常办公、专业文稿及对其他类型的文档进行改写、扩写、仿写等功能。文档分析包含论文阅读、研报阅读及工作文档选项，具体有论文精讲、论文综述、数据整理、业务分析、会议纪要整理、日报整理、文档总结等功能。网页分析包含网页摘要和新闻精读。多语种翻译包含不同语种的各种翻译功能。

（2）输入框：在此处输入中文文本，或者上传图片、文件等。输入框支持多行文本，用户可以根据需求输入指令内容或进行提问。

（3）多模态选择按钮：用户可以选择文件、图片进行上传。

（4）生成按钮：位于输入框右下方，单击后，文心一言会根据用户输入的提示生成相应的文本、图像或音频。

4. 文心一言支持的多种应用平台

文心一言支持在多种设备上使用，包括PC端和移动端。各平台间在界面布局上略有差异，但功能基本相同。

PC端：在PC端（Windows、MacOS）上使用时，用户可以通过百度AI官网直接进入文心一言界面，操作界面更宽敞，适合输入较多的内容并查看更丰富的输出。

移动端：移动端（iOS、Android）上的界面更加紧凑，用户可以通过百度AI APP访问文心一言（文小言）。移动端界面简洁，功能按钮更明显，适合在移动设备中进行快速操作。

任务实施

要使用文心一言，用户可以通过百度AI平台或相关应用访问它。以下是具体的访问步骤。

1. 注册：首次使用文心一言的用户需要注册百度账号。用户可以通过手机号码、邮箱或第三方账号（如微信）进行注册。

2. 登录：已注册用户可以使用自己的百度账号登录文心一言平台。登录后，将进入用户主界面。

用户可以通过浏览器访问百度AI官网或下载百度AI的相关应用，更方便地使用文心一言。访问时需要确保设备连接稳定的互联网，并且已登录百度账号，以便保存和管理生成的内容。

任务2　文心一言应用实例

任务背景

小文掌握了文心一言的提问方式，能够根据不同的需求灵活地调整问题，这使得他在使用文心一言进行内容生成时，效率大大提高。同时，文心一言还可以创作诗歌、广告方案，以及解决实际的数学问题等。

任务目标

（1）激发创作者的灵感，帮助他们克服创作瓶颈。

（2）熟悉文心一言应用于各类场景的能力。

（3）掌握文心一言的使用方法。

（4）培养社会责任感。

任务要求

（1）掌握基础指令格式。

（2）掌握进阶指令格式。

（3）熟练应用基础指令。

（4）熟练应用进阶指令。

基础知识

文心一言 3.5 模型于 2023 年 8 月 31 日上线，用户可以免费使用该模型；文心一言 3.5 模型可以进行语言理解、逻辑推理等，具有记忆能力以及生成能力；还可以进行最多 2 000 字的输入和 1 600 字的输出。

文心一言 4.0 模型于 2023 年 11 月 1 日上线，用户需要付费使用该模型；4.0 模型在原有 3.5 模型的基础上，语言理解能力、逻辑推理能力、记忆能力、生成能力以及输入输出长度等方面都有所提升，进化出更多的功能，还加入了插件功能，包括一镜流影（文字转视频）、说图解字（看图说话）等。

任务实施

1. 文心一言的基础指令格式

文心一言的基础指令格式如图 2-3 所示。

参考信息 + 动作 + 目标 + 要求

图 2-3　文心一言的基础指令格式

参考信息：包含文心一言完成任务时需要知道的必要背景和材料，如报告、知识、数据库、对话上下文等。

动作：需要文心一言帮助解决的事情，如撰写、生成、总结、回答等。

目标：需要文心一言生成的目标内容，如答案、方案、文本、图片、视频、图表等。

要求：需要文心一言遵循的任务细节要求，如按 ×× 格式输出、按 ×× 语言风格撰写等。

利用文心一言基础指令格式完成如下实例。

（1）通过以下不同指令，查看 AI 生成的不同结果。

指令 1：写一首有关山和水的诗。

指令 2：请以唐代诗人的身份，根据已有唐诗数据，撰写一篇作者借由眼前的山和树，叹人生不得志的七言绝句，并严格满足七言绝句的格律要求。

指令分析：

参考信息：请以唐代诗人的身份，根据已有唐诗数据。

动作：撰写。

目标：七言绝句。

要求：作者借由眼前的山和树，叹人生不得志的七言绝句，并严格满足七言绝句的格律要求。

（2）生成一份日报。

指令：请帮我生成一份日报，要求如下：①完成直播脚本的撰写；②完成新人培训；③查看新账号运营情况，并与同事商讨内容调整方向。请根据以上内容生成一份详细的日报。

（3）创作自媒体脚本。

指令：请参照主流短视频平台的观众喜好，为一名美妆博主创作一个测评眼霜的视频脚本，要求标明对应镜号。生成的脚本为文本形式。

（4）策划活动方案。

指令：你是一名活动策划经理。现在你需要为一家商场做一个元宵节的活动，场地大小为 100 平方米左右，主要消费人群为 20~44 岁人群，活动时间为下午 3—5 点。活动风格要符合我国元宵节传统，体现幸福、圆满、团圆。活动要有互动性及参与度，能够达到拓客及增加客户黏度的效果。

请根据以上内容生成一份详细的活动方案。要包含活动前的人员及物料准备，活动现场布置，活动流程，活动宣传方案，预判有可能出现的问题，以及具体的预算方案等，生成可立即执行的落地方案。

（5）写一份公司大会上的表扬稿。

指令：我要写一份在公司大会上对同事张三的表扬稿，表扬的几个点如下：①张三在销售任务压力很大的情况下，为了保证品牌形象符合公司发展预期，一直坚持做对企业有意义的决策；②张三非常注重用户的感受，哪怕用户在非工作时间，甚至在夜间找到张三，他也会第一时间安抚用户，尽力解决用户问题；③张三热心有爱，主动帮助新同事和对工作上手困难的同事解决问题。

帮我把这段内容扩展得更有逻辑，要求表达流畅、书面，适当引经据典。

（6）写一份行业发展分析报告。

指令：你是一名咨询分析师，写一份结构清晰且有数据依据的餐饮行业发展分析报告。

（7）写一份论文大纲。

指令：编写一段关于计算机科学与技术专业大四学生的一份论文大纲要求，论文主体需结合“人工智能算法性能评估”和“网络安全风险评估”两个主题，要求问题中明确体现研究问题，同时体现实验分析的研究方法。其中研究问题及文献综述部分需要展开子标题。

（8）总结考试重点。

指令：我要期末考试了，帮我总结“C 语言程序设计”课程的考试重点，要求以谭浩强老师的《C 语言程序设计》（第 4 版）为基础进行总结。

（9）写一份旅游攻略。

指令：你是一名导游，请帮我写一份关于去新疆的 7 天旅游攻略。撰写要求：我的位置是贵州，人员中有老人和小孩，在出行方面和住宿上一定要考虑老人和小孩，选择更加方便的方式，本着穷游原则，住宿能够满足基本条件即可，行程设计不要太紧张，不去网红景点，选择有历史和文化意义的景点，饮食上要选择当地的特色美食。这是一场说走就走的旅行。请根据我的情况生成旅游攻略，有注意事项也请进行标注。

（10）提供一些饮食上的建议。

指令：你是一个育婴专家，请为我们家三个月大的小朋友提供一些饮食上的建议，要求科学严谨，呈现结构清晰。

（11）写一段文旅文案。

指令：你是一名旅游推荐官，现在请你帮我写一段关于桂林文旅的文案。

（12）解决编程问题。

指令：生成一个九九乘法表的 Python 程序代码。

生成的 Python 代码如图 2-4 所示，复制代码即可运行该程序。

```python
def generate_multiplication_table():
    # 打印九九乘法表
    for i in range(1, 10):
        for j in range(1, i + 1):
            print(f"{j} * {i} = {j * i}", end="\t")
        print()  # 换行

if __name__ == "__main__":
    generate_multiplication_table()
```

图 2-4 文心一言生成的 Python 代码

（13）拟一份放假通知。

指令：你是一位公司文员，公司在国庆节放假 7 天，拟一份放假通知，并做好假期期间的安全提示。

（14）提供即时的语言转换。

指令 1：我想去看一场电影，翻译成英文。

指令 2：附近有什么好吃的餐馆？翻译成英文。

可以自行选择一段英文，将其翻译成中文，例如：

指令 3：EDWARD LANE, an English orientalist, published a classic account of Egyptian society in the1830s. Impressed with much else, he had this to say about religion in Egypt: “It is considered the highest honour among the Muslims to be religious; but the desire to appear so leads many into hypocrisy and pharisaical ostentation.” 翻译成中文。

2. 文心一言的进阶指令格式

文心一言的进阶指令格式如图 2-5 所示。

任务 + 参考信息 + 输出要求 + 示例 + 本次输入 + 输出项

图 2-5 文心一言的进阶指令格式

任务：采取“根据” + “动作” + “目标”的形式进行，是对文心大模型所要处理内容的清晰描述。可以理解为类似一种固定话术。例如：

根据：依据会议记录内容。

动作：总结会议待办事项。

目标：指明每个待办事项的负责人。

参考信息：参考信息为可选项，是提供给文心大模型的背景信息或者需要处理的数据样本，包括但不限于任务相关的原文段落、文本数据、名词解释及背景知识等。

输出要求：清晰且具体地说明期望得到的最终结果或输出内容，包括但不限于回复答案的标准、完成任务所需的步骤、用户对模型输出结果附加的风格要求、格式要求及字数要求等。

示例：示例为可选项，是供文心大模型参考的输入输出的样本演示，完整的输入输出样本演示将起到示范作用，这将有助于确保输出内容在风格、格式、字数等方面准确无误。

本次输入：此项为可选项，是在单次指令中针对输出内容的需求描述。如果要求输出的内容已在任务中提及，则无须再构造本次输入。

输出项：用于在指令末端引导文心大模型开始输出结果。可以在指令末端输入如“回答：”“输出：”“总结：”等具有开启输出命令效果的词语。同时要注意这些词语应与指令中的任务、示例部分给出的一致。

利用文心一言进阶指令格式完成以下实例。

（1）参考以下指令格式，用自己的实际内容替换，完成一份简历。

你是有着丰富经验的人力资源从业者，我希望你帮我写一份简历。以下是我的基本信息：

姓名：张三

年龄：24

联系方式：135××××××××

教育背景

20××年××月—20××年××月　　北京大学　　法律专业　　本科

校园经历

20××—20××年　担任学生会会长

实习经历

20××.××—20××.××　　××公司

起草公司合同和业务部门其他法律文件，审查文件，协助修改法律文件，拟定公司纪律和法制建设方案

荣誉与奖项

20××年度获得学校二等奖学金

20××年通过司法考试，获得法律职业资格证书。

自我评价

①在校期间多次参加校外实习，在人民法院和人民检察院均有长期实践经验。

②有较强的自主学习能力，能将所学知识融会贯通至工作实践中；性格随和，易于沟通。

③具有一定的团队领导能力和沟通协调能力，曾担任学生会会长一职，做事追求高效。

要求：

①校园经历、实习经历部分根据上面的内容扩写并润色，让它显得更加丰富。

②语言表达上要严谨、准确、清晰、流畅。

③简历结构上可以根据行业需求进行优化。

④我是一名应届生，内容可以优化但不要脱离事实。

⑤内容要分点展示。

最终目的就是帮助我最大化地展示自己的能力和优势。

（2）仿写东方甄选团队介绍山西文化的文案。

指令1：请模仿图2-6给出的山西文旅文案，仿写一篇关于桂林的文旅推荐文案。要求：采用样例中的形式写文案，内容要贴合仿写内容的特点。

同样是碳， 成为钻石坚不可摧，装点指尖的璀璨星河； 若是煤矿燃烧自己点亮城市的万家灯火。 同样是土， 身在田园滋润五谷，守护人类生息； 身在窑炉历经烈火，凝结华夏文明。 山西贯穿古今生生不息： 黄河顺势流过推进着文明演变， 浸润了春秋晋国的霸主魄力。 太行山耸立东方， 注视着石壁上的岁月浮沉， 见证了北魏年间的交融。 黄土地上， 这里的生活温暖质朴， 这里的生命勤劳心细。	品一口陈醋， 醇爽滋味沁人心脾，口中尽是家香余味； 寻一缕酒香， 杏花村中清香扑鼻，心中愁绪了无踪迹； 阳光把明媚的笑脸献给了小米， 这一碗金黄是山西人的暖意。 小麦在黄土地上谦逊有礼， 弯一弯腰，下一秒便是山西人的“面”中天地。 我们见过太多的钢筋水泥， 也时而奔向海边寻找一丝浪漫或惬意。 但今天啊我想与你一起回到过去， 回到华夏文明最深的记忆里!

图 2-6　山西文旅文案

指令 2：使用这种文案的内容和形式，写一篇关于南宁的文旅推荐文案。

任务评价

请填写如表 2-2 所示的自我评价表。

表 2-2　自我评价表

知识与技能	掌握程度		
	熟练掌握	掌握	基本掌握
基础指令格式			
进阶指令格式			
应用基础指令			
应用进阶指令			
自评结果	A. 优秀　B. 良好	C. 中等　D. 及格	E. 不及格

习　　题

判断题

1. 文心一言可以自动完成学术论文的撰写，并保证论文的原创性和学术价值。(　　)
2. 使用文心一言生成的文本可以直接用于商业用途，无须进行任何修改或审核。(　　)
3. 文心一言只能生成中文文本，无法处理英文或其他语言的文本生成任务。(　　)
4. 文心一言生成的文本在语法、拼写和标点方面总是准确无误的。(　　)

任务拓展

（1）创作一篇宣传桂林山水甲天下的文案。
（2）创作一篇介绍并赞美春蚕的文章。
（3）拟一份周末组织团建的通知。
（4）创作一篇介绍自己家乡的文案。
（5）生成一个“石头剪刀布”游戏的 Python 代码。

项目2 讯飞星火

任务1 讯飞星火及其使用方法简介

任务背景

小李是一名大学生，正面临着繁重的课程作业和项目要求。在学习过程中，他发现自己在文章撰写和时间管理方面存在困难，常常感到压力很大。为了提高自己的学习效率和写作能力，小李决定使用讯飞星火这款AI工具辅助自己。

任务目标

（1）了解讯飞星火的功能及其实际应用。
（2）了解讯飞星火的注册和登录方法。
（3）了解讯飞星火的工作界面。
（4）培养爱国情怀。

任务要求

（1）了解讯飞星火的简介。
（2）了解讯飞星火的应用场景。
（3）熟悉讯飞星火的界面设计。

基础知识

讯飞星火是科大讯飞公司研发的一款认知智能大模型，它具备强大的自然语言处理和生成能力。通过深度学习和人工智能技术，讯飞星火能够理解用户的输入，包括文字、语音等多种形式，并生成相应的回答或执行相关任务。科大讯飞在语音合成、语音识别、语言理解、机器翻译等人工智能关键核心技术领域拥有一系列的国际领先成果。讯飞星火在教育、办公、生活等多个领域都有广泛的应用。

讯飞星火官网提供了两个选项：开始对话和API（应用程序接口）免费试用。API免费试用提供了星火大模型API，满足各类业务场景，并提供大模型全流程定制工具，为产品的应用与推广起到了很大的作用。本任务只介绍与对话相关的新建对话、AI搜索、PPT生成及图像生成等应用。

任务实施

1. 用户登录：用户可使用自己的手机号快捷登录，输入验证码即可登录平台。也可以先注册账号，然后通过用户名和密码登录。

2. 操作界面：讯飞星火对话主界面如图2–7所示，包含问题（指令）输入框，应用场景及生成按钮。用户可选择并设置相应的应用场景，在指令输入框中输入相应的指令，单击生成按钮即可。

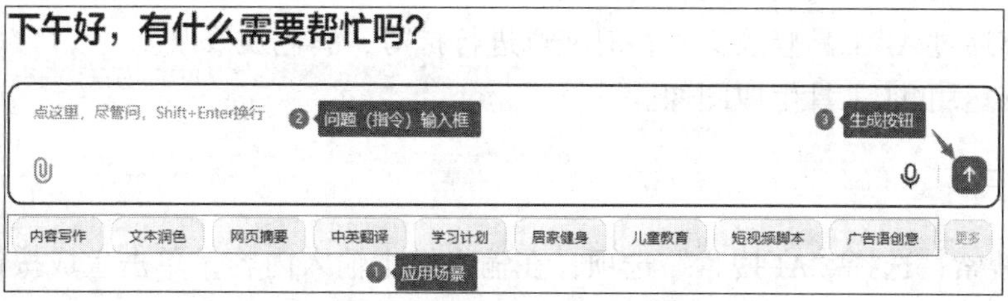

图 2-7 讯飞星火对话主界面

讯飞星火的应用场景主要如下。

（1）内容写作：包括宣传方案、作文、话术、论文、研究报告、总结汇报、诗歌和故事的写作，语气有正式、口语化、礼貌、高情商、热情及简洁等选项。

（2）文本润色：可对文本进行改写、扩写、缩写、续写和仿写。风格可选择书面语、口头语或公文用语。修辞手法可采用夸张、拟人、排比、借代、对偶、反问及设问等。

（3）网页摘要：选择网页摘要，在输入框中输入你要分析的网页地址，单击生成按钮，讯飞星火会自动对网页中涉及的信息进行简单的提炼归纳。

（4）中英翻译：首先选择目标语言，然后在指令对话框中输入想要翻译的文本内容，单击生成按钮即可得到翻译结果。

（5）学习计划：可以为用户提供一个学习计划，学习周期可以设定为 1 周、1 个月、3 个月、半年或 1 年；学习阶段可以设定为小学、初中、高中、大学、在职考试及自学等。设定好后，在输入框中输入相应的内容即可。

（6）居家健身：可以选择性别、健身史及健身的频率，在输入框中输入活动的项目，单击生成按钮，则会得到健身计划及注意事项等。

（7）儿童教育：可以设置儿童的年龄阶段、性格特点、教育的类别，输入想要为孩子达成的教育目标，单击生成按钮则会得到相应的基本教育计划框架。

任务 2 讯飞星火应用实例

任务背景

小王需要快速制作一个 PPT，他选择了讯飞星火的 PPT 制作功能，同时通过讯飞星火模型对文件进行了一系列的处理，如创作诗歌、创作散文、文档润色等。

任务目标

（1）熟悉讯飞星火应用于各类场景的能力。
（2）掌握讯飞星火制作 PPT 大纲的方法。
（3）培养社会责任感。

任务要求

（1）掌握运用 AI 工具创作文章的方法。

（2）能够通过 AI 工具修改文章，对文章进行扩写、润色及修改。

（3）熟练运用 AI 工具生成图像。

基础知识

（1）AI 搜索：选择“AI 搜索”选项，在输入框中输入内容，单击生成按钮，模型会联网搜索，自动为用户找到相关内容。

（2）PPT 生成：在输入框中输入 PPT 的主题与内容，选择模板或者上传参考文档，单击生成按钮，则会得到初步的 PPT 大纲。可以自由地对其进行编辑和调整，或者直接参考这个大纲生成 PPT。

（3）图像生成：根据背景和风格，简单描述图像的内容，则会自动生成图像。

任务实施

1. 新建对话

相关实例如下。

（1）写一篇散文。

指令：请写一篇散文来赞美广西桂林的春色，要求辞藻华丽、意境真切、画面鲜活。

（2）创作一首诗。

指令：帮我写一首诗，主题是赞美广西南宁的秋天，要求是七言律诗，通俗易懂，语气正式。

（3）根据 2022 年高考全国甲卷语文作文题目，运用大模型创作一篇作文。

《红楼梦》写到“大观园试才题对额”时有一个情节，为元妃（贾元春）省亲修建的大观园竣工后，众人给园中桥上亭子的匾额题名。有人主张从欧阳修的《醉翁亭记》“有亭翼然”一句中，取“翼然”二字；贾政认为“此亭压水而成”，题名“还须偏于水”，主张从“泻出于两峰之间”中拈出一个“泻”字，有人即附和题为“泻玉”；贾宝玉则觉得用“沁芳”更为新雅，贾政点头默许。“沁芳”二字，点出了花木映水的佳境，不落俗套；也契合元妃省亲之事，蕴藉含蓄，思虑周全。

以上材料中，众人给匾额题名，或直接移用，或借鉴化用，或根据情境独创，产生了不同的艺术效果。这个现象也能在更广泛的领域给人以启示，引发深入思考。请你结合自己的学习和生活经验，写一篇文章。

要求：选准角度，确定立意，明确文体，自拟标题；不要套作，不得抄袭；不得泄露个人信息；不少于 800 字。

（4）内容扩写。

指令：“我爱我的祖国”，帮我把这段内容进行扩写，风格为书面语，多使用排比修辞手法。

（5）内容改写。

指令：“今天我来到了相思湖畔，鱼儿欢快地游着，鸟儿也在不停地叫着，似乎走进了森林公园”，帮我把这段内容进行改写，风格为书面语，多使用拟人修辞手法。

（6）中译英。

指令：帮我把朱自清的《春》前几段翻译成英文："盼望着，盼望着，东风来了，春天的脚步近了。一切都像刚睡醒的样子，欣欣然张开了眼。山朗润起来了，水涨起来了，太阳的脸红起来了。小草偷偷地从土地里钻出来，嫩嫩的，绿绿的。园子里，田野里，瞧去，一大片一大片满是的。坐着，躺着，打两个滚，踢几脚球，赛几趟跑，捉几回迷藏。风轻悄悄的，草软绵绵的。"

（7）拟学习计划。

指令：拟一个小学阶段的学习计划，争取期末考试时，语文和数学成绩都达到 90 分以上，学习周期是半年，目前语文成绩是 80~90 分，数学成绩是 85 分左右，要求学习计划符合我的个人情况。

（8）制定学习计划。

指令：孩子进入了高中阶段，平时爱玩手机，打游戏，不太专注于学习，请制定一个学习计划，以帮助孩子提高学习成绩，孩子年龄为 15~18 岁，性格特点为敏感型，关注类别为学习，设计相应的教育计划。

2. AI 搜索

（1）打开 AI 搜索，请搜索"神州十九号"的相关信息。

（2）打开 AI 搜索，请搜索唐代诗人杜甫的生平。

3. PPT 生成

（1）结合学校校园环境，以及学生吸烟，乱扔烟头、垃圾等现象，融入绿水青山就是金山银山等理念，生成一个环境保护的 PPT 大纲。通过一键生成 PPT，查看系统生成的 PPT 样张。

（2）我校计算机协会成立于 2018 年，该协会热衷于对计算机设备的维护，为学校及社区居民提供义务维修服务。每年的 9 月有新生入学，协会要进行招新，现在要拟一个协会宣传的 PPT 大纲。通过一键生成 PPT，查看系统生成的 PPT 样张。

4. 图像生成

（1）根据陶渊明的诗句"采菊东篱下，悠然见南山"画一幅图片。要求图片为田园背景，水彩画风格。效果图如图 2-8 所示。

图 2-8 "采菊东篱下，悠然见南山"的效果图

（2）画一张唐朝诗人饮酒的图片，图中要有两位男子对饮。夕阳背景简笔漫画风格。效果图如图 2-9 所示。

（3）画一张现代人工智能技术主题的图片，要求突出重点，背景是蓝色。效果图如图 2-10 所示。

图 2-9　唐朝诗人饮酒的效果图

图 2-10　现代人工智能技术主题的效果图

5. 视频生成

（1）根据柳宗元的《江雪》，生成一个朗诵的视频，并对诗句进行分析讲解。朗诵视频截图如图 2–11 所示。

（2）根据李白的《将进酒》，生成一个朗诵的视频，并对诗句进行分析讲解。朗诵视频截图如图 2–12 所示。

图 2-11《江雪》朗诵视频截图

图 2-12《将进酒》朗诵视频截图

任务评价

请填写如表 2–4 所示的自我评价表。

表 2-4　自我评价表

知识与技能	掌握程度		
	熟练掌握	掌握	基本掌握
讯飞星火对文档进行处理			
讯飞星火对 PPT 大纲进行处理			
讯飞星火生成图片			
讯飞星火生成视频			
自评结果	A. 优秀　B. 良好	C. 中等　D. 及格	E. 不及格

习　题

判断题

1. 讯飞星火只能进行语音识别，不能进行文字转写。(　　)
2. 使用讯飞星火进行文字编辑时，无法直接插入图片或表格。(　　)
3. 讯飞星火可以自动识别并纠正用户输入文本中的语法错误。(　　)
4. 讯飞星火只适用于中文处理，无法对英文或其他语言进行语音识别和文字转写。(　　)

任务拓展

（1）在五四青年节到来之际，以“强国有我，请党放心”为题，创作一篇演讲稿。
（2）毕业之际，作为优秀学生代表发言，创作一篇发言稿。
（3）针对自己的情况，拟定一个学习计划。
（4）画一幅“两只孔雀在树上休息”的图片。
（5）任意选取一首唐诗，生成一个朗诵视频。

项目 3　Kimi

任务 1　Kimi 及其使用方法简介

任务背景

大学生小王在做人工智能课程项目时，意识到自己对智能对话工具 Kimi 的了解不足。为了提高工作效率和提升技能，他计划深入学习 Kimi 的功能、应用和技术进展。小王希望掌握 Kimi 的使用方法，优化学习流程，提升项目质量。他还打算学习 Kimi 的注册、界面和互动技巧，以便更有效地与之交流。

任务目标

（1）了解 Kimi 的官方网站。
（2）熟悉 Kimi 的基础知识。
（3）熟悉 Kimi 的注册与登录方法。
（4）了解 Kimi 的界面。
（5）掌握 Kimi 的使用方法。

任务要求

（1）了解 Kimi 的核心功能。
（2）了解 Kimi 的应用领域。
（3）了解 Kimi 的技术突破。

（4）熟悉 Kimi 界面的组成部分。

（5）熟悉 Kimi 的互动步骤。

（6）掌握与 Kimi 互动的提问技巧。

基础知识

Kimi 是一款多语言智能对话 AI 助手，由北京月之暗面科技有限公司开发，旨在通过先进的人工智能技术，为用户提供高效、便捷的智能助手服务。Kimi 能够用多种语言与用户进行流畅的对话，处理日常任务，提供信息查询，以及执行其他智能助手功能。Kimi 的开发始于满足用户的基础任务需求。最初，它仅提供简单的日程提醒和信息查询功能。随着 AI 技术的发展，Kimi 不断升级，现在已支持多语言对话、语音控制以及跨平台操作。通过用户反馈，Kimi 不断完善，逐渐成长为一个多功能、跨语言的智能对话 AI 助手。Kimi 官方网站如图 2-13 所示。

图 2-13　Kimi 官方网站

任务实施

1. Kimi 的功能

Kimi 的核心功能是提高用户日常生活和工作的效率，主要如下。

（1）日程管理：帮助用户创建和管理日程，设置提醒。

（2）任务提醒：定时提醒用户完成特定任务或事件。

（3）信息查询：提供天气、新闻、百科知识等信息的查询服务。

（4）翻译：支持多语言实时翻译，帮助用户跨越语言障碍。

（5）问答：即时回答用户的问题，提供有用的信息和建议。

2. Kimi 的应用场景

Kimi 的应用场景广泛，包括但不限于如下几个方面。

（1）Kimi 能够帮助用户高效管理日常事务。用户可以使用 Kimi 设置日程、添加提醒、安排任务，并同步到多个设备上。通过语音命令或输入指令，Kimi 可以提醒用户按时完成任务，从而提高时间管理效率。

（2）Kimi 可以即时回答用户的问题，提供如天气、新闻、百科知识等信息的查询服务。用户可以快速获得所需信息，无需额外搜索。

（3）Kimi 提供多语言实时翻译功能，支持日常交流、商务沟通等多场景的语言转换。无论是出国旅游还是处理跨国业务，用户都可以通过 Kimi 实现实时翻译。

3. Kimi 在技术上的主要突破

（1）自然语言理解：通过深度学习算法，Kimi 能够理解用户的自然语言输入。

（2）语音识别：Kimi 集成了先进的语音识别技术，能够实现与用户的语音交互。

（3）多语言支持：Kimi 支持多种语言，满足不同国家和地区用户的需求。

4. Kimi 注册及登录

（1）注册：首次使用 Kimi 的用户需要注册。用户可以通过手机号码、邮箱或第三方账号（如微信）进行注册。

（2）登录：已注册用户可以使用自己的账号登录 Kimi 平台。登录后，将进入用户主界面。

5. Kimi 的用户界面

Kimi 的用户界面设计直观易用，如图 2-14 所示。

图 2-14　Kimi 的用户界面

目前用户可以在手机 APP 上通过以下步骤使用语音与 Kimi 互动：

单击界面上的麦克风图标，然后说出指令或问题，Kimi 会即时响应并完成任务。

6. Kimi 的使用

为了提高提问或指令的准确性，用户可以使用以下方式。

（1）明确具体：尽量提供具体的问题或指令。

（2）使用关键词：在提问时使用关键词，如“天气”“翻译”等。

（3）避免歧义：尽量避免使用模糊不清的表达。

任务 2　Kimi 应用实例

任务背景

小王是科技公司的职场新人，常因任务繁重而感到时间不足，易忘重要事项。他希望及时获取信息以改善决策。因此，小王决定使用智能助手 Kimi，以提高效率和生活质量。

量。他计划利用 Kimi 生成计划、获取天气和新闻摘要、推荐产品和翻译词汇。小王希望通过调整输入来优化输出，改善工作和日常管理。

任务目标

（1）分析并理解 Kimi 在不同场景中的具体应用案例。

（2）学习如何根据实际需求调整输入，以获得更理想的输出。

（3）掌握利用 Kimi 解决问题和优化流程的技巧。

任务要求

（1）掌握基础指令格式。

（2）掌握进阶指令格式。

（3）熟练应用基础指令。

（4）熟练应用进阶指令。

基础知识

在使用 Kimi 这一智能助手之前，了解其核心功能和应用场景是至关重要的。Kimi 是一款多功能的 AI 助手，旨在通过自然语言处理技术帮助用户高效管理任务和获取信息。其主要功能如下。

（1）任务提醒：用户可以输入需要关注的事项和时间，Kimi 能够生成每日提醒列表并推送通知，帮助用户更好地管理日常事务。

（2）信息获取：Kimi 能够提供实时天气情况和最新新闻摘要，确保用户在决策时拥有最新信息。

（3）产品推荐：通过了解用户的需求和预算，Kimi 能够基于市场数据推荐合适的品牌和型号，助力用户做出明智的购买决策。

（4）词汇翻译：Kimi 可以快速识别用户提供的不熟悉词汇，并提供相关定义和用法，帮助用户更好地理解。

（5）航班查询：用户可以输入航班号和目的地，Kimi 会提供实时更新的航班状态和交通情况，让用户不再错过重要的出行信息。

（6）图像翻译：Kimi 还拥有对拍摄路牌照片或输入文本的翻译功能，方便用户在不同语言环境中自由交流。

任务实施

1. 基础指令格式

（1）直接提问。

可以直接向 Kimi 提出问题，例如“Kimi，今天天气怎么样？”

（2）发送文件。

可以直接发送 TXT、PDF、DOCX、PPTX、XLSX 等格式的文件给 Kimi。

（3）发送网址。

可以发送网址给 Kimi，例如“Kimi，帮我看看这个网址的内容。”

2. 利用基础指令格式完成实例

（1）安排每日提醒事项。

指令：帮我将每天的任务做一个计划表。

（2）获取天气和新闻。

指令：2024 年 10 月 31 日南宁市的天气怎么样？

（3）购买新手机建议。

指令：我想买一款手机，请参照 2024 年市面上销量最多的三款手机，帮我推荐一款。

（4）快速获取词汇知识。

指令：什么是人工智能？

（5）查询实时航班和交通信息。

指令：请帮我查询 2024 年 10 月 31 日南宁飞往北京的航班是否延误。

（6）快速翻译。

指令：将“请问离我最近的地铁站是哪里？”翻译为英文。

3. Kimi 进阶指令格式

（1）结合搜索结果提问。

指令：Kimi，结合搜索结果告诉我最新的科技趋势是什么。

（2）角色扮演。

指令：Kimi，从现在开始你是一位历史老师。

之后 Kimi 会以历史老师的身份与你对话。

（3）代码编写与调试。

如果你需要别人帮助编写或调试代码，可以直接告诉 Kimi。

指令：Kimi，帮我解释一下实现两数相乘的 Python 代码。

（4）长文本处理。

如果你需要处理长文本，可以直接发送给 Kimi。

指令：Kimi，帮我校对这篇论文。

Kimi 会阅读该论文并给出修改建议。

（5）多轮对话。

Kimi 可以进行多轮对话，它会记住之前的对话内容。

指令：Kimi，什么是量子计算？

然后发送指令：它有什么应用？

Kimi 会根据上下文给出连贯的回答。

（6）指令组合。

可以将多个指令组合在一起，Kimi 会根据指令的优先级依次执行。

指令：Kimi，先帮我看看这个 PDF 文件的内容，然后结合搜索结果告诉我这个领域的最新进展。

4. 利用进阶指令格式完成实例

（1）结合搜索结果回答问题。

指令：Kimi，结合最新的搜索结果，告诉我全球变暖的影响。

（2）编写代码。

指令：Kimi，帮我写一个 Python 脚本，用于计算两数之和。

（3）多文件处理。

上传多个文件，输入指令：Kimi，比较这几个文件中的数据差异。

（4）角色扮演。

指令：Kimi，从现在开始你是一位医生，我有一些健康问题想要咨询。

任务评价

请填写如表 2-6 所示的自我评价表。

表 2-6　自我评价表

<table>
<tr><td rowspan="2" colspan="2">知识与技能</td><td colspan="3">掌握程度</td></tr>
<tr><td>熟练掌握</td><td>掌握</td><td>基本掌握</td></tr>
<tr><td colspan="2">基础指令格式</td><td></td><td></td><td></td></tr>
<tr><td colspan="2">进阶指令格式</td><td></td><td></td><td></td></tr>
<tr><td colspan="2">应用基础指令</td><td></td><td></td><td></td></tr>
<tr><td colspan="2">应用进阶指令</td><td></td><td></td><td></td></tr>
<tr><td>自评结果</td><td colspan="4">A. 优秀　B. 良好　C. 中等　D. 及格　E. 不及格</td></tr>
</table>

习　题

判断题

1.Kimi 平台可以自动生成 PPT，帮助老师减轻备课负担。（　　）

2.Kimi 平台支持用户上传自己的教学资源进行分享。（　　）

3.Kimi 的 AI 辅助教学功能可以帮助老师出题和制作试卷。（　　）

4. 通过 Kimi 平台，老师可以实时跟踪学生的学习进度。（　　）

任务拓展

（1）项目管理与协调。

场景：作为一名项目经理，你需要协调团队成员的工作进度，管理项目截止日期，并及时更新项目状态。描述如何使用 Kimi 设置项目提醒、跟踪任务进度，并在关键时刻提醒团队成员。

（2）语言学习和文化交流。

场景：你正在学习一门新语言，并希望提高语言实践能力。描述如何使用 Kimi 进行语言翻译练习、获取语言学习资源，以及了解不同文化背景下的交流方式。

（3）健康生活规划。

场景：你希望改善自己的生活方式，包括健康饮食、定期锻炼和充足睡眠。描述如何利用 Kimi 制定个人健康计划、设置健康提醒，以及跟踪和调整你的生活习惯。

（4）旅行规划与准备。

场景：你计划进行一次国外旅行，需要规划行程、预订机票和酒店，并了解目的地的文化和语言。描述如何使用 Kimi 辅助设计旅行规划，包括语言翻译、文化知识获取，以及实时更新航班和交通信息。

（5）职业发展与技能提升。

场景：你希望提升自己的职业技能，包括学习新技能和参加职业培训。描述如何利用 Kimi 寻找在线课程、设置学习提醒，以及跟踪职业发展进度。

模块 3 信息检索

★知识目标★

（1）理解信息检索的基本概念、原理和流程。

（2）掌握常用信息检索工具的功能与特点，工具包括但不限于搜索引擎、学术数据库、专利数据库和商标数据库。

（3）熟悉在线学习资源、考试数据库和求职网站的信息检索方法。

（4）探索 AI 在信息检索中的应用及其影响。

★能力目标★

（1）能够根据具体需求，选择合适的信息检索工具和策略。

（2）掌握有效检索和筛选信息的方法，提高信息检索的效率和准确性。

（3）能够对检索到的信息进行批判性分析和评价，确保信息的可靠性和适用性。

（4）能够在创新创业、学术研究、职业规划等不同场景中，有效应用信息检索技能解决问题。

★素质目标★

（1）增强自主学习和终身学习的意识，认识到信息更新迅速，需不断学习新知识、新技能。

（2）提升创新思维和解决问题的能力，通过有效利用信息资源，激发创新灵感，解决实际问题。

（3）强化团队合作意识和社会责任感，理解信息检索能力对于个人、组织乃至国家发展的重要性。

在当今信息化、数字化进程迅速推进的时代，信息已成为国家竞争力的重要组成部分。随着“数字中国”“网络强国”等国家战略的深入推进，如何高效地获取、处理和利用信息资源，不仅关系到个人与组织的成长与发展，更直接影响着国家在全球格局中的地位和影响力。在此背景下，信息检索作为一项基础且关键的能力，显得尤为重要。

对于大学生来说，信息检索如同一把万能钥匙，为其打开知识宝库的大门，使其在信息的海洋中畅游无阻，为未来的学习和职业发展奠定坚实的基础。

本模块将围绕上述主题展开探讨，介绍信息检索的基本原理、常用工具及技巧，并结合具体案例展示信息检索在不同领域的应用实践。希望通过本模块的学习，学生们能够建立起一套科学有效的信息检索体系，助力自身成长的同时也为实现国家战略目标贡献力量。

项目1 信息检索概述

任务1 初识信息检索

任务背景

习近平总书记在关于生态文明建设的讲话中，多次强调“绿水青山就是金山银山”。党的二十大报告提出，“必须牢固树立和践行绿水青山就是金山银山的理念，站在人与自然和谐共生的高度谋划发展”。青秀山位于广西壮族自治区南宁市，是国家AAAAA级风景区，以其丰富的自然景观和深厚的文化底蕴而闻名。本任务旨在通过信息检索，深入了解青秀山的自然特色、历史文化，以及近年来在环保和旅游发展方面的成就。

任务目标

（1）了解信息检索的概念、目的和意义。
（2）对信息检索进行初步体验。
（3）学会信息检索的基本技巧和方法。
（4）掌握搜索引擎的基本使用方法。

任务要求

（1）利用搜索引擎，收集有关青秀山的文字和图片资料。
（2）利用搜索引擎，规划去青秀山的导航路线。

基础知识

1. 网络信息资源的定义

网络信息资源是指通过计算机网络可以利用的各种信息资源的总和，即以数字化形式记录的、以多媒体形式表达的、分布式存储在网络计算机的存储介质以及各类通信介质上的、通过计算机网络通信方式进行传递的信息内容的集合。网络信息资源将原本相互独立、分布于世界各地的数据库、信息中心、文献中心等联结在一起，形成一个内容与结构全新的信息整体。

2. 搜索引擎的概念

搜索引擎是根据一定的策略，运用特定的计算机程序搜集互联网上的信息，在对信息进行组织和处理后，为用户提供检索服务的系统。当用户输入关键词进行查询时，搜索引擎会告诉用户包含该关键词信息的所有网址，并提供通向该网址的链接。搜索引擎既是用于检索的软件，又是提供查询、检索的网站。所以，搜索引擎也可称为 Internet 上具有检索功能的网页。

3. 信息检索的概念

“检索”一词源自英文“retrieval”。将大量相关信息按一定的方式和规律组织和存储起来，形成某种信息集合，并能根据用户的特定需求快速高效地查找出所需信息的过程称为信息检索。

任务实施

1. 使用搜索引擎搜索

常见的搜索引擎有百度搜索、360 搜索、搜狗搜索、微软必应等。其中百度搜索是全球领先的中文搜索引擎，是网民获取中文信息的最主要入口。本任务以百度搜索为例，检索“青秀山”的相关信息。

（1）打开浏览器，在地址栏输入“www.baidu.com”，按 Enter 键即可打开百度搜索首页。

（2）在搜索框中输入“青秀山”，直接按 Enter 键或者单击“百度一下”按钮，便可以浏览如图 3-1 所示的搜索结果。

图 3-1　在百度搜索引擎查找“青秀山”

（3）下拉此页面可以看到更多的与青秀山相关的搜索结果。每个搜索结果由内容标题、内容简介和内容来源组成，从图 3–1 可以看到排在最前面的搜索结果，内容来源于南宁青秀山风景名胜旅游区管理委员会网站，单击标题可以打开该网站的主页，可进一步了解青秀山官方的相关信息。

2. 一图胜千言——青秀山视觉印象探索

在信息检索中，图片搜索是不可忽视的一部分，它能够帮助用户更直观、更迅速地理解并记忆信息。青秀山作为中国南方著名的风景区，其自然和人文景观需要通过高质量的图片直观展现。如何利用图片搜索技巧，获取青秀山具有代表性的图片资料，并通过这些图片深入了解青秀山的自然景观和文化遗产呢？

百度搜索引擎的搜索结果是按内容类别展现的，默认看到的是网页类，在顶部看到还有“图片”“资讯”“视频”“笔记”“地图”“贴吧”“文库”等其他类别。

（1）打开浏览器，进入百度主页，在搜索框中输入“青秀山”，按 Enter 键后可看到默认为“网页”类别的结果。

（2）单击上方的“图片”类别按钮，可以看到与青秀山相关的图片。

（3）单击某张自己感兴趣的图片，可以打开该图片大图，如图 3–2 所示。

图 3–2 百度打开图片大图页面

（4）如果想找到与该图片类似的其他图片，可以直接拖曳图片到搜索框，这里支持从当前网页拖曳或者从电脑本地文件拖曳。也可以单击搜索框右边的“相机”图标，启用百度识图功能，通过拖曳或本地上传，以及粘贴图片网址进行搜图。

3. 青秀山路线导航，规划探索之旅

俗话说“百闻不如一见”，单从网页文字和图片上了解青秀山是不够的，最好能实地游览一番。学生优先选择的交通方式是公交出行，具体的路线和路程所花时间如何查找呢？

（1）打开百度搜索引擎首页，单击上方的“地图”类别按钮，即可进入百度地图功能页面。

（2）在搜索框中输入“青秀山”，会自动弹出几个选项，选择“青秀山风景区”选项。

（3）单击“到这去”按钮，在“起点”输入框中输入要出发的地点，例如学校名称，也会自动弹出更具体的地点，选择正确的地址，地图将自动弹出多种路线供用户选择，如图 3–3 所示。

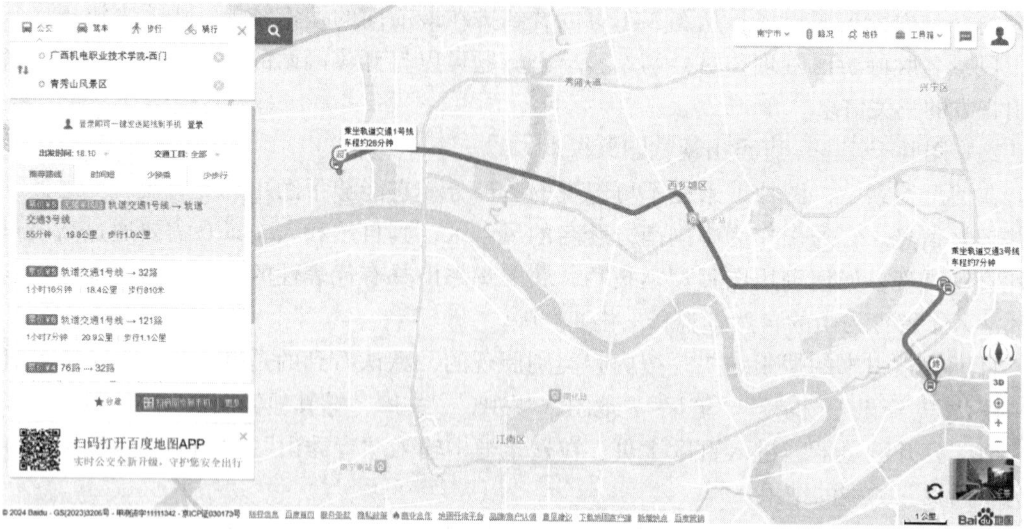

图 3-3　去往青秀山的公交路线

任务评价

请填写如表 3-1 所示的自我评价表。

表 3-1　自我评价表

知识与技能	掌握程度		
	熟练掌握	掌握	基本掌握
搜索引擎的应用			
搜索图片			
搜索地图			
自评结果	A. 优秀　B. 良好　C. 中等　D. 及格　E. 不及格		

习　题

单选题

1. 网络信息资源是指通过计算机网络可以利用的各种信息资源的总和，以下选项中（　　）不属于网络信息资源。

A. 在线数据库　　B. 纸质书籍　　C. 电子邮件　　D. 网络新闻

2. 搜索引擎的主要功能是（　　）。

A. 销售商品　　B. 检索互联网信息

C. 提供在线游戏　　D. 提供电子邮件服务

3. “检索”一词在信息检索中意味着（　　）。

A. 存储信息　　B. 查找信息　　C. 加密信息　　D. 删除信息

4. 在使用百度搜索引擎时，如果想获取与青秀山相关的图片，应该单击（　　）类别按钮。

A. 网页　　B. 视频　　C. 图片　　D. 资讯

5. 在百度地图中，如何输入起点以获取到青秀山风景区的路线？（　　）。

A. 直接在搜索框中输入终点　　B. 单击“到这去”按钮，输入起点和终点

C. 在地图上直接单击选择起点和终点　　D. 通过语音指令输入起点

任务拓展

撰写一份检索报告。利用搜索引擎，收集有关青秀山的自然和人文资料，探究青秀山的历史文化背景及其旅游资源，了解青秀山在生态保护与可持续发展方面的实践。以下为参考步骤。

1）确定检索目标

明确需求：确定报告的主要内容方向，包括青秀山的自然景观、人文历史、旅游资源以及生态保护与可持续发展实践。

2）构建检索式

自然景观：构建如“青秀山 自然景观”“青秀山 景点介绍”的检索式。

人文历史：构建如“青秀山 历史背景”“青秀山 文化遗迹”的检索式。

旅游资源：构建如“青秀山 旅游攻略”“青秀山 景点推荐”的检索式。

生态保护与可持续发展：构建如“青秀山 生态保护措施”“青秀山 可持续发展实践”的检索式。

3）执行检索操作

执行搜索：根据构建的检索式，在选定的搜索引擎中执行搜索操作。

筛选信息：浏览搜索结果，利用标题、摘要和来源初步筛选相关信息。

访问与评估：单击有价值的链接深入访问，评估信息的质量、权威性和相关性。

4）整理与分析资料

收集资料：将筛选后的有用信息复制或下载下来，整理成文档或笔记形式。

内容分类：将收集到的资料按自然景观、人文历史、旅游资源和生态保护4个方面分类。

分析总结：对每类资料进行总结，提炼关键信息，形成对青秀山全面而深入的了解。

5）撰写检索报告

（1）编写提纲：根据检索目标和整理的资料，编写报告提纲，包括引言、正文和结论部分。

（2）撰写内容：

引言：

简述青秀山的概况和报告的目的。

正文：

自然景观：描述青秀山的主要自然景点和特色。

人文历史：阐述青秀山的历史背景和文化遗迹。

旅游资源：列举青秀山的旅游攻略和推荐景点。

生态保护与可持续发展：分析青秀山在生态保护和可持续发展方面的实践与成效。

结论：总结青秀山在保护与开发方面的平衡之策，以及其对地方经济和文化的贡献。

添加引用：

在报告中注明信息来源，体现学术规范。

（3）格式化：根据要求进行报告的格式排版。

6）审阅与修改

初审：完成初稿后，进行初步审阅，检查信息的准确性和论证的逻辑性。

征求反馈：向同学或教师征求意见，根据反馈进行相应的修改和完善。

终审：进行字词、语法和格式的最终审校，保障报告质量。

7）报告提交

按时将完成的检索报告提交。

任务 2　巧用搜索引擎的高级搜索方法

任务背景

搜索引擎已成为人们获取信息的重要工具。表面上，用户只需在一个简洁的输入框内输入关键词，搜索引擎便能迅速呈现所需信息，宛如一部无所不知的“百科全书”，解答用户各种各样的疑问。然而，这个用户眼中简单直观的过程，对搜索引擎而言却充满了复杂性与挑战。

首先，网络上的数据资源规模庞大且内容多样，中文网页的数量已达数千亿之巨（据 CNNIC 统计，这一数字具体为 1 900 亿），其中不乏低质量信息、垃圾信息甚至非法内容。

面对如此复杂多变的网络信息环境和用户需求，掌握有效的搜索引擎高级搜索方法变得尤为重要。这些高级搜索方法可以帮助用户精确筛选信息，提高搜索效率和结果的相关性。本任务将探讨如何利用这些高级搜索方法，更加高效和准确地获取所需信息。

任务目标

（1）了解和掌握搜索引擎的高级搜索技巧。

（2）提高信息检索的精确度和效率。

（3）能够在不同的搜索场景中灵活运用高级搜索方法。

（4）培养信息筛选和评估的能力，确保所获取信息的真实性和可靠性。

任务要求

研究并理解搜索引擎的高级搜索功能，包括但不限于使用引号进行精确搜索、使用减号排除特定词汇、使用“site:”限定特定网站搜索等。

基础知识

1. 百度的高级搜索功能

百度高级搜索是在搜索时，按设定的限制条件搜索，包括以下功能。

（1）包含全部关键词：类似我们常用的搜索方式，搜索引擎会整个关键词搜索（如中国特色社会主义现代化），也会分散关键词搜索（如中国特色、社会主义、现代化）。

（2）包含以下完整关键词：这个功能与第一个功能是对应的，输入关键词后，搜索结果就只会出现包含完整关键词的结果（使用英文引号将关键词括起来，如 " 中国特色社会主义现代化 "）。

（3）包含以下任意一个关键词：输入若干个关键词，百度将会以若干个关键词为基础，任意包含其中一个关键词的信息都是搜索结果（如中国特色 社会主义 现代化）。

（4）不包含以下关键词：使用减号（–）排除某些关键词，例如，搜索“南宁旅游”，但不包含“青秀山”，可以输入：" 南宁旅游 –青秀山 "（注意在减号前加空格）。

（5）文档格式：使用 filetype 命令限定文件格式，例如，要搜索 PDF 文件，可以输入 filetype:pdf。

（6）关键词位置：使用 intitle 指令限定关键词出现在网页标题中，如 intitle: 大国重器；使用 inurl 指令限定关键词出现在网页 URL 中，如 inurl: 大国重器。

（7）站内搜索：使用 site 指令限定搜索范围在特定网站内，例如，大国重器 site:gov.cn，限定在政府网站内搜索“大国重器”。

（8）时间限定：可以限定搜索的时间范围，如一月内。

2. 信息的鉴别

互联网上的信息包罗万象，既可以成为学习、生活的知识源泉，也有可能成为上当受骗的陷阱，在使用互联网时需要鉴别信息的真实性，识别虚假信息。

（1）注意分辨是不是广告信息。在百度中有些搜索结果旁边有一个“广告”标签，这类结果是广告信息。

（2）注意分辨是不是官网。搜索单位或公司名称时，请认准“官方”标签。

（3）网络信息不可尽信。例如，查询到某公司的招聘信息，宣传的工作环境优越、薪资优厚，此时一定要注意从不同方面搜索一下此公司的其他相关信息，尤其是多注意负面信息，从而推断招聘信息是否可信。

（4）不信、不传虚假信息。虚假信息一旦经过网络进行传播，不仅仅欺骗大众，严重时还会扰乱社会秩序。例如，2011 年福岛核电站泄漏，网络上出现加碘食盐可以防辐射的虚假信息并且迅速传播，导致多个地区食盐被抢购一空。

任务实施

以上所述高级搜索方式，可以根据自身的使用习惯或者记忆程度，选择使用百度提供的图形界面进行操作，或者直接在搜索框输入命令完成搜索。本任务以图形界面为例。

1. 用高级搜索查找新资讯

在当今高速发展的航空工业领域，国产大飞机的发展标志着我国科技创新和工程实力的重大突破。C919 等机型不仅是我国航空制造业的代表作，也承载着国家和民族的自豪。为了及时掌握国产大飞机的最新进展、技术突破和市场应用，可以利用高效的搜索技巧，准确快速地获取最前沿的信息。

（1）打开百度高级搜索图形界面。进入百度搜索引擎首页，将鼠标指针悬停在右上角的“设置”链接上，在下拉菜单中选择“高级搜索”选项，进入高级搜索图形界面。

（2）输入关键词。在“包含全部关键词”文本框中输入“国产大飞机”或者“C919”关键词。

（3）限定时间范围。在“时间”选项右侧，将“时间不限”改为“一月内”，确保信息资讯的实时性。

（4）单击“高级搜索”按钮，可搜索到最近一个月内关于国产大飞机的新信息。

2. 用高级搜索查找 PPT 文件

了解到国产大飞机的发展取得了令人欣喜的成就，如果想做一份 PPT 文件与同学们分享，想找一些相关的 PPT 文件参考，怎么比较快地找到呢？仍以百度高级搜索图形界面为例进行操作。

（1）打开百度高级搜索图形界面。

（2）输入关键词。在“包含全部关键词”文本框中输入“国产大飞机”关键词。

（3）限定文档格式。找到“文档格式”，将“所有网页和文件”改为“微软 PowerPoint（.ppt）”。

（4）单击“高级搜索”按钮，展示搜索到的结果，每个链接对应的都是 PPT 文件。

3. 用高级搜索确定信息来源

网络信息来源繁杂，政府机构发布的信息相对来说更具权威性，如何快速从政府网站中搜集信息？这要用到百度高级搜索的站内搜索功能。

（1）打开百度高级搜索图形界面。

（2）输入关键词。在“包含全部关键词”文本框中输入“国产大飞机”关键词。

（3）站内搜索。如果要在一个网站内搜索，可以在“限定要搜索指定的网站是”文本框中输入该网站的网址，如在新华网内搜索，则输入 www.news.cn ；如果要在很多政府类的网站内搜索，可以输入 gov.cn。

（4）如图 3-4 所示是在新华网搜索到的结果，如图 3-5 所示是在政府类的网站搜索到的结果。注意第 3 条结果下面的“广告”标签。

图 3-4　在新华网搜索到的结果

图 3-5 在政府类的网站搜索到的结果

任务评价

请填写如表 3-2 所示的自我评价表。

表 3-2 自我评价表

<table>
<tr><td colspan="2" rowspan="2">知识与技能</td><td colspan="3">掌握程度</td></tr>
<tr><td>熟练掌握</td><td>掌握</td><td>基本掌握</td></tr>
<tr><td colspan="2">高级搜索找新资讯</td><td></td><td></td><td></td></tr>
<tr><td colspan="2">高级搜索找 PPT 文件</td><td></td><td></td><td></td></tr>
<tr><td colspan="2">站内搜索</td><td></td><td></td><td></td></tr>
<tr><td>自评结果</td><td colspan="4">A. 优秀　B. 良好　C. 中等　D. 及格　E. 不及格</td></tr>
</table>

习　题

选择题

1. 以下选项中，(　　) 正确描述了搜索引擎的高级搜索功能。

A. 只能用于搜索图片

B. 允许用户更精确地筛选和定义他们的搜索参数

C. 仅在百度中可用

D. 搜索结果随机排列，没有相关性排序

2. 使用双引号（""）在百度中搜索“C919 国产大飞机”，(　　)。

A. 搜索结果将只包含同时含有“C919”和“国产大飞机”的页面

B. 搜索结果会包含分别含有“C919”或“国产大飞机”的页面
C. 搜索结果只包含含有“C919 国产大飞机”这个连续字符串的页面
D. 不会影响搜索结果
3. 在百度搜索中使用减号（-）的目的是（　　）。
A. 增加搜索结果中的广告数量
B. 排除特定词汇出现在搜索结果中
C. 只搜索包含减号前词汇的内容
D. 提高搜索结果中的网页速度
4. 以下选项中，（　　）用于限定搜索内容在特定网站内。

A. intitle　　B. inurl
C. site　　D. filetype

5. 如果要搜索最近一年内的关于“人工智能”的 PDF 文件，正确的操作是（　　）。
A. 在百度搜索中输入“人工智能 filetype:pdf 一年内”
B. 在百度搜索中输入“人工智能 filetype:pdf 最近一年”
C. 在百度搜索中输入“filetype:pdf 人工智能 site: 最近一年”
D. 无法通过搜索命令实现

任务拓展

目前主流的搜索引擎一般都有高级搜索功能和图形界面，尝试用搜狗、360 搜索、必应的高级搜索功能，实现以上检索过程。

项目 2　信息平台检索

任务 1　实践常用的信息检索方法

任务背景

在数字化时代，信息检索技能成为了学习、工作和日常生活中不可或缺的一部分。有效地利用信息检索方法不仅可以节省时间，还能提高获取信息的准确性和相关性。本任务旨在通过实际操作，让学生掌握并实践常用的信息检索方法，包括在线课程资源，课外考试信息，兼职、就业信息以及购物比价等常用信息的检索。

任务目标

（1）掌握并应用常用的信息检索方法，以提高信息检索的效率和准确性。
（2）学习如何利用不同的信息平台和资源，如在线课程资源、考试数据库等。
（3）能够在不同的信息需求场景中，灵活运用所学的检索方法。

任务要求

（1）在 MOOC（慕课）平台上找到与自己所学专业相关的一门课程并参与学习。

（2）在考试数据库中找到一个与自己今后将要参加的资格证考试相关的信息，并注册学习。

（3）在求职招聘平台上寻找兼职或实习信息。

基础知识

1.MOOC 平台

定义：MOOC 的全称为 massive open online courses，中文名为慕课，即大型开放式在线课程，通过网络平台向公众提供免费或低成本的在线教育课程。国内主流的 MOOC 平台有中国大学 MOOC、学堂在线、智慧树、学银在线、好大学在线等，提供来自世界各地高等教育机构和企业的在线课程。

MOOC 的特点如下。

（1）大规模：MOOC 允许大量学生同时参与，一门课程可能有几千甚至上万名学生参与。

（2）开放：任何人都可以注册学习，没有特定的入学要求，且课程内容免费或低成本。

（3）在线：学习主要通过互联网进行，不受地域限制，学生可以在任何有网络连接的地方学习。

（4）课程完整性：MOOC 通常包含完整的教学环节，如开课、上课、作业、反馈、讨论、评价和考核等，有的课程提供学习合格证书。

（5）检索技巧：使用具体课程名称、专业关键词或者感兴趣的技能均可进行检索，如“计算机科学”“数据分析”等。

2. 考试数据库

定义：考试数据库一般是图书馆购买的电子资源数据库，如中科 VIPExam 考试库、银符在线考试系统等，收录了大量考试方面的资源。其中，中科 VIPExam 考试库是一套集日常学习练习、考前模考自测、在线无纸化考试等功能于一体的教辅系统，涵盖外语类、计算机类、考研（含在职考研）类、公务员类、财经类、司法类、医学类、工程类、自考类、职业资格类、实用职业技能类等 12 大类 2 200 小类考试科目。

检索技巧：利用具体考试名称或者证书名称作为关键词，如“英语等级考试”“教师资格证考试”等。

3. 求职招聘平台

定义：求职招聘平台是指基于互联网技术，提供招聘服务和人才资源的专业平台。它运用互联网及相关技术，帮助雇主和求职者完成招聘和求职的过程。这类平台通常提供一系列的服务，如招聘信息发布、求职者注册、简历管理、人才筛选、定制招聘专区、求职简历生成、职位搜索、薪酬查询等，提供兼职、全职、实习等职位信息。求职招聘平台为企业和求职者搭建起直接联系和交流的桥梁，实现了人力资源的高效匹配。目前比较知名的求职招聘平台有领英、智联招聘、前程无忧、BOSS 直聘等。另外还有一些综合类网站设置有专门的招聘频道，如赶集网、58 同城等。

检索技巧：使用行业、工作职位、工作地点等作为关键词进行搜索，如“深圳 平面设计师”。

任务实施

1. 在中国大学 MOOC 检索课程并学习

（1）打开中国大学 MOOC 网站（https://www.icourse163.org/）。

（2）登录网站。单击右上角的“登录”按钮，在弹出的对话框中单击“短信快捷登录”按钮，输入手机号及验证码，快捷登录。

（3）可以通过浏览左边的类别菜单或者上方的课程下拉菜单，选择一类课程进行搜索，也可以直接在右上方的搜索框中输入课程名称，如“摄影”，结果如图 3-6 所示。

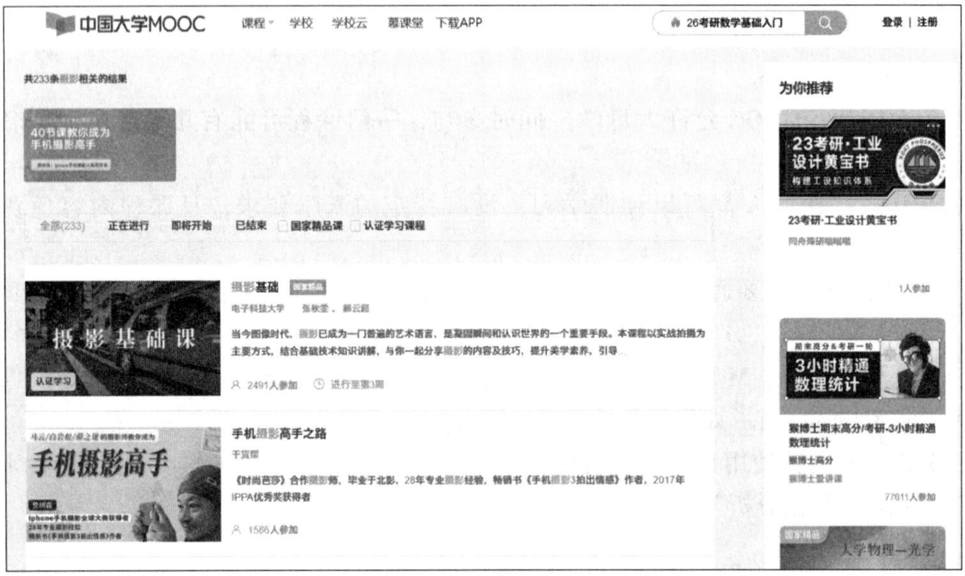

图 3-6　在中国大学 MOOC 搜索课程结果

（4）选择一门想学的课程进入（注意有收费或免费的课程），免费的课程可以直接单击“立即参加”按钮，系统将弹出对话框，让学生选择认证学习模式或者免费学习模式，如果不需要证书，则选择免费学习模式，系统将弹出诚信协议，勾选“我已认真阅读并同意上述相关内容”复选框后单击“确定”按钮，即可进入学习。

2. 在考试库中检索试卷进行计算机等级考试练习

（1）打开中科 VIPExam 考试库（https://www.vipexam.cn/）。

（2）平台提供了多种检索方式，除用顶部的检索框进行普通检索外，菜单栏的检索导航栏中还提供了快速检索、标准检索、高级检索、学科导航、名师导航方式，其中，名师导航是以教师进行分类的视频课程，学科导航是按学科分类的各种考试试卷，其他的检索方式则可以检索出视频、试卷或试题。利用学科导航可以快速地了解到有哪些考试，本任务选择学科导航。

（3）单击上方的“计算机”链接，跳转到计算机考试大类列表，如果想练习一级考试的内容，可以单击“一级计算机基础及 WPS Office 应用”链接，打开该项目下的模拟试卷列表。

（4）选择其中一份试卷，单击打开试卷，再次单击开始答题，弹出的对话框中有两个选项：日常练习模式和全真考试模式，任选一个进入。

（5）单击左侧的“开始答题”按钮，系统开始进入答题模式倒计时。

3. 在求职网站上检索实习信息

在求职网站上可以通过检索和浏览了解岗位信息。如果有求职需求，一般都要注册并登录求职网站，各个网站的注册登录方式不尽相同，按网站提示进行注册登录即可。下面以广西 24365 大学生就业服务平台为例，进行实习岗位的检索。

（1）打开浏览器，进入广西 24365 大学生就业服务平台（https://www.gxbys.com/）

（2）在最顶部的搜索框中输入“实习”并按 Enter 键，进入职位列表。

（3）职位列表上方有筛选区，可以对所在城市、福利进行筛选，在“其他”筛选区，可以按薪资水平、学历要求、工作经验、单位规模、发布时间等进行筛选，系统默认把最新发布的信息排列在最前面。在学历要求下拉菜单中选择“专科及以上”选项。

（4）浏览筛选出来的岗位，单击其中一个岗位链接查看岗位详情。

任务评价

请填写如表 3-3 所示的自我评价表。

表 3-3 自我评价表

<table>
<tr><td rowspan="2">知识与技能</td><td colspan="3">掌握程度</td></tr>
<tr><td>熟练掌握</td><td>掌握</td><td>基本掌握</td></tr>
<tr><td>找课程学习</td><td></td><td></td><td></td></tr>
<tr><td>在考试库中找试卷</td><td></td><td></td><td></td></tr>
<tr><td>在求职网站上找实习岗位</td><td></td><td></td><td></td></tr>
<tr><td>自评结果</td><td colspan="3">A. 优秀　B. 良好　C. 中等　D. 及格　E. 不及格</td></tr>
</table>

习　题

单选题

1. 以下选项中，（　　）主要提供大型开放式在线课程（MOOC）。

A. 中国大学 MOOC　　B. 中科 VIPExam 考试库

C. 广西 24365 大学生就业服务平台　　D. 领英

2. 关于中国大学 MOOC 的特点，以下选项中错误的是（　　）。

A. 大规模　　B. 开放

C. 在线　　D. 全部课程都需要付费

3. 在求职招聘平台上寻找工作时，关键词（　　）最有效。

A. 最新
B. 热门
C. 行业 + 职位 + 地点
D. 最高薪资
4. 中科 VIPExam 考试库主要提供的资源是（　　）。
A. 在线课程视频
B. 考试学习资源，包括试卷和模拟考试
C. 求职招聘信息
D. 图书购买
5. 在中国大学 MOOC 上搜索课程时，以下选项中正确的是（　　）。
A. 直接在首页上方的搜索框输入课程名称
B. 必须通过手机号登录后才能搜索
C. 只能通过浏览类别菜单找课
D. 只能搜索免费的课程

任务拓展

除在网页上可以检索到大量的信息，在手机的微信中也可以检索到很多最新信息。以检索实习岗位为例，利用微信的搜索功能检索最新的实习岗位信息的步骤如下。

（1）打开微信，单击右上角的“搜索”按钮。

（2）输入“实习”，在“搜索网络结果”下方单击“实习”选项。

（3）搜索结果默认列出全部，后面还有视频号、文章、公众号等类别，想查找实习的相关信息，选择文章类别。

（4）文章列表默认本地信息排在前面，后面有按最新、最热、已关注、最近读过排序的选项，分别单击“最新”“最热”选项进行浏览。

（5）单击一条感兴趣的信息，进入查看。

任务 2　探索 AI 助力信息检索

任务背景

在当今社会，工匠精神成为了各行各业追求卓越和精细工作的代名词。习近平总书记多次强调工匠精神的重要性，指出要在全社会弘扬精益求精的工匠精神，激励广大青年走技能成才、技能报国之路。

青年是工匠精神的继承者与发扬者，青年对知识技能的热爱将全面推动全社会对工匠精神的价值认同。工匠精神只有在青年心中筑牢根基，才能不断在全面建设社会主义现代化国家的新征程上生根发芽，在实现中华民族伟大复兴的道路中绽放绚丽之花。

本任务旨在通过 AI 搜索工具，深入了解工匠精神的历史背景、核心价值及其在现代社会中的体现和重要性。

任务目标

（1）了解 AI 搜索工具的使用方法。

（2）了解工匠精神的基本内涵。

（3）理解工匠精神在现代社会中的重要价值和实践应用。

任务要求

（1）利用 AI 搜索工具收集工匠精神的相关资料。

（2）分析工匠精神在不同文化和行业中的表现形式及其影响。

（3）查找现代企业或个人践行工匠精神的案例。

（4）明白工匠精神对于个人职业发展和社会进步的意义。

基础知识

随着 AI 技术的发展，号称解决传统搜索信息冗余、广告繁杂痛点的 AI 搜索工具开始涌现。这些以用户为中心，能理解语义、支持个性化推荐的跨模态跨语言检索、可以深度交互的 AI 搜索甫一出现就深受用户喜爱。

AI 搜索的定义目前没有权威的说法。这里用 AI 搜索给出的答案作为参考。

1. AI 搜索的初步定义

AI 搜索属于一种依托人工智能技术的智能化搜索体系，能够依据用户需求与行为给予用户个性化、精准的搜索结果，为用户打造更为高效的信息检索感受。

2. AI 搜索的具体过程

无论何种 AI 搜索软件，当用户提出问题时，通常会遵循一个包含 6 个步骤的流程。

（1）理解问题：运用语言技术，迅速剖析用户意图，提炼出如书名、作者、人名等关键信息。

（2）检索信息：把用户问题与数据库中的文档、图片等快速匹配，找出相关段落与句子。

（3）整合答案：对检索到的信息进行去噪处理，剔除广告、重复段落等干扰内容，保证剩余信息均为有用信息。

（4）生成回答：将整合后的有用信息汇总以生成回答。

（5）结果验证：核查生成的回答是否准确、完整。

（6）不断优化：依据用户的反馈与后续搜索行为，持续改进与优化搜索结果。

3. AI 搜索的特点

AI 搜索不同于传统搜索引擎，其更关注用户体验，界面简洁直观，提供多种实用功能，使用户能够更便捷地获取所需信息。例如 Perplexity，不但能搜索、导出价值报告，还能分类存储，便于用户追溯，解决了当下浏览器搜索无记忆的缺陷，创新式的用户体验使其赢得了市场的认可。

4. AI 搜索的应用场景

AI 搜索在多个领域均有应用，在学术研究方面，科研人员可利用其快速获取最新研究成果与相关领域知识；在职场中，人们能够借此获取行业资讯、学习新知识并了解竞争对手；在日常生活中，AI 搜索能够提供旅游攻略、健康咨询和美食推荐等实用信息。

5. AI 搜索的未来趋势

随着技术的发展，AI 搜索将在多方面持续进步，例如在语义理解方面，它能够更为精准地理解用户查询意图，并依据上下文进行更深入的推理与分析，提供更精确的搜索结果；在图像搜索方面，AI 搜索结合计算机视觉技术，达成基于图像内容的智能化搜索；在多模态搜索方面，它与音频、视频等多种形式相结合，提升搜索的便捷性与用户体验。

6. 有关 AI 搜索的其他概念

1）AI 搜索的市场竞争

国内搜索引擎“一超多强”的格局多年来已经固定，当所有人朝着 AI 搜索进军时，无疑是在向百度多年构建的领地投石。国内的大模型厂商涉足 C 端时，都瞄准了 AI 搜索，包括从事 AI 与搜索的两类厂商。Kimi、豆包、文心一言、通义千问、腾讯元宝等属于大模型内嵌搜索，360 搜索、秘塔搜索、天工 AI 搜索、百川 AI 搜索、百小应、百度简单搜索等则专门推出了 AI 搜索产品。

2）AI 搜索的技术挑战

AI 搜索在技术层面仍面临着一些挑战，例如需要大量标注好的图片用于训练，耗费大量时间与资源；在某些特殊场景下，如图片模糊或变形，可能无法提供准确的搜索结果；数据质量、大规模图像识别与隐私保护等问题也有待解决。

3）AI 搜索的商业模式

AI 搜索的商业模式可能涵盖广告变现、数据销售等。例如通过在搜索结果页面添加广告以实现流量变现，或者对用户搜索行为和数据进行分析并出售给第三方机构。

任务实施

1. 使用百度搜索引擎的 AI 功能检索工匠精神的相关资料

（1）在浏览器中打开百度搜索首页，在搜索框中输入“工匠精神”，单击“百度一下”按钮。

（2）默认看到的是传统的搜索结果页面，单击上方的“AI 助手”按钮，AI 助手开始自动到网上检索，并归纳总结，结果如图 3–7 所示。

图 3–7　百度 AI 助手检索结果

（3）单击下方问题列表中的任意一个，检索更多信息，如果没有适合自己的问题，可以在下方的输入框中输入新的问题，继续检索。

2. 使用 360AI 搜索收集工匠精神的相关资料

（1）打开浏览器，输入网址 so.360.com，打开 360 AI 搜索。

（2）在搜索框中输入“工匠精神”，单击“搜索一下”按钮。

（3）默认打开“AI 问答”模式，等待全部信息加载完毕，得到如图 3-8 所示的结果，左边是总结文字，右边有思维导图、参考资料、参考图片。

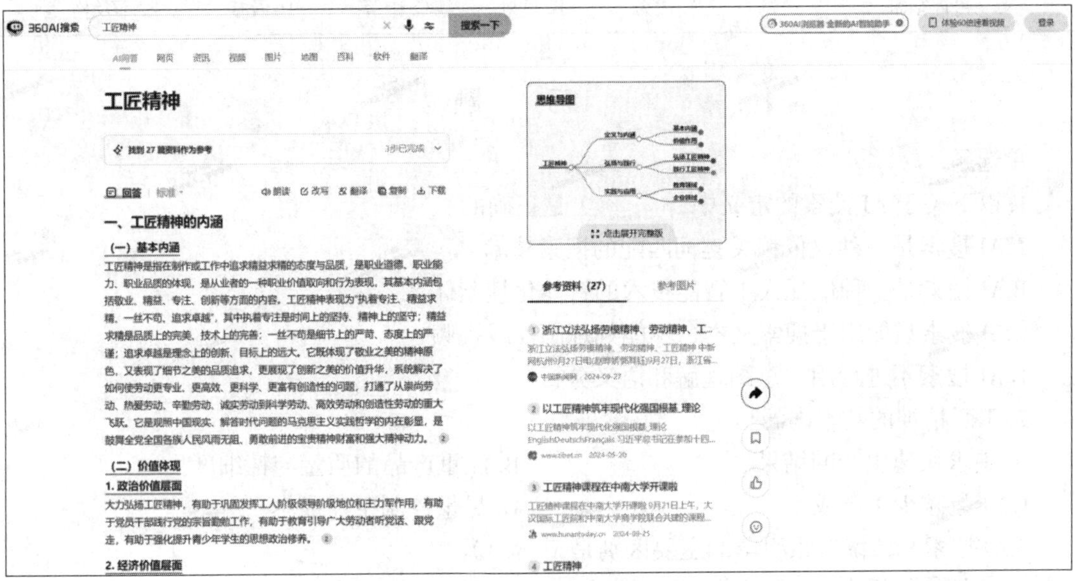

图 3-8　360 AI 搜索结果

（4）单击“搜索一下”按钮左侧的下拉按钮，可以在下拉菜单中切换“简单回答”“标准回答”“慢思考模式”“多模型协作”等不同回答模式，查看每种模式的效果。

3. 使用秘塔 AI 搜索搜集工匠精神的相关信息

（1）打开浏览器，输入网址 metaso.cn，进入秘塔 AI 搜索主页。

（2）在检索框中输入“工匠精神”并按 Enter 键。

（3）在检索结果页面可以选择结果的来源：全网、文库、学术、图片、播客，分别对应互联网普通页面、网络文库的文档、学术论文的文档、图片库或网页上的图片和音频播客的文章，下拉网页可以获得更多内容。

（4）除图片类内容外，其他类别的内容中还提供一键生成 PPT 演示文稿的功能。单击右侧的“生成演示文稿”按钮，可以生成一个简单的 PPT 文件。

（5）秘塔 AI 搜索同样也提供思维导图功能。单击右上角的“脑图”按钮，出现相关的思维导图。

任务评价

请填写如表 3-4 所示的自我评价表。

表 3-4 自我评价表

知识与技能	掌握程度				
	熟练掌握		掌握		基本掌握
传统搜索引擎的 AI					
360 AI 搜索					
秘塔 AI 搜索					
自评结果	A. 优秀	B. 良好	C. 中等	D. 及格	E. 不及格

习　　题

单选题

1. 以下关于 AI 搜索的定义中，(　　) 是正确的。

A.AI 搜索是一种仅依赖关键词匹配的搜索技术

B.AI 搜索是一种依托人工智能技术的智能化搜索体系

C.AI 搜索只能用于搜索文本，不能处理图片或视频

D.AI 搜索不进行用户意图理解和语义分析

2. 工匠精神的基本内涵是 (　　)。

A. 追求快速生产的结果　　B. 注重产品的质量与精细度

C. 尽量减少生产成本　　D. 尽量控制生产成本

3.AI 搜索和传统搜索引擎的主要区别是 (　　)。

A.AI 搜索能提供广告服务

B.AI 搜索更加注重用户体验与搜索结果的个性化、精准化

C.AI 搜索界面更加复杂

D.AI 搜索速度更慢

4. 习近平总书记强调工匠精神的重要目的是 (　　)。

A. 提高生产速度

B. 在全社会弘扬精益求精的工匠精神，激励广大青年走技能成才、技能报国之路

C. 降低产品价格

D. 扩大生产规模

5. 以下选项中，(　　) 不是 AI 搜索的特点。

A. 关注用户体验　　B. 提供多种实用功能

C. 界面复杂难懂　　D. 搜索结果个性化

任务拓展

利用 AI 搜索工具撰写一份检索报告。参考项目 1 中的任务 1 初识信息检索概念中拓展任务对检索报告的要求，搜集 2023 年大国工匠年度人物获得者的相关信息，分析工匠精神在不同文化和行业中的表现形式及其影响，思考工匠精神对于个人职业发展和社会进步的意义。

模块 4 WPS AI 文档编辑

★知识目标★

（1）了解 AI 文案创作工具的主要功能，掌握其基本操作方法。

（2）了解 WPS Office 的基本功能、运行环境、界面布局。

（3）理解文档编辑的基本原则和技巧，掌握字体、段落、页面设置等格式调整方法。

★技能目标★

（1）学会使用 WPS AI 生成器，生成讲话稿、文旅方案、自媒体文章、视频脚本、心得体会等相关文稿。

（2）掌握使用 WPS Office 编辑中的 WPS AI 工具生成各类文本、代码、图片等内容的方法。

（3）能够独立完成文档的创建和编辑，熟练运用各种格式设置和排版功能，提高文字处理效率。

★素质目标★

（1）理解 AI 智能办公，学会利用人工智能技术，将人工智能与办公场景结合，实现智能化、自动化的办公方式。

（2）能够认识到计算机技术在现代社会的重要性，培养学生学习计算机技术的兴趣和积极性，提升人工智能时代下的自我学习和终身学习能力。

（3）热爱国产软件，培养爱国情怀。

项目1　灵感市集创作

学习使用 WPS AI 工具协助创作并生成讲话稿、文旅方案、自媒体文章、视频脚本、心得体会等相应的文本、代码、图片内容。学会使用 WPS Office 文档编辑方法及图文混排等操作技术进行创作。

任务1　撰写一篇“五四青年节大会讲话稿”

任务背景

为庆祝一年一度的五四青年节，弘扬爱国主义精神，激励当代青年勇担时代重任，特开展“五四青年节大会讲话稿”创作项目。该项目旨在通过精心撰写的讲话稿，向广大青年传达国家期望、社会责任与个人使命，激发青年的爱国情怀、创新精神和奋斗意识，为青年成长成才提供精神动力和方向指引，共同庆祝青春，展望未来。

任务目标

（1）掌握使用 WPS AI 工具创作讲话稿的方法。
（2）掌握 WPS Office 的启动与退出，WPS Office 文件的建立与保存的操作方法。
（3）掌握 WPS Office 文档中文本的复制、剪切、粘贴等基本编辑技术。
（4）掌握 WPS Office 文档中文本编辑及段落格式化的设置方法。
（5）掌握 WPS Office 文档中边框、底纹和背景等格式的设置方法。
（6）掌握 WPS Office 文档中样式的应用。
（7）掌握 WPS Office 文档中文本查找和替换的操作方法。
（8）培养责任担当意识。

任务要求

（1）学习使用 WPS AI 工具创作一篇关于五四青年节大会的讲话稿。
（2）学会使用 WPS Office 完成讲话稿的编辑排版。

基础知识

（1）熟悉 WPS AI 在不同场景下的应用，各类文稿的快速生成。
（2）WPS Office 文字处理软件的功能和使用。
①文字处理软件的基本概念，WPS 文字的基本功能、运行环境、启动和退出。
②文档的创建、打开和基本编辑操作，文本的查找与替换等。
③文档的保存、保护、复制、删除、插入。

任务实施

1. 新建文件夹

新建一个考生文件夹（以学生所在班级、姓名和学号最后三位数为名，如计算机 2401 王华 028）

2. 将 JD2 文件夹复制到考生文件夹中

3. 文件的建立与命名

操作步骤：

（1）单击“开始”按钮，打开“开始”菜单，在其中单击“WPS 365 教育版”即可启动 WPS Office 应用程序。

（2）在 WPS Office 窗口左侧单击“新建”→“文字”→“空白文档”，新建一个文件。

（3）将文件以“五四青年节大会讲话稿 .wps”为名保存到硬盘中。选择“文件”→“另存为”选项，在弹出的“另存为”对话框的“文件名称”文本框中输入“五四青年节大会讲话稿 .wps”，“文件类型”选择“WPS 文字 文件（*.wps）”，如图 4–1 所示。

图 4–1 “另存为”对话框

注意：操作过程中注意随时保存文档。可以按快捷键 Ctrl+S，或者选择“文件”→“保存”选项。

4. 使用 WPS Office 中的 WPS AI 工具创作一篇“五四青年节大会讲话稿”

操作步骤：

（1）在 WPS Office 窗口中，选择菜单中的“WPS AI”→“灵感市集”，在弹出的“灵感市集”窗口中选择“社交媒体”→“自媒体文章撰写”，单击“使用”按钮，如图 4–2 所示。

（2）在主界面的信息输入框中输入“五四青年节大会讲话稿”等关键信息，单击右下角的生成按钮，如图 4–3 所示。

（3）文档中自动生成一篇“五四青年节大会讲话稿”。最后单击“保留”按钮（见

图 4–4）完成文稿生成。

图 4–2 “灵感市集”界面

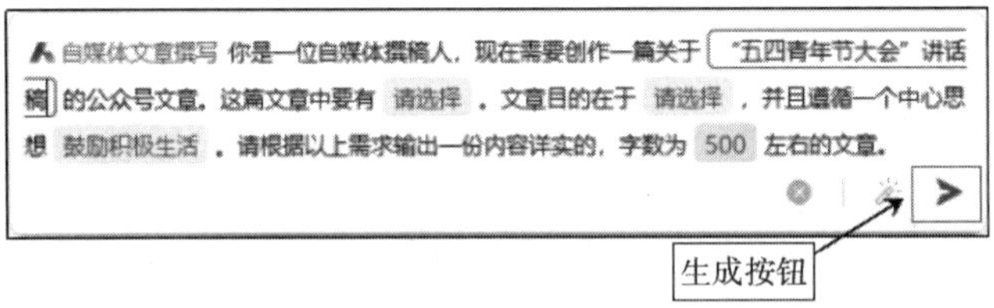

图 4–3 信息输入框

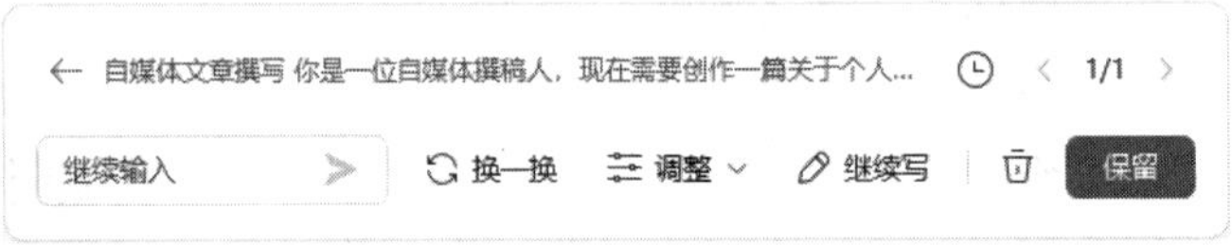

图 4–4 单击“保留”按钮

5. 文本格式修改

输入文字“五四青年节大会讲话稿”作为标题文本；对 WPS AI 工具创作生成的文稿的内容和格式进行修改。

（1）输入标题“五四青年节大会讲话稿”。

（2）适当调整文档格式和内容（如清除格式，删除空行，并对文字内容进行适当修改等简单操作）。

6. 文本修改

输入以下文字作为正文第 2 段的内容，将 JD2 文件夹中“W2a.docx”的内容复制到本文档中作为正文第 2 段后的内容五四青年节的活动意义在于纪念 1919 年爆发的五四运动，弘扬爱国、进步、民主、科学的五四精神，鼓励青年参与社会实践活动，传承和发扬中国青年的历史使命感和责任感。

操作步骤：

（1）将光标定位在第 1 段末尾，按 Enter 键换行，在新的一行处输入正文第 2 段的内容。

（2）打开 JD2 文件夹中的“W2a.docx”文档。

（3）选中“W2a.docx”文档中的所有文本内容（按快捷键 Ctrl+A，或使用其他操作方法）。右击，选择快捷菜单中的“复制”选项，或者按快捷键 Ctrl+C，把内容复制到剪贴板。

（4）将光标定位到“五四青年节大会讲话稿 .wps”文件的正文第 3 段起始处，右击，选择快捷菜单中的“粘贴”选项，也可选择“选择性粘贴”选项，在“选择性粘贴”窗口中选择以哪种方式粘贴内容。或者按快捷键 Ctrl+V 完成粘贴。

7. 设置标题格式

将第一行标题文本的字体格式设置为华文细黑，二号，加粗，字体颜色设置为深红；字符间距缩放 110%。段落格式设置为居中，段后间距为 1 行。

操作步骤：

（1）选中标题文字，单击“开始”选项卡“字体”组右下角的对话框启动器按钮，弹出“字体”对话框，在“字体”选项卡中进行字体、字号、字体颜色、字形的设置，如图 4–5 所示；在“字符间距”选项卡中将“缩放”设置为“110%”，单击“确定”按钮，如图 4–6 所示。

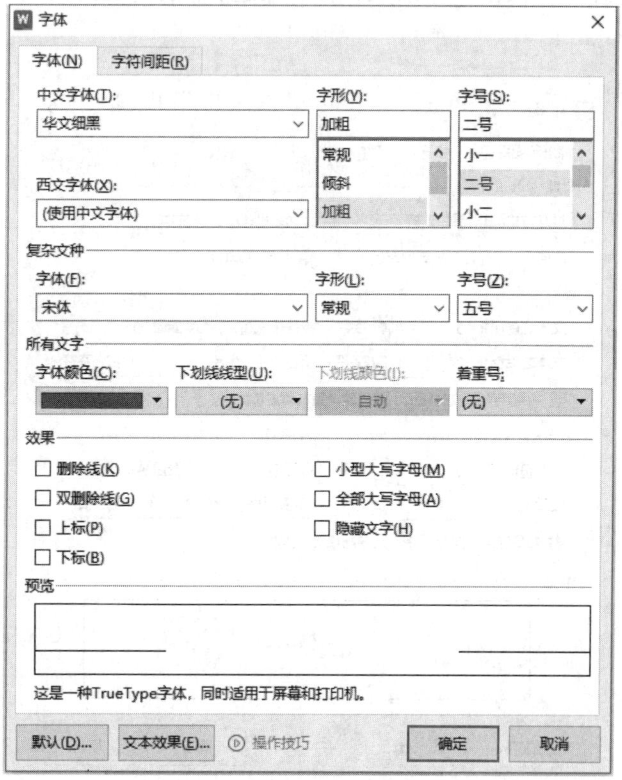

图 4–5　“字体”选项卡

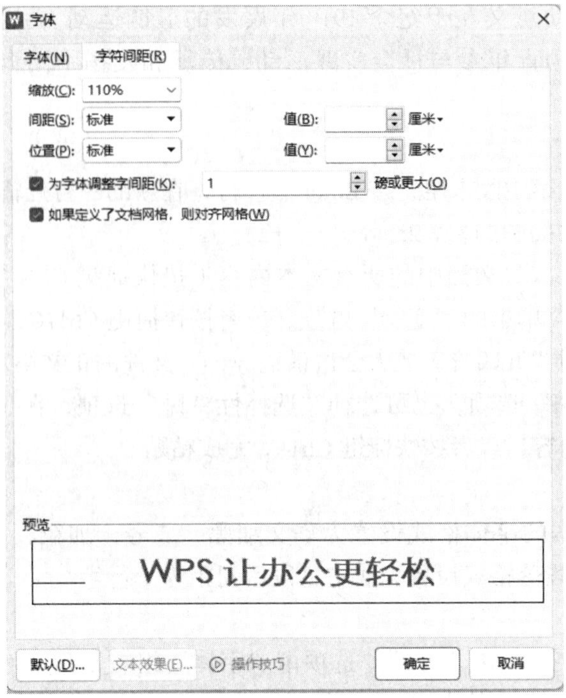

图 4-6 “字符间距”选项卡

（2）在“开始”选项卡的“段落”组中单击“居中”按钮，单击“段落”组右下角的对话框启动器按钮，弹出“段落”对话框，在“缩进和间距”选项卡中将“段后”设置为 1 行，如图 4-7 所示。

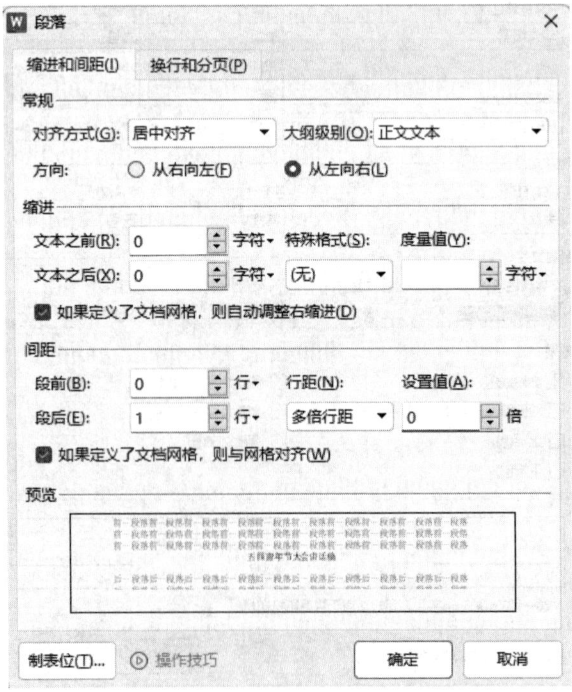

图 4-7 “缩进和间距”选项卡

8. 设置正文格式

将正文各段落中的中文字体格式设置为宋体，五号；设置正文各段首行缩进 2 字符，左、右各缩进 1 字符，行距为多倍的 1.2 倍行距。

操作步骤：

（1）选中正文所有段落，在“开始”选项卡的“字体”组中分别进行字体、字号的设置。

（2）选中正文所有段落，单击“段落”组右下角的对话框启动器按钮，打开“段落”对话框，在“缩进和间距”选项卡中将“特殊格式”设置为“首行缩进”，在“度量值”数值框中输入“2”，将“行距”设置为“多倍行距”，在“设置值”数值框中输入“1.2”，在“缩进”栏的“文本之前”和“文本之后”数值框中分别输入“1”，单击“确定”按钮，如图 4–8 所示。

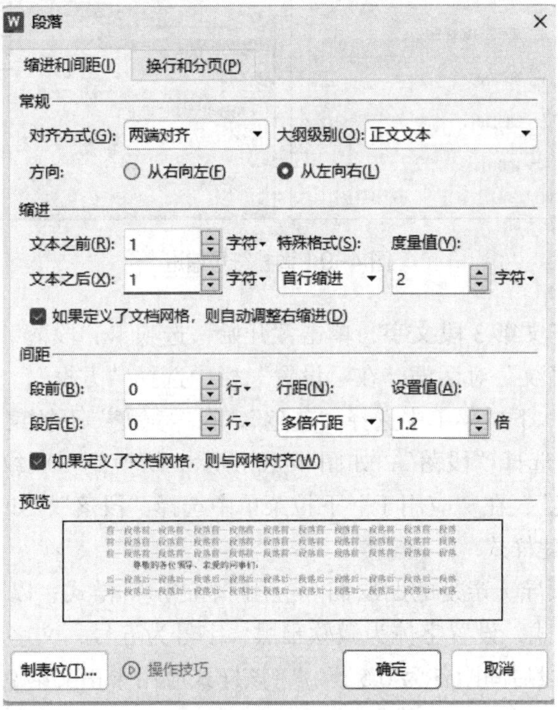

图 4–8 “段落”对话框

9. 添加项目符号

给正文中第 3 段“五四青年节的活动意义主要体现在以下几个方面：”后的 5 段内容添加项目符号“◆”，并设置项目符号的字体颜色为深红色，项目列表中设置符号缩进 2 字符，文本缩进 1 字符。

操作步骤：

（1）选中文档第 3 段“五四青年节的活动意义主要体现在以下几个方面：”后第 4~8 段的内容，单击“开始”选项卡“段落”组中的“项目符号”下拉按钮，在项目符号库中选择符号“◆”。

（2）选中符号“◆”，在“字体”组中设置字体颜色。

（3）选中项目列表中的文字并右击，在弹出的快捷菜单中选择“调整符号缩进”选项，在弹出的对话框中设置“符号缩进”为 2 字符，“文本缩进”为 1 字符，如图 4–9 所示。

10. 添加边框和底纹

给正文第 3 段“五四青年节的活动意义主要体现在以下几个方面：”添加方框、蓝色、1.5 磅的实线边框和橙色的底纹。

图 4–9　调整符号缩进

操作步骤：选中正文第 3 段文字，单击“开始”选项卡“段落”组中的“边框和底纹”按钮，弹出“边框和底纹”对话框，在“设置”栏中选择“方框”，在“线型”列表框中选择“实线”，在“颜色”下拉菜单中选择“蓝色”，在“宽度”下拉菜单中选择“1.5 磅”，在“应用于”下拉菜单中选择“段落”，如图 4–10 所示。切换到“底纹”选项卡，在“填充”下拉菜单中选择“橙色”，在“应用于”下拉菜单中选择“段落”，如图 4–11 所示。

11. 应用样式与新建样式

将“尊敬的各位领导、亲爱的朋友们”应用“标题 4”样式；以正文为样式基准，新建一个“段落样式 1”样式，设置字体为微软雅黑，字号为五号，文字颜色为深蓝色，行距为固定值 18 磅，段前、段后间距各为 0.5 行，将该样式应用于正文第 9 段。

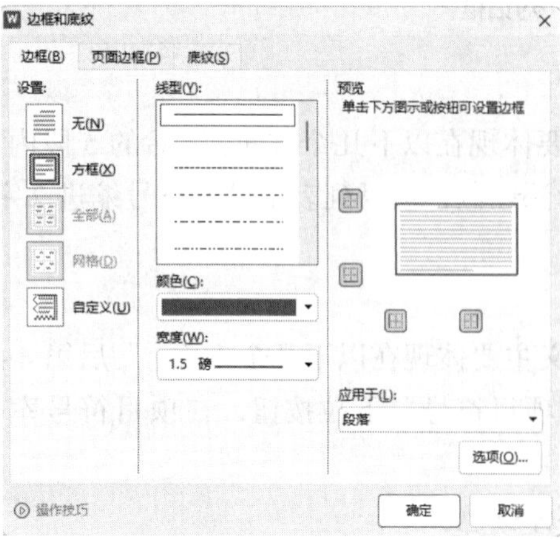

图 4–10　设置边框

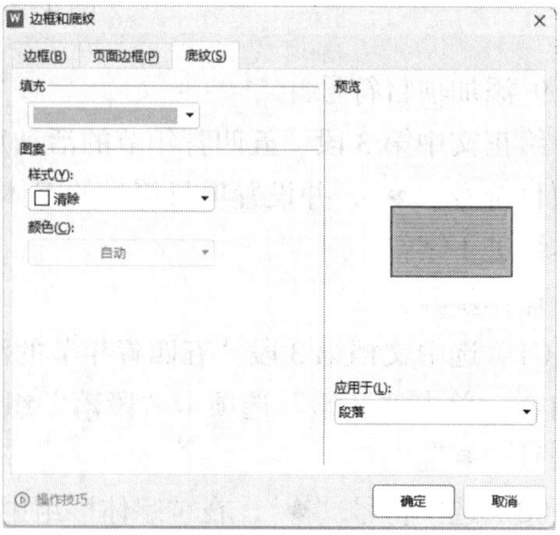

图 4–11　设置底纹

操作步骤：

（1）单击“开始”选项卡“样式”组右下角的对话框启动器按钮，显示“样式和格式”任务窗格，选中正文第 1 段，单击任务窗格中的“标题 4”样式。

（2）单击任务窗格中的“新样式”按钮，弹出“新建样式”对话框，在该对话框中设置字体、字号、文字颜色，如图 4–12 所示；单击左下角的“格式”→“段落”选项，在弹出的“段落”对话框中设置行距为固定值 18 磅，段前、段后间距各为 0.5 行，单击“确定”按钮，如图 4–13 所示。

图 4–12 “新建样式”对话框

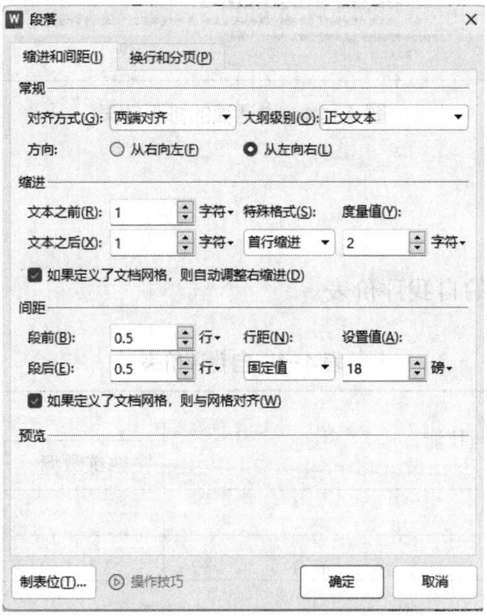

图 4–13 “段落”对话框

（3）选中正文第 9 段，在“样式和格式”任务窗格中单击“段落样式 1”，即可将新建样式应用于第 9 段。

12. 使用格式刷

使用格式刷复制正文第 9 段的格式到正文第 10 段。

操作步骤：选中正文第 9 段，在“开始”选项卡的“剪贴板”组中单击或双击“格式刷”按钮，鼠标指针变为一个刷子形状，选中第 10 段文字内容即可。

思考练习：单击 / 双击“格式刷”按钮有什么不同？

13. 保存文档

保存当前文档，排版效果如图 4–14 所示。

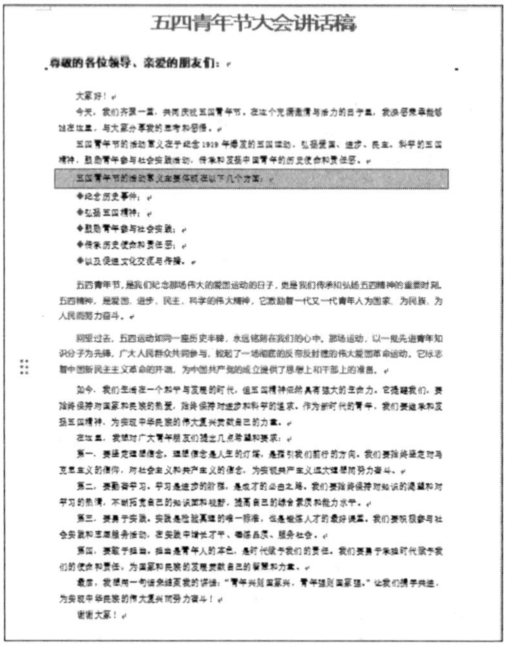

五四青年节大会讲话稿

尊敬的各位领导、亲爱的朋友们：

大家好！

今天，我们齐聚一堂，共同庆祝五四青年节。在这个充满激情与活力的日子里，我深感荣幸能够站在这里，与大家分享我的思考和感悟。

五四青年节的活动意义在于纪念 1919 年爆发的五四运动，弘扬爱国、进步、民主、科学的五四精神，鼓励青年参与社会实践活动，传承和发扬中国青年的历史使命和责任感。

五四青年节的活动意义主要体现在以下几个方面：

◆纪念历史事件；

◆弘扬五四精神；

◆鼓励青年参与社会实践；

◆传承历史使命和责任感；

◆以及促进文化交流与传播。

五四青年节，是我们纪念那场伟大的爱国运动的日子，也是我们传承和弘扬五四精神的重要时刻。五四精神，是爱国、进步、民主、科学的伟大精神，它激励着一代又一代青年人为国家、为民族、为人民而努力奋斗。

回望过去，五四运动如同一座历史丰碑，永远铭刻在我们的心中。那场运动，以一批先进青年知识分子为先锋，广大人民群众共同参与，掀起了一场彻底的反帝反封建的伟大爱国革命运动。它标志着中国新民主主义革命的开端，为中国共产党的成立提供了思想上和干部上的准备。

如今，我们生活在一个和平与发展的时代，但五四精神依然具有强大的生命力。它提醒我们，要始终保持对国家和民族的热爱，始终保持对进步和科学的追求。作为新时代的青年，我们要继承和发扬五四精神，为实现中华民族的伟大复兴贡献自己的力量。

在这里，我想对广大青年朋友们提出几点希望和要求：

第一，要坚定理想信念。理想信念是人生的灯塔，是指引我们前行的方向。我们要始终坚定对马克思主义的信仰，对社会主义和共产主义的信念，为实现共产主义远大理想而努力奋斗。

第二，要勤奋学习。学习是进步的阶梯，是成才的必由之路。我们要始终保持对知识的渴望和对学习的热情，不断拓宽自己的知识面和视野，提高自己的综合素质和能力水平。

第三，要勇于实践。实践是检验真理的唯一标准，也是锻炼人才的最好课堂。我们要积极参与社会实践和志愿服务活动，在实践中增长才干、锤炼品质、服务社会。

第四，要敢于担当。担当是青年人的本色，是时代赋予我们的责任。我们要勇于承担时代赋予我们的使命和责任，为国家和民族的发展贡献自己的智慧和力量。

最后，我想用一句话来结束我的讲话：“青年兴则国家兴，青年强则国家强。”让我们携手共进，为实现中华民族的伟大复兴而努力奋斗！

谢谢大家！

图 4–14　讲话稿的排版效果

任务评价

请填写如表 4–1 所示的自我评价表。

表 4–1　自我评价表

知识与技能		掌握程度		
		熟练掌握	掌握	基本掌握
使用 WPS AI 工具生成讲话稿				
字体格式设置、段落格式设置				
段落文本设置边框和底纹				
样式的应用				
撰写并编辑一篇纪念会讲话稿				
自评结果	A. 优秀	B. 良好	C. 中等	D. 及格　E. 不及格

习　　题

单选题

1.AI 文稿功能在 WPS Office 中通常位于哪个选项卡或面板中？（　　）

A.“开始”选项卡

B.“插入”选项卡

C.“特色功能”或类似名称的选项卡 / 面板

D.“审阅”选项卡

2.WPS Office 中，（　　）组件主要用于文字处理。

A.WPS 表格　　B.WPS 演示　　C.WPS 文字　　D.WPS 云文档

3. 在 WPS 文字的编辑界面中，（　　）选项卡中包含了用于设置字体、字号和颜色等文本格式的命令。

A. 文件　　B. 开始　　C. 编辑　　D. 插入

4.WPS Office 中，改变文本的字体的方法是（　　）。

A. 使用“开始”选项卡的“字体”下拉菜单

B. 使用“插入”选项卡的命令

C. 在状态栏中直接修改

D. 在右键菜单中选择“字体”命令

5. 下列选项中（　　）不是段落对齐方式。

A. 左对齐　　B. 居中对齐　　C. 两端对齐　　D. 顶部对齐

任务拓展

使用 WPS AI 工具创作一篇庆祝会或纪念会的讲话稿，并参照“五四青年节大会讲话稿”完成编辑。

任务 2　创作一篇宣传桂林山水的文案

任务背景

桂林山水以其独特的自然风光和丰富的历史文化著称，被誉为“山水甲天下”。为了向更多人展示桂林的美丽与魅力，本任务旨在利用 WPS AI 工具创作一篇宣传桂林山水的文案。WPS AI 工具具备自动生成文章、排版、校对等便捷功能，通过输入关键词和主题，能够高效生成具有吸引力的宣传文案，从而更好地推广桂林山水风光，吸引更多游客前来观光旅游。

任务目标

（1）掌握使用 AI 工具 WPS AI 创作生成文旅方案的方法。

（2）学会使用 WPS Office 修改 AI 工具创作的文档的常用技术。

（3）掌握 WPS Office 文档中插入文件的方法。

（4）掌握 WPS Office 文档中表格的操作。

（5）掌握 WPS Office 文档中艺术字的操作。
（6）培养审美能力。

任务要求

（1）学习使用 WPS AI 工具创作一篇宣传桂林山水的文案。
（2）学会使用 WPS Office 完成文稿的编辑和排版。

基础知识

（1）AI 文案创作工具快速生成文旅方案的方法。
（2）WPS Office 文字处理软件的常用功能和使用场景。
① WPS Office 文字的基础操作内容。
② WPS Office 插入文件的兼容性问题、软件设置问题以及操作步骤。
③ WPS Office 文档中插入表格、艺术字、分栏等文本格式的用途。

任务实施

1. 新建文件

启动 WPS Office 应用程序，新建一个名为“桂林山水 .wps”的文件，保存到硬盘中。

2. 设置标题格式

输入标题“桂林山水甲天下”并设置艺术字效果，样式为“艺术字”库第 1 行第 2 列的“填充 – 钢蓝，着色 1，阴影”样式；字体为华文中宋，字号为 30 磅，位置为水平居中，文字环绕方式为上下型，设置艺术字距正文上下各 1 厘米；为其添加“发光”中“发光变体”栏第 1 行第 1 列的样式。在“转换”中设置“正方形”弯曲的文字效果。

操作步骤：

（1）选中第 1 行标题文本“桂林山水甲天下”，单击“插入”选项卡“常用对象”组中的“艺术字”下拉按钮，在艺术字样式库中选择艺术字样式“填充 – 钢蓝，着色 1，阴影”，如图 4–15 所示；选中艺术字，在“开始”选项卡“字体”组中设置字体、字号。

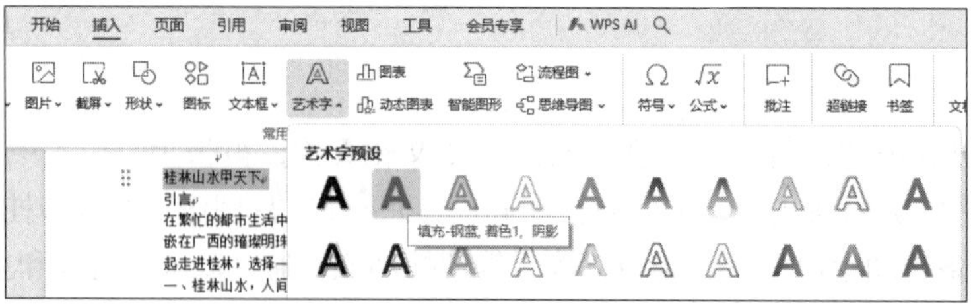

图 4–15　艺术字样式库

（2）单击“绘图工具”选项卡“大小”组右下角的对话框启动器按钮，打开“布局”对话框，切换至“文字环绕”选项卡，在“环绕方式”栏中选择“上下型”，在“距正文”栏的“上”“下”数值框中分别输入“1”。切换至“位置”选项卡，在“水平”栏中选中“对齐方式”单选按钮，并从下拉菜单中选择“居中”，单击“确定”按钮，如图 4–16 所示。

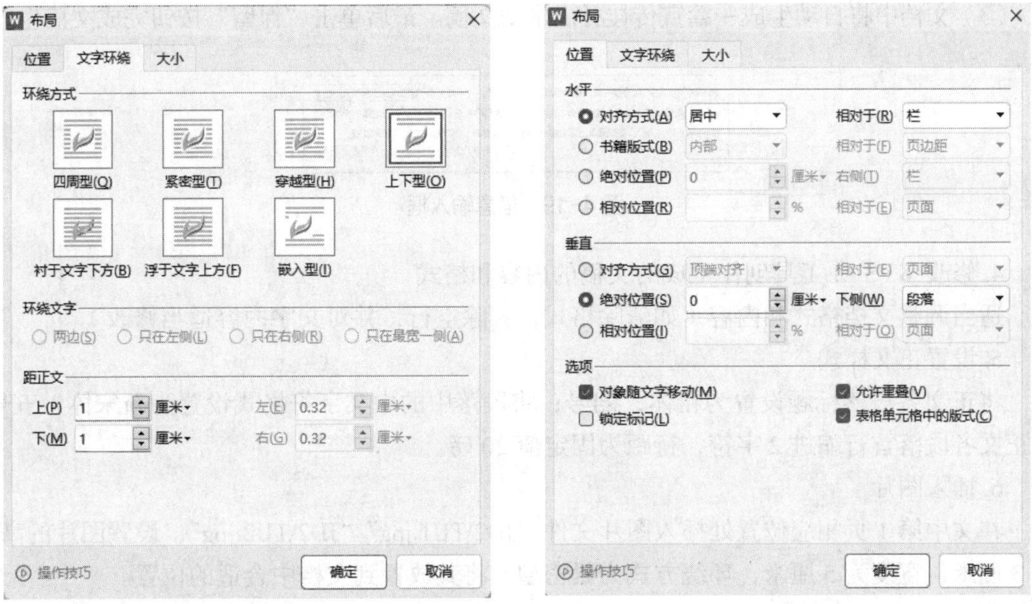

（a）“文字环绕”选项卡　　　　　　　　　　（b）“位置”选项卡

图 4–16　“布局”对话框

（3）在“绘图工具”选项卡“艺术字样式”组中单击“效果”→“发光”，选择“发光变体”栏中第 1 行第 1 列的样式。选择“转换”→“弯曲”栏中的“正方形”（第 1 行第 1 列）文本效果，如图 4–17 所示。

3. 使用 WPS Office 中的 WPS AI 工具创作一篇宣传桂林山水的文案

操作步骤：

（1）在 WPS Office 窗口中，选择菜单中的“WPS AI”→“灵感市集”，在弹出的“灵感市集”窗口中选择“社交媒体”→“自媒体文章撰写”，单击“使用”按钮，如图 4–18 所示。

（2）在信息输入框中输入“宣传桂林山水甲天下的文案”等关键信息，单击右下角的生成按钮，如图 4–19 所示。

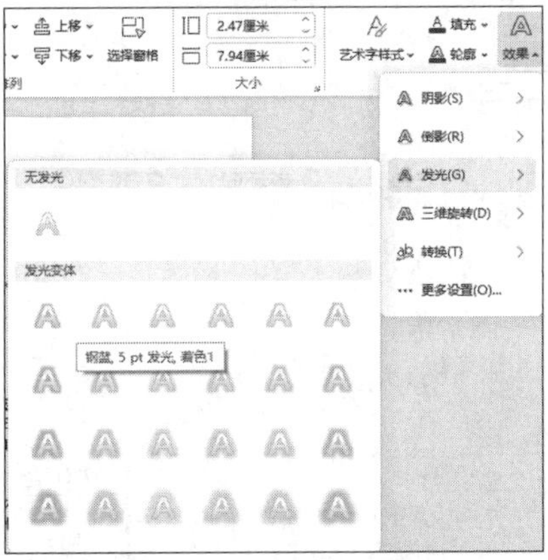

图 4–17　艺术字样式设置

图 4–18　WPS AI 灵感市集界面

（3）文档中将自动生成一篇宣传桂林山水的文稿。最后单击“保留”按钮完成文稿生成。

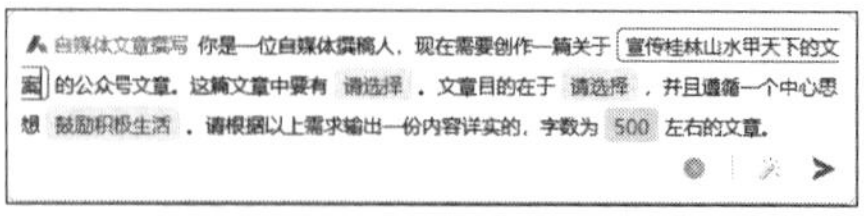

图 4-19 信息输入框

4. 修改 WPS AI 工具创作生成的文稿的内容和格式

适当调整文档格式和内容（如清除格式，删除空行，并对文字内容适当修改）。

5. 设置正文样式

将正文各段落标题设置为粗体，四号；将段落中的中文字符格式设置为新宋体，五号。将正文各段落首行缩进 2 字符，行距为固定值 20 磅。

6. 插入图片

在文中第 1 页相应位置处插入图片文件“JD2\TU1.jpg”“JD2\TU2.jpg”，设置图片的高度为 3 厘米，宽度为 5 厘米，环绕方式为紧密型，将其放置到文档中合适的位置。

操作步骤：

（1）将光标放置在要插入图片的位置，单击“插入”选项卡“常用对象”组的“图片”下拉按钮，在下拉菜单中选择“本地图片”选项，在弹出的对话框中选择图片“JD2\TU1.jpg”，单击“插入”按钮，将图片插入文档。

（2）选定已插入图片，单击“图片工具”选项卡“大小”组右下角的对话框启动器按钮，在弹出的“设置对象格式”对话框中切换至“大小”选项卡，取消勾选“锁定纵横比”复选框，设置图片的高度为 3 厘米，宽度为 5 厘米；在“版式”选项卡中设置图片环绕方式为“紧密型”，单击“确定”按钮，用鼠标拖曳法移动图片到合适的位置，如图 4-20 和图 4-21 所示。

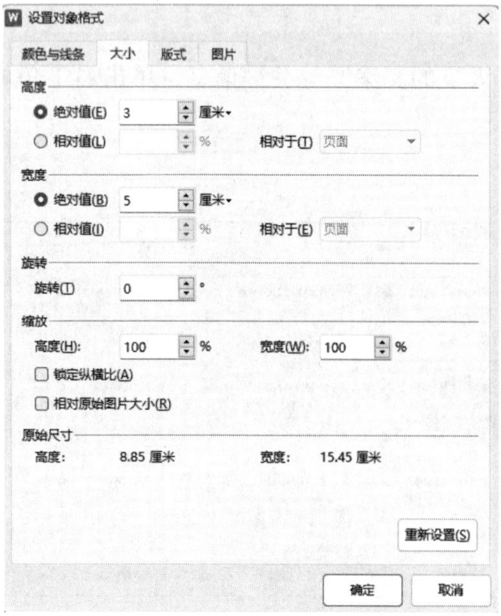

图 4-20 “大小”选项卡

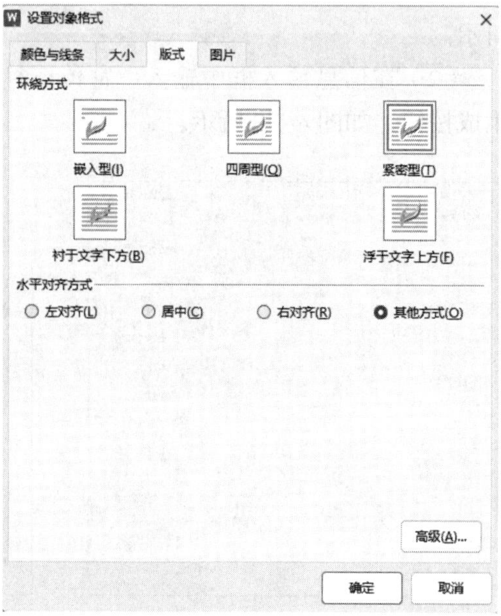

图 4-21 “版式”选项卡

（3）以同样的方法插入图片 TU2.jpg。

7. 文本转换为表格

在正文中的适当位置插入“JD2\W2b.wps”文件的内容（参照效果图）。将新插入的内容（靖江王城……文明路 4 号。）转换为一个 3 行 2 列的表格，并手动调整表格的列宽，设置表格各行的高度为 0.8 厘米；表格第 1 列的文字居中，第 1 列的底纹为浅黄色（RGB 值为 255,255,150）底纹；设置表格的外侧框线为蓝色的 3 磅粗实线，内部框线为绿色的 1.5 磅粗实线。

操作步骤：

（1）将光标定位到要输入文件的起始处，单击“插入”选项卡“部件”组的“附件”下拉按钮，在下拉菜单中选择“文件中的文字”选项，在弹出的对话框中选择 JD2 文件夹中的“W2b.wps”文件，单击“打开”按钮，如图 4-22 所示。

提示：如果要插入的文件是其他类型，需要在弹出的对话框的“文件类型”下拉菜单中选择“所有文件（*）”，选择相应文件并单击“打开”按钮。

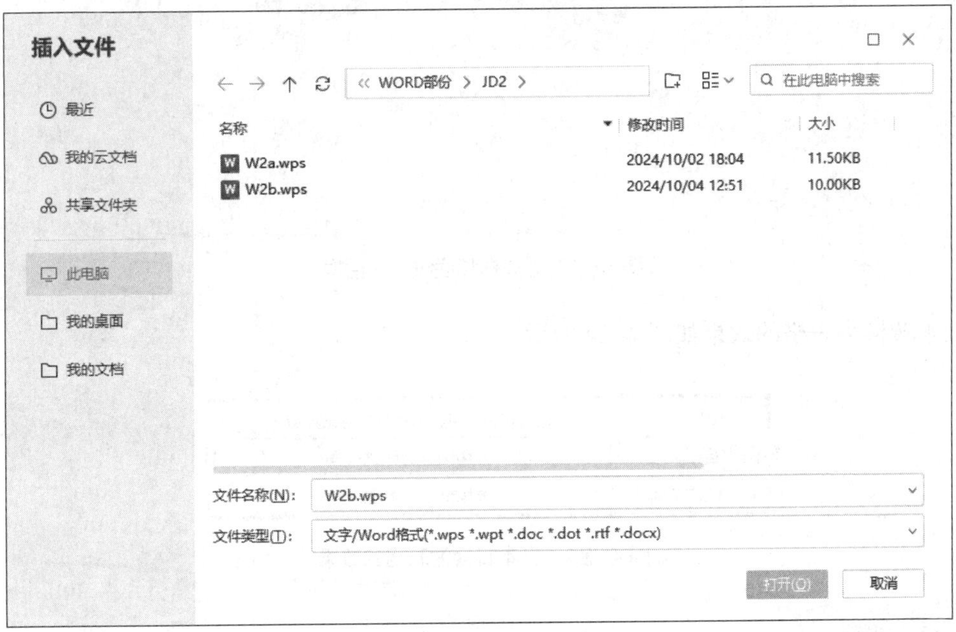

图 4-22 “插入文件”对话框

（2）选择正文中要转换的文字内容，单击“插入”选项卡“常用对象”组的“表格”下拉按钮，在下拉菜单中选择“文本转换成表格”选项，然后把光标放到表格中的竖线上，待指针变为左右向箭头形状时拖动以调整表格的列宽，在“表格工具”选项卡“单元格大小”组中将“表格行高”数值框中的值改为 0.8 厘米。

（3）选中表格第 1 列的内容，单击“表格工具”选项卡“对齐方式”组中的“居中”按钮，使第 1 列的文本内容居中，单击“表格样式”选项卡“表格样式”组中的“底纹”下拉按钮，在下拉菜单中选择“其他填充颜色”按钮，在弹出的“颜色”对话框中切换至“自定义”选项卡，在其中设置 RGB 值为（255,255,150）（通过“边框和底纹”对话框的“底纹”选项卡设置也可）。

（4）单击表格左上角的悬浮按钮，选中整个表格，单击“表格样式”选项卡“表格样式”组的“边框”下拉按钮，在下拉菜单中选择“边框和底纹”选项，在弹出的“边框和底纹”对话框的“设置”栏中选中“方框”，然后设置“颜色”和“宽度”分别为蓝色、3 磅，再选中“设置”栏中的“自定义”，设置内部框线的“颜色”和“宽度”分别为绿色、1.5 磅，并分别单击右侧“预览”窗口中的内部框线按钮，单击“确定”按钮，如图 4–23 所示。

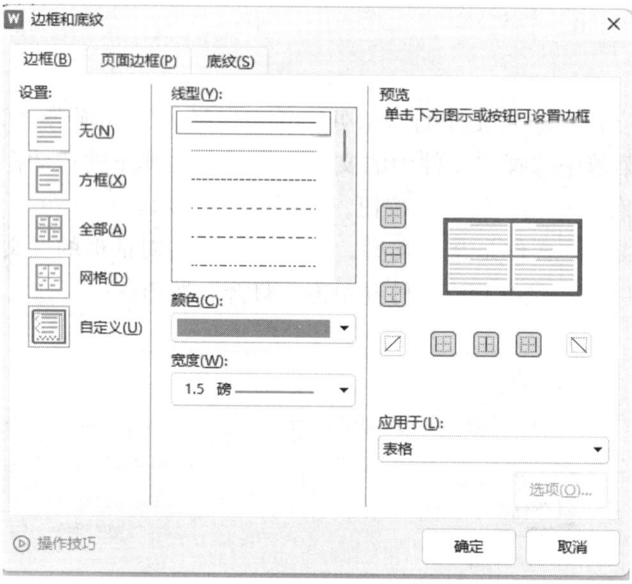

图 4–23　“边框和底纹”对话框

文本转换为表格的效果如图 4–24 所示。

靖江王城	广西壮族自治区桂林市秀峰区王城路 1 号
桂海碑林	桂林市七星区龙隐路 1 号
李宗仁官邸	桂林市象山区文明路 4 号

图 4–24　文本转换为表格的效果

8. 插入表格

在正文中的适当位置插入一个 6 行 4 列的表格，并输入文字内容。

要求：设置表格每行高度为 1 厘米，表格中第 1 列宽度为 2.5 厘米，其余各列宽度为 4 厘米；用公式计算出“平均降水总量”的“全年合计”项并填入对应的单元格中；表格内文本内容居中，字体为新宋体；为表格自动套用内置的“网格表 2– 粗边框”样式。

操作步骤：

（1）在第 1 页末尾插入一个分页符：选择“插入”选项卡“页”组“分页”下拉菜单的“分页符”选项。

（2）清除上一页自动带下来的格式。

（3）将光标放置在文档中的适当位置，单击“插入”选项卡“常用对象”组的“表格”下拉按钮，在下拉菜单中选择“插入表格”选项，将表格列数改为 4 列，行数改为 6 行，选中表格，单击“表格工具”选项卡“属性”组中的“表格属性”按钮，在弹出的“表格属性”对话框中设置所有行的高度为 1 厘米，如图 4–25 所示。用同样的方法设置第 1 列的宽度为 2.5 厘米，其余列的宽度为 4 厘米。

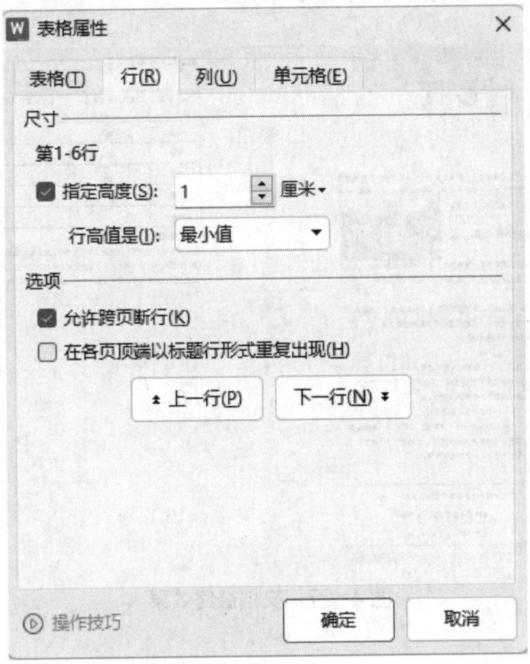

图 4–25　“表格属性”对话框

（4）选中表格的第 1 行，单击“表格工具”选项卡“合并拆分”组中的“合并单元格”按钮。

（5）将光标定位在第 2 行第 1 列的单元格，单击“表格样式”选项卡“绘制边框”组中的“斜线表头”按钮，在弹出的对话框中选择“斜下框线”。

（6）依次在表中输入内容，设置表格中的文本内容居中显示，效果如图 4–26 所示。

桂林气候基本情况统计			
类型 / 季度	日平均最高温度（°C）	日平均最低温度（°C）	平均降水总量（mm）
春季	18	11	157
夏季	30	23	306
秋季	30	21	106
冬季	16	8	62
全年合计			

图 4–26　桂林气候基本情况统计表

（7）将光标定位在“全年合计”项要计算的单元格中，单击“表格工具”选项卡“数据”组中的“公式”按钮，在“公式”文本框中有默认的公式出现 [=SUM(ABOVE)]，如果公式内容不对，则自行修改，单击“确定”按钮。依次计算后面几个单元格的值（也可将第一次计算出的值复制到后面几个单元格中，依次选择右键快捷菜单中的“更新域”选项）。

（8）单击表格左上角的悬浮按钮，选中整个表格，单击“表格样式”选项卡“表格样式”组样式库“预设样式”中的“网格表 2- 粗边框”。

9. 保存文档

保存当前文档，文档最终效果如图 4–27 所示。

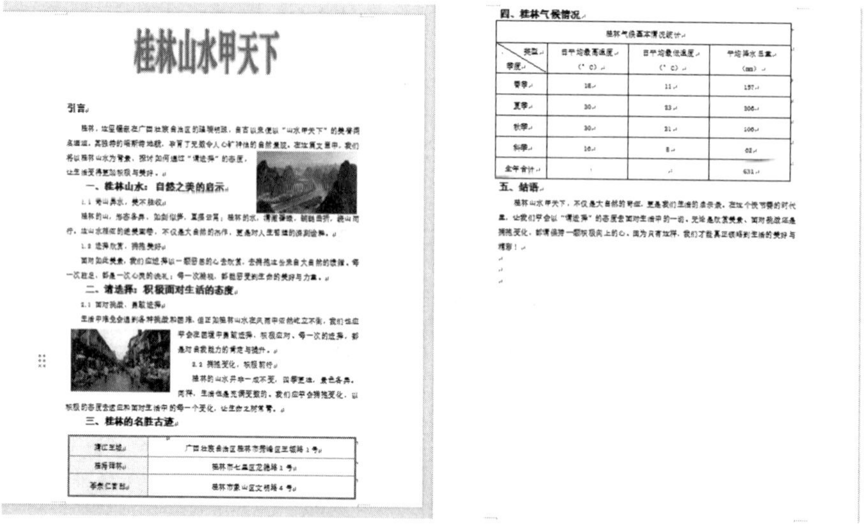

图 4–27　文档最终效果

任务评价

请填写如表 4–2 所示的自我评价表。

表 4–2　自我评价表

知识与技能	掌握程度		
	熟练掌握	掌握	基本掌握
使用“WPS AI”工具生成文案			
插入文件的方法			
表格的操作			
艺术字等文本对象的操作			
创作并编辑一篇宣传桂林山水的文案			
自评结果	A. 优秀　B. 良好　C. 中等　D. 及格　E. 不及格		

习　题

单选题

1. 使用 AI 文稿功能生成文档时，用户通常需要（　　）。

A. 无须任何输入，AI 自动生成　　　　B. 输入关键词或主题

C. 提供完整的文档内容　　　　　　　　　D. 上传相关图片或文件

2. 在 WPS Office 中插入文件的方法有（　　）。

A. 直接复制并粘贴

B. 使用“插入”选项卡“常用对象”组的“文档”选项

C. 使用“插入”选项卡“链接”组的“超链接”选项

D. 以上都是

3. 在 WPS Office 的表格中插入表格的正确步骤是（　　）。

A. 打开 WPS 的表格，单击“插入”按钮

B. 单击“表格”按钮，从下拉菜单中选择所需的行列数或直接绘制表格

C. 若已有现成表格，可复制后粘贴到 WPS 的表格中

D. 以上都是

4. 关于在 WPS Office 中插入艺术字的描述，以下选项中叙述错误的是（　　）。

A. 插入艺术字后，无法更改其文字内容

B. 可以通过“插入”选项卡中的“艺术字”按钮插入艺术字

C. 插入艺术字后，可以更改其字体和字号

D. 可以对艺术字进行旋转和添加边框等操作

任务拓展

使用 WPS AI 工具创作一篇文旅方案，并参照宣传桂林山水的文案完成编辑和修改。

任务 3　撰写一篇介绍壮族文化的自媒体文章

任务背景

在全球化日益加深的今天，保护和传承民族文化显得尤为重要。壮族作为中国人口最多的少数民族，其丰富多彩的文化遗产亟待被更多人了解和欣赏。本任务旨在通过创作一篇自媒体文章，深入浅出地介绍壮族文化的独特魅力，包括其历史悠久的传统节日、精美绝伦的民族服饰、韵味十足的歌谣舞蹈等，以此增强公众对壮族文化的认识和尊重，促进民族文化的传承与发展。

任务目标

（1）掌握使用 WPS AI 工具创作自媒体文章的方法。

（2）学会使用 WPS Office 修改 AI 工具创作的文档的常用技术。

（3）掌握 WPS Office 文档中图片、形状等对象的编辑。

（4）掌握 WPS Office 文档中文本框、分栏等的设置方法。

（5）掌握 WPS Office 文档中思维导图的编辑方法。

任务要求

（1）学习使用 WPS AI 工具创作一篇关于“介绍壮族文化”的自媒体文章。

（2）学会使用 WPS Office 完成文章的编辑与排版。

基础知识

（1）AI 文案创作工具快速生成自媒体文章的原理。

（2）WPS Office 文字处理软件的常用功能和使用场景。

① WPS Office 文档中思维导图的用途。

② WPS Office 文档中形状、文本框、艺术字等文本格式的用途。

任务实施

1. 新建文档

启动 WPS Office 应用程序，新建一个名为“多彩的壮族文化 .wps”的文件，保存到硬盘中。

2. 使用 WPS Office 中的 WPS AI 工具创作一篇介绍壮族文化的自媒体文章

操作步骤请参照任务 1。

3. 文本录入

输入文字“多彩的壮族文化”作为标题文本。对 WPS AI 工具创作的文稿的内容和格式进行初步修改。

4. 设置标题样式

为标题“多彩的壮族文化”设置艺术字效果，样式为“渐变填充－中兰花紫”（第 2 行第 10 列）。设置标题字体为华文行楷，字号为 36 磅，位置水平居中，文字环绕方式为上下型，设置艺术字距正文上下各 1 厘米。

5. 设置正文样式

将正文各段落标题设置为四号，加粗，将段落的中文字符格式设置为楷体，五号。正文各段首行缩进 2 字符，行距为固定值 20 磅。

6. 插入文件

在正文中的适当位置插入“JD2\W2c.wps”文件内容，并设置为正文格式。将插入的内容中所有“苗族”替换为加粗、加着重号的“壮族”。

操作步骤：

（1）选中插入的文本内容，单击“开始”选项卡“查找”组中的“查找替换”下拉按钮，在下拉菜单中选择“查找”选项，在“查找内容”文本框中输入“苗族”，单击对话框下方的“在以下范围中查找”下拉按钮，在下拉菜单中选择“当前所选内容”选项，如图 4-28 所示，即可查找到与“苗族”相匹配的文字内容有 5 处。

（2）切换至“替换”选项卡，在“替换为”文本框中输入“壮族”，单击对话框下方的“格式”下拉按钮，在下拉菜单中选择“字体”选项。在弹出的“替换字体”对话框中设置字体加粗及字体颜色，单击“确定”按钮，回到“查找和替换”对话框，如图 4-29 所示，单击“全部替换”按钮，这时出现“是否搜索文档其余部分？”的提示信息，单击“否”按钮即可。

图 4-28 “查找和替换”对话框

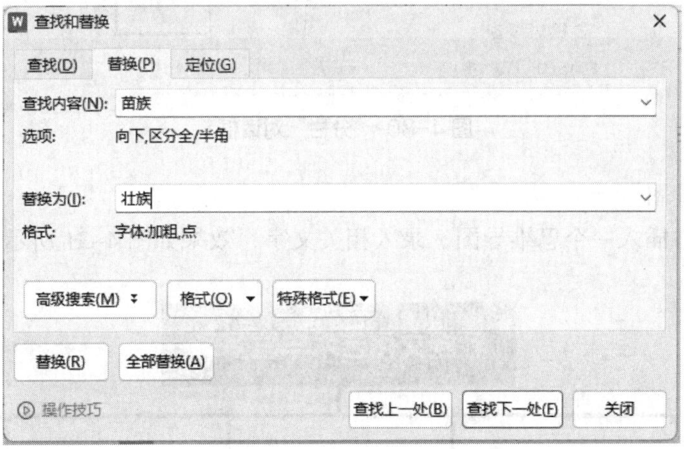

图 4-29 “替换”选项卡

7. 插入文本框

在文档中的适当位置（参照效果图）插入一个横排文本框，并输入“壮族文化艺术”。设置该文本框中的字符格式为隶书、小一号、深红色、加粗，居中。

操作步骤：

（1）将光标定位在文档尾部，单击“插入”选项卡“常用对象”组中的“文本框”下拉按钮，在下拉菜单中选择“横向”选项，此时拖动鼠标指针画一个矩形框，将上一段中的“壮族文化艺术”复制到此文本框中。

（2）单击文本框的边框线选中该文本框，分别设置字体、字号、字体颜色、字形、对齐方式。

8. 分栏设置

把文档最后一段分为等宽的 3 栏，宽度为 12 字符，加分隔线。

操作步骤：

（1）选中文档中的最后一段，单击“页面”选项卡“页面设置”组中的“分栏”下拉按钮，在下拉菜单中选择“更多栏”选项，弹出“分栏”对话框（注意：选中最后一段前要在段落的最后保留段落标记符）。

（2）在“分栏”对话框中选择“预设”栏中的“三栏”，在“宽度”数值框中输入“12”，勾选“栏宽相等”复选框，勾选“分隔线”复选框，单击“确定”按钮，如图 4-30 所示。

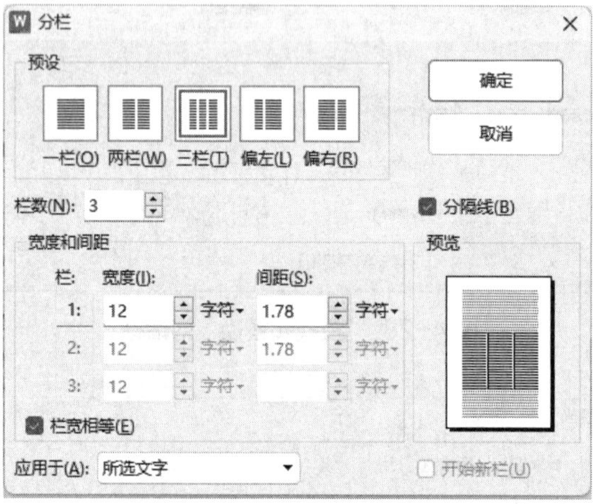

图 4-30 “分栏”对话框

9. 插入思维导图

在文本框下方插入一个思维导图，录入相关文字，效果如图 4-31 所示。

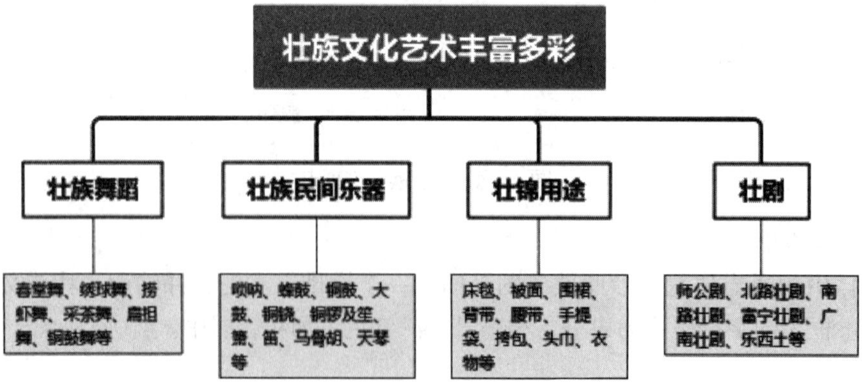

图 4-31 思维导图效果

10. 保存文档

保存当前文档，排版效果如图 4-32 所示。

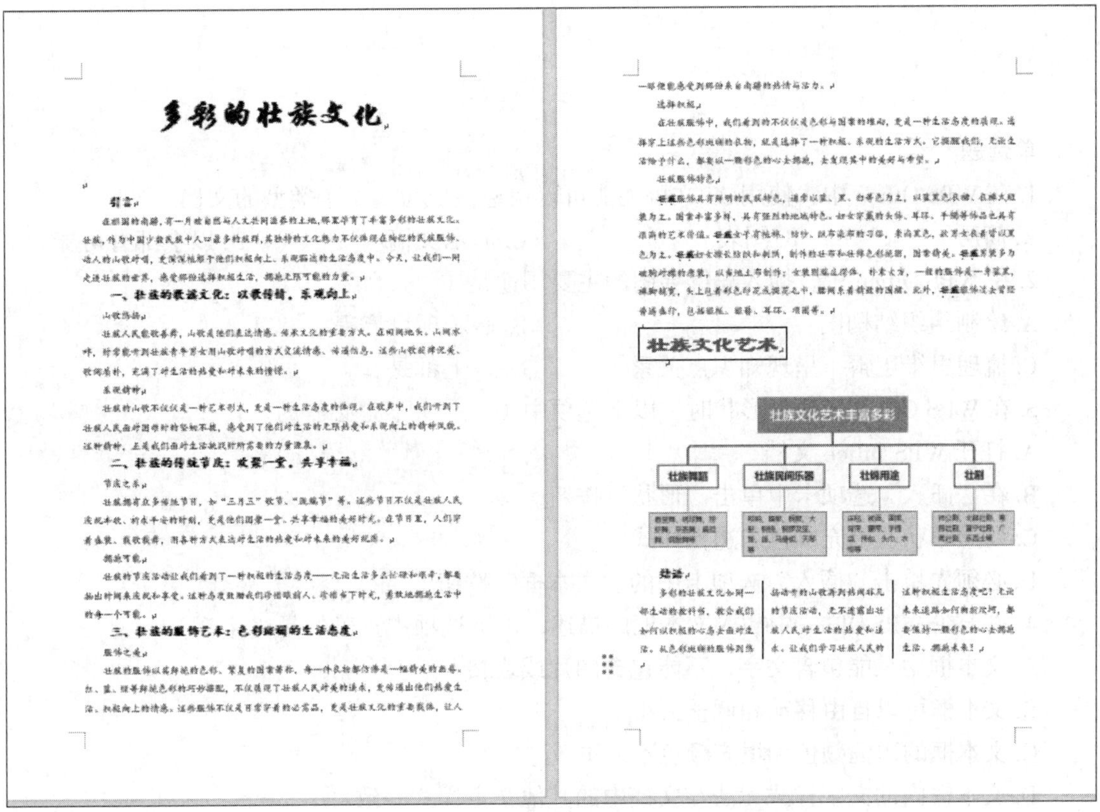

图 4-32　排版效果

任务评价

请填写如表 4-3 所示的自我评价表。

表 4-3　自我评价表

知识与技能	掌握程度		
	熟练掌握	掌握	基本掌握
使用 WPS AI 工具创作自媒体文章			
文本内容的查找替换			
插入文本框			
编辑思维导图			
撰写编辑自媒体文章			
自评结果	A. 优秀　B. 良好	C. 中等	D. 及格　E. 不及格

习　　题

单选题

1. 在 WPS Office 中，使用 AI 文稿功能可以快速生成（　　）类型的文档。

A. 简历　　B. 图表　　C. 演示文稿　　D. 以上都有可能

2. 在 WPS Office 中，插入思维导图的主要用途是（　　）。

A. 绘制组织结构图　　B. 展示项目流程

C. 梳理思维逻辑，呈现知识点关系　　D. 以上都是

3. 在 WPS Office 中插入形状时，以下选项中（　　）不是必需的。

A. 打开 WPS Office 文档

B. 在“插入”选项卡中单击“形状”按钮

C. 设置形状的填充颜色和边框样式

D. 必须先单击“插入”选项卡中的“文本框”按钮

4. 关于在 WPS Office 中插入文本框的描述，以下选项中正确的是（　　）。

A. 文本框中只能包含文字，不能包含图片或表格

B. 文本框可以自由移动和调整大小

C. 文本框的边框颜色和填充颜色不能更改

D. 文本框内的文字样式无法与文档中的其他文字样式一致

5. 在 WPS Office 中插入艺术字后，以下选项中可以进行的操作是（　　）。

A. 更改艺术字的字体和字号　　B. 对艺术字进行旋转和缩放

C. 为艺术字添加阴影和三维效果　　D. 以上都可以

任务拓展

使用 WPS AI 工具创作一篇关于专业知识分享类、美食类、文化与历史类或职业发展与创业类等的自媒体文章，并参照介绍壮族文化的自媒体文章完成编辑和修改。

任务 4　制作一份关于青春励志剧本的视频脚本

任务背景

在青少年成长的关键阶段，正面激励与情感共鸣对其人生观、价值观的形成至关重要。本任务旨在通过创作一份青春励志剧本的视频脚本，展现青少年面对挑战不屈不挠、勇于追梦的精神风貌，激发青少年积极向上的生活态度，传递不畏艰难、勇往直前的精神力量。

任务目标

（1）掌握使用 WPS AI 工具创作视频脚本的方法。

（2）学会使用 WPS Office 修改与编辑 AI 工具创作的文档的常用技术。

（3）掌握 WPS Office 文档中页眉、页脚、页码等页面设置的操作方法。

（4）掌握 WPS Office 文档中页面背景、边框的设置方法。
（5）懂得 WPS Office 文档的打印预览、打印等操作。
（6）掌握 WPS Office 文档加密的方法。

任务要求

（1）学习使用 WPS AI 工具创作一份关于青春励志剧本的视频脚本。
（2）学会使用 WPS Office 完成视频脚本的编辑排版。

基础知识

（1）AI 文案创作工具快速生成剧本的视频脚本的方法。
（2）WPS Office 文字处理软件的常用功能和使用场景。
① WPS Office 中页眉、页脚、页码、页面设置等概念。
② WPS Office 文档中页面背景、边框格式、打印预览、打印的用途。

任务实施

1. 新建文档

启动 WPS Office 应用程序，新建一个名为“青春励志剧本视频脚本 .wps”的文件，保存到硬盘中。

2. 设置页面边框

给页面设置艺术型为“冰激凌样式”，宽度为 30 磅的边框。

操作步骤：单击“页面”选项卡“效果”组中的“页面边框”按钮，弹出“边框和底纹”对话框，选择“设置”栏中的方框，在“艺术型”下拉菜单中选择“冰激凌样式”，在“宽度”数值框中输入“30”，单击“确定”按钮，如图 4–33 所示。

思考：如果要设置艺术型边框与纸张边界、文字的距离，应如何设置？

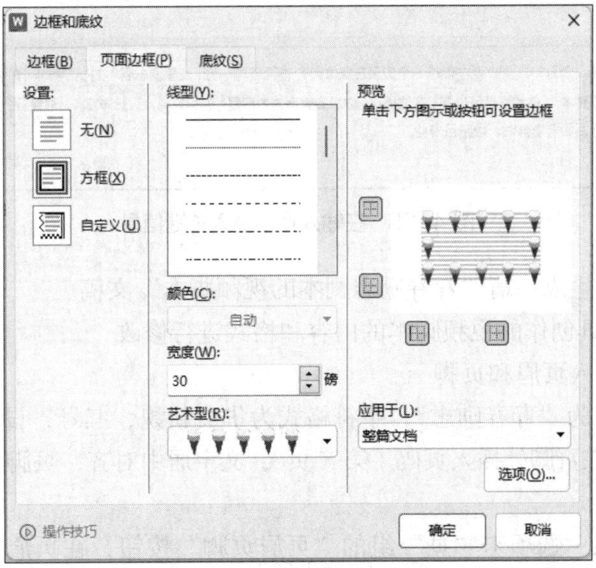

图 4–33　“边框和底纹”对话框

3. 设置页面背景

给整篇文档设置“灰色 -25%，背景 2”的页面背景。

操作步骤：在功能区切换至“页面”选项卡，单击“效果”组的“背景”下拉按钮，在主题颜色库中选择“灰色 -25%。背景 2”。

4. 使用 WPS Office 中的 WPS AI 工具创作一份关于青春励志剧本的视频脚本

操作步骤：

（1）在 WPS Office 窗口中，选择菜单中的“WPS AI”→“灵感市集”，在弹出的“灵敏市集”窗口中选择“社交媒体”→“视频脚本创作”，单击“使用”按钮，如图 4-34 所示。

图 4-34 “灵感市集”窗口

（2）在 WPS AI工具的主界面的输入框中输入“青春励志剧本的视频脚本”等关键信息，单击右下角的生成按钮，如图 4-35 所示。

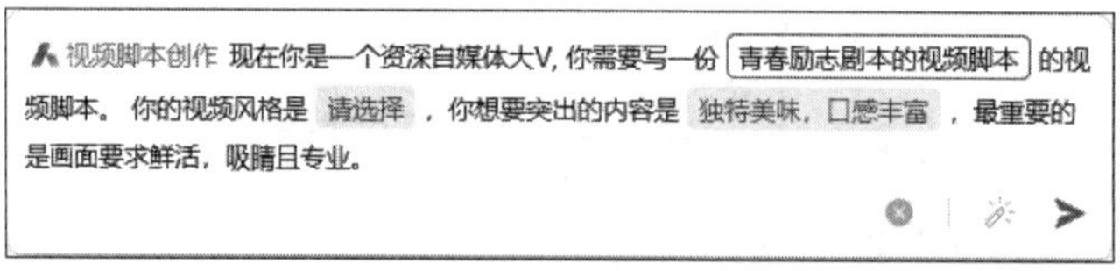

图 4-35 在输入框中输入关键信息

（3）文档中自动生成一篇“青春励志剧本的视频脚本”文稿。

5. 对 WPS AI 工具创作的视频脚本的内容和格式进行修改

6. 为整篇文档插入页眉和页脚

插入页眉，内容为“青春励志”，字符格式为华文新魏、三号，设置右对齐，页眉与上边距离为 0.5 厘米。在页脚处插入页码（第 X 页），文字居中对齐，页脚与下边距离为 1 厘米。

操作步骤：

（1）单击“插入”选项卡“页”组的“页眉页脚”按钮，在页眉处输入“青春励志”，设置右对齐，在“页眉页脚”选项卡“位置”组中修改“页眉上边距”为 0.5 厘米，单击

“关闭”按钮。

（2）单击“插入”选项卡“页”组的“页码”下拉按钮，在下拉菜单中选择“页脚中间”，在页脚处的页码数字“1”前输入“第”字，在页码数字“1”后面输入“页”字，在“位置”组中修改“页脚下边距”为 1 厘米，完成“第 1 页”的设置。

7. 页面设置

将页面设置为 A4 纸张，上、下页边距均为 2.5 厘米，左、右页边距均为 3 厘米。

操作步骤：

（1）单击“页面”选项卡“页面设置”组右下角的对话框启动器按钮，打开“页面设置”对话框，如图 4–36 所示，在对话框中分别设置页边距（注意：设置完成后要应用于“整篇文档”）。

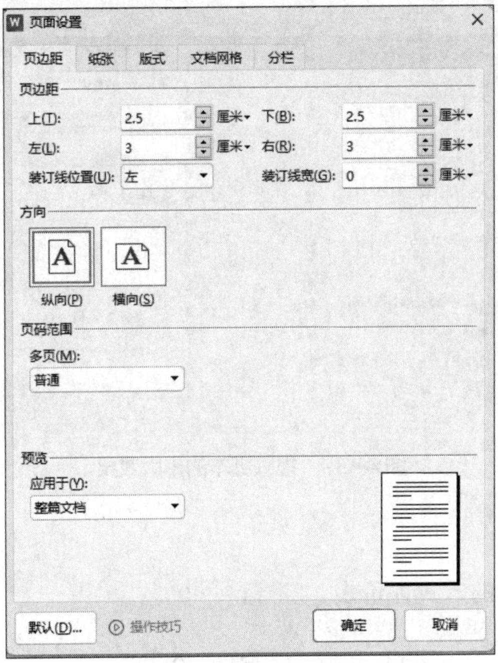

图 4–36 “页面设置”对话框

（2）在“页面设置”对话框中切换至“纸张”选项卡，在“纸张大小”下拉菜单中选择“A4”，应用于“整篇文档”；切换至“文档网格”选项卡，在“网格”栏中选中“指定行和字符网格”单选按钮，将每行字符值改为 39，行数改为每页 42，应用于“整篇文档”，单击“确定”按钮。

8. 打印预览与打印输出

完成设置后选择“文件”→“打印”选项，可在级联菜单中看到“打印预览”与“打印”选项，按需选择即可。

9. 文档保护

在“青春励志剧本视频脚本 .wps”文档中启动文档保护，对文档进行“用密码进行加密”操作，设置密码为“123”。

操作步骤：选择“文件”→“文档加密”→“密码加密”选项，在弹出的对话框中练习“限制编辑”保护文档的加密方式。

10. 保存文档

保存当前文档，视频脚本的排版效果如图 4–37 所示。

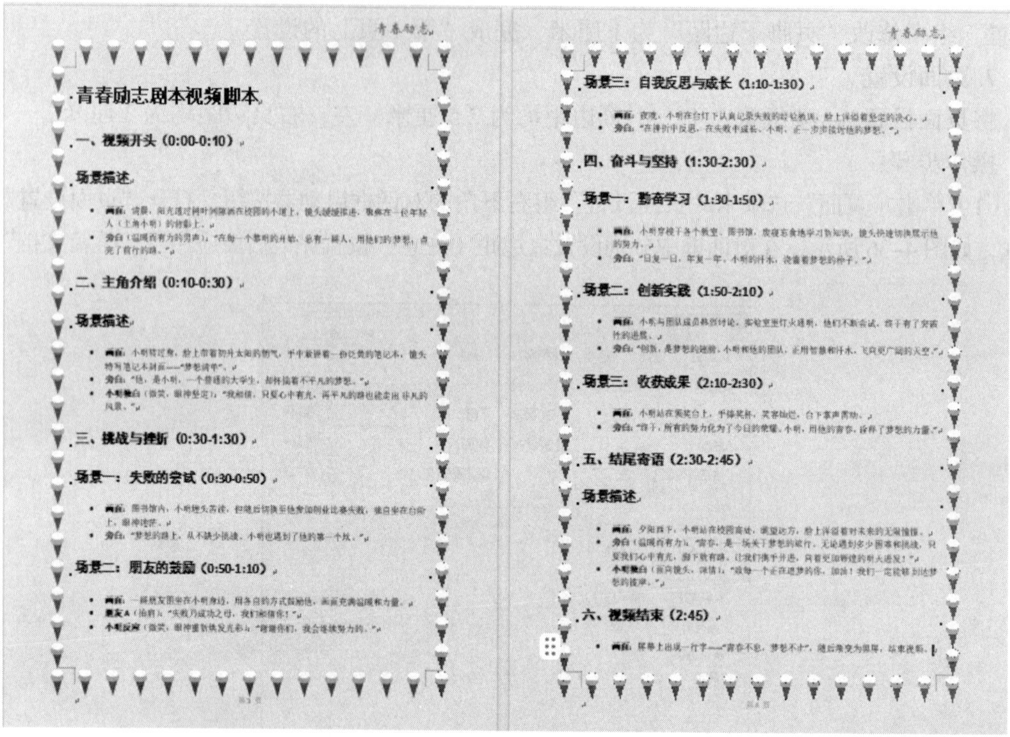
青春励志

青春励志剧本视频脚本

一、视频开头（0:00-0:10）

场景描述

二、主角介绍（0:10-0:30）

场景描述

三、挑战与挫折（0:30-1:30）

场景一：失败的尝试（0:30-0:50）

场景二：朋友的鼓励（0:50-1:10）

青春励志

场景三：自我反思与成长（1:10-1:30）

四、奋斗与坚持（1:30-2:30）

场景一：勤奋学习（1:30-1:50）

场景二：创新实践（1:50-2:10）

场景三：收获成果（2:10-2:30）

五、结尾寄语（2:30-2:45）

场景描述

六、视频结束（2:45）

图 4–37　视频脚本的排版效果

任务评价

请填写如表 4–4 所示的自我评价表。

表 4–4　自我评价表

知识与技能	掌握程度		
	熟练掌握	掌握	基本掌握
使用 WPS AI 工具创作一份关于青春励志剧本的视频脚本			
WPS Office 文档中页眉、页脚、页码的设置			
WPS Office 文档中的页面设置			
使用 WPS Office 制作视频脚本			
自评结果	A. 优秀　B. 良好	C. 中等　D. 及格	E. 不及格

习　题

单选题

1.AI 文稿生成的文档质量（　　）。

A. 完全由 AI 决定，无须用户干预

B. 用户可以在生成后进行手动编辑和修改

C.AI 会自动检查并修正所有错误

D.AI 生成的文档无须任何修改即可直接使用

2. 在 WPS Office 中，（　　）不属于页面设置的内容。

A. 页边距　　B. 纸张大小

C. 字体颜色　　D. 页面方向

3. 关于 WPS Office 中的页眉和页脚，以下描述中错误的是（　　）。

A. 页眉和页脚中可以包含文本、图片和页码等信息

B. 用户可以自行调整页眉和页脚的位置

C. 页眉和页脚只能应用于整篇文档，不能应用于特定节

D. 可以通过“插入”选项卡中的“页眉页脚”按钮进行设置

4. 在 WPS Office 中插入页码时，以下选项中（　　）不是必需的。

A. 选择页码的位置（页脚或页眉）

B. 设置页码的起始数字

C. 选择页码的格式（如数字、罗马数字等）

D. 插入分节符

5.WPS Office 中的页面背景可以包括（　　）。

A. 纯色背景　　B. 渐变背景

C. 图片背景　　D. 以上都是

6. 设置页面的页眉和页脚的方法是（　　）。

A. 在“插入”选项卡中单击“页眉和页脚”按钮

B. 在“开始”选项卡中设置

C. 在右键菜单中选择“页眉和页脚”选项

D. 无法直接设置页眉和页脚

任务拓展

使用 WPS AI 工具创作一份励志类、产品展示类或动画类的视频脚本，并参照关于青春励志剧本的视频脚本完成编辑和修改。

项目 2　AIGC 文字创作

任务 1　拟一份关于召开五一表彰大会的通知

任务背景

为了表彰在过去一年中辛勤工作、表现突出的员工，激励全体员工在新的一年里继续发扬劳模精神，公司决定于五一国际劳动节期间举办一场表彰大会。本任务旨在创作一份详细而规范的通知，明确大会的时间、地点、参会人员、表彰内容及流程安排，确保信息

准确传达至每位员工，营造积极向上的工作氛围，弘扬劳动光荣的价值观。

任务目标

（1）理解 AIGC（人工智能生成内容）文字创作的应用。
（2）学会使用 WPS Office 编辑由 WPS AI 工具生成的通知类文本内容。
（3）掌握利用 WPS Office 对文档进行编辑和排版的方法。
（4）掌握 WPS Office 技术在编辑通知类文档上的综合应用。

任务要求

（1）学习使用 WPS AI 工具创作一份关于召开五一表彰大会的通知。
（2）学会使用 WPS Office 完成通知的编辑和排版。

基础知识

（1）AIGC 文字创作应用中，用户输入需求或条件，如通知的主题、内容要求等的操作方法。
（2）WPS Office 文字处理软件的功能和使用，WPS Office 编辑和排版技术在通知类文档上的综合应用。

任务实施

1. 新建文档

启动 WPS Office 应用程序，新建一个名为“关于召开五一表彰大会的通知 .wps”的文件，保存到硬盘中。

2. 使用 WPS Office 中的 WPS AI 工具创作一份关于召开五一表彰大会的通知

操作步骤：

（1）在 WPS Office 窗口中，选择菜单中的“WPS AI”→“灵感市集”，在弹出的“灵感市集”窗口中选择“人资行政”→“行政通知”，单击“使用”按钮，如图 4-38 所示。

图 4-38 “灵感市集”窗口

（2）在 WPS AI 工具主界面的输入框中输入“关于召开五一表彰大会通知”等关键信息，

单击右下角的生成按钮，如图 4–39 所示。

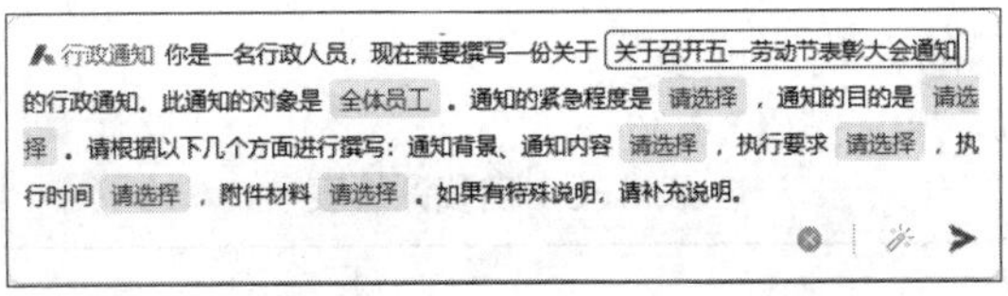

图 4–39　在输入框中输入关键信息

（3）文档中自动生成一份“关于召开五一表彰大会通知”的相关文稿。

3. 修改格式

对 WPS AI 工具创作的关于召开五一表彰大会通知的内容和格式进行修改，格式要求如下。

（1）标题：字符格式设置为微软雅黑、二号、加粗，居中、段后间距为 1 行。

（2）正文：字符格式设置为仿宋、三号，首行缩进 2 字符，单倍行距。

（3）正文标题：字符格式设置为黑体、三号、加粗，标点符号除外。

（4）页面设置：上边距为 3.7 厘米，下边距为 3.5 厘米，左边距为 2.8 厘米，右边距为 2.6 厘米。

（5）页码：字符格式设置为 Times New Roman、小四号。

（6）附件与正文之间空 1 行。

（7）落款：与正文（或附件）之间空 2 行，落款处右缩进 4 字符。

4. 保存文档

保存当前文档，排版效果如图 4–40 所示。

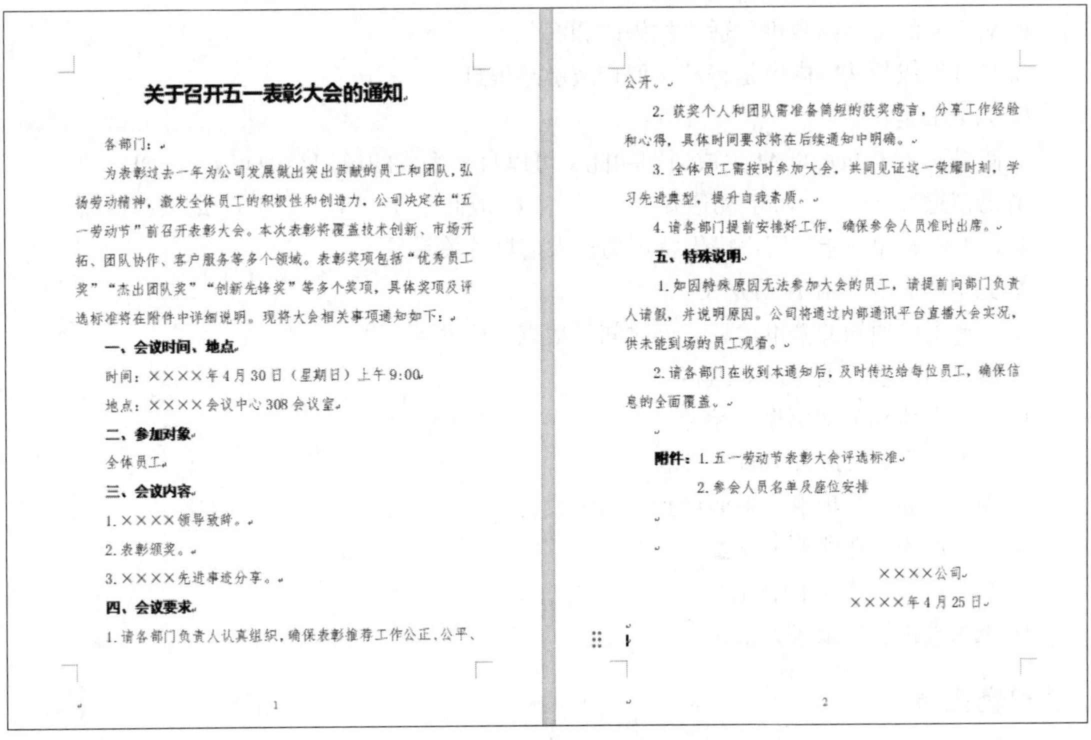

关于召开五一表彰大会的通知

各部门：

为表彰过去一年为公司发展做出突出贡献的员工和团队，弘扬劳动精神，激发全体员工的积极性和创造力，公司决定在“五一劳动节”前召开表彰大会。本次表彰将覆盖技术创新、市场开拓、团队协作、客户服务等多个领域。表彰奖项包括“优秀员工奖”“杰出团队奖”“创新先锋奖”等多个奖项，具体奖项及评选标准将在附件中详细说明。现将大会相关事项通知如下：

一、会议时间、地点

时间：××××年 4 月 30 日（星期日）上午 9:00

地点：××××会议中心 308 会议室

二、参加对象

全体员工

三、会议内容

1. ××××领导致辞。

2. 表彰颁奖。

3. ××××先进事迹分享。

四、会议要求

1. 请各部门负责人认真组织，确保表彰推荐工作公正、公平、公开。

2. 获奖个人和团队需准备简短的获奖感言，分享工作经验和心得，具体时间要求将在后续通知中明确。

3. 全体员工需按时参加大会，共同见证这一荣耀时刻，学习先进典型，提升自我素质。

4. 请各部门提前安排好工作，确保参会人员准时出席。

五、特殊说明

1. 如因特殊原因无法参加大会的员工，请提前向部门负责人请假，并说明原因。公司将通过内部通讯平台直播大会实况，供未能到场的员工观看。

2. 请各部门在收到本通知后，及时传达给每位员工，确保信息的全面覆盖。

附件：1. 五一劳动节表彰大会评选标准

2. 参会人员名单及座位安排

××××公司

××××年 4 月 25 日

1

2

图 4–40　通知的排版效果

任务评价

请填写如表 4-5 所示的自我评价表。

表 4-5 自我评价表

知识与技能	掌握程度		
	熟练掌握	掌握	基本掌握
使用 WPS AI 工具生成表彰大会通知			
WPS Office 文档的基本操作			
WPS Office 文档的编辑排版			
使用 WPS Office 编辑一份通知			
自评结果	A. 优秀 B. 良好	C. 中等 D. 及格	E. 不及格

习　题

单选题

1.WPS Office 中的 AIGC 文字创作功能主要依赖于（　　）技术。

A. 自然语言处理　B. 云计算　C. 图像处理　D. 机器学习

2. 使用 AIGC 文字创作功能时，用户需要注意（　　）。

A. 确保提供的关键词或主题准确清晰

B. 对生成的文字内容进行适当的修改和润色

C. 检查生成的文字内容是否涉及侵权或敏感信息

D. 以上都是

3. 使用 WPS Office 的 AI 生成通知功能，可以自动生成的通知类型有（　　）。

A. 会议通知　B. 活动通知　C. 放假通知　D. 以上都可以

4.AI 生成通知功能与用户提供特定的输入信息的关系是（　　）。

A. 完全不需要，AI 自动完成

B. 需要提供通知的基本信息，如时间、地点、内容等

C. 需要用户手动编写通知内容

D. 需要上传相关文档作为参考

5. 设置页面的纸张大小的方法是（　　）。

A. 在“页面”选项卡“页面设置”组中设置

B. 在“视图”选项卡中设置

C. 在“开始”选项卡中设置

D. 无法直接设置纸张大小

任务拓展

使用 WPS AI 工具创作一份关于召开表彰大会的会议通知、国庆节放假通知、植树节

活动通知、新入职员工培训通知（任选一个），并参照“关于召开五一表彰大会通知”完成编辑。

任务 2　拟一份转正申请

任务背景

随着新员工入职试用期结束，新员工正式成为公司一员的关键步骤在于撰写并提交转正申请。本任务旨在指导新员工撰写一份全面、正式的转正申请，内容涵盖试用期工作总结、个人能力提升、团队协作贡献及未来工作规划等，以此展现其工作成果与职业态度，为顺利转正奠定坚实的基础，同时促进公司与员工间的良好沟通与认可。

任务目标

（1）理解 AIGC 文字创作的应用。
（2）学会使用 WPS Office 编辑由 WPS AI 工具生成的申请类文档的内容。
（3）掌握利用 WPS Office 对文档进行编辑和排版的方法。
（4）掌握 WPS Office 技术在编辑申请类文档上的综合应用。

任务要求

（1）学习使用 WPS AI 工具创作一份转正申请文档。
（2）使用 WPS Office 完成转正申请的创作并进行编辑和排版。

基础知识

（1）能够根据实际需求，灵活运用 WPS AI 的功能进行创作或处理申请类文档。
（2）WPS Office 文字处理软件中文件操作和文字排版知识。

任务实施

1. 新建文档
启动 WPS Office 应用程序，新建一个名为“转正申请 .wps”的文件，保存到硬盘中。
2. 使用 WPS Office 中的 WPS AI 工具创作一份转正申请
操作步骤：
（1）在 WPS Office 窗口中，选择菜单中的“WPS AI”→“AI 帮我写”，在弹出的级联菜单中选择“申请”→“通用申请”，在弹出窗口的输入框中输入关键信息，单击右下角的生成按钮，如图 4-41 所示。

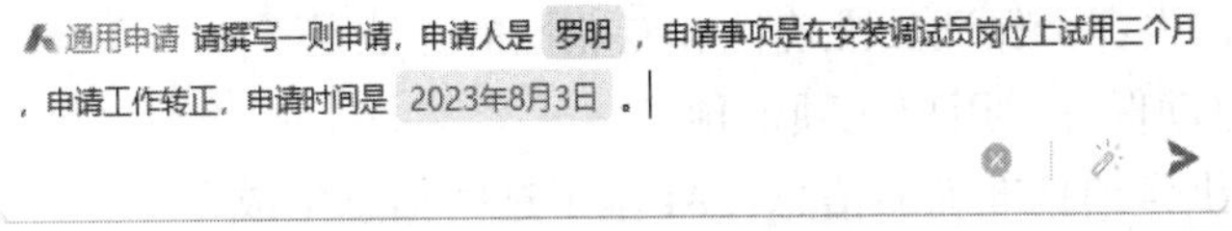

图 4-41　在输入框中输入关键信息

（2）文档中自动生成一份“转正申请”的相关文稿。

3. 对 WPS AI 工具创作的转正申请的内容和格式进行修改

4. 保存文档

保存当前文档，排版效果如图 4–42 所示。

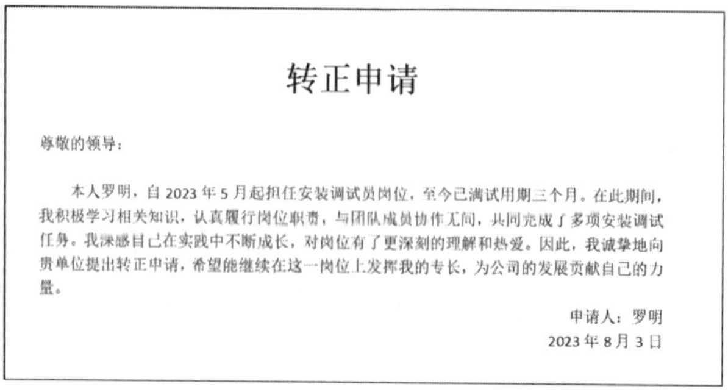

转正申请

尊敬的领导：

本人罗明，自 2023 年 5 月起担任安装调试员岗位，至今已满试用期三个月。在此期间，我积极学习相关知识，认真履行岗位职责，与团队成员协作无间，共同完成了多项安装调试任务。我深感自己在实践中不断成长，对岗位有了更深刻的理解和热爱。因此，我诚挚地向贵单位提出转正申请，希望能继续在这一岗位上发挥我的专长，为公司的发展贡献自己的力量。

申请人：罗明

2023 年 8 月 3 日

图 4–42　转正申请的排版效果

任务评价

请填写如表 4–6 所示的自我评价表。

表 4–6　自我评价表

知识与技能	掌握程度		
	熟练掌握	掌握	基本掌握
使用“WPS AI”工具生成转正申请书			
WPS Office 文档的编辑排版			
使用 WPS Office 编辑申请类文档			
自评结果	A. 优秀　B. 良好	C. 中等　D. 及格	E. 不及格

习　　题

单选题

1. 使用 WPS Office 的 AIGC 文字创作功能，用户可以完成的任务有（　　）。

A. 自动生成文章大纲

B. 根据关键词生成文章内容

C. 对已有文章进行润色和改写

D. 以上都是

2.AI 生成的申请内容，保证其准确性和专业性的方法是（　　）。

A. 完全由 AI 自动保证，用户无须干预

B. 用户需要提供详细且准确的信息，AI 基于这些信息生成

C. AI 会自动添加一些通用的模板内容

D. 取决于 WPS Office 的版本和 AI 算法的成熟度

3.AI 生成的申请，对用户的修改与编辑权限的说法中正确的是（　　）。

A. 完全不能修改

B. 只能进行有限修改

C. 可以进行任意修改和编辑

D. 取决于 WPS Office 的订阅级别

4. 在 WPS Office 中，应用预设的样式到选中的文字或段落的方法是（　　）。

A. 通过“开始”选项卡中的“样式”组设置

B. 按快捷键 Ctrl+Alt+S

C. 在“格式”菜单中选择“样式”选项

D. 右击选中的文字或段落，在快捷菜单中选择“应用样式”选项

任务拓展

使用 WPS AI 工具创作一份申请，并参照“转正申请”完成编辑。

任务 3　拟一份工作证明

任务背景

随着职业发展的需求不断发展，个人工作证明成为评估个人能力和职业经历的重要依据。本任务旨在指导学生创作一份翔实、规范的工作证明文档，准确反映个人在职期间的职责、成就及专业技能。通过这一任务，学生不仅可以提升自己的文档撰写能力，还为其未来的求职、晋升或资格认证提供有力的证明材料，增强职业竞争力。

任务目标

（1）理解 AIGC 文字创作的应用。

（2）学会使用 WPS Office 编辑由 WPS AI 工具生成的证明类文档的内容。

（3）掌握利用 WPS Office 对文档进行编辑和排版的方法。

（4）掌握 WPS Office 技术在编辑证明类文档上的综合应用。

任务要求

（1）学习使用 WPS AI 工具创作一份工作证明文档。

（2）学会使用 WPS Office 完成工作证明的编辑与排版。

基础知识

（1）AIGC 文字创作生成证明类文档的方法。

（2）WPS Office 文字编辑技术在证明类文档上的应用。

任务实施

1. 新建文档

启动 WPS Office 应用程序，新建一个名为“工作证明 .wps”的文件，保存到硬盘中。

2. 使用 WPS Office 中的 WPS AI 工具创作一份工作证明

操作步骤：

（1）在 WPS Office 窗口中，选择菜单中的“WPS AI”→“AI 帮我写”，在弹出的级联菜单中选择“证明”→“工作证明”，在弹出窗口的输入框中输入关键信息，单击右下角的生成按钮，如图 4-43 所示。

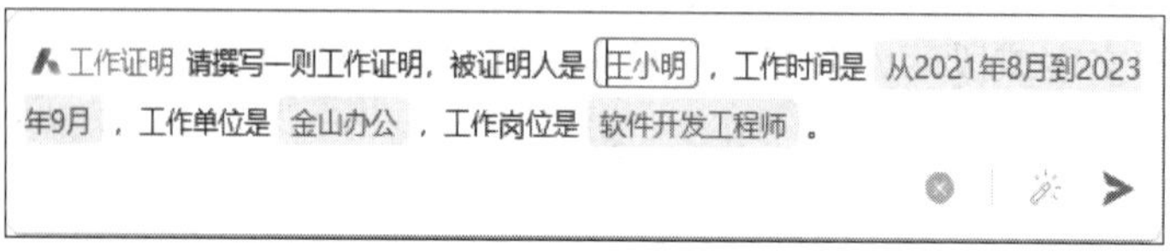

图 4-43　在输入框中输入关键信息

（2）文档中自动生成一份“工作证明”的相关文稿。

3. 对 WPS AI 工具创作的工作证明的内容和格式进行修改

4. 保存文档

保存当前文档，排版效果如图 4-44 所示。

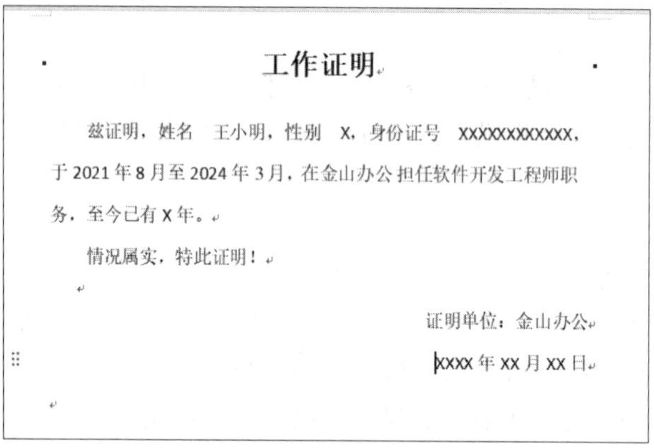

工作证明

兹证明，姓名　王小明，性别　X，身份证号　XXXXXXXXXXXX，于 2021 年 8 月至 2024 年 3 月，在金山办公担任软件开发工程师职务，至今已有 X 年。

情况属实，特此证明！

证明单位：金山办公

XXXX 年 XX 月 XX 日

图 4-44　工作证明的排版效果

任务评价

请填写如表 4-7 所示的自我评价表。

表 4-7　自我评价表

知识与技能	掌握程度		
	熟练掌握	掌握	基本掌握
使用 WPS AI 工具生成工作证明			
WPS Office 文档的编辑排版			
使用 WPS Office 编辑证明类文档			
自评结果	A. 优秀　B. 良好	C. 中等　D. 及格	E. 不及格

习　题

单选题

1. 在 WPS Office 中，访问 AIGC 文字创作功能的方法是（　　）。

A. 通过“开始”选项卡操作

B. 在“插入”选项卡中查找

C. 在“特色功能”或类似命名的选项卡 / 面板中操作

D. 需要安装额外的插件

2.WPS Office 的 AI 生成证明功能主要依赖于（　　）技术。

A. 自然语言处理

B. 数据分析与可视化

C. 图像处理与识别

D. 人工智能算法与模板

3. 使用 WPS Office 的 AI 生成证明功能时，用户需要提供的核心信息包括（　　）。

A. 证明的类型（如收入证明、学历证明等）

B. 证明接收方的信息

C. 证明的具体内容和数据

D. 以上都是

4. 以下选项中，（　　）可以帮助用户快速统一文档中多个段落的格式。

A. 段落对话框　　B. 查找功能

C. 替换功能　　D. 格式刷

5. 在 WPS Office 中，创建一个新样式的方法是（　　）。

A. 在“开始”选项卡中的“样式”组中选择“新建样式”选项

B. 在“格式”菜单中选择“样式”，然后单击“新建”按钮

C. 按快捷键 Ctrl+N

D. 右击任意位置，在快捷菜单中选择“新建样式”选项

任务拓展

使用 WPS AI 工具创作一份证明材料，并参照“工作证明”完成编辑。

项目 3　AI 伴写与全文总结

任务 1　AI 伴写乡村振兴与家乡的变化

任务背景

小刘作为某报社的资深记者，历经多年外勤工作之后，于国庆假期之际荣归故里，探访其位于广西桂林灌阳县的家乡。在深入走访与观察后，他深切地感受到家乡面貌的显著变化，因此决定撰写一篇专题报道，旨在翔实记录并深刻剖析这些令人瞩目的家乡变化。

任务目标

（1）了解 WPS AI 伴写的基本功能与特点。
（2）掌握 WPS AI 伴写在日常学习中的使用方法。
（3）提升写作效率与质量，培养自主学习与创新的能力。

任务要求

以“乡村振兴与家乡变化”为主题，采用 WPS AI 伴写功能将文章内容撰写完整。字数不超过 3 500 字。

基础知识

1. 开启伴写功能

单击选项卡右侧的“WPS AI”下拉按钮，弹出下拉菜单，选择“AI 伴写”选项，弹出“WPS AI”任务窗格，启用“AI 伴写”功能，此时会出现 4 个角色供用户选择。

- 通用：适用于多种写作内容。
- 行政：适用于撰写通知、行政规定等。
- 教师：适用于撰写教案、学生评语等。
- 运营：适用于撰写融媒体文案、运营方案等。

2. 使用 AI 伴写

按快捷键 Alt+ ↓，AI 会主动帮助用户写出下一句，并且提供多个语句供用户选择。如果这些语句不合适，可以单击“换一换”按钮或按空格键，直到满意为止。此外，WPS AI 伴写功能还具备智能纠错和语法优化功能，使得文章的语言表达更为精准、流畅。

任务实施

1. 使用 WPS AI 列出文章大纲

新建文档，连续按下两次 Ctrl 键，唤醒 AI，弹出如图 4-48 所示的 AI 主界面。

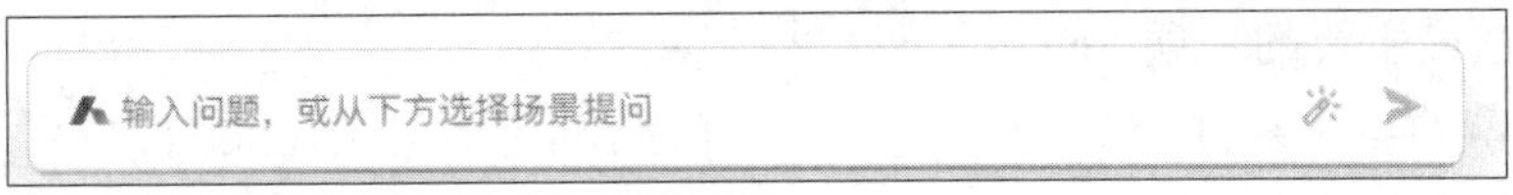

图 4-48　AI 主界面

在主界面中，用户可以按自己的实际情况，输入家乡的名称、风俗、旅游胜地及经济发展情况等，并选择“通用”角色开始 AI 伴写。

例如，小刘在输入家乡的详细信息后，选择“通用”角色，开始了大纲的编写，输入的内容为：“小刘是一名北京的新闻工作者，来自广西灌阳县，国庆期间返乡。通过细致的考察，他深刻体会到乡村振兴对家乡的显著影响，决定创作一篇专题报道。报道将重点展示旅游、日常生活和红色遗产 3 个方面。旅游部分包含稻博园、千家洞和唐景松故居；日常生活部分中灌阳油茶不可或缺；红色遗产部分将讲述灌阳作为红军战斗遗址的故事。”将文档保存为“伴写家乡变化 .docx”。

2.WPS AI 协助文章撰写

小刘在 WPS AI 的辅助下，迅速梳理出文章的脉络，唤醒 WPS AI 后，将光标放到段落的末尾，AI 便开始智能生成文章内容。生成的文字是灰色的，单击灰色文字，可选择替换或保留。

任务评价

填写如表 4-8 所示的自我评价表。

表 4-8　自我评价表

知识与技能	掌握程度		
	熟练掌握	掌握	基本掌握
唤醒 WPS AI			
WPS AI 伴写大纲			
设置 AI 伴写角色			
AI 伴写文字的选择与替换			
自评结果	A. 优秀　B. 良好	C. 中等	D. 及格　E. 不及格

习　　题

单选题

1.WPS AI 伴写功能主要依托于（　　）技术。

A. 人工智能　B. 云计算　C. 区块链　D. 大数据

2. 在使用 WPS AI 伴写功能时，以下选项中（　　）不是其可以帮助用户完成的任务。

A. 撰写文章大纲　B. 自动生成数据图表

C. 提供写作建议　D. 检查语法错误

3. WPS AI 伴写功能对于提升写作效率的作用主要体现在（　　）方面。（多选题型，但按单选处理，选最主要的一项。）

A. 提供丰富的写作素材　　B. 自动排版与美化文档

C. 实时翻译多种语言　　D. 快速检查并纠正拼写错误

4. 以下选项中，（　　）不是 WPS AI 伴写功能的潜在应用场景。

A. 学术论文撰写　　B. 商业文案创作

C. 小说故事编写　　D. 实时股票交易分析

5.WPS AI 伴写功能在识别并纠正写作中的逻辑错误时，主要依赖于（　　）。

A. 用户个人偏好设置　　B. 预先设定的逻辑规则库

C. 实时网络搜索　　D. 用户写作经验

任务拓展

教师节到了，使用 WPS AI 伴写功能，写一篇赞美学校或老师的演讲稿，字数不超过3 000 字。

任务 2　AI 帮我改共享单车主题作文

任务背景

小明是一名初中生，他近期撰写了一篇关于共享单车的作文。为了进一步提升文章质量，他选择利用 WPS AI 的帮我改功能进行润色与修改。该功能旨在通过智能化的文本处理技术，帮助用户优化文章表达，确保内容更加严谨、稳重、理性且符合官方语言风格，同时保留原作的核心意义与观点。

任务目标

（1）能够熟练掌握 WPS AI 的帮我改功能的基本操作。

（2）掌握批判性思维的基本方法，能够合理评估 AI 建议的适用性和准确性。

（3）提升写作效率与质量，培养自主学习与创新能力。

任务要求

以“共享单车”为主题，采用WPS AI的帮我改功能对文章内容进行润色、扩写和缩写。

基础知识

1. 开启帮我改功能

WPS 的“AI 帮我改”中的润色功能旨在通过智能分析文章的内容和语言特点，提出针对性的修改建议，使文章更加流畅、准确、生动。该功能不仅适用于中文，还支持多种语言，如英语、法语等，满足不同用户的写作需求。

启动 WPS AI 功能后，在文字后面双击，则会自动弹出一个工具框，单击工具框右侧的“WPS AI”下拉按钮，弹出下拉菜单，选择“AI 帮我改”选项，弹出的级联菜单中有转换风格、扩写和缩写 3 个功能。转换风格又分为更正式、党政风、更活泼和口语化等各种风格。

2. AI 帮我改的操作步骤

（1）打开 WPS AI 功能。在选项卡上找到并单击 WPS AI 图标，或是连续按两下键盘上的 Ctrl 键，即可弹出 AI 对话框，选择相应的 AI 功能。

（2）选择润色功能。鼠标双击，在弹出的工具框中单击 WPS AI 下拉按钮，在下拉菜单中选择“帮我改”选项，并单击“润色”选项，再选择其对应的风格。

（3）润色选中文本段落。选中需要润色的文章或段落，单击“润色”后等待 AI 进行分析和改进。

（4）查看并接受建议。系统会提供一系列润色建议，用户可以根据需要选择接受或拒绝。同时，用户还可以对建议进一步进行编辑和调整，以满足个人需求。

3. 注意事项

（1）保持原意。在使用帮我改功能时，用户应注意保持文章的原意和个性，避免过度修改导致文章失去原有的风格和特点。

（2）人工审核。尽管帮我改功能非常强大，但用户仍需对润色后的文章进行人工审核，以确保文章的准确性和一致性。

（3）隐私保护。用户在使用帮我改功能时，应确保选择可信赖的工具，并注意保护个人隐私和文章信息的安全。

任务实施

1. 润色

打开“AI 修改共享单车 .docx”文档，其中有 3 篇文章，任选一篇文章进行修改。

选中段落文本，单击选项卡右侧的“WPS AI”下拉按钮，弹出下拉菜单，选择“AI 帮我改”选项，在弹出的级联菜单中选择“快速润色”选项，弹出“润色要求”对话框。

润色程度有“轻度”“中度”和“重度”，用户可自行选择。如选择“轻度”。

语言风格有 5 个选项，可以选择“更正式”。

在“更多要求”中，包含优化用词、使用修饰、增加细节描写、增强感染力等选项，用户可根据自己的需要选择其中一种。

单击“立即润色”按钮即可自动生成文本。

润色完成后，将出现“AI 生成的内容仅供参考，请注意甄别信息准确性”的提示信息，并显示已经生成的字数和润色的思路，同时提供 5 个选项供用户选择，如图 4–49 所示。

图 4–49　润色完成

- 续写：继续按原来的风格生成文本。
- 调整：重新调整风格或补充要求。
- 重写：如果对生成的文本不太满意，则可以选择重写。
- 弃用：如果不需要生成的文本，则选择弃用。
- 替换：如果需要生成的文本，选择“替换”选项后，则生成的文本将替换原来选中的内容。

2. 扩写

打开“AI 修改共享单车 .docx”文档，选中文本，单击选项卡右侧的“WPS AI”下拉按钮，弹出下拉菜单，选择“AI 帮我改”选项，在弹出的级联菜单中选择“扩写”，AI 将直接进行文本的扩写。文本扩写成功后，其界面与润色完成的界面是一样的，有续写、调整、重写、弃用和替换 5 个选项，用户根据需求选择即可。

3. 缩写

缩写的操作方法与扩写类似，缩写是将文本的内容缩减，文字变少。缩写完成后，其界面与润色、扩写完成的界面是一样的，有续写、调整、重写、弃用和替换 5 个选项，用户根据需求选择即可。

任务评价

请填写如表 4–9 所示的自我评价表。

表 4–9　自我评价表

<table>
<tr><td rowspan="2" colspan="2">知识与技能</td><td colspan="3">掌握程度</td></tr>
<tr><td>熟练掌握</td><td>掌握</td><td>基本掌握</td></tr>
<tr><td colspan="2">对文本进行润色</td><td></td><td></td><td></td></tr>
<tr><td colspan="2">对文本进行扩写</td><td></td><td></td><td></td></tr>
<tr><td colspan="2">对文本进行缩写</td><td></td><td></td><td></td></tr>
<tr><td colspan="2">快速润色的相关设置</td><td></td><td></td><td></td></tr>
<tr><td>自评结果</td><td colspan="4">A. 优秀　　B. 良好　　C. 中等　　D. 及格　　E. 不及格</td></tr>
</table>

习　题

单选题

1. 在使用 WPS AI 进行扩写时，以下选项中（　　）不是系统可能会考虑的因素。

A. 文章的主题　　B. 用户的个人喜好

C. 句子的上下文　　D. 词汇的多样性

2.WPS AI 的缩写功能主要适用于（　　）的文本处理。

A. 学术论文摘要　　B. 长篇小说　　C. 诗歌创作　　D. 日常对话记录

3.WPS AI 中的（　　）功能可以帮助用户优化文章的表达，使其更加流畅和精练。

A. 数据分析　　B. 润色　　C. 图表制作　　D. 公式编辑

4.WPS AI 中的扩写功能帮助用户增加文章内容的方法是（　　）。

A. 通过添加无关紧要的细节

B. 根据文章主旨和上下文智能添加信息

C. 重复已有句子

D. 仅增加词汇的复杂度

5. 在 WPS AI 中，（　　）功能可以帮助用户快速缩短长篇文章，同时保持其核心信息。

A. 拼写检查　　B. 语法检查　　C. 缩写　　D. 实时翻译

任务拓展

从网络上搜索一篇中学生的作文，对其进行润色、扩写和缩写。

任务 3　AI 帮我全文总结

任务背景

打开调查报告、科研论文，将其导入文档，让 WPS AI 帮助做全文总结。

任务目标

（1）能够熟练掌握使用 WPS AI 从大量文本中快速提炼核心的方法。

（2）能够学会如何有效地筛选和过滤信息。

（3）基本掌握一些有效的总结技巧和策略。

任务要求

导入一篇科研论文、报告、产品手册、法律合同或书籍等内容到文档中，对其进行全文总结。

基础知识

1. 功能概述

WPS 全文总结是 WPS AI 提供的一项功能，用于对文档内容进行快速提炼和概括，帮助用户快速了解文档的核心内容和主旨。

全文总结功能适用于各种文档类型，如学术论文、报告、新闻报道、小说等，可以帮助用户快速掌握文档的关键信息。

2. 操作步骤

（1）打开需要总结的文档。

（2）启动全文总结功能。

（3）获取并查看总结结果。

任务实施

1. 调研报告全文总结

打开“调研报告 .docx”文档，单击选项卡右侧的“WPS AI”下拉按钮，在弹出的下拉菜单中选择“全文总结”选项，在右侧区域将出现 WPS AI 总结文档内容的任务窗格。系统将自动提炼出报告的关键观点及研究成果，并以精练的语言呈现。

2. 科研论文全文总结

打开“科研论文 .docx”文档，单击选项卡右侧的“WPS AI”下拉按钮，在弹出的下拉菜单中选择“全文总结”选项，在右侧区域将出现 WPS AI 总结文档内容的任务窗格，在其中选择相应选项进行操作即可。

任务评价

请填写如表 4-10 所示的自我评价表。

表 4-10 自我评价表

知识与技能	掌握程度		
	熟练掌握	掌握	基本掌握
开启 WPS AI 全文总结功能			
判断文档类型能否进行全文总结			
自评结果	A. 优秀　B. 良好　C. 中等　D. 及格　E. 不及格		

习　题

单选题

1. 在讲授 WPS AI 的全文总结功能时，以下选项中最能帮助学生理解其核心作用的是（　　）。

A.WPS AI 如何自动生成文章大纲

B.WPS AI 如何快速识别并提取文章中的关键词

C.WPS AI 如何根据文章内容智能生成摘要

D.WPS AI 如何分析文章的语法和拼写错误

2. 为了让学生全面掌握 WPS AI 的全文总结功能，以下选项中应重点讲解的是（　　）。

A.WPS AI 与其他 AI 工具在全文总结方面的比较

B.WPS AI 全文总结功能的操作步骤和设置选项

C.WPS AI 全文总结功能的理论基础和技术细节

D.WPS AI 全文总结功能在不同类型文档中的应用案例

3. 在教授学生如何使用 WPS AI 进行全文总结时，以下选项中最能提升学生的实践能力的是（　　）。

A.WPS AI 全文总结功能的优势与局限性分析

B.WPS AI 全文总结功能的演示和实操练习

C.WPS AI 全文总结功能与其他 WPS 功能的集成使用

D.WPS AI 全文总结功能的历史发展和未来趋势

4. 为了加深学生对 WPS AI 全文总结功能的理解，以下选项中最适合作为课后作业或项目练习的是（　　）。

A. 撰写一篇关于 WPS AI 全文总结功能的综述文章

B. 使用 WPS AI 对一篇长文进行全文总结，并分析结果

C. 设计一个与 WPS AI 全文总结功能相关的问卷调查

D. 比较 WPS AI 全文总结与人工总结的差异，并撰写报告

任务拓展

从网络上搜索一篇长篇小说，对其进行全文总结。

项目 4 邮件合并与长文档

任务 1 制作录用通知书

任务背景

兴桂农业公司是一家致力于现代农业发展与创新的企业，为了持续推动业务增长与技术革新，公司每年定期面向社会招贤纳士。随着公司规模和业务范围的不断扩大，公司对专业人才的需求日益增加。为确保招聘流程的规范性与高效性，面试筛选后，公司需向被录用的应聘者正式发放录用通知书，以此作为加入兴桂农业公司大家庭的官方邀请，进一步吸引并留住优秀人才，共同推动农业现代化进程。

任务目标

（1）熟悉文档格式的设置。

（2）理解数据源的应用，将其与文档模板相结合，实现自动化填充。

（3）掌握邮件合并技术，提高文档处理的效率。

（4）提升实践能力，为将来在工作或学习中应用邮件合并技术打下基础。

任务要求

（1）创建和编辑数据源，确保数据准确无误，且格式符合邮件合并的要求。

（2）在 WPS 文字等文档编辑软件中创建邮件合并的模板。

（3）批量制作录用通知书，要求应聘者在 2024 年 11 月 5 日前到公司报到。

基础知识

1. 打印预览与打印

完成邮件合并后，需要对文档进行打印预览，确保每一份录用通知书的格式正确无误。这样也能更好地检查文档的整体布局效果，确认无误后再进行打印输出。

选择“文件”菜单中的“打印”选项，在弹出的级联菜单中选择“打印预览”选项，当前窗口切换成“打印预览”窗口，左侧区域显示打印预览效果，右侧区域列出页面设置及打印选项。在此模式下，可逐页浏览录用通知书，检查文本对齐、图片显示以及页边距等细节。如有需要，还可调整打印设置，确保输出的录用通知书既美观又专业，充分展现兴桂农业公司的形象。完成后，单击“打印”按钮，即可开始批量输出，大大提升工作效率。单击“退出预览”按钮则可返回文档编辑界面，此时系统会自动保存所有更改。

2. 邮件合并

在邮件合并过程中，首先创建一个包含所有应聘者信息的 Excel 数据源，然后单击“引用”选项卡“邮件合并”组中的“邮件合并”按钮，在出现的“邮件合并”选项卡“开始邮件合并”组中单击“打开数据源”按钮。数据源可以是 Access 数据库、Word 文档、Excel 文档或文本文档等类型的文件。

任务实施

1. 创建和编辑数据源文档

根据实际的任务要求，做好数据源文档的准备工作，如本次项目中创建的“luyong.xlsx”，用于存储应聘者的相关信息，包含姓名、称呼、农业工程成绩、生物质材料成绩、结构化面试成绩和总分等数据，如图 4-50 所示。

	A	B	C	D	E	F
1	姓名	称呼	农业工程	生物质材料	结构化面试	总分
2	李广俊	先生	85	82	90	257
3	甘西玲	女士	85	95	92	272
4	李机松	先生	90	88	86	264
5	吴电霖	先生	84	96	80	260

图 4-50 数据源文档示例

2. 创建录用通知书模板

邮件合并可以应用于很多场景，如邀请函、会议通知、工资条、工牌、荣誉证书等，根据不同的场景设计不同的模板，才能使文档更具个性化和实用性。例如，本任务中，可打开录用通知书模板，对文字格式进行设置，页面边框选择艺术型边框，宽度为 10 磅，将标题设置为艺术字等，用户可以自由设计，如图 4-51 所示。

3. 批量生成录用通知书

将前两个文档制作完成后，就可以进行邮件合并，批量生成录用通知书了。

（1）插入域。打开录用通知书模板，单击“引用”选项卡“邮件合并”组的“邮件合并”按钮，出现“邮件合并”选项卡，单击“开始邮件合并”组中的“打开数据源”按钮，选择前面创建的“luyong.xlsx”数据源。将光标放置在姓名位置，单击“编写和插入域”组中的“插入合并域”按钮，弹出“插入域”对话框。选择“姓名”合并域，单击“插入”按钮，姓名便自动填充到录用通知书中的相应位置。同理，将其他信息如称呼、成绩等依次插入相应位置，在入职时间下面，手动输入时间“2024 年 11 月 5 日”，直至所有字段均已完善。

（2）查看预览结果。单击“预览结果”组中的“查看合并数据”按钮，查看生成的录用通知书效果。每一份录用通知书都准确无误地包含应聘者的信息，实现了高效且个性化的批量处理。

（3）完成邮件合并。单击“完成”组中的“合并到新文档”按钮，弹出“合并到新文档”对话框，选中“全部”单选按钮，并将生成的录用通知书保存为新的 .wps 文档。接下来，可以对这些文档进行最后的审阅和调整，确保格式、内容准确无误，如图 4-52 所示。

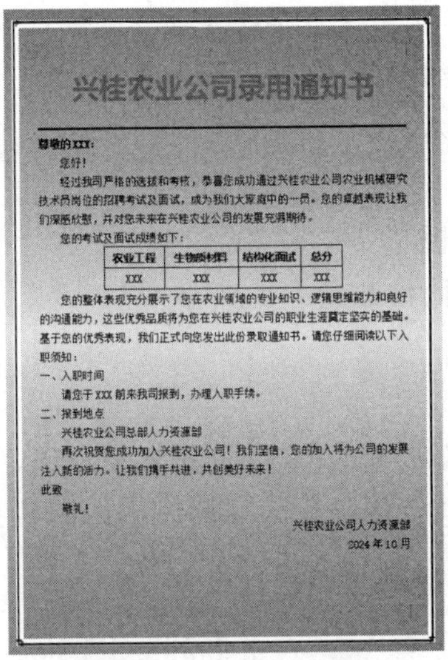

兴桂农业公司录用通知书

尊敬的XXX：

您好！

经过我司严格的选拔和考核，恭喜您成功通过兴桂农业公司农业机械研究技术员岗位的招聘考试及面试，成为我们大家庭中的一员。您的卓越表现让我们深感欣慰，并对您未来在兴桂农业公司的发展充满期待。

您的考试及面试成绩如下：

农业工程	生物质材料	结构化面试	总分
XXX	XXX	XXX	XXX

您的整体表现充分展示了您在农业领域的专业知识、逻辑思维能力和良好的沟通能力，这些优秀品质将为您在兴桂农业公司的职业生涯奠定坚实的基础。基于您的优秀表现，我们正式向您发出此份录取通知书。请您仔细阅读以下入职须知：

一、入职时间

请您于 XXX 前来我司报到，办理入职手续。

二、报到地点

兴桂农业公司总部人力资源部

再次祝贺您成功加入兴桂农业公司！我们坚信，您的加入将为公司的发展注入新的活力。让我们携手共进，共创美好未来！

此致

敬礼！

兴桂农业公司人力资源部

2024 年 10 月

图 4-51　录用通知书模板

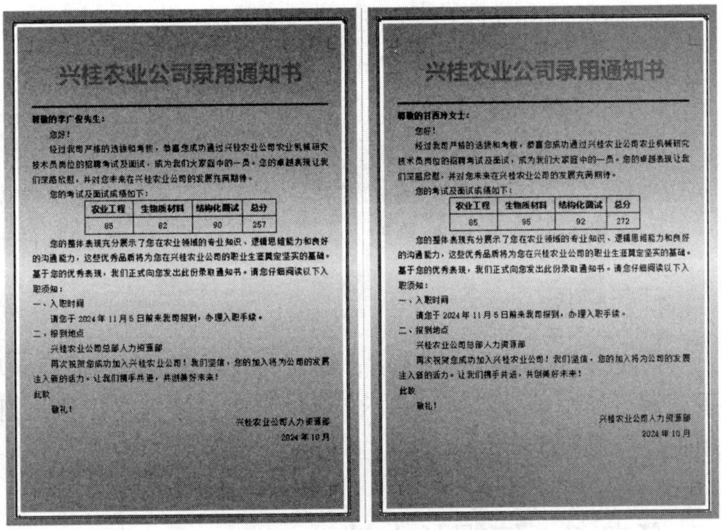

兴桂农业公司录用通知书

尊敬的李广俊先生：

您好！

经过我司严格的选拔和考核，恭喜您成功通过兴桂农业公司农业机械研究技术员岗位的招聘考试及面试，成为我们大家庭中的一员。您的卓越表现让我们深感欣慰，并对您未来在兴桂农业公司的发展充满期待。

您的考试及面试成绩如下：

农业工程	生物质材料	结构化面试	总分
85	82	90	257

您的整体表现充分展示了您在农业领域的专业知识、逻辑思维能力和良好的沟通能力，这些优秀品质将为您在兴桂农业公司的职业生涯奠定坚实的基础。基于您的优秀表现，我们正式向您发出此份录取通知书。请您仔细阅读以下入职须知：

一、入职时间

请您于 2024 年 11 月 5 日前来我司报到，办理入职手续。

二、报到地点

兴桂农业公司总部人力资源部

再次祝贺您成功加入兴桂农业公司！我们坚信，您的加入将为公司的发展注入新的活力。让我们携手共进，共创美好未来！

此致

敬礼！

兴桂农业公司人力资源部

2024 年 10 月

兴桂农业公司录用通知书

尊敬的甘西玲女士：

您好！

经过我司严格的选拔和考核，恭喜您成功通过兴桂农业公司农业机械研究技术员岗位的招聘考试及面试，成为我们大家庭中的一员。您的卓越表现让我们深感欣慰，并对您未来在兴桂农业公司的发展充满期待。

您的考试及面试成绩如下：

农业工程	生物质材料	结构化面试	总分
85	95	92	272

您的整体表现充分展示了您在农业领域的专业知识、逻辑思维能力和良好的沟通能力，这些优秀品质将为您在兴桂农业公司的职业生涯奠定坚实的基础。基于您的优秀表现，我们正式向您发出此份录取通知书。请您仔细阅读以下入职须知：

一、入职时间

请您于 2024 年 11 月 5 日前来我司报到，办理入职手续。

二、报到地点

兴桂农业公司总部人力资源部

再次祝贺您成功加入兴桂农业公司！我们坚信，您的加入将为公司的发展注入新的活力。让我们携手共进，共创美好未来！

此致

敬礼！

兴桂农业公司人力资源部

2024 年 10 月

图 4-52　邮件合并效果

任务评价

请填写如表 4-11 所示的自我评价表。

表 4-11　自我评价表

知识与技能	掌握程度		
	熟练掌握	掌握	基本掌握
制作数据源			
编辑邮件模板			
合并邮件设置			
合并到新文档			
自评结果	A. 优秀　B. 良好　C. 中等　D. 及格　E. 不及格		

习　题

单选题

1. 邮件合并的主要功能是（　　）。

A. 批量发送邮件　B. 合并文档中的图片　C. 压缩文件大小　D. 加密邮件

2. 在进行邮件合并时，通常需要准备（　　）。

A. 一个数据源文件　B. 多个邮件模板

C. 复杂的密码　D. 图形设计素材

3. 以下选项中，（　　）通常支持邮件合并功能。

A.Photoshop　B.WPS 文档　C.Spotify　D.Netflix

4. 在邮件合并过程中，数据源文件的格式通常是（　　）。

A..jpg　B..mp3　C..xlsx　D..pdf

5. 邮件合并可以用于以下选项中的（　　）场景。

A. 发送个性化的生日祝福邮件　　B. 批量下载网络图片

C. 转换视频格式　　D. 实时翻译文本

6. 邮件合并时，占位符的作用是（　　）。

A. 标记需要插入数据的位置　　B. 美化邮件模板

C. 保护邮件内容不被篡改　　D. 增加邮件的附件数量

任务拓展

某高校在招生季节结束后，需要向被录取的新生发送录取通知书。由于新生人数众多，手动编写和发送录取通知书不仅耗时耗力，还容易出错。因此，该高校决定请你帮他们利用邮件合并功能批量生成录取通知书。

任务 2　编辑长文档

任务背景

花山岩画作为中华民族的文化瑰宝，不仅承载着丰富的历史信息，还展现了古代人民的艺术智慧。为了弘扬与传承世界级文化遗产的独特魅力，兴桂旅游发展公司撰写了关于花山岩画的文章，希望该文章能够吸引更多游客关注并亲身体验这一自然与人文完美融合的奇观，促进地方旅游业的发展，同时加深公众对传统文化的理解与尊重，让花山岩画的故事和精神得以世代相传。本任务需要对该文章进行格式整理，创建目录和封面。

任务目标

（1）掌握样式的新建、修改及应用。

（2）掌握目录的制作。

（3）掌握封面的编辑。

（4）加强对文档编辑综合实践能力的培养。

任务要求

打开“广西古老的花山岩画 .docx”，按要求进行操作。

1. 样式的应用

给当前第 1 段文本应用“标题”样式，给文档中的所有红色字体应用“标题 1”样式，给文档中的所有紫色字体应用“标题 2”样式，给文档中的所有绿色字体应用“五号加粗”样式。

2. 创建目录

按样章创建目录，如图 4–53 所示。在标题前创建自定义目录，制表符选择默认的省略号，显示级别设置为 2，显示页码，页码右对齐，使用超链接。目录和正文不在同一页显示。设置目录为 1.5 倍行距。在目录内容上方输入“目录”二字，设置其格式为微软雅黑、小二、居中显示。

3. 插入封面

在目录前面按样章插入封面，效果如图 4–54 所示。

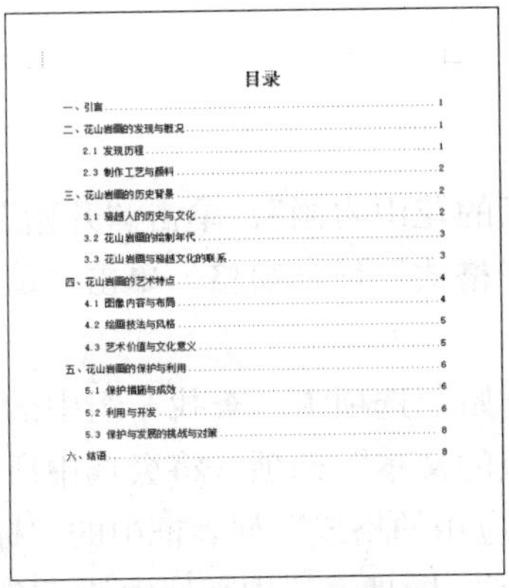
目录

图 4-53　目录效果

图 4-54　封面效果

4. 添加页眉页脚

在正文中插入页眉，选择稻壳页眉页脚库免费选项中的“微粒体蓝天白云”样式，输入“花山岩画”，设置格式为微软雅黑、小四、左对齐。在页脚处插入页码，样式选择“–1–，–2–，–3–，…”，位置选择“底端外侧”。封面和目录不添加页眉页脚。

基础知识

1. 样式的运用

（1）新建样式。单击“开始”选项卡“样式”组右下角的对话框启动器按钮，弹出“样式和格式”任务窗格，单击左上角的“新样式”按钮，弹出“新建样式”对话框。在“新建样式”对话框的属性区可以输入样式名称、样式类型、样式基准及后续段落样式；在格式区可设置字体、段落、制表符、边框、编号、快捷键和文本效果等。设置完成后，单击“确定”按钮即可创建新样式。

（2）修改样式。在“样式”组或者“样式和格式”任务窗格中，可右击选择任意一个样式标题，或单击样式右侧的下拉按钮，在弹出的下拉菜单中选择“修改”选项，弹出“修改样式”对话框。该对话框的操作方法与“新建样式”对话框的相同。

（3）应用样式。先选中要应用样式的段落，再单击相应的样式，就将选中的样式应用到所选的段落文字上了。

2. 页眉与页脚

（1）页眉。单击“插入”选项卡“页”组中的“页眉页脚”按钮，光标会自动出现在页眉位置，单击“页眉页脚”选项卡“页眉页脚”组中的“页眉”下拉按钮，弹出样式库，其中有商务风、简约风、中国风、节日、卡通风及免费的页眉可选择。选择后页面出现相应的背景图片，输入文字即可完成页眉的设置。

（2）页脚。单击“页眉页脚”组中的“页脚”下拉按钮，弹出样式库，其中有商务风、扁平风、简约风及节日等页脚选项，选择相应样式即可。

（3）页码。在“插入”选项卡“页”组中有“页码”下拉按钮，“页眉页脚”选项卡“页眉页脚”组中也有“页码”下拉按钮。单击“页码”下拉按钮，弹出下拉菜单，在“预设样式”栏下有页眉页脚的相关选项。直接单击“页码”按钮，将光标定位在页脚区域，在页脚位置出现“重新编号”“页码设置”及“删除页码”选项。选择相应的选项，即可完成相应的操作。

任务实施

1. 样式应用

（1）选中第 1 行标题文本“广西壮族古老的花山岩画”，单击“开始”选项卡“样式”组右下角的对话框启动器按钮，弹出“样式和格式”任务窗格，单击“请选择要应用的格式”列表框中的“标题”样式。

（2）将光标定位在红色字体中，单击“开始”选项卡“查找”组中的“选择”下拉按钮，在弹出的下拉菜单中选择“选择格式相似的文本”选项，将会选中所有红色字体，再在“样式和格式”任务窗格中单击“请选择要应用的格式”列表框中的“标题 1”样式。这样，就对所有的红色字体应用“标题 1”样式了。同理，选中文档中的所有紫色字体，应用“标题 2”样式。选中文档中的所有绿色字体，应用“五号加粗”样式。

2. 创建目录

（1）将光标定位在文章开始处，单击“插入”选项卡“页”组中的“分页”下拉按钮，在弹出的下拉菜单中选择“连续分节符”，此时就在文章前面插入了一个分节符。

（2）单击“引用”选项卡“目录”组中的“目录”下拉按钮，在弹出的下拉菜单中选择“自定义目录”选项，弹出“目录”对话框。在“制表符前导符”下拉菜单中选择默认的省略号，“显示级别”设置为 2，勾选“显示页码”“页码右对齐”“使用超链接”复选框，单击“确定”按钮即可。

（3）选中目录的所有内容，单击“开始”选项卡“段落”组右下角的对话框启动器按钮，弹出“段落”对话框，设置行距为 1.5 倍行距。在目录内容的上方输入“目录”，设置其字符格式为微软雅黑、小二、居中显示。

3. 插入封面

单击“插入”选项卡“页”组中的“封面”下拉按钮，用户可以在下拉菜单中选择预设封面页，也可以选择稻壳封面页。案例中选择了稻壳封面页下的“免费”选项，选择“画册封面设计”，将其修改成效果图样式即可。

4. 插入页眉页脚

（1）插入页眉。将光标定位在正文开始处，单击“插入”选项卡“页”组中的“页眉页脚”按钮，在出现的“页眉页脚”选项卡“页眉页脚”组中单击“页眉”下拉按钮，在下拉菜单中选择稻壳页眉页脚库中的“免费”选项，应用“微粒体蓝天白云”样式，然后在页眉处输入“花山岩画”，设置其字符格式为微软雅黑、小四、左对齐。

图 4–55 “页码”对话框

（2）设置页码。单击“插入”选项卡“页”组中的“页眉页脚”按钮，随后转到“页眉页脚”选项卡下的“页眉页脚”组。选择“页脚”下拉菜单中的“编辑页脚”选项，将光标定位在页脚处，选择“页码”下拉菜单中的“页码”选项，弹出相应对话框，如图 4–55 所示，设置页码样式，位置选择“标准公文”，应用范围选中“本页及以后”单选按钮，单击“确定”按钮，最后的正文效果如图 4–56 所示。

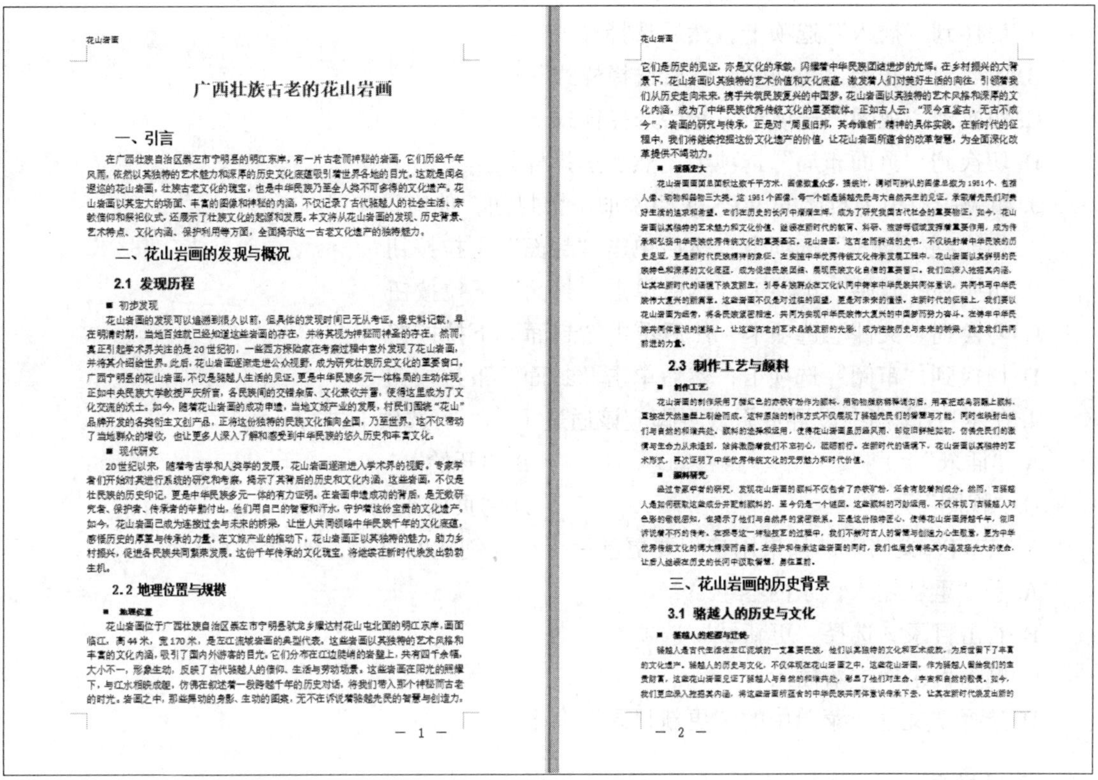
花山岩画

广西壮族古老的花山岩画

一、引言

在广西壮族自治区崇左市宁明县的明江东岸，有一片古老而神秘的岩画，它们历经千年风雨，依然以其独特的艺术魅力和深厚的历史文化底蕴吸引着世界各地的目光。这就是闻名遐迩的花山岩画，壮族古老文化的瑰宝，也是中华民族乃至全人类不可多得的文化遗产。花山岩画以其宏大的场面、丰富的图像和神秘的内涵，不仅记录了古代骆越人的社会生活、宗教信仰和祭祀仪式，还展示了壮族文化的起源和发展。本文将从花山岩画的发现、历史背景、艺术特点、文化内涵、保护利用等方面，全面揭示这一古老文化遗产的独特魅力。

二、花山岩画的发现与概况

2.1 发现历程

■ 初步发现

花山岩画的发现可以追溯到很久以前，但具体的发现时间已无从考证。据史料记载，早在明清时期，当地百姓就已经知道这些岩画的存在，并将其视为神秘而神圣的存在。然而，真正引起学术界关注的是 20 世纪初，一些西方探险家在考察过程中意外发现了花山岩画，并将其介绍给世界。此后，花山岩画逐渐走进公众视野，成为研究壮族历史文化的重要窗口。广西宁明县的花山岩画，不仅是骆越人生活的见证，更是中华民族多元一体格局的生动体现。正如中央民族大学教授严庆所言，各民族间的交错杂居、文化兼收并蓄，使得这里成为了文化交流的沃土。如今，随着花山岩画的成功申遗，当地文旅产业的发展，村民们围绕“花山”品牌开发的各类衍生文创产品，正将这份独特的民族文化推向全国，乃至世界。这不仅带动了当地群众的增收，也让更多人深入了解和感受到中华民族的悠久历史和丰富文化。

■ 现代研究

20 世纪以来，随着考古学和人类学的发展，花山岩画逐渐进入学术界的视野。专家学者们开始对其进行系统的研究和考察，揭示了其背后的历史和文化内涵。这些岩画，不仅是壮民族的历史印记，更是中华民族多元一体的有力证明。在岩画申遗成功的背后，是无数研究者、保护者、传承者的辛勤付出，他们用自己的智慧和汗水，守护着这份宝贵的文化遗产。如今，花山岩画已成为连接过去与未来的桥梁，让世人共同领略中华民族千年的文化底蕴，感悟历史的厚重与传承的力量。在文旅产业的推动下，花山岩画正以其独特的魅力，助力乡村振兴，促进各民族共同繁荣发展。这份千年传承的文化瑰宝，将继续在新时代焕发出勃勃生机。

2.2 地理位置与规模

■ 地理位置

花山岩画位于广西壮族自治区崇左市宁明县耿龙乡耀达村花山屯北面的明江东岸，画面临江，高 44 米，宽 170 米，是左江流域岩画的典型代表。这些岩画以其独特的艺术风格和丰富的文化内涵，吸引了国内外游客的目光。它们分布在江边陡峭的岩壁上，共有四千余幅，大小不一，形象生动，反映了古代骆越人的信仰、生活与劳动场景。这些岩画在阳光的照耀下，与江水相映成趣，仿佛在叙述着一段跨越千年的历史对话，将我们带入那个神秘而古老的时光。岩画之中，那些舞动的身影、生动的图案，无不在诉说着骆越先民的智慧与创造力。

— 1 —

花山岩画

它们是历史的见证，亦是文化的承载，闪耀着中华民族团结进步的光辉。在乡村振兴的大背景下，花山岩画以其独特的艺术价值和文化底蕴，激发着人们对美好生活的向往，引领着我们从历史走向未来，携手共筑民族复兴的中国梦。花山岩画以其独特的艺术风格和深厚的文化内涵，成为了中华民族优秀传统文化的重要载体。正如古人云：“观今宜鉴古，无古不成今”，岩画的研究与传承，正是对“周虽旧邦，其命维新”精神的具体实践。在新时代的征程中，我们将继续挖掘这份文化遗产的价值，让花山岩画所蕴含的改革智慧，为全面深化改革提供不竭动力。

■ 规模宏大

花山岩画画面总面积达数千平方米，图像数量众多，据统计，清晰可辨认的图像总数为 1951 个，包括人像、动物和器物三大类。这 1951 个图像，每一个都是骆越先民与大自然共生的见证，承载着先民们对美好生活的追求和希望。它们在历史的长河中熠熠生辉，成为了研究我国古代社会的重要物证。如今，花山岩画以其独特的艺术魅力和文化价值，继续在新时代的教育、科研、旅游等领域发挥着重要作用，成为传承和弘扬中华民族优秀传统文化的重要基石。花山岩画，这古老而鲜活的史书，不仅映射着中华民族的历史足迹，更是新时代民族精神的象征。在实施中华优秀传统文化传承发展工程中，花山岩画以其鲜明的民族特色和深厚的文化底蕴，成为促进民族团结、展现民族文化自信的重要窗口。我们应深入挖掘其内涵，让其在新时代的语境下焕发新生，引导各族群众在文化认同中铸牢中华民族共同体意识，共同书写中华民族伟大复兴的新篇章。这些岩画不仅是对过往的回望，更是对未来的憧憬。在新时代的征程上，我们要以花山岩画为纽带，将各民族紧密相连，共同为实现中华民族伟大复兴的中国梦而努力奋斗。在铸牢中华民族共同体意识的道路上，让这些古老的艺术品焕发新的光彩，成为连接历史与未来的桥梁，激发我们共同前进的力量。

2.3 制作工艺与颜料

■ 制作工艺

花山岩画的制作采用了赭红色的赤铁矿粉作为颜料，用动物脂肪稀释调匀后，用草把或鸟羽蘸上颜料，直接在天然崖壁上刷绘而成。这种原始的制作方式不仅展现了骆越先民们的智慧与才能，同时也映射出他们与自然的和谐共处。颜料的选择和运用，使得花山岩画虽历经风雨，却依旧鲜艳如初，仿佛先民们的激情与生命力从未退却，始终激励着我们不忘初心，砥砺前行。在新时代的语境下，花山岩画以其独特的艺术形式，再次证明了中华优秀传统文化的无穷魅力和时代价值。

■ 颜料研究

经过专家学者的研究，发现花山岩画的颜料不仅包含了赤铁矿粉，还含有胶着剂成分。然而，古骆越人是如何获取这些成分并配制颜料的，至今仍是一个谜团。这些颜料的巧妙运用，不仅体现了古骆越人对色彩的敏锐感知，也揭示了他们与自然界的紧密联系。正是这份独特匠心，使得花山岩画跨越千年，依旧诉说着不朽的传奇。在探寻这一神秘技艺的过程中，我们不禁对古人的智慧与创造力心生敬意，更为中华优秀传统文化的博大精深而自豪。在保护和传承这些岩画的同时，我们也肩负着将其内涵发扬光大的使命，让后人继续在历史的长河中汲取智慧，勇往直前。

三、花山岩画的历史背景

3.1 骆越人的历史与文化

■ 骆越人的起源与迁徙

骆越人是古代生活在左江流域的一支重要民族，他们以其独特的文化和艺术成就，为后世留下了丰富的文化遗产。骆越人的历史与文化，不仅体现在花山岩画之中，这些花山岩画，作为骆越人留给我们的宝贵财富，这些花山岩画见证了骆越人与自然的和谐共处，彰显了他们对生命、宇宙和自然的敬畏。如今，我们更应深入挖掘其内涵，将这些岩画所蕴含的中华民族共同体意识传承下去，让其在新时代焕发出新的

— 2 —

图 4–56　正文效果

任务评价

请填写如表 4–12 所示的自我评价表。

表 4–12　自我评价表

知识与技能	掌握程度		
	熟练掌握	掌握	基本掌握
样式的新建、修改及应用			
创建目录			
插入封面			
设置页眉页脚			
自评结果	A. 优秀　B. 良好	C. 中等	D. 及格　E. 不及格

习　　题

单选题

1. 在 WPS 文档中，以下选项中的（　　）功能可以帮助用户快速组织文档结构。

A. 插入图片　　　　　　　　　　B. 创建目录

C. 设置字体　　　　　　　　　　　　D. 插入表格

2. 在 WPS 文档中，要应用预设的样式（如标题 1、标题 2 等），应该（　　）。

A. 切换到“插入”选项卡，然后选择样式

B. 切换到“开始”选项卡，然后选择样式

C. 切换到“视图”选项卡，然后选择样式

D. 切换到“页面布局”选项卡，然后选择样式

3. 如果用户想为自己的 WPS 文档添加一个封面，他应该（　　）。

A. 切换到“插入”选项卡，然后单击“封面”下拉按钮

B. 切换到“开始”选项卡，然后单击“封面”下拉按钮

C. 切换到“文件”选项卡，然后单击“封面”下拉按钮

D. 切换到“审阅”选项卡，然后单击“封面”下拉按钮

4. 在 WPS 文档中设置页眉或页脚应该通过（　　）选项卡进行。

A.“插入”　　　　　　　　　　　　B.“开始”

C.“视图”　　　　　　　　　　　　D.“页面布局”

5. 在 WPS 文档中，如果用户想要更新一个已经创建的目录，他应该（　　）。

A. 手动重新输入目录内容

B. 右击目录，选择“更新域”选项

C. 删除目录后重新插入

D. 选择“文件”菜单中的“更新目录”命令

任务拓展

打开文档“《大数据会计学》教案 .docx”，按要求进行操作。

（1）应用样式。给当前文档的第 1 段文本应用“标题 1”样式，给文档中所有字体颜色为红色的章标题应用“标题 2”样式，给所有字体颜色为绿色的节标题应用“标题”样式，给所有字体颜色为紫色的文本内容应用“10 磅，加粗”样式。

（2）创建封面、目录。在文档的起始位置创建“自动目录 2”样式的目录，并设置字体为仿宋，字号为五号，字形为加粗，行距为固定值 25 磅。添加“Ⅰ，Ⅱ，…”样式的页码，显示在页面底端，居中。为教案创建一个封面，风格自选。

模块 5
WPS AI 表格处理

★知识目标★

（1）能够熟练掌握 WPS 表格的基本操作。

（2）能够了解 WPS AI 在公式生成方面的应用。

（3）能够掌握利用 WPS AI 设置条件格式的方法。

（4）了解 WPS 表格与其他软件的协同工作。

★能力目标★

（1）独立完成 WPS 表格的创建与编辑。

（2）熟练运用 WPS AI 快速创建复杂的计算公式。

（3）能够根据数据分析的需要，用 WPS AI 功能灵活设置条件格式，以突出显示满足特定条件的数据，提高数据的可读性。

（4）能够利用 WPS 表格的排序、筛选、分类汇总等功能，对数据进行有效管理与分析，提取有价值的信息。

★素质目标★

（1）激发对信息技术的兴趣与热爱，培养严谨的数据处理态度和信息素养。

（2）提升学生的信息处理能力，提高处理大量数据的能力，提升工作效率。

（3）增强学生的团队协作能力。

（4）通过解决实际问题，增强成就感与自信心。

WPS表格是金山公司的主要办公软件之一，其AI辅助功能在数据处理和分析上表现出色。WPS表格旨在满足用户的多种办公需求，它集成了多种功能，包括数据处理、公式计算、数据图表展示、数据导入和导出、数据安全与权限控制、批量处理与宏命令、数据验证等，以及一些特色功能（如护眼模式、阅读模式、全屏显示等），旨在提升用户的使用体验和工作效率。本模块主要包括表格中的工作表和工作簿操作、公式和函数的使用、利用图表分析和展示数据、进行数据处理等内容。

项目1　制作员工信息表

任务1　员工信息表

任务背景

随着乡村振兴战略的深入实施，兴桂农业公司对其内部员工信息管理提出了更高的要求。为此，需借助WPS表格的功能，精心构建一个详尽且全面的员工信息表。该表格将涵盖员工的基本信息、职称、学历层次以及多种联系方式等关键内容，并确保信息的准确性和易管理性。

任务目标

（1）熟悉WPS表格的工作界面，掌握文件的新建、打开、保存、另存为及关闭工作簿操作。

（2）掌握数据录入、自定义序列填充单元格、工作表管理的基本技巧。

（3）掌握数据的复制、移动等操作。

（4）能够根据所学知识，利用创新思维策略，寻求多角度的解决方案。

任务要求

（1）新建“员工信息表.xlsx”工作簿。

（2）将Sheet1工作表重命名为“基本情况”，设置工作表颜色为红色；将素材“职工表花名册.xlsx”中的“员工情况”工作表复制到新建的“员工信息表.xlsx”工作簿中，并重命名为“员工名册”。

（3）在“基本情况”工作表的A1单元格内输入标题“兴桂农业公司员工信息表”，在第2行输入“工号”“姓名”“民族”“籍贯”“身份证号”“职称”“学历”“基本工资”和“联系方式”等信息，将A1:I1单元格区域合并居中。

（4）将“员工名册”工作表中的数据复制到“基本情况”工作表的对应列中，确保信息准确无误。隐藏“员工名册”工作表。

（5）在A3：A18单元格区域中填充数据001至016。

（6）保存工作簿。

基础知识

1. 工作界面

启动 WPS Office 应用程序，新建空白表格，WPS 表格的工作界面如图 5–1 所示。WPS 表格的工作界面中包括选项卡、功能区、快速访问工具栏、编辑框及工作表标签等。WPS 表格中用于保存表格内容的文件称为工作簿，每个工作簿中包含若干个工作表，每个工作表由行和列组成，以数字代表行号，以字母代表列标，行与列相交形成单元格，单元格是数据处理的基本单元。由粗线框围成的单元格称为活动单元格，单元格由列标和行号表示，A1 单元格表示工作表中第 A 列第 1 行的单元格。

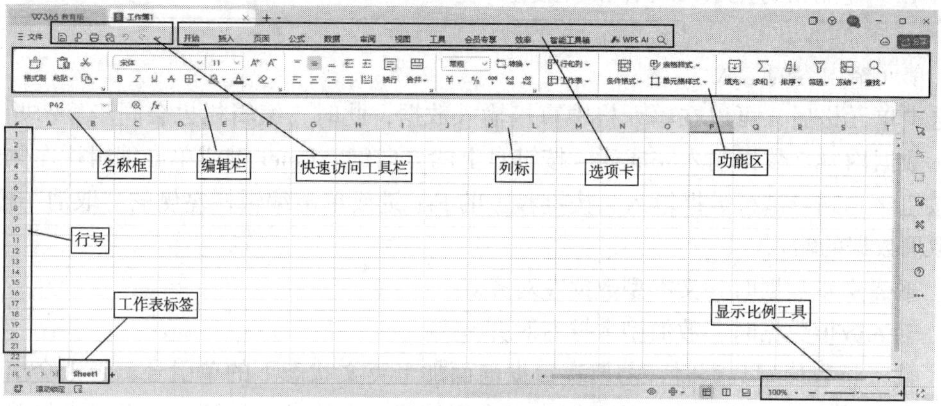

图 5–1　WPS 表格的工作界面

各选项卡的功能区概述如表 5–1 所示。

表 5–1　各选项卡的功能区概述

选项卡	功能区概述
文件	包含“新建”“打开”“保存”“另存为”“输出为图片”“输出为 PDF”“拆分合并”“打印”等命令，还包括“分享文档”“文档加密”“文件瘦身”“备份与恢复”等功能，并对文档信息及产品反馈提供帮助，该选项卡主要提供针对文件的操作
开始	包括格式刷、数据的复制与移动、单元格格式设置（对齐、字体、字号、边框、图案及保护等）、条件格式、表格样式、单元格样式的设置，同时还包括对数据的填充、求和、排序、筛选、冻结及查找功能的运用
插入	包括数据透视表、数据透视图、表格、图片、形状、图标、艺术字、文本框、流程图、思维导图、图表、超链接、公式、符号、附件等更多素材的插入操作
页面	主要对页面进行设置，包括设置打印预览、页边距、纸张方向、纸张大小、打印区域、打印缩放、打印标题、页眉和页脚、主题、背景图片、表格美化等，帮助用户对页面进行排版打印
公式	包括自定义公式和内置公式，涵盖求和、财务、逻辑、文本、时间、查找与引用、数学与三角、其他函数相关的公式，WPS 365 教育版还提供了 AI 写公式、便捷公式等功能，帮助用户使用公式或函数进行相关操作

续表

选项卡	功能区概述
数据	包括数据透视表、筛选、排序、重复项、数据对比、分列、有效性、查找录入、填充、合并计算、下拉菜单、分类汇总、创建组、获取数据、智能分析、模拟分析等功能
审阅	包括拼写检查、朗读、批注、锁定单元格、保护工作表、保护工作簿、共享工作簿、文档加密、文档定稿等设置
视图	包括普通、分页预览、页面布局、护眼、阅读、自定义视图、网格线、编辑栏、行号和列标、任务窗格、显示比例、冻结窗格、重排窗口、拆分窗口、创建窗口等功能
工具	包括运行宏、宏安全性、开发工作、记录单、拆分表格、合并表格、表格美化、便捷公式等设置
WPS AI	包括 AI 写公式、AI 条件格式的设置

2. 单元格内容的录入

选中单元格后，可以在单元格中直接输入数据，此时，编辑栏也会同步显示并允许用户编辑数据内容。数据输入完成后，按键盘上的方向键、Enter 键或单击编辑栏左侧的“输入”按钮 ✓，则可进行数据输入，按键盘上的 Esc 键或单击编辑栏左侧的“取消”按钮 ×，则可取消数据的输入。

- 输入文本数据时，文本型数据左对齐。
- 输入数值数据时，数值型数据右对齐。
- 输入长数值型数据时，需要在数据前面加上英文状态下的单引号，否则会出现数据精度丢失的问题，此时的数据为文本型数据，不能参与计算。也可以先将单元格格式设置为文本型，再输入长数值型数据。
- 输入为分数形式时，例如 3/4，需要在单元格内先输入数字 0，再输入空格，然后输入 3/4，这样就可以将分数显示在单元格内，编辑栏显示为 0.75。
- 输入逻辑型数据时，直接输入 TRUE 或 FALSE 即可。
- 输入日期型数据时，可直接输入某年某月某日，如 2024 年 8 月 20 日，也可以用分隔符表示，分隔符可以使用“/”或“-”，如 2024/02/08 或 2024-02-08。如果直接在单元格内输入 2-8 或 2/8，则会显示为 2 月 8 日，此时的数据为日期型数据。

3. 工作表的基本操作

工作表最常见的基本操作包括选定工作表、添加工作表、删除工作表、重命名工作表、移动和复制工作表、隐藏和取消隐藏工作表、设置工作表标签颜色等。

（1）选定工作表。要选定某个工作表，将其设置为当前活动工作表，只需单击工作表标签中对应的工作表名即可（工作表标签在工作表区域的下方，状态栏的上方）。

可以通过键盘和鼠标组合选定多张工作表：按 Ctrl+ 鼠标左键可以选择不连续的多张工作表，按 Shift+ 鼠标左键可以选择连续的多张工作表。

（2）添加工作表。添加工作表的方法主要有 4 种。

①利用“开始”功能区中的“工作表”→“插入工作表”命令。

②利用“新建工作表”按钮（位于工作表标签的右侧）。

③右击一个工作表标签，从弹出的快捷菜单中选择“插入工作表”选项，在弹出

的“插入工作表”对话框中选择工作表数目及位置，则在相应位置插入若干个新的工作表。

④按组合键 Shift+F11。

建议：记住一种方法即可，在此建议记住第 3 种方法。

（3）删除工作表。删除工作表的方法主要有 2 种。

①利用“开始”功能区中的“工作表”→“删除工作表”命令。

②右击要删除的工作表标签，在弹出的快捷菜单中选择“删除”选项。

（4）重命名工作表。为了便于记忆，通常在建立工作表时将其更改为合适的名字。重命名工作表主要有 2 种方法。

①双击要重命名的工作表标签，就可以输入新的名称，输入完毕后按 Enter 键。

②右击要重命名的工作表标签，在弹出的快捷菜单中选择“重命名”选项，就可以启动重命名操作。

（5）移动和复制工作表。

①选中准备移动或复制的工作表（要移动多张工作表时，必须先选定多张工作表），右击，在弹出的快捷菜单中选择“移动”选项。在弹出的“移动或复制工作表”对话框中选择准备接收工作表的工作簿与工作表（需要在其前面插入所移动或复制工作表的工作表）。如果是复制而非移动工作表，则需要勾选“建立副本”复选框。单击“确定”按钮，如图 5-2 所示。

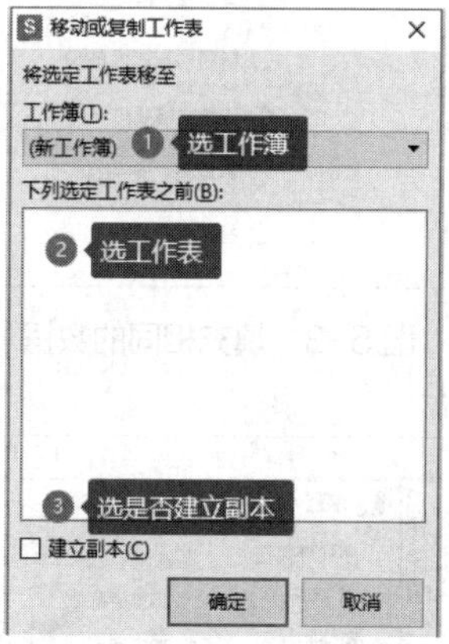

图 5-2 “移动或复制工作表”对话框

②通过鼠标移动工作表。选中需要移动的工作表标签，按住鼠标左键不放，将其拖曳到准备移入的位置，再释放鼠标左键。若要复制工作表，则在拖曳的同时按住 Ctrl 键。

③在要复制的工作表标签上右击，在弹出的快捷菜单中选择“创建副本”选项，即可直接复制当前选中的工作表，创建相应的工作表副本。

（6）隐藏和取消隐藏工作表。隐藏和取消隐藏工作表是借助快捷菜单完成的。

右击工作表标签，在弹出的快捷菜单中选择“隐藏”选项，将隐藏选中的工作表。如果选择“取消隐藏”选项，则将取消对隐藏工作表的隐藏（如果没有工作表被隐藏，则该选项为不可用状态）。

（7）设置工作表标签颜色。设置工作表标签颜色也是借助快捷菜单完成的。

右击工作表标签，在弹出的快捷菜单中选择“工作表标签颜色”选项，设置所需的颜色即可。

4. 自动填充

（1）填充相同的数据。如果需要在连续的多个单元格中填充多个相同的数据，可以先在一个单元格内输入数据，将光标放到单元格右下角，当鼠标指针变成十字形时，按住鼠标左键向下拖曳，到相应的位置后释放鼠标左键，则会在单元格右下角出现一个三角形的下拉按钮，单击后选中下拉菜单中的“复制单元格”单选按钮，如图 5-3 所示，即可填充多个相同的数据。

（2）序列填充。如果输入的是数值型数据，则在下拉菜单中会有“以序列方式填充”单选按钮。例如，在 B1 单元格中输入 2，在 B2 单元格中输入 6，选中这两个单元格，按住鼠标左键向下拖曳，则会以序列方式填充，所得的序列为等差序列。选中该序列，选择“开始”选项卡“数据处理”组“填充”下拉菜单中的“序列”选项，弹出“序列”对话框，选中“序列产生在”栏的“列”单选按钮及“类型”栏的“等比序列”单选按钮，“步长值”设置为 3，单击“确定”按钮，就形成了等比序列，如图 5-4 所示。

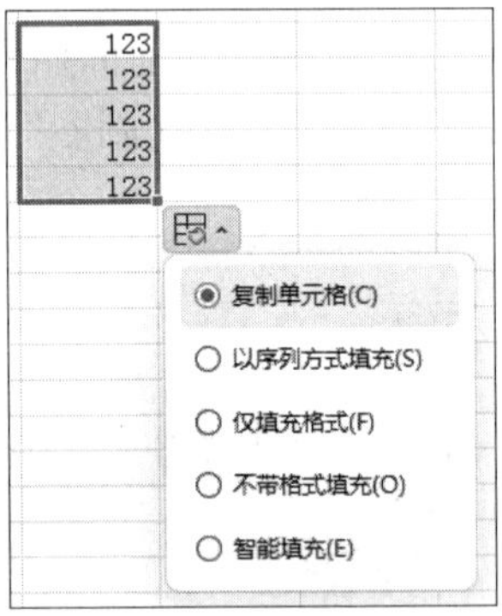

图 5-3　填充相同的数据

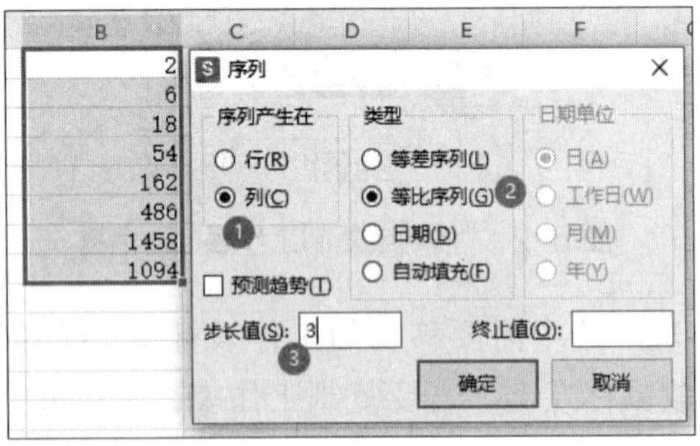

图 5-4　填充等比序列数据

（3）自定义序列。在单元格中输入“一月”“甲”“子”“正月”等字符时，按住鼠标左键向下拖曳，则可以自动填充序列数据，这就是自定义序列的效果。该序列已经保存到列表中，只要单元格中出现列表中的字符，在拖曳时就会自动填充数据。选择“文件”菜单中的“选项”命令，弹出“选项”对话框，选择“自定义序列”选项，则会看到已保存的自定义序列，如图 5-5 所示。

图 5-5　已保存的自定义序列

5.“合并”下拉菜单的功能

（1）合并居中。选中需要合并的单元格区域，选择“合并”下拉菜单中的“合并居中”选项，或按快捷键 Ctrl+M，就可以合并多个单元格并将数据居中显示。

（2）合并单元格。选中需要合并的单元格区域，选择“合并”下拉菜单中的“合并单元格”选项，就可以合并选中的单元格，但合并后数据不居中显示。

（3）合并内容。选择“合并”下拉菜单中的“合并内容”选项，就可以将所选中单元格区域中的内容合并到一个单元格中。

（4）合并相同单元格。选择“合并”下拉菜单中的“合并相同单元格”选项，就可以快速地将相邻且内容相同的单元格中的内容合并到一个单元格中。

任务实施

1. 新建与保存文件

启动 WPS Office 应用程序，新建一个空白工作簿，单击快速访问工具栏上的“保存”按钮，弹出“另存为”对话框，在“文件名称”文本框中输入“员工信息表”，“文件类型”选择“Microsoft Excel 文件 (*.xlsx)”，以便在不同的安装环境下打开电子表格。

2. 工作表的基本操作

（1）选中 Sheet1 工作表并右击，在弹出的快捷菜单中选择“重命名”选项，工作表名处于编辑状态，输入“基本情况”并按 Enter 键，则可以完成工作表的重命名。

（2）选中“基本情况”工作表并右击，在弹出的快捷菜单中选择“工作表标签”→“标签颜色”选项，选中红色标准色即可。

（3）打开“职工表花名册”工作簿，选中“员工情况”工作表并右击，在弹出的快捷菜单中选择“移动”选项，弹出“移动或复制工作表”对话框，在“工作簿”下拉菜单中选择“员工信息表”，在“下列选定工作表之前”列表框中选择“移至最后”选项，勾选“建立副本”复选框，单击“确定”按钮，工作表复制成功，并将工作表重命名为“员工名册”。

3. 录入数据

选中“基本情况”工作表，在A1单元格中输入“兴桂农业公司员工信息表”，在A2~I2单元格中依次输入“工号”“姓名”“民族”“籍贯”“身份证号”“职称”“学历”“基本工资”“联系方式”等信息。选中A1:I1单元格区域，选择“开始”选项卡“对齐方式”组中“合并”下拉菜单中的“合并居中”选项。

4. 复制数据

选中“员工名册”工作表中的A2:H17单元格区域，右击，在弹出的快捷菜单中选择“复制”选项，选中“基本情况”工作表，在B3单元格上右击，在弹出的快捷菜单中选择“粘贴为数值”选项。选中“员工名册”工作表，右击，在弹出的快捷菜单中选择“隐藏”选项。

5. 填充数据

选中A3单元格，输入英文单引号，再输入001，输入完成后，单元格左上角出现一个绿色小三角形，将鼠标指针移动到单元格右下角，鼠标指针变成十字形时，即可向下拖曳至A18单元格，显示016。单击快速访问工具栏上的“保存”按钮，或按快捷键Ctrl+S保存文件。

任务评价

请填写如表5-2所示的自我评价表。

表5-2 自我评价表

知识与技能	掌握程度		
	熟练掌握	掌握	基本掌握
文件的新建和保存			
工作表的基本操作			
数据的录入与复制			
填充数据			
自评结果	A. 优秀　B. 良好　C. 中等　D. 及格　E. 不及格		

习　　题

单选题

1. 在WPS 365中，在当前单元格中输入数值型数据时，默认的对齐方式为（　　）。

A. 居中　　B. 左对齐　　C. 右对齐　　D. 随机

2.WPS表格中模板文件的扩展名是（　　）。

A. .wps　　B. .et　　C. .doc　　D. .ett

3. 在WPS表格的工作表中，要在某单元格内输入数值123，不正确的输入形式是（　　）。

A.123　　B.=123　　C.+123　　D.*123

4. 在 WPS 工作表中进行智能填充时，鼠标指针的形状为（　　）。

A. 空心粗十字　　　　　　B. 向左上方箭头

C. 实心细十字　　　　　　D. 向右上方箭头

5. 在 WPS 工作簿中，有关移动和复制工作表的说法中，正确的是（　　）。

A. 工作表只能在所在工作簿内移动，不能复制

B. 工作表只能在所在工作簿内复制，不能移动

C. 工作表可以移动到其他工作簿内，不能复制到其他工作簿内

D. 工作表可以移动到其他工作簿内，也可以复制到其他工作簿内

任务拓展

为了丰富校园文化生活，学校组织了校园歌手大赛，共有 7 名同学进行了激烈的角逐，用歌声传递青春的激情与梦想。现场有 5 位评委打分，要求按歌手得分制作歌手成绩表。

（1）启动 WPS Office 应用程序，打开素材文件夹中的“歌手大赛成绩表 .xlsx”工作簿。

（2）将 Sheet1 工作表重命名为“歌手成绩表”，并设置该工作表标签颜色为蓝色。将“素材”工作表复制到该工作表后面，重命名为“备份素材”，然后将“备份素材”工作表隐藏。

（3）数据录入。参照图 5-6，在“歌手成绩表”工作表中完成相应的数据输入。

	A	B	C	D	E	F	G	H	I	J	K	L
1	校园歌手大赛成绩表											
2	选手编号	姓名	性别	评委1	评委2	评委3	评委4	评委5	最高分	最低分	平均分	排名
3	001	孙少安	男	9.1	8.1	8.3	9	8.9				
4	002	郝红梅	女	9.3	8.2	8.4	8.8	8.8				
5	003	田晓霞	女	9.1	8.5	7.9	8.6	8.7				
6	004	贺秀莲	女	8.8	8.6	7.7	9.2	8.8				
7	005	王满银	男	9.2	8	8	9.1	8.9				
8	006	李向前	男	8.8	8.9	7.8	9	8.7				
9	007	金波	男	8.7	9.5	7.6	8.5	8.9				

图 5-6　校园歌手大赛成绩表

（4）数据的复制和粘贴。将当前工作簿“素材”工作表中选手编号 005~007 的记录，复制到“歌手成绩表”工作表数据的尾部。

（5）在“排名”列前插入新列，表头名称为“最后得分”，在“排名”列后面插入新列，表头名称为“是否进入总决赛”。

任务 2　表格格式美化

任务背景

小林是人力资源部的新成员，近期承担了公司员工信息表的精细化格式修订任务。他需要对表格内的字体样式、行间距与列宽进行精确调整，并施以个性化的边框和背景底纹设计，以确保所有信息都能一目了然且易于阅读，打造既赏心悦目又高效实用的表格。表格格式优化不仅能够彰显他的专业素养，同时也能映射出他对工作的严谨态度和卓越追求。

任务目标

（1）熟悉 WPS 表格中单元格格式的基本设置。

（2）掌握边框和底纹的设置。

（3）掌握套用表格样式的方法。

（4）能够巧妙地运用色彩对比与搭配策略，提高表格的整体视觉效果。

任务要求

（1）打开“员工信息表 .xlsx”工作簿。设置“基本情况”工作表中第 1 行的行高为 35 磅，设置第 2 行的行高为 30 磅，设置其他行的行高为 25 磅。

（2）设置 A1:I1 单元格区域的文本字体为微软雅黑，大小为 22 磅。设置其他文本的字体为宋体，大小为 18 磅，数据居中对齐。将列宽设置为“最适合的列宽”。将 A2:I2 单元格区域的文本加粗。设置“基本工资”列为会计专用格式¥，保留 2 位小数。

（3）选中 A2:I18 单元格区域，给数据添加紫色的细边框线，其外框为深蓝色的粗实线。

（4）将第 2 行的数据设置为蓝色底纹，白色字体。

（5）选中 A2:I18 单元格区域，套用“表样式 3”后，设置列宽为“最适合的列宽”。

基础知识

1. 设置行高与列宽

（1）设置行高。将鼠标指针放在要设置的行号上，鼠标指针变成向右的粗箭头 ➔ 时，按住鼠标左键向下拖曳，可以选中相应的行。

①在所选区域内右击，在弹出的快捷菜单中选择“行高”选项，在弹出的“行高”对话框中输入数值，单击“确定”按钮即可。

②单击“开始”选项卡“单元格”组中的“行和列”下拉按钮，在下拉菜单中选择“行高”选项，弹出“行高”对话框。也可以选择“最适合的行高”选项，自动设置所选行的高度。

（2）设置列宽。将鼠标指针放在要设置的列标上，鼠标指针变成向下的粗箭头 ⬇ 时，按住鼠标左键向右拖曳，可以选中相应的列。

①在所选区域内右击，在弹出的快捷菜单中选择“列宽”选项，在弹出的“列宽”对话框中输入数值，单击“确定”按钮即可。

②单击“开始”选项卡“单元格”组中的“行和列”下拉按钮，在下拉菜单中选择“列宽”选项，即可弹出“列宽”对话框。也可以选择“最适合的列宽”选项，自动设置所选列的宽度。

2. 设置单元格格式

（1）数字。“单元格格式”对话框的“数字”选项卡下包括多种分类设置，包括常规、数值（设置小数位数、千位分隔符）、货币（货币符号）、会计专用（货币符号）、日期、时间、百分比、分数、文本等常用的格式设置及示例。

（2）对齐。“单元格格式”对话框的“对齐”选项卡下包括水平对齐（常规、靠左、居中、靠右、填充、两端对齐、跨列居中、分散对齐）、垂直对齐（靠上、居中、靠下、两端对齐、分散对齐)、文本控制(自动换行、缩小字体填充、合并单元格)等常用的对齐方式。

(3)字体。“单元格格式”对话框的“字体”选项卡下包括字体、字形、字号、下画线、颜色及特殊效果(删除线、上标、下标)等常用设置。

(4)边框。在“单元格格式”对话框的“边框”选项卡中可以设置数据的边框。选中要设置的单元格后,设置线条样式、颜色,再选择相应的外边框、内部框线进行设置,也可以单独对边框线条进行设置,并显示预览效果,如图 5-7 所示。

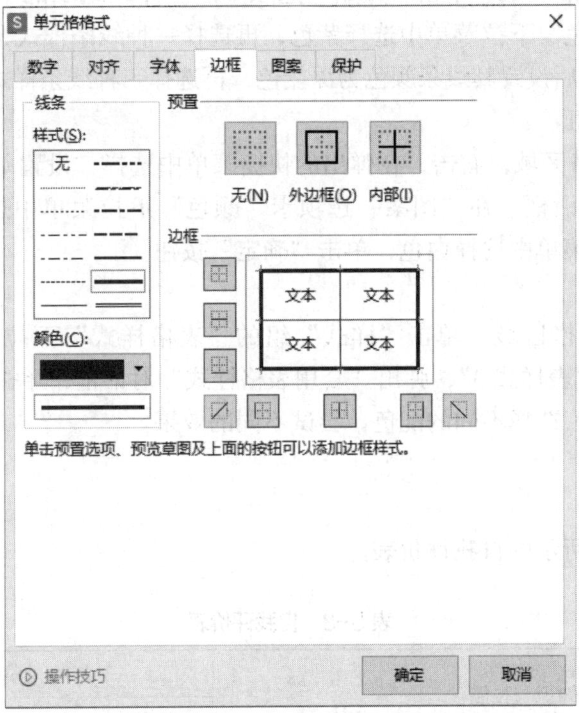

图 5-7 “边框”选项卡

(5)图案。在“单元格格式”对话框的“图案”选项卡中可以设置单元格底纹颜色、图案样式、图案颜色等。

(6)保护。在“单元格格式”对话框的“保护”选项卡下有两个复选框:锁定和隐藏。只有保护工作表(在“审阅”选项卡中单击“保护工作表”按钮)后,锁定单元格或隐藏公式才有效。

任务实施

1. 设置行高与列宽

启动 WPS Office 应用程序,打开“员工信息表 .xlsx”工作簿。选中表格第 1 行并右击,在弹出的快捷菜单中选择“行高”选项,在弹出的“行高”对话框中输入 35 磅,单击“确定”按钮。用同样的方法设置第 2 行的行高为 30 磅,选中第 3~ 第 18 行,设置行高为 25 磅。

2. 设置字体、字号

选中 A1:I1 单元格区域,在“开始”选项卡“字体”组中设置字体为“微软雅黑”,字号为 22 磅。选中 A2:I18 单元格区域，用同样的方法设置字体为“宋体”，字号为 18 磅。然后选择“单元格”组中“行和列”下拉菜单中的“最适合的列宽”选项。再选中 A2:I2 单元格区域，单击“字体”组中的“加粗”按钮。选中“基本工资”列的数据，在快捷菜单中选择“设置单元格格式”选项，在弹出的“单元格格式”对话框中，选择“分类”列表框中的“会计专用”选项，小数位数设置为 2，货币符号选择“¥”，单击“确定”按钮。如果数据显示为“###”，则表示列宽不够，适当调整即可。

3. 设置边框和底纹

选中 A2:I18 单元格区域，单击“开始”选项卡“字体”组中的“边框”下拉按钮，在下拉菜单的“线条颜色”下拉菜单中选择紫色，再选择一种线条样式，单击“边框”区中的“所有框线”按钮，然后设置其线条颜色为深蓝色，再选择一种线条样式后，单击“边框”区中的“外侧框线”按钮。

选中 A2:I2 单元格区域，右击，在弹出的快捷菜单中选择“设置单元格格式”选项，弹出“单元格格式”对话框。在“图案”选项卡“颜色”下拉菜单中选择蓝色，在“字体”选项卡“颜色”下拉菜单中选择白色，单击“确定”按钮。

4. 套用表格样式

选中 A2:I18 单元格区域，单击“样式”组的“表格样式”下拉按钮，在下拉菜单的“预设样式”中选择“表样式 3”，弹出“套用表格样式”对话框，单击“确定”按钮。用户也可以根据主题颜色，选择不同的配色，尝试不同的效果。

任务评价

请填写如表 5-3 所示的自我评价表。

表 5-3　自我评价表

知识与技能		掌握程度		
		熟练掌握	掌握	基本掌握
设置行高、列宽				
设置字体、字号				
设置边框、底纹				
套用表格样式				
自评结果	A. 优秀	B. 良好	C. 中等	D. 及格　E. 不及格

习　题

单选题

1. 若一个单元格的名称为 F5，则其下边紧邻的单元格的名称为（　　）。

A.F6　　B.G5　　C.E5　　D.F4

2. 在具有常规格式的单元格中输入数值后，其对齐方式是（　　）。

A. 左对齐　　B. 右对齐　　C. 居中　　D. 随机

3. 在具有常规格式的单元格中输入文本后，其对齐方式是（　　）。

A. 左对齐　　B. 右对齐　　C. 居中　　D. 随机

4. 在 WPS 表格的“单元格格式”对话框中，不存在的选项卡是（　　）。

A.“货币”选项卡　　B.“数字”选项卡

C.“对齐”选项卡　　D.“字体”选项卡

5. 启动 WPS 表格应用程序后自动建立的工作簿的文件名为（　　）。

A. 工作簿　　B. 工作簿文件　　C.Book1　　D.BookFile1

6. 在 WPS 工作簿中，用来给工作表中的列标进行编号的是（　　）。

A. 数字　　B. 字母

C. 数字与字母混合　　D. 第一个为字母，其余为数字

7. 若一个单元格的名称为 F5，则其右边紧邻的单元格的名称为（　　）。

A.F6　　B.G5　　C.E5A　　D:F4

8. 将鼠标指针放到单元格右下角时，变成（　　）时可以拖曳进行数据填充。

A. 十字形　　B. 空的十字形　　C. 手形　　D. 箭头形状

任务拓展

为了丰富校园文化生活，学校组织了校园歌手大赛，歌手大赛成绩表制作完成后，需要对表格的格式进行美化，请学生完成以下操作。

（1）启动 WPS Office 应用程序，打开素材文件夹中的“歌手大赛成绩表 .xlsx”工作簿。

（2）设置单元格格式。将 D3:M9 单元格区域的数据类型设置为数值型，保留 2 位小数。

（3）设置表标题的单元格格式。将 A1:N1 单元格合并且居中，设置字体为黑体，字号为 22 磅，行高为 40 磅。设置其他行的字体为华文楷体，字号为 12 磅，文字居中对齐，行高为 18 磅。表头区域 A2:N2 单元格区域的文本加粗，并设置为“最适合的列宽”。

（4）选中 A2:N9 单元格区域，套用单元格样式。给表格区域套用表格格式“表样式 4”。

项目 2　制作员工工资表

任务 1　WPS AI 完善工资统计表数据

任务背景

为了树立服务“三农”、助力乡村振兴的社会责任感，兴桂农业公司正加速内部管理与财务透明度建设。财务经理要求小李对员工工资表进行全面完善。此任务需精确计算每位员工的实发工资，统计各部门人数，并求出薪资的最大值与平均值。这有助于公司精准掌控人力成本，优化收入分配结构，促进企业内部的公平与效率，为乡村振兴贡献力量。

任务目标

（1）熟悉 WPS 表格中常用函数的基本操作。

（2）掌握统计函数的运用。

（3）掌握 WPS AI 写公式的方法。

（4）能够根据所学的知识，解决财务统计问题。

任务要求

（1）打开“员工工资统计表 .xlsx”工作簿。

（2）通过 VLOOKUP 查询函数，把“姓名”列的数据填充完整。

（3）通过“身份证号”列，完善“性别”“出生日期”和“年龄”列的数据。

（4）计算“实发工资”列的数据，实发工资 = 基本工资 + 奖金 – 扣款。

（5）用 IF 函数判断收入情况：6 000 元 (含) 以上为高收入，3 000 元 (含)~6 000 元为中等收入，3 000 元以下为低收入。

（6）对收入情况进行排名。

（7）完成“基本工资”“奖金”“扣款”“实发工资”列数据的最大值、最小值、和值、平均值的计算。

（8）统计人事部、行政部的总人数，统计实发工资超过 6 000 元的人数。

（9）保存工作簿。

基础知识

1.VLOOKUP 函数 (垂直查找)

作用：VLOOKUP 是一个查找函数，给定一个查找目标，它就能从指定的查找区域中查找并返回想要查找的值。

语法：VLOOKUP(lookup_value, table_array, col_index_num, range_lookup)。

示例：在如图 5-8 所示的表格中，在 D6 单元格中输入工号，在 E6 单元格中输入 =VLOOKUP(D6,$A$2:$B$11,2,0)，就会自动查询出对应的姓名。

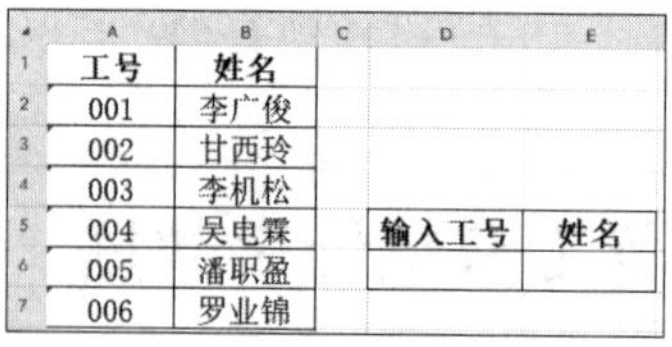

	A	B	C	D	E
1	工号	姓名			
2	001	李广俊			
3	002	甘西玲			
4	003	李机松			
5	004	吴电霖		输入工号	姓名
6	005	潘职盈			
7	006	罗业锦			

图 5-8　VLOOKUP 函数示例

2.SUM 函数 (求和)

作用：求和，将选定区域的所有数值相加。

语法：SUM(range)，range 为要求和的单元格或单元格区域。

示例：=SUM(A1:A10)，将 A1:A10 单元格区域的所有数值相加。

3.AVERAGE 函数 (求平均值)

作用：计算平均值，将选定区域的所有数值相加后除以单元格数量。

语法：AVERAGE(range)，range 为要求平均值的单元格或单元格区域。

示例：=AVERAGE(B1:B10)，将 B1:B10 单元格区域的所有数值相加后除以 10，即求 B1:B10 单元格区域的平均值。

4.MAX 函数（求最大值）

作用：找出选定区域中的最大值。

语法：MAX(range)，range 为要求最大值的单元格或单元格区域。

示例：=MAX(B2:B10)，返回 B2:B10 单元格区域中的最大值。

5.MIN 函数（求最小值）

作用：找出选定区域中的最小值。

语法：MIN(range)，range 为要求最小值的单元格或单元格区域。

示例：=MIN(B2:B10)，返回 B2:B10 单元格区域中的最小值。

6.IF 函数（条件判断）

作用：条件判断，根据条件返回不同的值。

语法：IF(condition, value_if_true, value_if_false)，condition 为要进行判断的条件，value_if_true 为条件为真时返回的值，value_if_false 为条件为假时返回的值。

示例 1：=IF(A1>B1, "Yes", "No")，根据 A1 单元格是否大于 B1 单元格返回 Yes 或 No。

IF 函数嵌套使用时，其语法格式在逻辑上要保持完整。

示例 2：判断 C1 单元格的成绩等级，大于或等于 90 分是“优秀”，大于或等于 80 分是“良好”，大于或等于 60 分是“及格”，否则是“不及格”。

第一层：=IF(C1>=90," 优秀 ",　　　　　　　　　　)

第二层：　　　　IF(C1>=80," 良好 ",　　　　　)

第三层：　　　　　　　　　　IF(C1>=60," 及格 "," 不及格 ")

完整的公式：=IF(C1>=90," 优秀 ",IF(C1>=80," 良好 ",IF(C1>=60," 及格 "," 不及格 ")))。

7.COUNT 函数（统计数量）

作用：计算选定区域中的数字单元格的数量。

语法：COUNT(range)，range 为要计算数量的单元格或单元格区域。

示例：=COUNT(A1:A10)，返回 A1:A10 单元格区域中数字单元格的数量。

8.SUMIF 函数（条件求和）

作用：根据指定条件对若干单元格求和。

语法：SUMIF(range, criteria, [sum_range])，range 为要进行条件判断的单元格或单元格区域，criteria 为要满足的条件，sum_range 为要进行求和的单元格或单元格区域。如果省略 sum_range，则对整个 range 的单元格或单元格区域进行求和。

示例：=SUMIF(A1:A10, "<5")，返回 A1:A10 单元格区域中小于 5 的所有数值的和。

9.COUNTIF 函数（条件计数）

作用：根据指定条件计算选定区域中的单元格数量。

语法：COUNTIF(range, criteria)，range 为要进行条件判断的单元格或单元格区域，criteria 为要满足的条件。

示例：=COUNTIF(A1:A10, "<5")，返回 A1:A10 单元格区域中小于 5 的单元格的数量。

10.AVERAGEIF 函数(条件求平均值)

作用：返回某个区域内满足给定条件的所有单元格的平均值(算术平均值)。如果条件中的单元格为空单元格，AVERAGEIF 函数就会将其视为 0。

语法：AVERAGEIF(range, criteria, [average_range])，range 为要计算平均值的一个或多个单元格，其中包含数字或包含数字的名称、数组或引用。criteria 的形式为数字、表达式、单元格引用或文本的条件，用来定义要计算平均值的单元格。例如，条件可以表示为 32、"32"、" > 32"、" 苹果 " 或 B4。average_range 为可选项，表示计算平均值的实际单元格或单元格区域。如果省略 average_range，则使用 range。

11.MID 函数(文本函数)

作用：用于从文本字符串中提取指定数量的字符，从指定位置开始。

语法：=MID(text, start_num, num_chars)，text 为要从中提取字符的文本字符串，start_num 为要开始提取字符的位置，num_chars 为要提取的字符数。

示例：=MID("Hello, World!", 7, 5)，返回 "World"。

12.RANK 函数(排名函数)

作用：返回一列数字的数字排名。数字排名是其相对于列表中其他值的大小(如果要对列表进行排序，则数字的排名将是其位置)。

语法：RANK(number,ref,[order])，number 为要找到其排位的数字，ref 为对数字列表的引用，ref 中的非数值会被忽略，order 为可选项，表示一个指定数字排位方式的数字。如果 order 为 0 或省略，则对数字的排位是基于 ref 的按照降序排列的列表；如果 order 不为 0，则对数字的排位是基于 ref 的按照升序排列的列表。

示例：=RANK(A3,$A$2:$A$6,1)

注意：相对引用和绝对引用是单元格地址的两种引用方式。

相对引用是指在公式中使用相对的单元格地址，当将公式复制到其他单元格时，会自动调整引用的单元格地址，使其与原单元格的相对位置保持一致。例如，公式 =A1+B1 中的 A1 和 B1 就是相对引用。

绝对引用是指在公式中使用固定的单元格地址，当将公式复制到其他单元格时，不会自动调整引用的单元格地址。绝对引用可以通过在单元格地址前加上 $ 符号来实现。选中输入的单元格地址后，按 F4 功能键，就可以自动为单元格地址加上 $ 符号。

13.WPS AI 提取文本信息

(1)从身份证号中提取信息。WPS AI 可以从身份证号中提取出生日期、性别、年龄等，通过输入相应指令，AI 会自动为用户生成相应的公式，如图 5-9 所示。

	A	B	C	D
1	身份证号	生出日期	性别	年龄
2	450228199612265049			
3	450923198508046260			
4	450322200002044076			
5	450841197810101967			
6	450141199910182425			

图 5-9　提取文本信息

①提取出生日期。首先选中 B2 单元格，单击选项卡右侧的“WPS AI”下拉按钮，在弹

出的下拉菜单中选择“AI 写公式”选项，在提问输入框中输入“通过 A2 身份证号提取出生日期到 B 列”指令。如果要对格式进行说明，也可以输入“通过 A2 身份证号提取出生日期到 B 列，显示为 ×××× 年 ×× 月 ×× 日”指令。单击右边的“生成”按钮➤，AI 会自动生成相应的公式“=TEXT(DATE(MID(A2,7,4),MID(A2,11,2),MID(A2,13,2)),"YYYY 年 MM 月 DD 日 ")”，如图 5-10 所示。经过检查，若无错误，则单击左上角的“完成”按钮；如果不需要，则单击左上角的“弃用”按钮；如果不合适，也可以单击“重新提问”按钮。

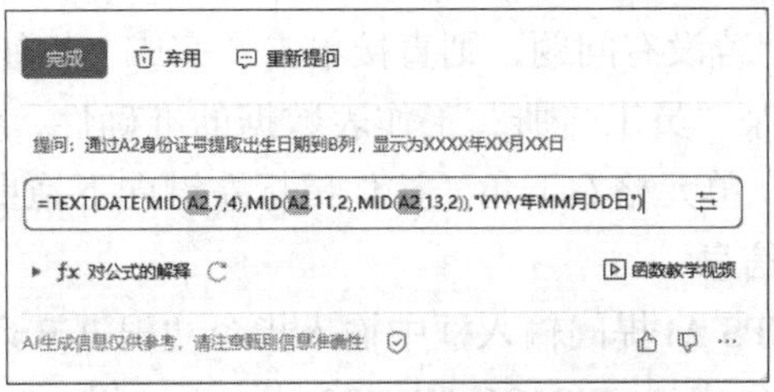

图 5-10　从身份证号中提取出生日期

②提取性别。选中 C2 单元格，采用上面类似的操作，在提问输入框中输入“通过 A 列数据，提取性别”，即可获取性别相关的公式“=IF(MOD(MID(A2,17,1),2)," 男 "," 女 ")”，单击“生成”按钮。

③计算年龄。选中 D2 单元格，采用上面类似的操作，在提问输入框中输入“通过 A 列数据，计算年龄”，即可获取年龄相关的公式“=YEAR(TODAY())−MID(A2,7,4)”，单击“生成”按钮。

（2）从混合数据中提取信息。WPS AI 可以从数值及文本混合的数据中把数字与文本分开，如图 5-11 所示。

	A	B	C
1	物料描述	编号	名称
2	22100450012农用收割机刀片		
3	222006723拖拉机轮胎（农业级）		
4	223001234旋耕机用耐磨轴承		
5	2240078012056农用喷灌系统喷嘴		
6	22500900087农田灌溉用软管		
7	22600310009农具防锈润滑剂		

图 5-11　从混合数据中提取信息

①提取数字编号。首先选中 B2 单元格，采用上面类似的操作，在提问输入框中输入“通过 A 列数据，把数字提取出来”，即可获取相关的公式“=CONCAT(IFERROR(−−MID(A2,SEQUENCE(LEN(A2)),1),""))”，单击“生成”按钮。

②提取文本类数据。在提问输入框中输入“通过 A 列数据，把文本类数据提取出来”，即可获取相关的公式“=CONCAT(IF(MID(A2,SEQUENCE(LEN(A2)),1)<" 吖 ","",MID(A2,SEQUENCE(LEN(A2)),1)))”。

（3）从电子邮箱获取数据。对于类似 zhangsan@szwanho.net 的电子邮箱，同样也可以通过 WPS AI 获取用户名或邮箱后缀。操作方法与上面类似，例如输入指令“获取左边邮箱的用户名”或“获取左边邮箱的后缀”即可获取想要的数据。

任务实施

1.WPS AI 查找工作表数据

启动 WPS Office 应用程序，打开“员工工资统计表 .xlsx”工作簿。将光标定位在 C3 单元格，打开 WPS AI 下拉菜单，启动“AI 写公式”功能，在提问输入框中输入指令“通过 A 列数据及员工名册工作表数据，查询‘姓名’列数据”，单击“生成”按钮，AI 自动生成公式“=IFERROR(VLOOKUP(A3,CHOOSE({1,2}, 员工名册 !$A$2:$A$17, 员工名册 !$B$2:$B$17), 2,FALSE),"")”。检查公式，若没有问题，则直接单击“完成”按钮即可。

书写此指令时，要确保“员工名册”工作表数据的准确性，C3 单元格会查找到相应的数据，此时将鼠标指针放在单元格右下角，按住鼠标左键向下拖曳即可。

2.WPS AI 提取身份证信息

选中 E3 单元格，在 WPS AI 提问输入框中输入指令“根据 B 列数据，求出 E 列的性别”，单击“生成”按钮，生成公式“=IF(MOD(MID(B3,17,1),2)," 男 "," 女 ")”。按 Enter 键，在 E3 单元格右下角，按住鼠标左键向下拖曳即可。

选中 F3 单元格，在 WPS AI 提问输入框中输入指令“根据 B 列数据，求出生日期，格式为 ×××× 年 ×× 月 ×× 日”，单击“生成”按钮，生成公式“=TEXT(DATE(MID(B3,7, 4),MID(B3,11,2),MID(B3,13,2)),"YYYY 年 MM 月 DD 日 ")”。按 Enter 键，在 F3 单元格右下角按住鼠标左键向下拖曳即可。

选中 G3 单元格，在 WPS AI 提问输入框中输入指令“根据 B 列数据，求年龄”，单击“生成”按钮，生成公式“=YEAR(TODAY())–MID(B3,7,4)”。按 Enter 键，在 G3 单元格右下角按住鼠标左键向下拖曳即可。

3.WPS AI 计算实发工资

选中 K3 单元格，在 WPS AI 提问输入框中输入指令“根据 H、I、J 列数据，求出实发工资”，单击“生成”按钮，生成公式“=H3+I3–J3”。按 Enter 键，在 K3 单元格右下角按住鼠标左键向下拖曳即可。

4.WPS AI 进行数据判断

选中 L3 单元格，在 WPS AI 提问输入框中输入指令“通过实发工资，判断 6000 元 (含) 以上为高收入，3000 元 (含)~6000 元为中等收入，3000 元以下为低收入”，单击“生成”按钮，生成公式“=IF(K3>=6000," 高收入 ",IF(K3>=3000," 中等收入 ",IF(K3<3000," 低收入 ")))”。按 Enter 键，在 L3 单元格右下角按住鼠标左键向下拖曳即可。

5.WPS AI 对数据排名

选中 M3 单元格，在 WPS AI 提问输入框中输入指令“根据 K 列数据，求出 M 列的降序排名”，单击“生成”按钮，生成公式“=RANK.EQ(K3,$K$3:$K$18)”。按 Enter 键，在 M3 单元格右下角按住鼠标左键向下拖曳即可。

RANK.EQ 与 RANK 的用法相同，读者可以自行尝试。

6.WPS AI 进行数据基本运算

选中 P4~P7 单元格，在 WPS AI 提问输入框中依次输入指令“求 H 列的最大值”“求 H 列的最小值”“求 H 列的和值”“求 H 列的平均值”，将生成相应的公式。

7.WPS AI 统计数据

选中 P11 单元格，在 WPS AI 提问输入框中输入指令“根据 D 列统计人事部人数”，单击“生成”按钮，生成公式“=COUNTIF(D3:D18,"人事部")”。

选中 Q11 单元格，在 WPS AI 提问输入框中输入指令“根据 D 列统计行政部人数”，单击“生成”按钮，生成公式“=COUNTIF(D3:D18,"行政部")”。

选中 R11 单元格，在 WPS AI 提问输入框中输入指令“根据实发工资列统计实发工资超 6000 元的数据”，单击“生成”按钮，生成公式“=COUNTIFS(K3:K18,">6000")”。

选中 S11 单元格，在 WPS AI 提问输入框中输入指令“根据 A 列统计单位总人数”，单击“生成”按钮，生成公式“=COUNTA(A3:A18)”。

8.WPS AI 对各部门求值

选中 P16 单元格，在 WPS AI 提问输入框中输入指令“根据 D、K 列数据，求人事部实发工资和值”，单击“生成”按钮，生成公式“=SUMIFS(K3:K18,D3:D18,"人事部")”。

同理选中 P17 单元格，输入指令“根据 D、K 列数据，求人事部实发工资平均值”，单击“生成”按钮，生成公式“=AVERAGEIFS(K3:K18,D3:D18," 人事部 ")”。

任务评价

请填写如表 5-4 所示的自我评价表。

表 5-4　自我评价表

知识与技能	掌握程度		
	熟练掌握	掌握	基本掌握
垂直查找函数的使用			
基本函数的运用			
WPS AI 的运用			
AI 生成的公式的运用			
自评结果	A. 优秀　B. 良好	C. 中等　D. 及格	E. 不及格

习　题

单选题

1. 在 WPS 表格中，下面选项中（　　）是求和函数。

A.SUM　　B.AVERAGE　　C.MAX　　D.MIN

2. 在 WPS 表格中，下面选项中（　　）是求最小值函数。

A.SUM　　B.AVERAGE　　C.MAX　　D.MIN

3. 在 WPS 表格中，下面选项中（　　）是查找函数。

A.SUM　　B.AVERAGE　　C.IF　　D.VLOOKUP

4. 在 WPS 表格中，RANK.EQ 函数的功能是（　　）。

A. 排序　　B. 筛选　　C. 求积　　D. 排名

5. 在 WPS 表格中，求部门中年龄大于 40 岁的人数，可能用到的函数是（　　）。

A.SUMIF　　B.AVERAGEI　　C.COUNTIF　　D.RAND

任务拓展

为了更好地掌握相关函数的应用，现要求将“歌手大赛成绩表”中的其他数据运用 WPS AI 的方式计算出来。

（1）启动 WPS Office 应用程序，打开素材文件夹中的“歌手大赛成绩表 .xlsx”工作簿。

（2）在“歌手成绩表”中，计算最高分、最低分、平均分、最后得分（减去一个最高分和一个最低分后的平均分）、排名及是否进入总决赛（是 / 否，排名前 4 的同学进行总决赛）。

（3）在 B10 单元格中，输入“总人数”，在 C10 单元格中统计选手人数。

任务 2　WPS AI 条件格式设置

任务背景

为提升工资管理的透明度与员工的满意度，公司会计小王需要对工资明细表应用条件格式，通过自动高亮显示如岗位工资高于平均水平、奖金丰厚、夜班补贴频繁、加班工资显著、实发工资异常增减等情况，帮助管理层快速识别薪资分布特点与潜在问题，同时让员工直观地理解自身薪资的构成与变化，促进提高薪资体系的公平性与透明度。

任务目标

（1）熟悉 WPS 表格条件格式的基本运用。

（2）掌握 WPS AI 对条件格式的指令设置。

（3）能够根据所学知识，解决公司管理遇到的问题。

任务要求

（1）打开“员工工资明细表 .xlsx”，为“8 月”工作表创建副本，重命名为“条件格式”。

（2）将“高级工程师”所在行设置浅绿色填充。

（3）将奖金大于 2 000 元的单元格的字符设置为红色、加粗。

（4）将加班工资大于 50 元同时实发工资排名前 5 的数据用淡紫色填充。

（5）将“夜班补贴”列的条件格式设置为数据条，用绿色渐变填充。

（6）将应发工资高于平均值的数据设置为“浅红填充色深红色文本”。

（7）将加班工资介于 50 元至 100 元的单元格设置为蓝色底纹、白色字体。

（8）将部门包含“财务”二字的单元格设置为红色填充。

（9）保存工作簿。

基础知识

1. 突出显示单元格规则

条件格式中的突出显示单元格规则包括大于、小于、介于、等于、文本包含、发生日期和重复值等选项，其他规则可以在“新建格式规则”对话框中设置。

①大于、小于、介于及等于：在选取的数据范围中，将大于、小于、介于、等于某些数值的数据突出显示。

②文本包含：在选取的数据范围中，将包含某些文本的数据突出显示。

③发生日期：在选取的日期格式数据范围中，将符合筛选条件的日期突出显示。

④重复值：在选取的数据范围中，将数值相同的数据突出显示。

⑤其他规则：在选取的数据范围中，设定特殊的甄选规则，将满足条件的数据突出显示。

2. 项目选取规则

条件格式中的项目选取规则包括前10项、前10%、最后10项、最后10%、高于平均值、低于平均值及其他规则。

①前 10 项、前 10%：在选取的数据范围中，对按值排名在前面的 10 项、按值排名在前面的 10% 的数据项，进行格式设置。

②最后 10 项、最后 10%：在选取的数据范围中，对按值排名在最后面的 10 项、按值排名在后面的 10% 的数据项，进行格式设置。

③高于平均值：在选取的数据范围中，对高于所选数据平均值的数据，进行格式设置。

④低于平均值：在选取的数据范围中，对低于所选数据平均值的数据，进行格式设置。

⑤其他规则：在选取的数据范围中，若不属于前面四项规则，则进行其他规则及格式设置。

3. 数据条

数据条包含渐变填充和实心填充。在不更改原表单顺序的前提下，为单元格中的数据增添带颜色的柱状条或背景颜色，以此直观地显示选中范围的数据的大小关系。数据条选项为单色系的填充，依据图形的长度显示数据的相对大小。数据条的显示效果适用于差值较小的数据间的比对。

4. 色阶

色阶为多色系的填充，依据颜色差异与深浅显示数据的相对大小。色阶的显示效果适用于差值较大的数据间的比对。

注意：数据条与色阶的显示标记，仅可针对纯数字型数据，对文字、字母及混合类数据无法实现标记的效果。

5. 图标集

图标集是指在不更改原表单顺序的前提下，通过设定特殊的格式规则，为单元格中的数据增添标记符号，以突出显示某些数据。

图标集的标记符号可以分为以下 4 类。

①方向图标：利用箭头指向及对应颜色，呈现当前数值与标准值的对应关系。

②形状图标：利用不同形状及对应颜色，呈现当前数值与标准值的对应关系。

③标记图标：利用不同的标记含义及颜色，呈现当前数值与标准值的对应关系。

④等级图标：利用不同等级的标识组合，呈现当前数值与标准值的对应关系。

6. 清除条件格式

在“清除规则”级联列表中有两个选项，一个是“清除所选单元格的规则”，用于将所选区域的条件格式清除；另一个是“清除整个工作表的规则”，用于将整个工作表中的条件格式清除。

7.AI 条件格式

在选项卡的最右侧单击“WPS AI”按钮，选择下拉菜单中的“AI 条件格式”选项，在提问输入框中，可以输入条件格式的指令，输入完成后单击右侧的“生成”按钮，即可查看条件格式是否设置成功。输入框下方还带有提问示例，也可以根据示例对数据进行条件格式的设置。

任务实施

1. 创建工作表副本

启动 WPS Office 应用程序，打开“员工工资明细表 .xlsx”。为“8 月”工作表创建副本，重命名为“条件格式”。

2. 使用 WPS AI 进行格式设置

（1）设置“高级工程师”所在行的格式。唤醒 AI，在提问输入框中输入指令“在 D 列数据中，将‘高级工程师’所在的行标记为浅绿色”，单击“生成”按钮，“AI 条件格式”对话框如图 5-12 所示。确定设置的效果显示没有问题后，单击“完成”按钮；如果效果显示与要求不符，则单击“弃用”按钮，重新输入指令。

图 5-12 “AI 条件格式”对话框

（2）在 AI 提问输入框中输入指令“将 F 列奖金数据大于 2000 元的字符设置为红色加粗”。

（3）在 AI 提问输入框中输入指令“根据 H 列，将加班工资大于 50 元，且同时 L 列实发工资排名前 5 的数据用淡紫色填充”。

（4）在 AI 提问输入框中输入指令“将 G 列条件格式设置为数据条，渐变填充，绿色数据条”，生成公式后，在“AI 条件格式”对话框的“格式”下拉菜单处，核对并选择需要的渐变色，单击“完成”按钮即可。

（5）在 AI 提问输入框中输入指令“将 I 列条件格式设置为突出显示单元格，将应发工资高于平均值的，设置为浅红填充色深红色文本”。

（6）在 AI 提问输入框中输入指令“将 H 列加班工资介于 50 元至 100 元的，设置为蓝色底纹，白色字体”。在“AI 条件格式”对话框的“格式”下拉菜单处，设置好蓝色底纹、白色字体，单击“完成”按钮。

（7）在 AI 提问输入框中输入指令“将 C 列部门名中包含‘财务’二字的单元格设置为红色填充”。

（8）保存工作簿，条件格式的最终设置效果如图 5-13 所示。

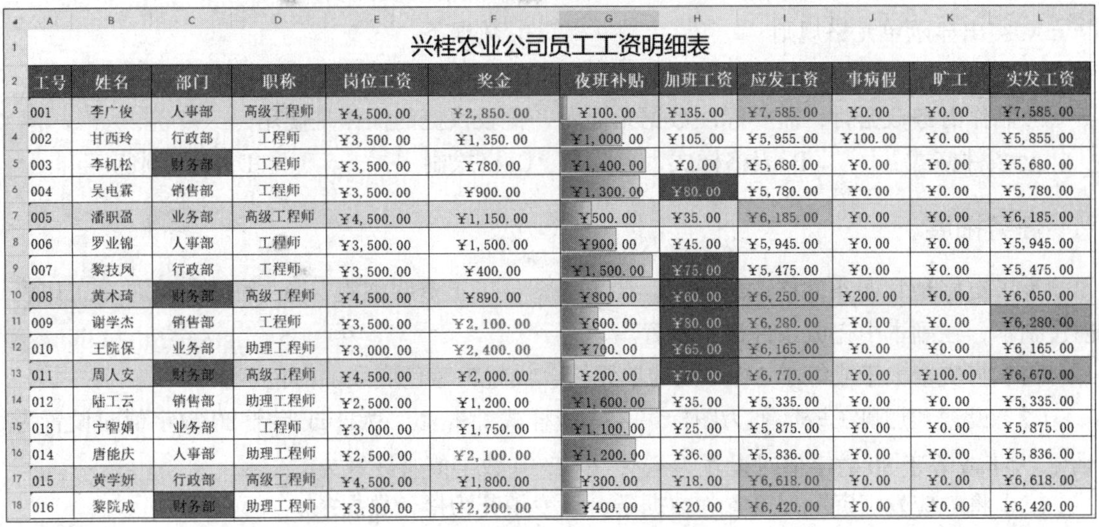

兴桂农业公司员工工资明细表

工号	姓名	部门	职称	岗位工资	奖金	夜班补贴	加班工资	应发工资	事病假	旷工	实发工资
001	李广俊	人事部	高级工程师	¥4,500.00	¥2,850.00	¥100.00	¥135.00	¥7,585.00	¥0.00	¥0.00	¥7,585.00
002	甘西玲	行政部	工程师	¥3,500.00	¥1,350.00	¥1,000.00	¥105.00	¥5,955.00	¥100.00	¥0.00	¥5,855.00
003	李机松	财务部	工程师	¥3,500.00	¥780.00	¥1,400.00	¥0.00	¥5,680.00	¥0.00	¥0.00	¥5,680.00
004	吴电霖	销售部	工程师	¥3,500.00	¥900.00	¥1,300.00	¥80.00	¥5,780.00	¥0.00	¥0.00	¥5,780.00
005	潘职盈	业务部	高级工程师	¥4,500.00	¥1,150.00	¥500.00	¥35.00	¥6,185.00	¥0.00	¥0.00	¥6,185.00
006	罗业锦	人事部	工程师	¥3,500.00	¥1,500.00	¥900.00	¥45.00	¥5,945.00	¥0.00	¥0.00	¥5,945.00
007	黎技凤	行政部	工程师	¥3,500.00	¥400.00	¥1,500.00	¥75.00	¥5,475.00	¥0.00	¥0.00	¥5,475.00
008	黄术琦	财务部	高级工程师	¥4,500.00	¥890.00	¥800.00	¥60.00	¥6,250.00	¥200.00	¥0.00	¥6,050.00
009	谢学杰	销售部	工程师	¥3,500.00	¥2,100.00	¥600.00	¥80.00	¥6,280.00	¥0.00	¥0.00	¥6,280.00
010	王院保	业务部	助理工程师	¥3,000.00	¥2,400.00	¥700.00	¥65.00	¥6,165.00	¥0.00	¥0.00	¥6,165.00
011	周人安	财务部	高级工程师	¥4,500.00	¥2,000.00	¥200.00	¥70.00	¥6,770.00	¥0.00	¥100.00	¥6,670.00
012	陆工云	销售部	助理工程师	¥2,500.00	¥1,200.00	¥1,600.00	¥35.00	¥5,335.00	¥0.00	¥0.00	¥5,335.00
013	宁智娟	业务部	工程师	¥3,000.00	¥1,750.00	¥1,100.00	¥25.00	¥5,875.00	¥0.00	¥0.00	¥5,875.00
014	唐能庆	人事部	助理工程师	¥2,500.00	¥2,100.00	¥1,200.00	¥36.00	¥5,836.00	¥0.00	¥0.00	¥5,836.00
015	黄学妍	行政部	高级工程师	¥4,500.00	¥1,800.00	¥300.00	¥18.00	¥6,618.00	¥0.00	¥0.00	¥6,618.00
016	黎院成	财务部	助理工程师	¥3,800.00	¥2,200.00	¥400.00	¥20.00	¥6,420.00	¥0.00	¥0.00	¥6,420.00

图 5-13　条件格式的最终设置效果

任务评价

请填写如表 5-5 所示的自我评价表。

表 5-5　自我评价表

知识与技能	掌握程度		
	熟练掌握	掌握	基本掌握
突出显示单元格规则			
项目选取规则			
数据条			
自评结果	A. 优秀　B. 良好　C. 中等　D. 及格　E. 不及格		

习　题

单选题

1. 汇总歌唱比赛成绩时，需要将平均分大于 63 分的成绩突出显示，比较快捷的操作是使用（　　）。

A. 条件格式　　B. 表格样式　　C. 格式刷　　D. 字体颜色

2. 将体检表中身高在 1.65 m 以上的单元格突出显示，使用（　　）功能最便捷。

A. 排序　　B. 筛选　　C. 条件格式　　D. 分类汇总

3. 在 WPS 表格中，若在单元格中出现“####”符号，则需（　　）。

A. 重新输入数据　　B. 重新调整单元格的宽度

C. 删除该单元格　　D. 删除这些符号

4. 在 WPS 表格中，下面选项中（　　）不是条件格式设置项目。

A. 突出显示单元格规则　　B. 数据条

C. 图表　　D. 图标集

5. 制作财务数据时，需要标注数据条显示，比较快捷的操作是使用（　　）。

A. 条件格式　　B. 表格样式　　C. 格式刷　　D. 字体颜色

任务拓展

为了更好地掌握条件格式的应用，要求为“员工工资明细表 .xlsx”中的“8 月”工作表创建副本，在副本中完成条件格式设置。

（1）将奖金大于或等于 2 000 元的单元格，设置为蓝色底纹、白色字体。

（2）设置“加班工资”列为图标集 – 等级样式 ，大于或等于 80 数字值时设置为 ，大于或等于 50 数字值时设置为 ，小于 50 数字值时设置为 。

（3）将“应发工资”列设置为数据条，渐变填充为橙色数据条。

（4）为实发工资排名前 5 的数据设置浅红色填充。

（5）为“夜班补贴”列设置色阶格式，设置为“红 – 黄 – 绿色阶”。

（6）将“职称”列中包含“高级”的数据设置为“绿填充色深绿色文本”。

（7）将财务部所在行设置为浅黄色填充，设置效果如图 5–14 所示。

兴桂农业公司员工工资明细表

工号	姓名	部门	职称	岗位工资	奖金	夜班补贴	加班工资	应发工资	事病假	旷工	实发工资
001	李广俊	人事部	高级工程师	¥4,500.00	¥2,850.00	¥100.00	¥135.00	¥7,585.00	¥0.00	¥0.00	¥7,585.00
002	甘西玲	行政部	工程师	¥3,500.00	¥1,350.00	¥1,000.00	¥105.00	¥5,955.00	¥100.00	¥0.00	¥5,855.00
003	李机松	财务部	工程师	¥3,500.00	¥780.00	¥1,400.00	¥0.00	¥5,680.00	¥0.00	¥0.00	¥5,680.00
004	吴电霖	销售部	工程师	¥3,500.00	¥900.00	¥1,300.00	¥80.00	¥5,780.00	¥0.00	¥0.00	¥5,780.00
005	潘职盈	业务部	高级工程师	¥4,500.00	¥1,150.00	¥500.00	¥35.00	¥6,185.00	¥0.00	¥0.00	¥6,185.00
006	罗业锦	人事部	工程师	¥3,500.00	¥1,500.00	¥900.00	¥45.00	¥5,945.00	¥0.00	¥0.00	¥5,945.00
007	黎技风	行政部	工程师	¥3,500.00	¥400.00	¥1,500.00	¥75.00	¥5,475.00	¥0.00	¥0.00	¥5,475.00
008	黄术琦	财务部	高级工程师	¥4,500.00	¥890.00	¥800.00	¥60.00	¥6,250.00	¥200.00	¥0.00	¥6,050.00
009	谢学杰	销售部	工程师	¥3,500.00	¥2,100.00	¥600.00	¥80.00	¥6,280.00	¥0.00	¥0.00	¥6,280.00
010	王院保	业务部	助理工程师	¥3,000.00	¥2,400.00	¥700.00	¥65.00	¥6,165.00	¥0.00	¥0.00	¥6,165.00
011	周人安	财务部	高级工程师	¥4,500.00		¥200.00	¥70.00	¥6,770.00	¥0.00	¥100.00	¥6,670.00
012	陆工云	销售部	助理工程师	¥2,500.00	¥1,200.00	¥1,600.00	¥35.00	¥5,335.00	¥0.00	¥0.00	¥5,335.00
013	宁智娟	业务部	工程师	¥3,000.00	¥1,750.00	¥1,100.00	¥25.00	¥5,875.00	¥0.00	¥0.00	¥5,875.00
014	唐能庆	人事部	助理工程师	¥2,500.00	¥2,100.00	¥1,200.00	¥36.00	¥5,836.00	¥0.00	¥0.00	¥5,836.00
015	黄学妍	行政部	高级工程师	¥4,500.00	¥1,800.00	¥300.00	¥18.00	¥6,618.00	¥0.00	¥0.00	¥6,618.00
016	黎院成	财务部	助理工程师	¥3,800.00		¥400.00	¥20.00	¥6,420.00	¥0.00	¥0.00	¥6,420.00

图 5–14　条件格式设置效果

任务 3　字段排序与数据筛选

任务背景

小文在兴桂农业公司担任财务会计的职务，主要任务是管理月度工资发放前的工资表。考虑到公司员工数量众多，且涵盖多个部门、多种职位以及复杂的薪资架构，为了保证工资发放的精确无误和高效及时，她需要对工资表进行详尽的分类与筛选。这涉及按照部门归属、职位等级或薪资范围等不同的标准进行排序，同时要能筛选出符合特定条件的员工信息，以利于后续的审核和调整工作。

任务目标

（1）熟悉 WPS 表格的数据排序。

（2）掌握 WPS 表格的数据筛选。

（3）能够根据所学知识，提升工作和学习中的信息管理能力。

任务要求

（1）打开“员工工资明细表 .xlsx”，为“8 月”工作表创建副本，重命名为“排序”。对该工作表中的“部门”列数据进行降序排列。

（2）对该工作表中的“部门”列数据进行升序排列；当部门相同时，以岗位工资为次要条件进行降序排列；当岗位工资相等时，以姓列为次要条件，按笔画顺序升序排列。

（3）将财务部所在行标记为浅红色，将人事部所在行标记为浅绿色，再按实发工资的单元格颜色进行排序，浅绿色在顶端，浅红色在底端。

（4）为“8 月”工作表创建副本，重命名为“筛选”。在该工作表中筛选出奖金大于 1 000 元的财务部数据。

（5）取消筛选后，重新筛选出奖金介于 1 000~2 000(含 2 000) 元的数据。

（6）取消筛选后，重新筛选奖金大于 1 000 元，且夜班补贴大于 1 000 元的数据。

（7）取消筛选后，将 L 列实发工资高于平均值的数据标记为浅红色底纹，根据单元格颜色筛选出实发工资为浅红色底纹的数据。

（8）为“8 月”工作表创建副本，重命名为“高级筛选”。通过高级筛选，筛选出奖金介于 1 000~2 000（含 2 000）元的数据，将其复制到 A20 单元格。

（9）通过高级筛选，筛选出奖金大于 1 000 元，且夜班补贴大于 1 000 元的数据，将其复制到 A30 单元格。

（10）通过高级筛选，筛选出奖金大于 1 000 元，或者夜班补贴大于 1 000 元的数据，将其复制到 A35 单元格。保存工作簿。

基础知识

1. 简单排序

简单排序包含升序和降序。以图 5–15 为例，若要对“奖金”列进行升序排列，则先把光标放置在“奖金”列的任意一个单元格内，再单击“数据”选项卡“筛选排序”组中的“排序”下拉按钮，在下拉菜单中选择“升序”选项进行升序排列，或选择“降序”选项进行降序排列。若要对“部门”列进行排序，则需要把光标定位在“部门”列的任意一个单元格内。同理，若要对任意一列的数据进行简单排序，则需要将光标定位在该列的任意一个单元格内，再单击“排序”按钮。

工号	姓名	部门	岗位工资	奖金
001	李广俊	人事部	¥4,500.00	¥2,850.00
002	甘西玲	行政部	¥3,500.00	¥1,350.00
003	李机松	财务部	¥3,500.00	¥780.00
004	吴电霖	销售部	¥3,500.00	¥900.00
005	潘职盈	业务部	¥4,500.00	¥1,150.00

图 5-15 排序效果

2. 自定义排序

如果指定列的数据相同，则需要以其他列的数据为关键字进行排序，这需要用到自定义排序。以图 5-15 为例，“部门”关键字相同时，以次要关键字“岗位工资”进行排序，如果次要关键字相同，则可以继续添加次要关键字“姓名”进行排序。单击“数据”选项卡“筛选排序”组中的“排序”下拉按钮，在下拉菜单中选择“自定义排序”选项，弹出“排序”对话框，按如图 5-16 所示进行设置。选中“姓名”次要关键字，单击“排序”对话框上方的“选项”按钮，弹出“排序选项”对话框，可以对方向 (按行 / 按列排序) 及方式 (拼音 / 笔画排序) 进行设置。

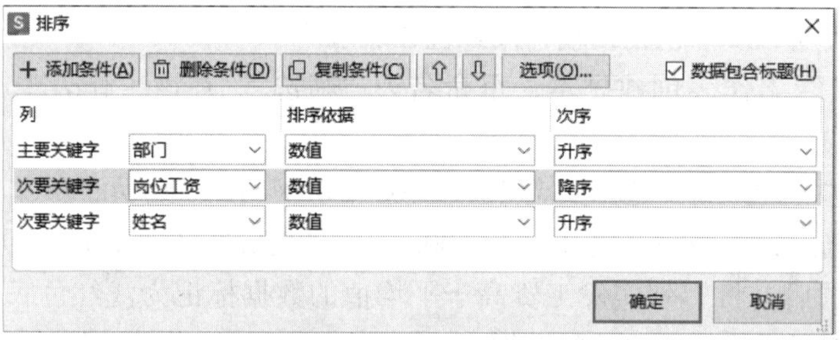

图 5-16 “排序”对话框

在“排序依据”中，默认以“数值”进行排序，也可以以“单元格颜色”“字体颜色”“条件格式图标”为依据进行升序或降序排列。

3. 筛选

要对数据进行筛选，首先选中标题行，再单击“数据”选项卡“筛选排序”组中的“筛选”下拉按钮，在下拉菜单中选择“筛选”选项，就会在标题行的右下角出现下拉按钮。

单击标题行右下角的下拉按钮，则会弹出内容筛选、颜色筛选及数字筛选 3 个选项。如果以单元格颜色进行筛选，则切换至“颜色筛选”进行选择；如果以数字进行筛选，则单击“数字筛选”按钮，包含等于、不等于、大于、大于或等于、小于、小于或等于、介于、前 10 项、高于平均值、低于平均值及自定义筛选等方法。

4. 高级筛选

要对数据进行高级筛选，首先将光标定位到要筛选的数据区域中，再单击“数据”选项卡“筛选排序”组中的“筛选”下拉按钮，在下拉菜单中选择“高级筛选”选项，弹出“高级筛选”对话框。该对话框中有两种筛选方式可供选择，一是在原有区域显示筛选结果，二是将筛选结果复制到其他位置。“列表区域”是要筛选的数据区域，“条件区域”是用户自定义区域。“复制到”表示将筛选的结果存放到指定的位置。

例如，进行如下高级筛选：①将岗位工资大于 1 200 元，并且奖金大于 1 200 元的数据筛选出来；②将岗位工资大于 1 200 元，或者奖金大于 1 200 元的数据筛选出来。这两种高级筛选的条件区域设置如图 5–17 所示。

岗位工资	奖金
>1200	>1200

（a）“并且”关系

岗位工资	奖金
>1200	
	>1200

（b）“或”关系

图 5–17　条件区域设置

任务实施

1. 按“部门”列排序

启动 WPS Office 应用程序，打开“员工工资明细表 .xlsx”，为“8 月”工作表创建副本，重命名为“排序”。将光标定位到部门所在列的任意一个单元格内，单击“数据”选项卡“筛选排序”组中的“排序”下拉按钮，在下拉菜单中选择“降序”选项进行降序排列。

2. 自定义排序

将光标定位到要排序的数据区域，单击“数据”选项卡“筛选排序”组中的“排序”下拉按钮，在下拉菜单中选择“自定义排序”选项进行自定义排序。主要关键字选择“部门”，依次添加次要关键字，选择“岗位工资”“姓名”，将光标定位在“姓名”次要关键字行，单击“排序”对话框上部的“选项”按钮，弹出“排序选项”对话框，选择按笔画排序。

3. 单元格颜色排序

完成条件格式的设置后，使用自定义排序的方法，主要关键字选择“实发工资”，排序依据选择“单元格颜色”，次序选择“浅绿色”在顶端，次要关键字依然选择“实发工资”，排序依据选择“单元格颜色”，次序选择“浅红色”在底端，设置完成后，单击“确定”按钮。

4. 简单筛选

（1）完成工作表的复制后，选中 A2:L8 单元格区域，单击“数据”选项卡“筛选排序”组中的“筛选”下拉按钮，在下拉菜单中选择“筛选”选项，在标题行的右下角会出现下拉按钮。单击“奖金”列右下角的下拉按钮，单击“数字筛选”按钮，在弹出的菜单中选择“大于”选项，弹出“自定义自动筛选方式”对话框，在“奖金”下方的下拉菜单中选择“大于”选项，在右侧的文本框中输入“1000”，单击“确定”按钮。同理，单击“部门”右下角的按钮，在“内容筛选”中只勾选财务部数据即可完成筛选。

（2）再次单击“数据”选项卡的“筛选”按钮，可取消上次所做的筛选，数据恢复到原始状态。单击“数据”选项卡的“筛选”下拉按钮，在下拉菜单中选择“筛选”选项，则会在标题行的右下角出现下拉按钮。单击“奖金”列右下角的下拉按钮，单击“数字筛选”按钮，在弹出的下拉菜单中选择“介于”选项，在弹出的对话框中，在上方的下拉菜单中选择“大于或等于”选项，在其右侧的文本框中输入“1000”，选中“与”单选按钮，在下方的下拉菜单中选择“小于或等于”选项，在其右侧的文本框中输入“2000”，单击“确定”按钮。

（3）同上操作，取消筛选后，再次进行筛选，单击“奖金”列右下角的下拉按钮，单击

“数字筛选”按钮，在弹出的下拉菜单中选择“大于”选项，在弹出的对话框中输入“1000”，单击“确定”按钮后，单击“夜班补贴”列右下角的下拉按钮，单击“数字筛选”按钮，在弹出的下拉菜单中选择“大于”选项，在弹出的对话框中输入“1000”，即可完成对两个条件的筛选。

（4）采用“AI 条件格式”教学任务中的方法，将 L 列实发工资高于平均值的单元格标记为浅红色底纹。单击“实发工资”列右下角的下拉按钮，在弹出的下拉菜单中选择“颜色筛选”，单击下面的“浅红色”即可完成筛选。

5. 高级筛选

（1）完成工作表的复制后，将光标定位在要筛选的原始数据区域内，单击“数据”选项卡“筛选排序”组中的“筛选”下拉按钮，在下拉菜单中选择“高级筛选”选项，弹出“高级筛选”对话框。选中“将筛选结果复制到其他位置”单选按钮，“列表区域”为该工作表的 A2:L18 单元格区域。条件区域 N5:O6 由用户自定义。“复制到”设置为该工作表的 A20 单元格，如图 5–18 所示，单击“确定”按钮。条件区域如图 5–19 所示。

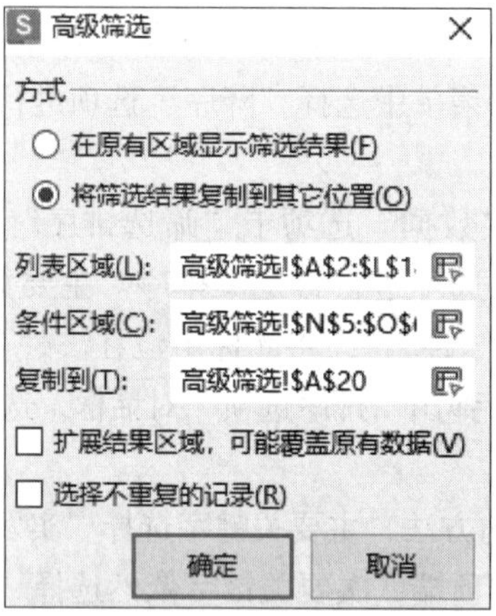

图 5–18 “高级筛选”对话框

奖金	奖金
>=1000	<=2000

图 5–19 条件区域 1

（2）采用上面的操作方法，将条件区域定义在 N9:O10 单元格区域，如图 5–20 所示，在弹出“高级筛选”对话框后，“列表区域”选择 A2:L18 单元格区域，“条件区域”选择 N9:O10 单元格区域，“复制到”设置为 A30 单元格。

（3）采用上面的操作方法，将条件区域定义在 N13:O15 单元格区域，如图 5–21 所示，在弹出“高级筛选”对话框后，“列表区域”选择 A2:L18 单元格区域，“条件区域”选择 N13:O15 单元格区域，“复制到”设置为 A35 单元格，保存工作簿。

奖金	夜班补贴
>1000	>1000

图 5–20 条件区域 2

奖金	夜班补贴
>1000	
	>1000

图 5–21 条件区域 3

任务评价

请填写如表 5–6 所示的自我评价表。

表 5-6　自我评价表

知识与技能		掌握程度		
		熟练掌握	掌握	基本掌握
简单排序				
自定义排序				
简单筛选				
高级筛选				
自评结果	A. 优秀　B. 良好	C. 中等	D. 及格	E. 不及格

习　题

单选题

1. 在 WPS 表格中，如果想要根据某一列的数据（如“销售额”）从高到低进行排序，应该选择（　　）排序方式。

A. 自定义排序，并选择“降序”

B. 自定义排序，并选择“升序”

C. 筛选功能，设置条件为“大于”

D. 查找功能，按销售额搜索

2. 在使用 WPS 表格的筛选功能时，如果只想显示“部门”列中“销售部”所在的行，应该使用的操作是（　　）。

A. 选择“数据”选项卡的“排序”选项，设置条件为“销售部”

B. 选择“数据”选项卡的“筛选”选项，然后单击“部门”列的下拉按钮，在下拉菜单中勾选“销售部”

C. 使用查找功能，搜索包含“销售部”的行

D. 复制“销售部”到另一列，然后使用删除重复项功能

3. 在 WPS 表格中，如果想要同时根据两列（如“姓名”和“年龄”）进行排序，首先按“姓名”升序，再按“年龄”降序，应该使用的操作是（　　）。

A. 使用筛选功能，分别设置两个条件

B. 选择“数据”选项卡的“排序”选项，先设置按“姓名”升序排列，然后添加次要关键字，按“年龄”降序排列

C. 直接在表格中手动调整行的位置

D. 使用条件格式进行排序

4. 在 WPS 表格中，如果想要筛选出所有销售额大于 10 000 元的记录，应该使用的功能是（　　）。

A. 排序功能，设置条件为销售额“大于 10000”

B. 筛选功能，单击“销售额”列的下拉按钮，选择“数字筛选”中的“大于”选项，并输入“10000”

C. 查找功能，搜索所有包含销售额大于 10000 元的行

D. 公式计算功能，然后手动标记销售额大于 10000 元的记录

5. 以下选项中（　　）不是 WPS 表格排序时可以依据的数据类型。

A. 文本　　B. 数字　　C. 公式计算结果　　D. 图表

任务拓展

为了更好地掌握排序与筛选的相关应用，为“员工工资明细表 .xlsx”中的“8 月”工作表创建副本，重命名为“排序与筛选练习”，在副本中完成排序与筛选的相关设置。

（1）将“排序与筛选练习”工作表中的数据按照“部门”升序排列，若部门相同，则按“姓名”的拼音首字母升序排列。

（2）对“排序与筛选练习”工作表进行排序，首先按“应发工资”从高到低排列，若应发工资相同，则按“夜班补贴”从低到高排列。

（3）筛选出“排序与筛选练习”工作表中所有属于“销售部”的员工信息。

（4）筛选出“排序与筛选练习”工作表中“应发工资”在 5 000 元至 7 000 元（包含 5 000 元和 7 000 元）之间的员工信息。

（5）筛选出“排序与筛选练习”工作表中所有“夜班补贴”大于 800 元的员工信息。

（6）使用高级筛选功能，筛选出“排序与筛选练习”工作表中同时满足以下两个条件的员工信息。

①部门为“人事部”。

②实发工资大于或等于 5 500 元。

设置条件区域，并在原始数据下方显示筛选结果。

任务 4　创建工资图表

任务背景

小王作为兴桂农业公司的财务总监，负责向高层管理人员展示关键的财务数据。为了确保数据的易理解性和易分析性，他选择使用 WPS 表格创建图表。此方法旨在以清晰明了的方式展示数据间的相互关系，直观地揭示隐藏在数字背后的变化趋势。同时，这样的可视化呈现也有助于识别和预警潜在的财务问题，从而为公司的项目决策和优化过程提供坚实的数据支持。

任务目标

（1）掌握图表制作技能，提高工作效率。

（2）培养良好的数据可视化习惯。

（3）能够根据所学知识，提升数据处理与展示能力。

任务要求

（1）打开“员工工资明细表 .xlsx”，将“8 月”工作表创建副本，重命名为“图表”。

（2）创建财务部员工的应发工资与实发工资的簇状柱形图。

（3）选择预设样式中的样式 3；显示应发工资数据标签，设置数据标签字号为 6 磅，设置第 3 个数据的应发工资的标签颜色为红色，加粗的格式；图例显示在下方。

（4）图表标题为“财务部员工工资对比图”，字体为“微软雅黑”，大小为 14 磅，加粗。主要横坐标轴名称设置为“姓名”，主要纵坐标轴名称设置为“工资”，字体设置为“微软雅黑”，大小为 10 磅，加粗。

（5）设置垂直 (值) 轴格式 (最小值为 5 000，最大值为 7 000，主要单位为 500)，实发工资的对数趋势线。并将图表放到 A20:E30 区域。效果如图 5-22 所示

（6）在 M2 单元格中输入“迷你图”，套用 L2 单元格格式，并在 M 列插入相应的柱形迷你图，选择 E 至 I 列数据。迷你图颜色为蓝色，标记高点颜色为红色，低点颜色为紫色。

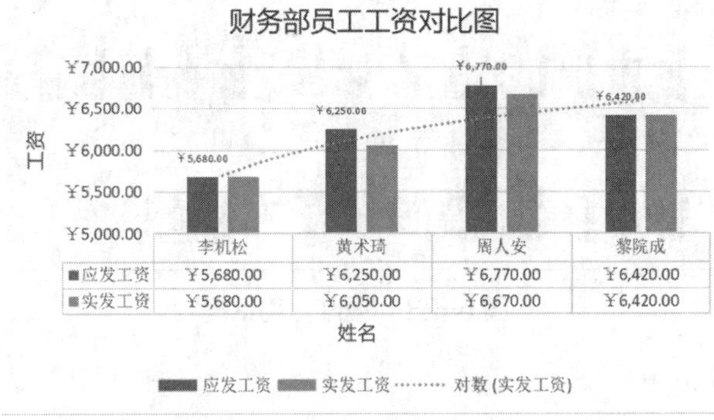

图 5-22　图表效果

基础知识

1. 创建图表

图表可以把复杂的数据以直观、形象的方式呈现出来，帮助人们更清楚地看到数据的变化。图表类型主要包括柱状图、折线图、饼图、条形图、面积图、散点图、股价图、雷达图、组合图及其他图表。

- 柱状图：通常用于对较小的数据集进行分析，直观对比数据差异。
- 折线图：显示随时间变化的连续数据，适用于展示相等时间间隔下数据的变化趋势。
- 饼图：侧重于描述在整个系统中每个个体所占的比例。
- 条形图：用宽度相同的条形表示，通过条形的高度或长短表示数据的多少。
- 面积图：展示数据随时间变化而改变的范围，强调数据与时间的关系，用于引起人们对总值趋势的注意。
- 散点图：展示数据点在坐标系平面上的分布情况。
- 股价图：显示股价的波动趋势。
- 雷达图：将多个数据用网络图的样式表现出来。
- 组合图：将不同的图表组合在一起，满足复杂数据的展示需求。

要创建图表，先选中用于生成图表的数据区域，单击“插入”选项卡“图表”组中的“图表”按钮，弹出“图表”对话框。WPS 提供了多种图表类型，可以根据数据的特点选择合适的图表类型。“图表”对话框的左侧显示的是图表类型，右侧显示的是所选类型相关的“跟随主题”，如图 5-23 所示。

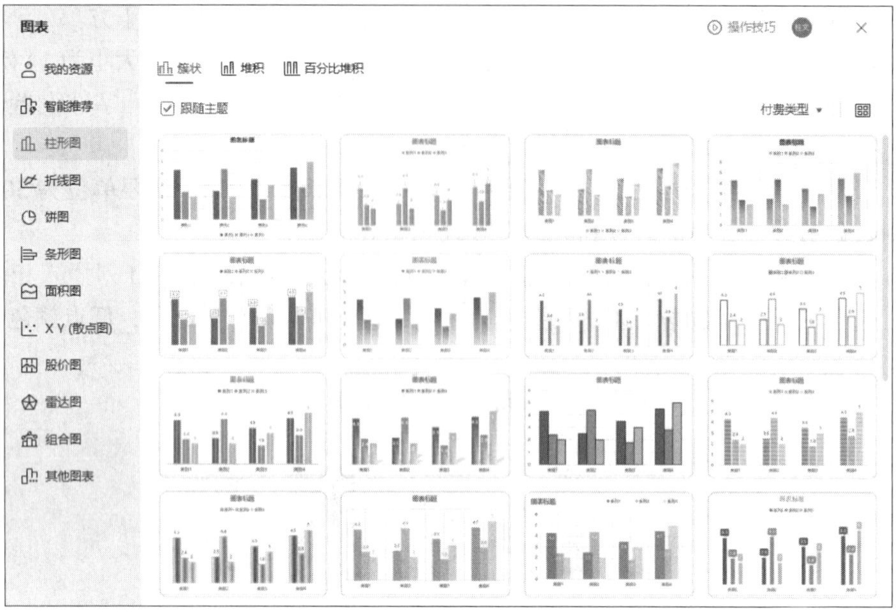

图 5-23 “图表”对话框

2. 美化图表

单击图表右上角浮动工具栏的“图表元素”按钮，可以快速编辑和修改图表元素、图表样式、图表筛选器。图表元素中包括坐标轴、轴标题、图表标题、数据标签、数据表、误差线、网络线、图例及趋势线，可以选择相应的元素，对图表的各个区域进行相应设置，如图 5-24。

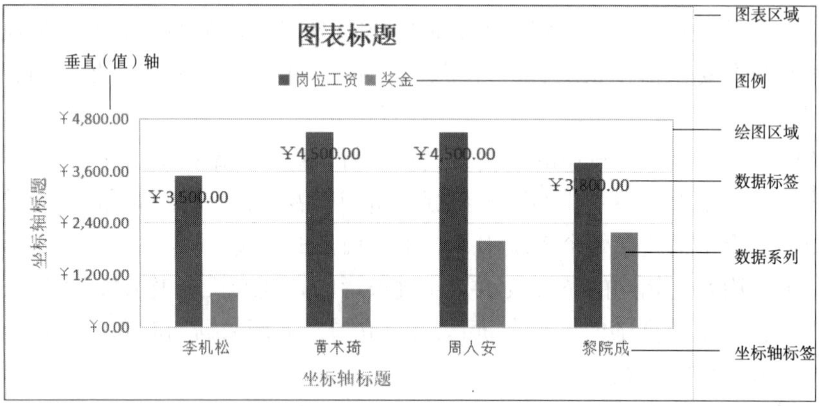

图 5-24 图表元素及其名称

3. 更改图表类型

单击选中需要更改类型的图表，出现“图表工具”选项卡，单击该选项卡“图表样式”组中的“更改类型”按钮，弹出“更改图表类型”对话框，此对话框与创建图表时的“图表”对话框的功能相同。用户可以选择相应的图表类型，再选择相应的主题样式。

4. 修改图表数据源

修改图表数据源可以通过两种简单的方法处理。一种方法是单击图表右上角浮动工具栏的“图表筛选器”按钮，在弹出的菜单中单击右下角的“选择数据”链接，弹出“编辑数据源”对话框。另一种方法是单击“图表工具”选项卡“数据”组中的“选择数据”按钮，同样弹出“编辑数据源”对话框。在“编辑数据源”对话框中，在“图表数据区域”重新选择数据源，单击“确定”按钮即可修改图表数据源。

5. 迷你图

迷你图能够简洁、直观地呈现一系列数据的大小差异和变化趋势。在单个单元格中，迷你图可以显示数据的最高点和最低点，使用户能够快速了解数据的波动情况。这对于分析时间序列数据或比较不同数据点之间的差异非常有用。迷你图的操作方法类似于图表的操作方法，只是将图表显示在单元格中。

任务实施

1. 复制工作表

打开“员工工资明细表 .xlsx”，为“8 月”工作表创建副本，重命名为“图表”。

2. 创建图表

筛选出财务部的数据，选中“姓名”“应发工资”“实发工资”列（包含标题）的数据，单击“插入”选项卡“图表”组中的“图表”按钮，弹出“图表”对话框。类型选择“柱形图”，在右侧选择“簇状”，在跟随主题下选择第 1 行第 1 列预设图表即可。

3. 设置图表元素

单击图表右上角浮动工具栏中的“图表元素”按钮，可以快速编辑和修改图表元素。将图表标题修改为“财务部员工工资对比图”，设置其字符格式为微软雅黑，14 磅，加粗。设置坐标轴 (主要横坐标轴、主要纵坐标轴) 名称，设置其字符格式为微软雅黑，10 磅，加粗，选中“水平 (类别) 轴”，修改其字符格式为微软雅黑，10 磅，加粗。

4. 设置垂直 (值) 轴属性

选中图表的垂直 (值) 轴，在快捷菜单中选择“设置坐标轴格式”选项，弹出“属性”任务窗格。切换至“坐标轴标签”选项卡，下面有“填充与线条”“效果”“大小与属性”“坐标轴”4 个子选项卡，切换至“坐标轴”子选项卡，在“坐标轴选项”下的“边界”栏可以设置最大值、最小值，在“单位”栏可以设置主要单位及次要单位。选中图表中的“实发工资”系列并右击，在弹出的快捷菜单中选择“添加趋势线”选项，并在“属性”任务窗格中选中“对数”单选按钮，如图 5–25 所示。

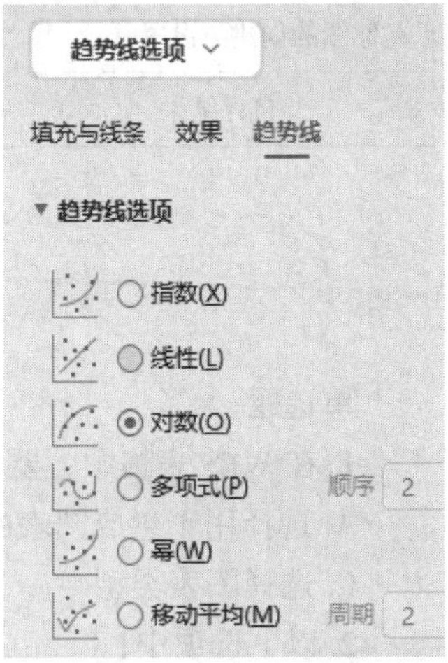

图 5–25　添加对数趋势线

5. 设置图表样式

单击图表右上角浮动工具栏中的“图表样式”按钮，在弹出的窗格中的“预设样式”栏中选择“样式 3”，再单击图表右上角浮动工具栏中的“图表元素”按钮，在弹出的窗格中勾选“图例”复选框，在级联菜单中选择“下部”；勾选“数据标签”复选框，在级联菜单中选择“数据标签外”选项。适当调整标签位置，选中相应的数据标签，设置其字体及字号。

6. 设置迷你图

在 M2 单元格中输入“迷你图”，将光标定位在 L2 单元格，单击“开始”选项卡“剪贴板”组中的“格式刷”按钮，再单击 M2 单元格，给 M2 单元格套用与其他列标题相同的格式。将光标定位在 M5 单元格，单击“插入”选项卡“迷你图”组中的“迷你图”下拉按钮，在下拉菜单中选择“柱形”选项，弹出“创建迷你图”对话框。在“数据范围”中选择 E5:I5 单元格区域，单击“确定”按钮即可在 M5 单元格中创建迷你图。

在“迷你图工具”选项卡“样式”组中设置迷你图颜色为蓝色，在“标记颜色”下拉菜单中设置高点颜色为红色，低点颜色为紫色。为 M 列的其他单元格设置迷你图，迷你图效果如图 5-26 所示。

兴桂农业公司员工工资明细表

工号	姓名	部门	职称	岗位工资	奖金	夜班补贴	加班工资	应发工资	事病假	旷工	实发工资	迷你图
003	李机松	财务部	工程师	¥3,500.00	¥780.00	¥1,400.00	¥0.00	¥5,680.00	¥0.00	¥0.00	¥5,680.00	
008	黄术琦	财务部	高级工程师	¥4,500.00	¥890.00	¥800.00	¥60.00	¥6,250.00	¥200.00	¥0.00	¥6,050.00	
011	周人安	财务部	高级工程师	¥4,500.00	¥2,000.00	¥200.00	¥70.00	¥6,770.00	¥0.00	¥100.00	¥6,670.00	
016	黎院成	财务部	助理工程师	¥3,800.00	¥2,200.00	¥400.00	¥20.00	¥6,420.00	¥0.00	¥0.00	¥6,420.00	

图 5-26　迷你图效果

任务评价

请填写如表 5-7 所示的自我评价表。

表 5-7　自我评价表

<table>
<tr><td rowspan="2" colspan="2">知识与技能</td><td colspan="3">掌握程度</td></tr>
<tr><td>熟练掌握</td><td>掌握</td><td>基本掌握</td></tr>
<tr><td colspan="2">选用图表类型</td><td></td><td></td><td></td></tr>
<tr><td colspan="2">图表的创建</td><td></td><td></td><td></td></tr>
<tr><td colspan="2">图表元素的设置</td><td></td><td></td><td></td></tr>
<tr><td colspan="2">迷你图的创建与设置</td><td></td><td></td><td></td></tr>
<tr><td>自评结果</td><td colspan="4">A. 优秀　B. 良好　C. 中等　D. 及格　E. 不及格</td></tr>
</table>

习　题

单选题

1. 在 WPS 表格中，要创建一个图表，首先需要（　　）。

A. 选择用于生成图表的数据区域　　B. 切换至“插入”选项卡

C. 选择图表类型　　D. 调整工作表的格式

2. 以下选项中，（　　）类型的图表最适合展示数据随时间的变化趋势。

A. 柱状图　　B. 折线图　　C. 饼图　　D. 散点图

3. 在 WPS 图表中，更改图表标题的方法是（　　）。

A. 双击图表标题并输入新标题

B. 在“图表工具”选项卡中单击“标题”按钮

C. 右击图表，从快捷菜单中选择“更改标题”选项

D. 在工作表中直接修改对应单元格的内容

4. 以下选项中，（　　）不是 WPS 图表中的数据系列。

A. 图表中的单个数据点

B. 图表中的一组相关数据

C. 图表中的图例

D. 图表中的分类标签

5. 以下选项中，（　　）最适合展示数据分布的比例。

A. 柱状图　　B. 折线图　　C. 饼图　　D. 面积图

6. 以下选项中，（　　）不是 WPS 图表中的常用元素。

A. 图表标题　　B. 数据标签　　C. 网格线　　D. 数据验证

任务拓展

为了更好地掌握图表的相关应用，为“员工工资明细表 .xlsx”中的“8 月”工作表创建副本，重命名为“图表练习”，在该工作表中创建图表并进行图表的相关设置。

（1）创建业务部员工的应发工资与实发工资的簇状柱形图。

（2）图表标题为“业务部员工工资对比图”，字体为微软雅黑，字号为 14 磅，加粗。主要横坐标轴名称设置为“姓名”，主要纵坐标轴名称设置为“工资”，字体设置为微软雅黑，字号设置为 10 磅，加粗。员工姓名的格式设置与坐标轴名称相同。

（3）设置垂直 (值) 坐标轴格式 (最小值为 5 500，最大值为 6 500，主要单位为 500)，添加实发工资的对数趋势线。

（4）显示数据标签，设置数据标签的字号为 6 磅，设置第 3 个数据的应发工资的标签颜色为红色，加粗，图例显示在下方，如图 5–27 所示。

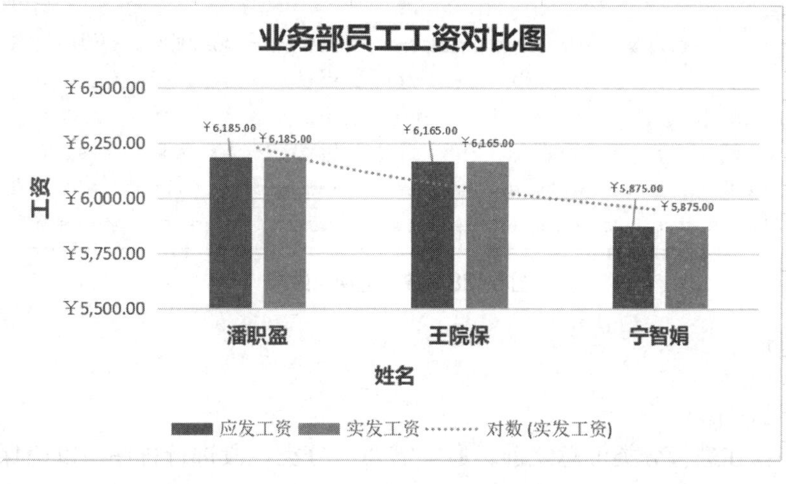

图 5–27　业务部员工工资对比图

任务 5　分类汇总与创建数据透视表

任务背景

小张是兴桂农业公司的一名会计，其职责包括协助管理层对员工薪资数据进行系统整理和综合分析，以便生成易于理解的统计结果，为公司评估员工薪酬标准、制定薪酬策略提供有力的数据支持。因此，需要深入剖析各部门的总薪资支出、员工平均薪资以及薪资统计情况，以多维度展示员工薪酬结构。

任务目标

（1）掌握分类汇总的基本操作方法。

（2）理解数据透视表在数据分析中的作用。

（3）掌握数据透视表的字段设置与布局调整。

（4）根据所学知识，培养解决实际问题的数据思维。

任务要求

（1）打开“员工工资明细表.xlsx”，为“8 月”工作表创建副本，重命名为“分类汇总”。

（2）以部门为分类字段，求出岗位工资、奖金、夜班补贴、加班工资、应发工资、实发工资等数据的总和与平均值，汇总结果显示在数据下方。

（3）为“8 月”工作表创建副本，重命名为“数据透视表”，通过该表筛选出不同职称类型的相关数据，即部门人数、岗位工资和值、奖金最大值、夜班补贴最小值、应发工资平均值、实发工资和值，存放在该工作表的 N6 单元格。工资类数据设置货币形式，保留 2 位小数，取消工作表的网格线。数据透视表效果如图 5-28 所示。

职称	高级工程师					
	值					
部门	部门人数	岗位工资和值	奖金最大值	补贴最小值	应发平均值	实发和值
财务部	2	￥9,000.00	￥2,000.00	￥200.00	￥6,510.00	￥12,720.00
人事部	1	￥4,500.00	￥2,850.00	￥100.00	￥7,585.00	￥7,585.00
行政部	1	￥4,500.00	￥1,800.00	￥300.00	￥6,618.00	￥6,618.00
业务部	1	￥4,500.00	￥1,150.00	￥500.00	￥6,185.00	￥6,185.00
总计	5	￥22,500.00	￥2,850.00	￥100.00	￥6,681.60	￥33,108.00

图 5-28　数据透视表效果

基础知识

1. 分类汇总

（1）排序：在进行分类汇总之前，通常需要对分类字段进行排序，以确保相同分类的数据相邻排列，从而得到准确的汇总结果。

（2）替换当前分类汇总：如果需要对已有的分类汇总结果进行更改或添加新的分类汇总，可以勾选“替换当前分类汇总”复选框。如果要进行多次不同的汇总，后面的操作中需要取消勾选“替换当前分类汇总”复选框，才能将结果全部显示在同一个数据表中。

（3）取消分类汇总：如果需要取消分类汇总，可以在“分类汇总”对话框中单击“全部删除”按钮。

2. 数据透视表

数据透视表是一种交互式表格，可以进行某些计算，如求和与计数等，所进行的计算与数据透视表的排列有关。设置数据透视表时，会显示字段列表，可以将字段拖动到数据透视表区域。在数据透视表区域又分为 4 个部分：筛选器、列、行和值。

①筛选器（数据筛选）：将字段拖动到“筛选器”区域，可以对数据进行筛选，以便只查看满足特定条件的数据。

②值（数据汇总）：通过拖动字段到“值”区域，并选择适当的汇总方式（如求和、计数等），可以对数据进行汇总。

③行与列（数据分析）：通过改变字段在“行”和“列”区域的位置，可以分析不同维度下的数据。同时可以对数据透视表中的字段进行分组和排序，以便更清晰地呈现数据。

任务实施

1. 对数据分类汇总

（1）将光标定位在“分类汇总”工作表的“部门”字段的任意单元格内，对“部门”字段进行排序。

（2）选中 A2:L18 单元格区域，单击“数据”选项卡“分级显示”组的“分类汇总”按钮，弹出“分类汇总”对话框。在“分类字段”下拉菜单中选择“部门”，在“汇总方式”下拉菜单中选择“求和”，在“选定汇总项”列表框中勾选“岗位工资”“奖金”“夜班补贴”“加班工资”“应发工资”“实发工资”选项，勾选“替换当前分类汇总”和“汇总结果显示在数据下方”两个复选框，单击“确定”按钮。

（3）用相同的操作方法，汇总方式选择“平均值”，在“选定汇总项”列表框中勾选“岗位工资”“奖金”“夜班补贴”“加班工资”“应发工资”“实发工资”选项，取消勾选“替换当前分类汇总”复选框，单击“确定”按钮。单击左侧的“分级显示”按钮，得到的分类汇总效果如图 5-29 所示。

兴桂农业公司员工工资明细表

工号	姓名	部门	职称	岗位工资	奖金	夜班补贴	加班工资	应发工资	事病假	旷工	实发工资
		财务部 平均值		¥4,075.00	¥1,467.50	¥700.00	¥37.50	¥6,280.00			¥6,205.00
		财务部 汇总		¥16,300.00	¥5,870.00	¥2,800.00	¥150.00	¥25,120.00			¥24,820.00
		人事部 平均值		¥3,500.00	¥2,150.00	¥733.33	¥72.00	¥6,455.33			¥6,455.33
		人事部 汇总		¥10,500.00	¥6,450.00	¥2,200.00	¥216.00	¥19,366.00			¥19,366.00
		销售部 平均值		¥3,166.67	¥1,400.00	¥1,166.67	¥65.00	¥5,798.33			¥5,798.33
		销售部 汇总		¥9,500.00	¥4,200.00	¥3,500.00	¥195.00	¥17,395.00			¥17,395.00
		行政部 平均值		¥3,833.33	¥1,183.33	¥933.33	¥66.00	¥6,016.00			¥5,982.67
		行政部 汇总		¥11,500.00	¥3,550.00	¥2,800.00	¥198.00	¥18,048.00			¥17,948.00
		业务部 平均值		¥3,500.00	¥1,766.67	¥766.67	¥41.67	¥6,075.00			¥6,075.00
		业务部 汇总		¥10,500.00	¥5,300.00	¥2,300.00	¥125.00	¥18,225.00			¥18,225.00
		总平均值		¥3,643.75	¥1,585.63	¥850.00	¥55.25	¥6,134.63			¥6,109.63
		总计		¥58,300.00	¥25,370.00	¥13,600.00	¥884.00	¥98,154.00			¥97,754.00

图 5-29　分类汇总效果

2. 创建数据透视表

（1）将光标定位在“数据透视表”工作表的任意单元格内，单击“插入”选项卡“表格”组中的“数据透视表”按钮，弹出“创建数据透视表”对话框。在“请选择单元格区域”文本框中会自动出现光标所在的单元格区域。在“请选择放置数据透视表的位置”栏中选中“现工作表”单选按钮，在下方的单元格中选择 N6 单元格，单击“确定”按钮。

（2）在“数据透视表”任务窗格中，将字段列表中的“职称”字段拖曳到数据透视表区域下的“筛选器”区域，将“部门”字段拖曳到“行”区域，将“工号”“岗位工资”“奖金”“夜班补贴”“应发工资”“实发工资”字段拖曳到“值”区域。

（3）双击 O7 单元格，弹出“值字段设置”对话框，汇总方式选择“计数”，将“自定义名称”设置为“部门人数”。同理，依次双击 P7、Q7、R7、S7、T7 单元格，在弹出的“值字段设置”对话框中，汇总方式依次设置为求和、最大值、最小值、平均值、求和；将“自定义名称”依次设置为“岗位工资和值”“奖金最大值”“补贴最小值”“应发平均值”“实发和值”。

（4）选中 O4 单元格，筛选“高级工程师”。

（5）选中 P7:T11 单元格区域，设置单元格格式，在“分类”列表框中选择“货币”，小数位数设置为 2，数据居中显示。

任务评价

请填写如表 5-8 所示的自我评价表。

表 5-8 自我评价表

<table>
<tr><td rowspan="2">知识与技能</td><td colspan="5">掌握程度</td></tr>
<tr><td>熟练掌握</td><td colspan="2">掌握</td><td colspan="2">基本掌握</td></tr>
<tr><td>分类汇总</td><td></td><td colspan="2"></td><td colspan="2"></td></tr>
<tr><td>分类汇总分级显示</td><td></td><td colspan="2"></td><td colspan="2"></td></tr>
<tr><td>创建数据透视表</td><td></td><td colspan="2"></td><td colspan="2"></td></tr>
<tr><td>设置数据透视表</td><td></td><td colspan="2"></td><td colspan="2"></td></tr>
<tr><td>自评结果</td><td colspan="5">A. 优秀　B. 良好　C. 中等　D. 及格　E. 不及格</td></tr>
</table>

习　题

单选题

1. 在 WPS 表格中，进行分类汇总前，通常需要先对数据进行（　　）操作。

A. 排序　B. 筛选　C. 合并单元格　D. 插入图表

2. 在创建数据透视表时，数据源区域（　　）。

A. 仅包含标题行　B. 仅包含数据区域

C. 包含标题行和数据区域　D. 包含空白行和列

3. 在数据透视表中，将某个字段设置为行标签的方法为（　　）。

A. 将该字段拖动到“筛选器”区域

B. 将该字段拖动到“列”区域

C. 将该字段拖动到“行”区域

D. 将该字段拖动到“值”区域

4. 以下选项中，（　　）不是数据透视表可以进行的操作。

A. 更改数据源的引用

B. 刷新数据透视表

C. 将数据透视表转换为普通表格

D. 对数据透视表进行切片器筛选

5. 在 WPS 表格中，如果要在数据透视表中显示数据的百分比形式，应该进行的操作是（　　）。

A. 在“值字段设置”中选择“百分比”格式

B. 在“条件格式”中选择“百分比”格式

C. 使用公式计算百分比后插入数据透视表中

D. 在“数据”选项卡中选择“百分比”选项

任务拓展

为了更好地掌握分类汇总及数据透视表的应用，完成以下设置。

（1）为“员工工资明细表.xlsx”中的“8 月”工作表创建副本，重命名为“透视表练习”，筛选出各部门不同职称的岗位工资和值、奖金平均值、补贴最大值、应发工资最小值及实发工资和值。数据透视表效果如图 5-30 所示。

职称	岗位工资和值	奖金平均值	补贴最大值	应发工资最小值	实发工资和值
高级工程师	¥9,000.00	¥1,445.00	¥800.00	¥6,250.00	¥12,720.00
工程师	¥3,500.00	¥780.00	¥1,400.00	¥5,680.00	¥5,680.00
助理工程师	¥3,800.00	¥2,200.00	¥400.00	¥6,420.00	¥6,420.00
总计	¥16,300.00	¥1,467.50	¥1,400.00	¥5,680.00	¥24,820.00

图 5-30　数据透视表效果

（2）为“员工工资明细表.xlsx”中的“8 月”工作表创建副本，重命名为“分类汇总练习”，以职称为分类字段，求出岗位工资、奖金、夜班补贴、加班工资、应发工资、实发工资等数据的最大值与平均值，将汇总结果显示在数据下方，每组数据分页。

模块 6
WPS AI 演示文稿制作

★知识目标★

（1）了解演示文稿、幻灯片的组成要素。

（2）掌握建立及保存 WPS 演示文稿的基本方法。

（3）掌握新建 WPS 演示文稿和操作幻灯片的方法。

（4）掌握在幻灯片中插入和编辑艺术字、图形、图像、表格和图表的方法。

（5）掌握在演示文稿中设置动画和切换效果的方法。

（6）掌握放映和导出演示文稿的方法。

（7）掌握利用 WPS AI 生成演示文稿的方法。

（8）掌握利用 WPS AI 智能优化演示文稿的文本内容的方法。

★能力目标★

（1）能够根据素材进行演示文稿内容的逻辑梳理。

（2）能够独立完成 WPS 演示文稿的建立，并在编辑幻灯片时具备一定的可视化设计能力。

（3）能够根据工作场景设置动画、切换效果，增强演示的生动性。

（4）能够放映和导出演示文稿，将演示文稿展示给观众。

（5）熟练运用 WPS AI 快速、高效、专业地生成演示文稿及优化演示文稿内幻灯片的文本内容。

★素质目标★

（1）掌握新知识和技能，具备适应不断变化的工作需求的学习能力。

（2）提升对信息进行梳理的逻辑能力。

（3）提高有效地传达信息的表达能力。

（4）运用恰当的色彩、布局等提升演示文稿的视觉效果，培养审美和创新能力。

（5）增强团队协作能力。

演示文稿是信息化办公的重要组成部分，它是一种重要的信息传递和视觉沟通工具，被广泛应用于各种场合，如会议、教学、报告、产品展示等。WPS 演示是一款强大的国产办公软件，它不仅具备丰富的模板和设计功能，更引入了 AI 技术，让每个用户都能轻松地制作出专业级的演示文稿。本模块包含建立演示文稿和幻灯片、编辑幻灯片、设计演示文稿动画、放映和导出演示文稿、利用 AI 技术生成演示文稿等内容。

项目 1　制作年终工作总结演示文稿

任务 1　建立演示文稿

任务背景

小王作为兴桂农业公司的总经理助理，接到要为总经理制作一份年终工作总结演示文稿的任务，总经理将在年终会议上为全体员工做汇报。小王需要使用 WPS 建立演示文稿。

任务目标

（1）了解演示文稿的作用和组成。
（2）了解 WPS 365 教育版演示文稿的用户界面。
（3）掌握建立及保存演示文稿的基本方法。
（4）掌握应用幻灯片主题的方法。
（5）掌握设置幻灯片大小的方法。
（6）理解备注的作用，掌握添加备注的方法。

任务要求

（1）启动 WPS Office 应用程序，新建空白演示文稿，应用“渐变彩色空间主题”，将该演示文稿命名为“年终工作总结 .pptx”并保存。

（2）确保幻灯片页面为宽屏（16∶9）显示，幻灯片方向为横向。

（3）在第 1 页标题幻灯片的副标题占位符中输入文本“兴桂农业公司”。在主标题占位符中输入文本“年终工作总结”，主标题文本应用“渐变填充－猩红”艺术字预设样式，字体设置为微软雅黑，字号设置为 66 磅，主标题文本居中对齐。汇报人名称为“陈总经理”，为第 1 张幻灯片添加备注“预计汇报用时 30 分钟”。

基础知识

1. 新建空白演示文稿

启动 WPS Office 应用程序，单击“新建”按钮，选择“演示”选项，然后单击“空白演示文稿”按钮。

2. 应用主题

单击“设计”选项卡“主题”组中列表框的下拉按钮，在下拉菜单中选择相应主题。

3. 设置幻灯片大小

单击“设计”选项卡“自定义”组中的“幻灯片大小”下拉按钮，在下拉菜单中选择“自定义大小”选项，在弹出的“页面设置”对话框中可以设置幻灯片大小、幻灯片起始编号、纸张大小、幻灯片方向等。

4. 添加备注

在普通视图的幻灯片下方有一处显示“点击此处添加备注”，即备注栏，在其中输入备注文本内容即可。

任务实施

1. 新建空白演示文稿，应用主题，保存演示文稿

启动 WPS Office 应用程序，单击“新建”按钮，选择“演示”选项，然后单击“空白演示文稿”按钮。

单击“设计”选项卡“主题”组中的“更多主题”按钮，在打开的“主题方案”对话框的“推荐方案”选项卡中首先单击“付费类型”下拉按钮，在下拉菜单中选择“免费”选项，然后选择“渐变彩色空间主题”，如图 6–1 所示。

选择“文件”菜单的“另存为”命令，将演示文稿命名为“年终工作总结 .pptx”并保存在本地磁盘。

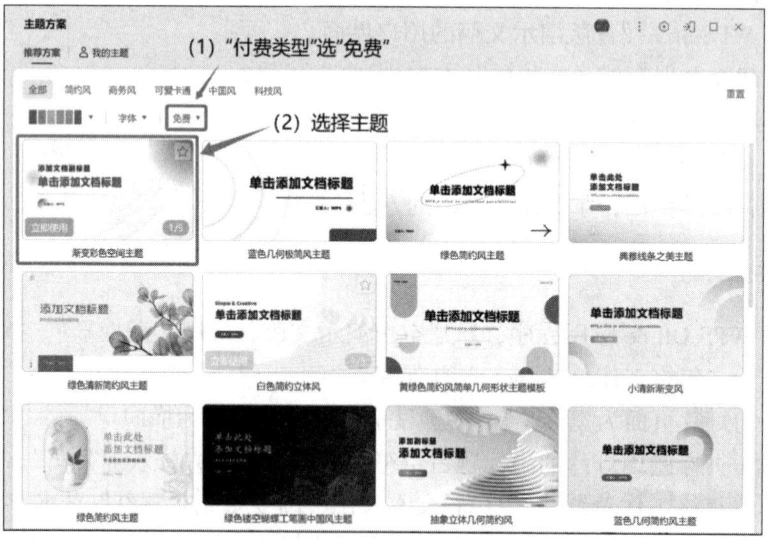

图 6–1 选择主题

2. 设置幻灯片大小

单击“设计”选项卡“自定义”组中的“幻灯片大小”下拉按钮，在下拉菜单中选择“自定义大小”选项，在弹出的“页面设置”对话框中设置“幻灯片大小”为“宽屏”，在“方向”栏“幻灯片”组中选中“横向”单选按钮，单击“确定”按钮。

3. 编辑标题幻灯片，添加备注

在幻灯片编辑区单击相应的占位符，进行副标题和主标题的编辑。

（1）设置主标题文本的艺术字样式：选中主标题文本，单击“文本工具”选项卡“艺术字样式”列表框的下拉按钮，在展开的“艺术字预设”库中选择“渐变填充－猩红”样式。

（2）为幻灯片添加备注：单击备注栏，在其中输入备注内容“预计汇报用时 30 分钟”。

任务评价

请填写如表 6-1 所示的自我评价表。

表 6-1　自我评价表

知识与技能	掌握程度		
	熟练掌握	掌握	基本掌握
新建及保存演示文稿			
应用幻灯片主题			
设置幻灯片大小			
添加备注			
自评结果	A. 优秀　B. 良好	C. 中等	D. 及格　E. 不及格

习　题

一、单选题

在 WPS 演示中，幻灯片的主题在（　　）选项卡中设置。

A.“开始”　　B.“设计”　　C.“插入”　　D.“视图”

二、判断题

1. 在 WPS 演示中，可以自定义幻灯片大小。（　　）

2. 在 WPS 演示中，不可以改变幻灯片的方向。（　　）

3. 在 WPS 演示中，设置备注的作用主要是供演讲者准备演讲内容、记录要点、管理时间以及增强与观众的互动。（　　）

任务拓展

新建“书香激荡青春，阅读启智人生”的校园文化主题征文活动演示文稿，并完成如下操作。

（1）将“小清新渐变风”主题应用到所有幻灯片上，将该演示文稿命名为“征文活动 .pptx”并保存。

（2）将幻灯片页面大小设为“全屏显示（16∶10）”。

（3）在第 1 页幻灯片（标题幻灯片）的标题占位符中输入文本“书香激荡青春，阅读启智人生”，为标题文本应用“渐变填充－矢车菊蓝”艺术字样式，字体设置为宋体，字号设置为 48 磅。在副标题占位符中输入“——校园文化主题征文活动”，字体设置为微软雅黑，字号设置为 18 磅，副标题文本右对齐。为第 1 张幻灯片添加备注“校园文化主题征文活动”。

任务 2 新建和操作幻灯片

任务背景

年终工作总结演示文稿在建立之初，只有一页幻灯片，小王需要使用 WPS 在演示文稿中新建和操作幻灯片。

任务目标

（1）了解幻灯片的组成要素。

（2）掌握新建幻灯片的方法。

（3）掌握重用幻灯片的方法。

（4）掌握复制、移动、删除幻灯片的方法。

任务要求

（1）打开“年终工作总结 .pptx”演示文稿，在封面页后新建幻灯片（目录页），并选择与封面页的主题一致的目录页样式。

（2）按如图 6-2 所示的文本编辑目录页的内容。

1>农业生产经营
2>社会责任与可持续发展
3>质量安全管理
4>未来战略规划

图 6-2 目录页

（3）在目录页幻灯片之后，将素材文件夹中“年终总结初稿 .pptx”演示文稿的第 2 ~ 第 14 页幻灯片复制进来，作为“年终工作总结 .pptx”中的第 3 ~ 第 15 页的幻灯片。

（4）移动第 8 页幻灯片，使之成为第 4 页幻灯片，并将该页幻灯片的内容占位符中的段落设置为 1.3 倍行距。

（5）删除第 7 页幻灯片。

基础知识

1. 新建幻灯片

方法一：在演示文稿左侧的“幻灯片”窗格中单击选中某页幻灯片，直接按 Enter 键或者在“开始”选项卡中单击“新建幻灯片”按钮，就可以在选中的幻灯片后面插入一页新的幻灯片。

方法二：在演示文稿左侧的“幻灯片”窗格中单击选中某页幻灯片，单击该幻灯片右下方的“新建幻灯片”按钮或在“开始”选项卡中单击“新建幻灯片”下拉按钮，在下拉菜单中选择“从版式新建”或“从模板新建”选项，弹出“新建单页幻灯片”对话框，选择相应的版式或主题即可创建新的幻灯片。

2. 重用幻灯片

在演示文稿左侧的“幻灯片”窗格中单击选中某页幻灯片，然后在“开始”选项卡中单击“新建幻灯片”下拉按钮，在下拉菜单中选择“重用幻灯片”选项，在出现的“重用幻灯片”任务窗格中单击“请选择文件”按钮，选择一个 WPS 演示或 PowerPoint 类型的文件，然后选择该演示文稿的相应幻灯片，就可以将另一个演示文稿的全部或部分幻灯片插入现有演示文稿指定幻灯片的后面。

3. 复制幻灯片

在演示文稿左侧的“幻灯片”窗格中选中某页或多页幻灯片并右击，在快捷菜单中选择“复制幻灯片”选项，就会在选中的幻灯片后面出现一页或多页副本幻灯片。

4. 移动幻灯片

在演示文稿左侧的“幻灯片”窗格中按住鼠标左键拖曳某页幻灯片，将其移动到“幻灯片”窗格的目标位置，释放鼠标左键。

5. 删除幻灯片

在演示文稿左侧的“幻灯片”窗格中选中某页或多页幻灯片，按 Delete 键即可将其删除。或者在“幻灯片”窗格中右击相应幻灯片，在快捷菜单中选择“删除幻灯片”选项。

任务实施

1. 新建幻灯片作为目录页

打开“年终工作总结 .pptx”演示文稿，在“幻灯片”窗格中选中封面页幻灯片，单击封面页右下方的“新建幻灯片”按钮，在下拉菜单中选择“从版式新建”或“从模板新建”选项，在弹出的“新建单页幻灯片”对话框中选择与封面页主题一致的目录页样式，如图 6–3 所示。

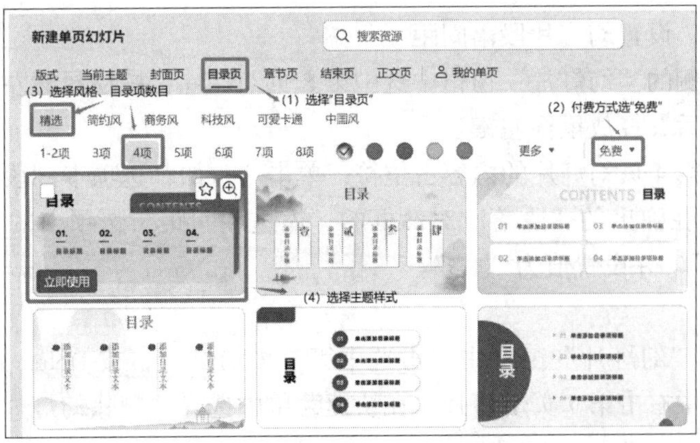

图 6–3　“新建单页幻灯片”对话框

2. 编辑目录页的内容

在“01”“02”“03”“04”的目录项占位符中分别输入如图 6–2 所示的文本内容，效果如图 6–4 所示。

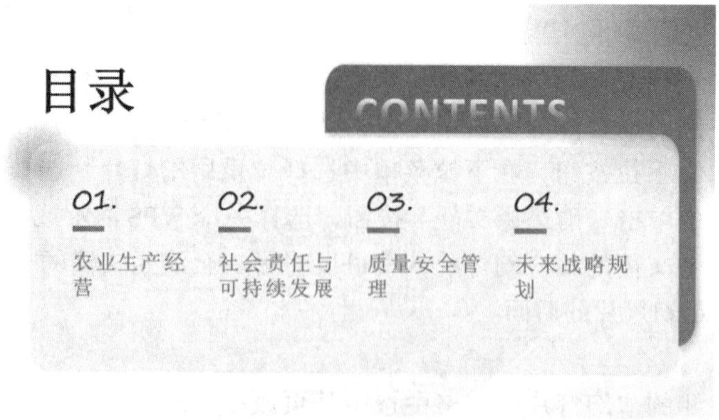

图 6–4　目录页效果

3. 复制或重用幻灯片

方法一：打开“年终总结初稿 .pptx”演示文稿，按住 Ctrl 键，依次单击“幻灯片”窗格中的第 2~ 第 14 页幻灯片（也可以按住 Shift 键，依次单击第 2 页和第 14 页幻灯片，连续选择第 2~ 第 14 页幻灯片），然后按快捷键 Ctrl+C 复制幻灯片，或右击选中的幻灯片，在快捷菜单中选择“复制”选项。切换到“年终工作总结 .pptx”演示文稿，在“幻灯片”窗格中单击第 2 页幻灯片，按快捷键 Ctrl+V 或者右击第 2 页幻灯片，选择“粘贴”选项，就可以在“年终工作总结 .pptx”第 2 页幻灯片后面出现多页幻灯片副本。

方法二：在“年终工作总结 .pptx”演示文稿左侧“幻灯片”窗格中单击选中第 2 页幻灯片，然后在“开始”选项卡中单击“新建幻灯片”下拉按钮，在下拉菜单中选择“重用幻灯片”选项，在出现的“重用幻灯片”任务窗格中单击“请选择文件”按钮，选择素材文件夹中的“年终总结初稿 .pptx”。在“重用幻灯片”任务窗格中依次单击“年终总结初稿 .pptx”中的第 2~ 第 14 页幻灯片，将它们复制进来作为“年终工作总结 .pptx”中的第 3 ~ 第 15 页幻灯片。

4. 移动幻灯片，设置幻灯片段落间距

（1）在窗口左侧的“幻灯片”窗格中选中第 8 页幻灯片，按住鼠标左键将该幻灯片拖曳到第 3 页幻灯片之后，释放鼠标左键。

（2）单击选中第 4 页幻灯片的内容占位符，单击“开始”选项卡“段落”组右下角的对话框启动器按钮，在弹出的“段落”对话框的“缩进和间距”选项卡的“行距”下拉菜单中选择“多倍行距”，并设置值为“1.3”。

5. 删除幻灯片

在窗口左侧的“幻灯片”窗格中单击选中第 7 页幻灯片，按 Delete 键将其删除。或者在“幻灯片”窗格中右击第 7 页幻灯片，在快捷菜单中选择“删除幻灯片”选项。

任务评价

请填写如表 6–2 所示的自我评价表。

表6-2　自我评价表

知识与技能	掌握程度		
	熟练掌握	掌握	基本掌握
新建幻灯片			
复制或重用幻灯片			
移动幻灯片			
删除幻灯片			
自评结果	A. 优秀　B. 良好　C. 中等　D. 及格　E. 不及格		

习　题

一、单选题

在 WPS 演示中新建幻灯片的方法中，(　　) 是错误的。

A. 单击“开始”选项卡的“新建幻灯片”按钮进行设置

B. 单击“插入”选项卡的“新建幻灯片”按钮进行设置

C. 新建单页幻灯片时，可以给幻灯片选择不同的版式

D. 可以以“从大纲导入”形式新建幻灯片

二、判断题

1. 重用幻灯片是指在 WPS 演示中，将一个演示文稿中的幻灯片复制到另一个演示文稿中。这有助于用户快速创建新的演示文稿，而不需要从头开始设计每页幻灯片。(　　)

2. 在 WPS 演示中，在“幻灯片”窗格中选中某页幻灯片后，可以按快捷键 Ctrl+X 删除该幻灯片。(　　)

任务拓展

编辑“征文活动 .pptx”演示文稿，要求如下。

（1）插入第 2 页幻灯片（目录页），主题样式任选，目录项内容如图 6-5 所示。

活动介绍
活动时间
参与方式
作品要求
往届优秀作品展示

图6-5　目录项内容

（2）在第 2 页幻灯片之后，将素材文件夹中“活动介绍 .pptx”演示文稿的第 2 ~ 第 6 页幻灯片复制进来，作为“征文活动 .pptx”中的第 3 ~ 第 7 页幻灯片。

（3）移动第 7 页幻灯片，使之成为第 3 页幻灯片，并将该幻灯片中内容占位符的段落设置为 1.5 倍行距。

（4）删除第 7 页幻灯片。

任务 3　编辑幻灯片

任务背景

小王需要使用 WPS 演示继续对“年终工作总结 .pptx”演示文稿中的幻灯片进行编辑，在幻灯片中插入艺术字、图形、图像、表格和图表等，并设置超链接和幻灯片背景，美化演示文稿，使演示文稿更具可视化效果，更具有吸引力。

任务目标

（1）熟悉幻灯片的组成要素。

（2）掌握在 WPS 演示文稿中插入艺术字、图形、图像、表格和图表等各种要素的方法。

（3）掌握 AI 图表解读的操作方法。

（4）掌握超链接和幻灯片背景的设置方法。

（5）掌握编辑幻灯片中各种元素的方法。

任务要求

（1）给第 2 页幻灯片（目录页）的各目录项设置超链接，当播放幻灯片时单击相应的目录项文字，能快速跳转到同一演示文稿相应内容的幻灯片。

（2）在第 7 页幻灯片的左侧插入一个基本形状的“圆角矩形”，设置其高度为 2 厘米，宽度为 10 厘米，并设置该圆角矩形的形状样式为“渐变填充 – 无线条 –2”，阴影效果为“外部 – 左下斜偏移”，然后在圆角矩形中输入文字“农业技术创新与应用”（字体、字号可自行设置），设置该圆角矩形在幻灯片中垂直居中对齐。将幻灯片中除标题外的另外三个文本框的形状样式设置为“渐变填充 – 实线”，并更改其形状为“线形标注 1”，最后逐一调整各文本框的线形标注的线段位置，效果如图 6–6 所示。

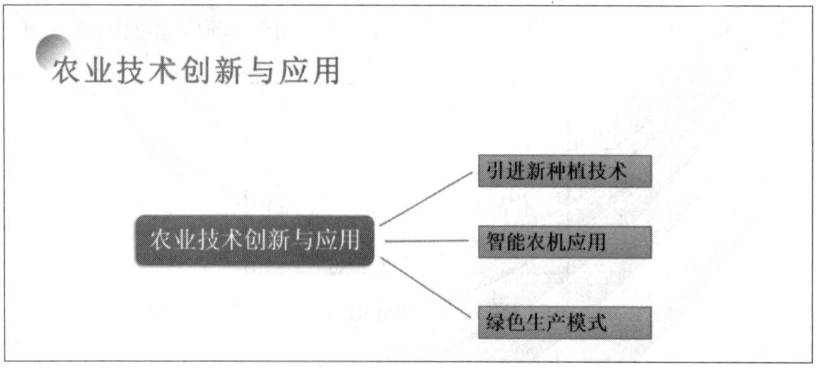

图 6–6　插入图形的效果

（3）将第 4 页幻灯片的文本内容转换为智能图形，去掉数字编号，将图片变更为素材文件夹中的图片“pic6–1.jpg”“pic6–2.jpg”和“pic6–3.jpg”，效果如图 6–7 所示。

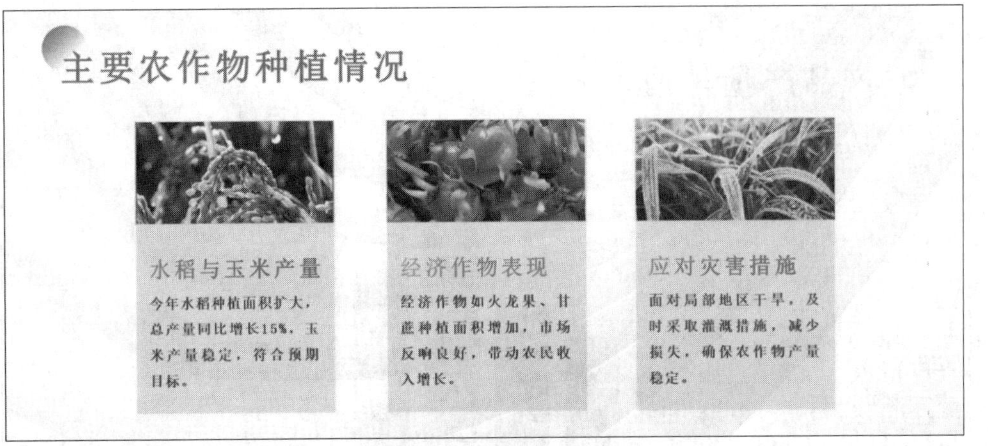

图 6-7　插入、编辑智能图形的效果

（4）在第 5 页幻灯片中插入素材文件夹的图片“pic6-4.jpg”，并设置图片的旋转方式为“水平翻转”，给图片设置透明色，图片高度设置为 8 厘米，宽度设置为 10 厘米，图片位于水平 23.6 厘米、垂直 10 厘米处（均相对于左上角）。

（5）在第 5 页幻灯片中插入“产量增长情况表”，表格为 6 行 4 列。插入图片和表格的效果如图 6-8 所示。

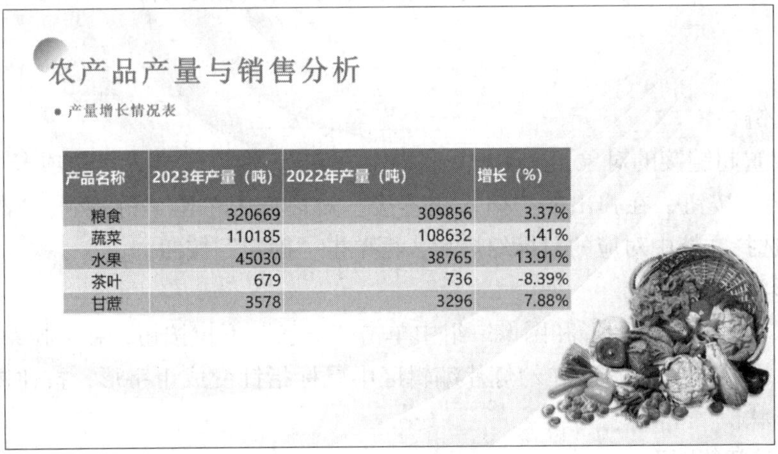

图 6-8　插入图片和表格的效果

（6）在第 6 页幻灯片中插入“市场销售情况”图表，图表数据源如图 6-9 所示。柱形图图表效果如图 6-10 所示。

	A	B	C
1	季度	销售额（万元）	占总产值百分比
2	一季度	620.2	16.90%
3	二季度	800.5	21.81%
4	三季度	1278.6	34.84%
5	四季度	970.9	26.45%
6	销售总额	3670.2	

图 6-9　图表数据源

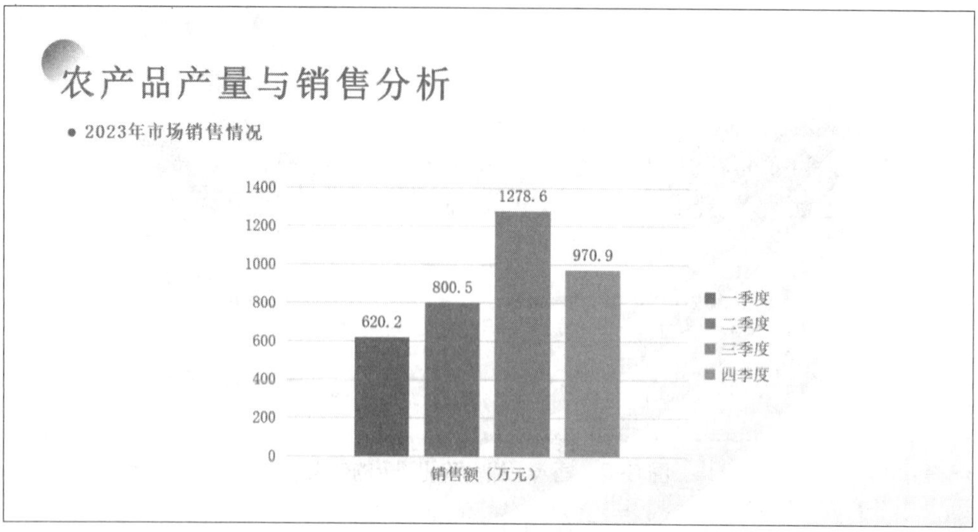

图 6-10　柱形图图表效果

（7）对第 6 页幻灯片的图表进行 AI 图表解读，并删除原来的图表幻灯片。

（8）在最后一页（第 14 页）幻灯片之后新建结束页幻灯片，幻灯片版式为“空白”，在幻灯片正中间插入艺术字“卓越奋发，勇毅前行”，艺术字样式为“图案填充 - 浅色下对角线，轮廓 - 着色 5”，字体为“隶书”，字号为 70 磅，设置结束页背景为渐变填充。

基础知识

1. 设置超链接

选中要设置超链接的对象（文本框、图片、图形等），在“插入”选项卡“链接”组中单击“超链接”按钮，在弹出的“插入超链接”对话框中单击“链接到：‘本文档中的位置’”按钮，选择文档中对应的目标幻灯片，再单击“确定”按钮。

2. 插入形状

在“插入”选项卡“图形和图像”组中单击“形状”下拉按钮，在下拉菜单的“预设”栏中单击任一形状按钮，这时在幻灯片编辑区中鼠标指针变成十字形，按住鼠标左键并拖动鼠标绘制形状。

3. 插入 / 转智能图形

（1）插入智能图形。在“插入”选项卡“图形和图像”组中单击“智能图形”按钮，在弹出的“智能图形”对话框中选择某一智能图形样式，这时在当前幻灯片中就插入了选中的智能图形，然后按需求编辑智能图形的标题、智能图形项的正文等信息即可。

（2）转智能图形。首先在幻灯片中选中要转换为智能图形的文本，然后单击“文本工具”选项卡“段落”组中的“转智能图形”按钮，在弹出的“智能图形”对话框中选择某一智能图形样式，这时在当前幻灯片中就插入了选中的智能图形，然后编辑智能图形的标题、智能图形项的正文等信息即可。

4. 插入和编辑图片

（1）插入图片。在“插入”选项卡“图形和图像”组中单击“图片”下拉按钮，在下拉菜单中选择“本地图片”选项，在弹出的“插入图片”对话框中选择本地磁盘中的图片，将其插入当前幻灯片。

（2）编辑图片。单击选中图片，出现“图片工具”选项卡，在该选项卡中设置图片大小、位置、透明色、旋转等。

5. 插入表格 / 对象

（1）插入表格。在“插入”选项卡“表格”组中单击“表格”下拉按钮，在下拉菜单的“插入表格”区直接拖动鼠标设置表格行列数或者选择“插入表格”选项，在弹出的“插入表格”对话框中设置“行数”和“列数”，单击“确定”按钮，就在当前幻灯片中插入了指定行列数的表格。

（2）插入对象。在“插入”选项卡“更多对象”组中单击“对象”按钮，在弹出的“插入对象”对话框中可以选择新建文件，也可以选择本地文件（包括 DOCX 文档、Microsoft Excel WorkSheet、Microsoft Excel 图表等），将文件插入幻灯片。

6. 插入图表

在“插入”选项卡“图形和图像”组中单击“图表”按钮，在弹出的“图表”对话框中选择一个图表类型，幻灯片中就会出现图表，这时选中图表，单击“图表工具”选项卡“数据”组中的“编辑数据”按钮，插入的图表要在 WPS 表格中进行编辑，编辑完成后关闭图表。

7.AI 图表解读

在幻灯片中选中图表，单击图表右侧的“AI 图表解读”按钮，将会根据图表内容进行推论并生成新的幻灯片。

8. 插入艺术字

在“插入”选项卡中，单击“文本”组中的“艺术字”下拉按钮，在下拉菜单的“艺术字预设”栏中选择任意一种艺术字样式，在幻灯片中出现“请在此处输入文字”时，编辑艺术字文本即可。

9. 设置背景

右击要设置背景的幻灯片，在弹出的快捷菜单中选择“设置背景格式”选项，在窗口右侧出现的“对象属性”任务窗格中设置背景填充的样式即可。

任务实施

1. 设置超链接

在第 2 页幻灯片中选择目录项“农业生产经营”文本框，在“插入”选项卡中单击“超链接”按钮，在“插入超链接”对话框中选择“链接到：‘本文档中的位置’”，然后选择文档中对应的链接到的目标幻灯片“3. 农业生产经营”，再单击“确定”按钮。其他目录项的超链接设置方法类似。

2. 插入图形

首先，在“幻灯片”窗格单击第 7 页幻灯片，然后做如下操作。

（1）插入圆角矩形。单击“插入”选项卡“图形和图像”组中的“形状”下拉按钮，在下拉菜单中选择“矩形”组中的“圆角矩形”，鼠标指针变为十字形，按住鼠标左键拖动鼠标绘制一个圆角矩形，单击选中该圆角矩形，在“绘图工具”选项卡“大小”组中设置圆角矩形的高度为 2 厘米、宽度为 10 厘米，在“形状样式”下拉菜单中选择“渐变填充 –

无线条 -2”样式，然后单击“效果”下拉按钮，在下拉菜单的“阴影”选项中设置“外部”区的“左下斜偏移”效果。

（2）在圆角矩形中编辑文字。右击该圆角矩形，在快捷菜单中选择“编辑文字”选项，输入文字“农业技术创新与应用”并设置文字的字体和字号。

（3）设置圆角矩形在幻灯片中垂直居中对齐。单击选中圆角矩形，单击“绘图工具”选项卡“排列”组中的“对齐”下拉按钮，在下拉菜单中选择“垂直居中”选项。

（4）三个文本框的形状样式设置及更改文本框形状。按住 Shift 键或 Ctrl 键并单击选择幻灯片右侧的三个文本框，在“绘图工具”选项卡“形状样式”下拉菜单中选择“渐变填充 - 实线”样式，单击“形状编辑”组中的“编辑形状”下拉按钮，在下拉菜单中选择“更改形状”选项，在“标注”栏中选择“线形标注 1”。单击幻灯片空白处，取消对三个文本框的选择，依次单击线形标注上的每条线段，拖动每条线段上的黄色控点，将其逐一调整至合适位置。

3. 文本转智能图形

在第 4 页幻灯片中首先选中要转换为智能图形的文本，单击“文本工具”选项卡“段落”组中的“转智能图形”按钮，在弹出的“智能图形”窗口中切换至“图片”选项卡，如图 6-11 所示，付费类型选择“免费”，选择第 1 行第 1 列的智能图形样式，在当前幻灯片中就插入了选中的智能图形，删除图中的数字编号“01”“02”“03”，右击智能图形中的图片，在快捷菜单中选择“更改图片”选项，分别用素材文件夹的图片“pic6-1.jpg”“pic6-2.jpg”和“pic6-3.jpg”替换智能图形中的 3 张图片。

图 6-11 选择智能图形样式

4. 插入和编辑图片

将光标定位在第 4 页幻灯片，在“插入”选项卡中单击“图片”下拉按钮，在下拉菜单中选择“本地图片”选项，在弹出的“插入图片”对话框中选择素材文件夹的图片“pic6–4.jpg”，将其插入当前幻灯片。然后单击选中图片，再单击“图片工具”选项卡“排列”组中的“旋转”下拉按钮，在下拉菜单中选择“水平翻转”选项，单击“图片样式”组中的“设置透明色”按钮，并单击图片的白色背景，取消勾选“锁定纵横比”复选框，设置图片的高度为 8 厘米，宽度为 10 厘米，最后右击图片，在快捷菜单中选择“设置对象格式”选项，在“对象属性”任务窗格中切换至“大小与属性”选项卡，再单击“位置”下拉按钮，在下拉菜单中设置“水平位置”为 23.6 厘米、“垂直位置”为 10 厘米，均相对于左上角。

5. 插入表格 /Excel 工作表对象

方法一：在第 4 页幻灯片中，在“插入”选项卡“表格”组中单击“表格”下拉按钮，在下拉菜单中选择“插入表格”选项，在弹出的“插入表格”对话框中设置“行数”为 6，“列数”为 4。然后在表格的各单元格中按图 6–8 所示输入数据，并选中表格，单击“表格工具”选项卡，在其中设置行高、列宽、单元格内容对齐方式，在“表格样式”选项卡中设置表格样式。这种方法的缺点是当表格数据需要计算时，难以像电子表格一样用公式快速计算。

方法二：首先在 WPS 表格中建立如图 6–12 所示的“产品增量 .xlsx”表格，然后将光标定位在第 4 页幻灯片中，单击“插入”选项卡“更多对象”组中的“对象”按钮，在弹出的“插入对象”对话框中选中“由文件创建”单选按钮，单击“浏览”按钮，选择前述创建好的“产品增量 .xlsx”，单击“打开”按钮，再单击“确定”按钮，就可以在幻灯片中插入表格，之后双击该表格，进入 WPS 表格环境，设置表格样式，在“视图”选项卡中取消勾选“网格线”复选框，关闭 WPS 表格窗口，即完成对表格的编辑。

	A	B	C	D
1	产品名称	2023年产量（吨）	2022年产量（吨）	增长（%）
2	粮食	320669	309856	3.37%
3	蔬菜	110185	108632	1.41%
4	水果	45030	38765	13.91%
5	茶叶	679	736	-8.39%
6	甘蔗	3578	3296	7.88%

图 6–12　“产品增量 .xlsx”表格

6. 插入图表

将光标定位在第 6 页幻灯片，在“插入”选项卡“图形和图像”组中单击“图表”按钮，选择任意一种样式的簇状柱形图图表，这时在幻灯片中出现图表，选中该图表，在“图表工具”选项卡“数据”组中单击“编辑数据”按钮，此时自动打开“WPS 演示中的图表”窗口，可以在此窗口编辑如图 6–9 所示的图表数据源，然后单击“选择数据”按钮，按如图 6–13 所示编辑数据源，编辑完成后关闭图表，最后在 WPS 演示中选中图表，在“图表工具”选项卡“图表布局”组中单击“添加元素”按钮，按图 6–10 所示的效果分别设置“图表标题”“图例”“数据标签”等选项。

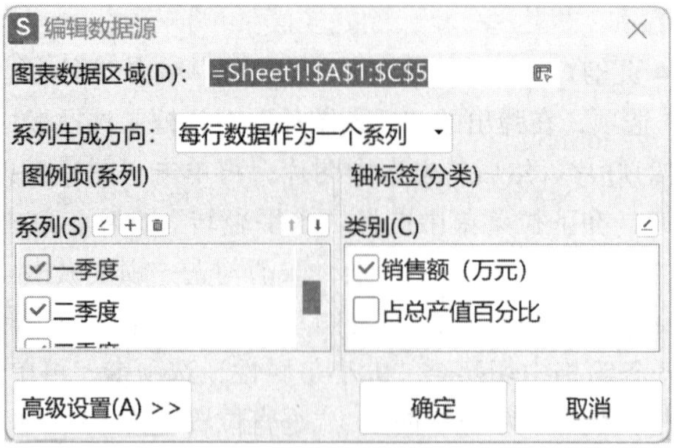

图 6-13 “编辑数据源”对话框

7.AI 图表解读

在幻灯片中选中图表，单击图表右侧的“AI 图表解读”按钮，WPS AI 将会根据图表内容进行推论并生成新的幻灯片，如图 6-14 所示。完成后将原来的图表幻灯片删除。

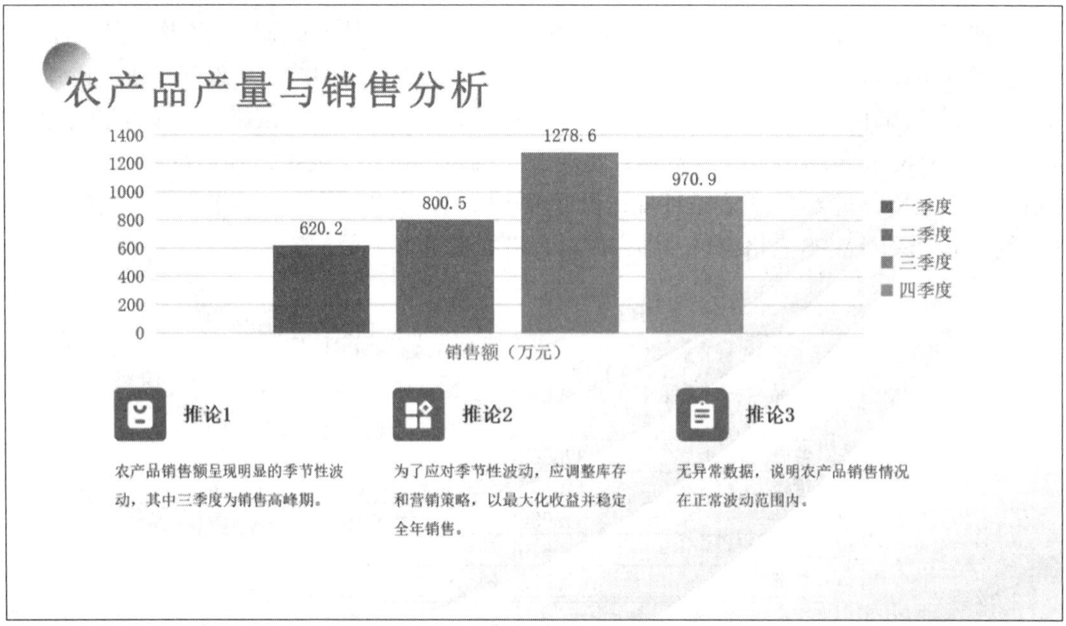

图 6-14 利用 AI 解读图表生成新的幻灯片

8. 新建空白版式幻灯片，插入艺术字，设置背景

在“幻灯片”窗格中选择最后一页幻灯片，按 Enter 键，就在最后添加了一页幻灯片，在“开始”选项卡中单击“版式”下拉按钮，在下拉菜单中选择“空白”选项。单击“插入”选项卡“文本”组中的“艺术字”下拉按钮，在下拉菜单的“艺术字预设”样式中选择“图案填充 - 浅色下对角线，轮廓 - 着色 5”，当幻灯片中出现“请在此处输入文字”时，编辑艺术字“卓越奋发，勇毅前行”，在“绘图工具”选项卡中设置“对齐方式”为“水平居中”和“垂直居中”，并将文字字体设置为“隶书”，将字号设置为 70 磅。

右击最后一页幻灯片，在弹出的快捷菜单中选择“设置背景格式”选项，在窗口右侧出现的“对象属性”任务窗格中选中“渐变填充”单选按钮，还可以进一步改变渐变填充的颜色，使背景颜色与整个演示文稿主题的颜色更和谐匹配。

任务评价

请填写如表 6-3 所示的自我评价表。

表 6-3 自我评价表

知识与技能	掌握程度		
	熟练掌握	掌握	基本掌握
设置超链接			
插入、编辑形状			
插入 / 转智能图形			
插入图片			
插入表格 /Excel 工作表对象			
插入图表			
插入艺术字			
设置背景			
自评结果	A. 优秀 B. 良好 C. 中等 D. 及格 E. 不及格		

习　题

一、单选题

1. 在 WPS 演示中，下列选项中在（　　）选项卡下可以插入图片。

A.“插入”　B.“格式”　C.“视图”　D.“工具”

2. 在 WPS 演示中，在幻灯片中不可以通过“插入”选项卡插入（　　）。

A. 表格　B. 图表　C. 形状　D. 主题

3.WPS 演示中，（　　）不可以插入或设置超链接。

A. 右击对象，选择“超链接”选项

B. 选择对象，单击“插入”选项卡中的“超链接”按钮

C. 选择对象，按快捷键 Ctrl+K

D. 选择对象，按快捷键 Alt+K

二、判断题

在 WPS 演示中，利用智能图形可以整合关系图资源，以直观的方式表达信息关系，包括列表、流程、循环等多种类型的复杂图形。（　　）

任务拓展

编辑“书香激荡青春，阅读启智人生”演示文稿。

（1）在第 4 页幻灯片的左侧插入一个基本形状中的“椭圆”，设置其高度为 2 厘米，宽度为 5 厘米，并设置该椭圆的三维旋转效果为“左透视”，阴影效果为“外部 – 向右偏移”，然后在椭圆中输入文字“活动时间”（字体、字号可自行设置），设置该椭圆在幻灯片中垂直居中对齐。将幻灯片右侧除标题外的三个文本框的形状样式设置为“渐变填充 – 无线条”，并更改其形状为“线形标注 1”，效果如图 6–15 所示。

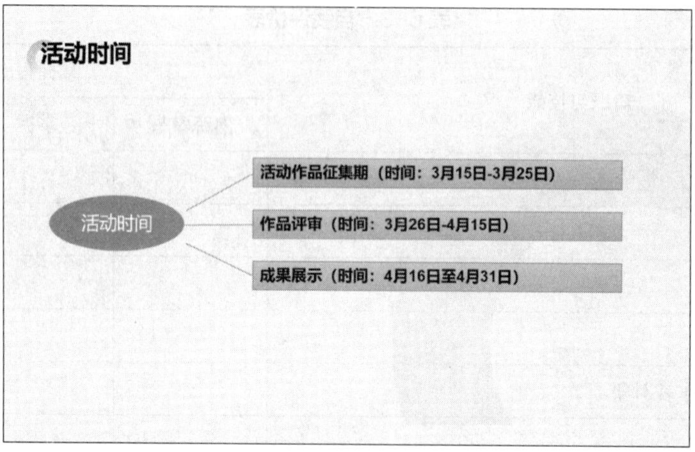

图 6–15　第 4 页幻灯片的设置效果

（2）将第 5 页幻灯片的版式修改为“两栏内容”，将“2. 关注学院微信公众号，打开活动推送，点击文末【阅读原文】，参与活动。”文本移动到右栏的内容占位符中，然后在该幻灯片中插入素材文件夹中的图片“pic01.jpg”和“pic02.jpg”，将两张图片的宽度均设置为 6 厘米，高度均设置为 6 厘米，将“pic01.jpg”图片放置在水平 3.5 厘米、垂直 7.5 厘米处（均相对于左上角），将“pic02.jpg”图片放置在水平 15 厘米、垂直 7.5 厘米处（均相对于左上角），如图 6–16 所示。

图 6–16　插入图片的效果

（3）在第 6 页幻灯片的右下角分别插入两个动作按钮。

①插入一个“前进或下一项”动作按钮，设置超链接到“下一张幻灯片”。

②绘制“返回”按钮（要求在按钮上显示文字：返回），将该按钮和第 2 页幻灯片进行链接，并为动作按钮套用“渐变填充 – 无线条 –2”形状样式，将其高度和宽度均设置为 2 厘米。插入动作按钮的效果如图 6–17 所示。

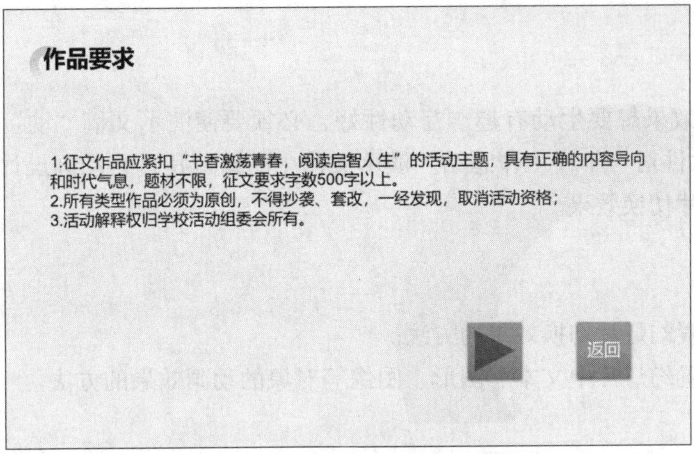

图 6–17　插入动作按钮的效果

（4）插入第 7 页幻灯片，应用“标题和内容”版式，在标题占位符中输入文本“往届优秀作品展示”，在内容占位符中插入智能图形，在智能图形中录入相应文字、插入相应图片（图片来源于素材文件夹中的图片“pic03.jpg” ~ “pic05.jpg”）。插入智能图形的效果如图 6–18 所示。

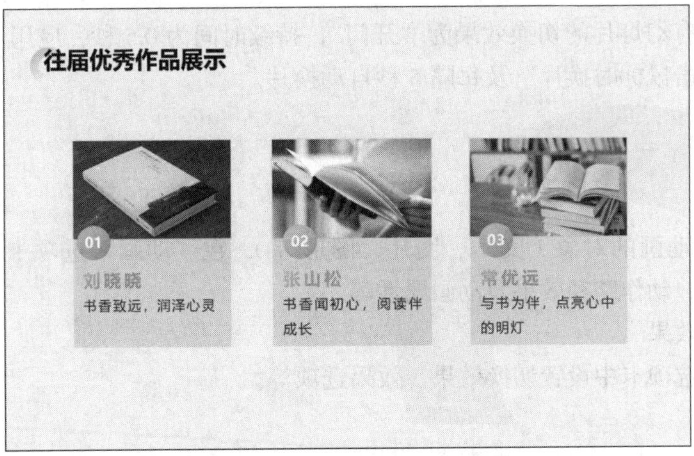

图 6–18　插入智能图形的效果

（5）插入第 8 页幻灯片，应用“空白”版式，并插入艺术字“欢迎您的参与 !”，设置艺术字样式为“渐变填充 – 热情的粉红”，字号为 48 磅，设置艺术字的位置为水平 7.3 厘米、自左上角，垂直 0.6 厘米、自左上角。插入一个横排文本框，设置文字内容为“□□□□学院团委”，字体为“微软雅黑”，字号为 20，字形为“加粗倾斜”，设置“文字阴影”，并设置该文本框位置为水平 17 厘米、自左上角，垂直 14.4 厘米、自左上角。最后插入素材文件夹中的“movie.mp4”视频文件，并设置视频在幻灯片中左右居中对齐，自动播放，播放完毕后返回开头。

任务 4　演示文稿动画设计

任务描述

演示文稿的效果想要生动有趣、互动性好，必须要使演示文稿“动”起来。小王需要使用 WPS 办公软件对“年终工作总结”演示文稿中的幻灯片进行动画设计，设置幻灯片对象的动画和幻灯片切换效果。

任务目标

（1）掌握设置幻灯片切换效果的方法。

（2）掌握设置幻灯片中文本、图形、图像等对象的动画效果的方法。

任务要求

（1）所有幻灯片的标题动画效果设置如下：进入效果为“切入”，方向为“自左侧”，持续时间为“0.25 秒”，文本属性为“逐字播放”，在上一动画之后开始。

（2）在第 7 页幻灯片中，将圆角矩形的动画设置为“劈裂”，将内容占位符中三个文本框的进入效果均设置为“飞入”，方向为“自右侧”，动画出现的顺序为先圆角矩形后文本框，所有文本框同时出现。使用“动画刷”工具，将圆角矩形的动画效果复制给第 5 页幻灯片的图片。

（3）设置所有幻灯片的切换效果为“开门”，持续时间为 0.5 秒，应用“单击”的声音，换片方式为“单击鼠标时换片”及每隔 5 秒自动换片。

基础知识

1. 设置动画

选择要设置动画的对象（文本、图片、图形等），在“动画”选项卡中设置动画的进入、强调、退出、动作路径效果及动画属性等。

2. 设置切换效果

在“切换”选项卡中设置切换效果、效果选项等。

任务实施

1. 设置所有幻灯片标题的动画效果

（1）因为要对所有幻灯片的标题设置动画效果，所以适宜在幻灯片母版视图中进行批量操作。单击“视图”选项卡“母版视图”组中的“幻灯片母版”按钮，进入幻灯片母版视图。

（2）先在左侧窗格中选中主母版（每个主题排在第 1 位的最大的那页幻灯片），然后在右侧幻灯片编辑区中单击主母版的标题进行动画设置。如果有多个主题的幻灯片主母版，则每张主母版的标题都要进行动画设置（可用动画刷将第一次设置的效果复制给其他母版的标题）。

（3）在“动画”选项卡的“动画”列表框中选择“进入”栏的“切入”效果，单击“动画属性”下拉按钮，在下拉菜单中选择“自左侧”选项，单击“文本属性”下拉按钮，在下拉菜单中选择“逐字播放”选项，在“计时”组中的“开始”下拉菜单中选择“在上一动画之后”选项，将“持续”时间设置为 0.25。

（4）切换至“幻灯片母版”选项卡，单击“关闭”按钮。

2. 设置第 7 页和第 5 页幻灯片的动画

（1）在“动画”选项卡中分别设置圆角矩形和文本框的“进入”动画效果。单击“动画窗格”按钮，在“动画窗格”任务窗格中设置各对象的动画的出场顺序（主要利用“动画”选项卡“计时”组中的“开始”下拉菜单，设置对象的动画效果是在“单击时”“与上一动画同时”还是“在上一动画之后”开始）。

（2）利用动画刷复制动画效果。单击选中第 7 页幻灯片的圆角矩形，在“动画”选项卡中单击或双击“动画刷”按钮，切换到第 5 页幻灯片，单击图片，即可将圆角矩形的动画效果复制给第 5 页幻灯片中的图片。如果之前是双击“动画刷”按钮，则需要再次单击“动画刷”按钮取消动画刷的应用。

3. 设置切换效果

在“切换”选项卡“切换效果”下拉菜单中选择“开门”效果，在“效果选项”下拉菜单中选择“垂直”选项，在“声音”下拉菜单中选择“单击”选项，在“速度”文本框中设置“00.50”，勾选“单击鼠标时换片”及“自动换片”复选框，并设置换片时间为“00:05”，最后单击“应用到全部”按钮。

任务评价

请填写如表 6–4 所示的自我评价表。

表 6–4　自我评价表

<table>
<tr><td colspan="2" rowspan="2">知识与技能</td><td colspan="3">掌握程度</td></tr>
<tr><td>熟练掌握</td><td>掌握</td><td>基本掌握</td></tr>
<tr><td colspan="2">设置动画</td><td></td><td></td><td></td></tr>
<tr><td colspan="2">设置切换</td><td></td><td></td><td></td></tr>
<tr><td>自评结果</td><td colspan="4">A. 优秀　B. 良好　C. 中等　D. 及格　E. 不及格</td></tr>
</table>

习　题

一、单选题

1. 在 WPS 演示中，要将幻灯片切换效果设置为“溶解”，操作步骤是（　　）。

A. 单击“动画”选项卡中的“溶解”效果

B. 单击“切换”选项卡中的“溶解”效果

C. 单击“设计”选项卡中的“溶解”效果

D. 单击“视图”选项卡中的“溶解”效果

2. 在 WPS 演示中，要将幻灯片标题的动画设置为“飞入”，操作步骤是（　　）。

A. 单击“动画”选项卡的“飞入”效果

B. 单击“切换”选项卡的“飞入”效果

C. 单击“设计”选项卡的“飞入”效果

D. 单击“视图”选项卡的“飞入”效果

3. 在 WPS 演示中，关于动画“开始”的设置，以下说法中错误的是（　　）。

A. 可以在单击时开始

B. 可以在上一动画之后开始

C. 可以与上一动画同时开始

D. 以上选项都不可以

二、判断题

在 WPS 演示中，可以设置动画的声音效果。（　　）

任务拓展

编辑“书香激荡青春，阅读启智人生”演示文稿。

（1）将所有幻灯片的标题的动画效果设置为：进入效果为“飞入”，方向为“自左侧”，持续时间为“1 秒”，“逐字播放”，在上一动画之后开始。

（2）在第 4 页幻灯片中，将椭圆的动画设置为“轮子”，将内容占位符中三个文本框的动画均设置为“擦除”进入效果、“自右侧”，动画出现的顺序为先椭圆后文本框，所有文本框同时出现。使用“动画刷”工具，将椭圆的动画效果复制给第 5 张幻灯片的图片。

（3）设置所有幻灯片的切换效果为“推出”，效果选项为“向下”，持续时间为 1 秒，应用“箭头”的声音，换片方式为“单击鼠标时换片”及每隔 3 秒自动换片。

任务 5　演示文稿母版的制作和使用

任务描述

要想使演示文稿的个性化强，用户需要自己设计母版。小王计划使用 WPS 办公软件对年终工作总结演示文稿中的母版进行个性化设计，使演示文稿更专业、更美观。

任务目标

掌握演示文稿母版的制作和使用方法。

任务要求

进入幻灯片母版视图，对演示文稿中标题幻灯片版式的母版和其他版式的母版进行编辑，添加公司 logo。完成效果如图 6-19 和图 6-20 所示。

图 6-19　添加了公司 logo 的标题幻灯片

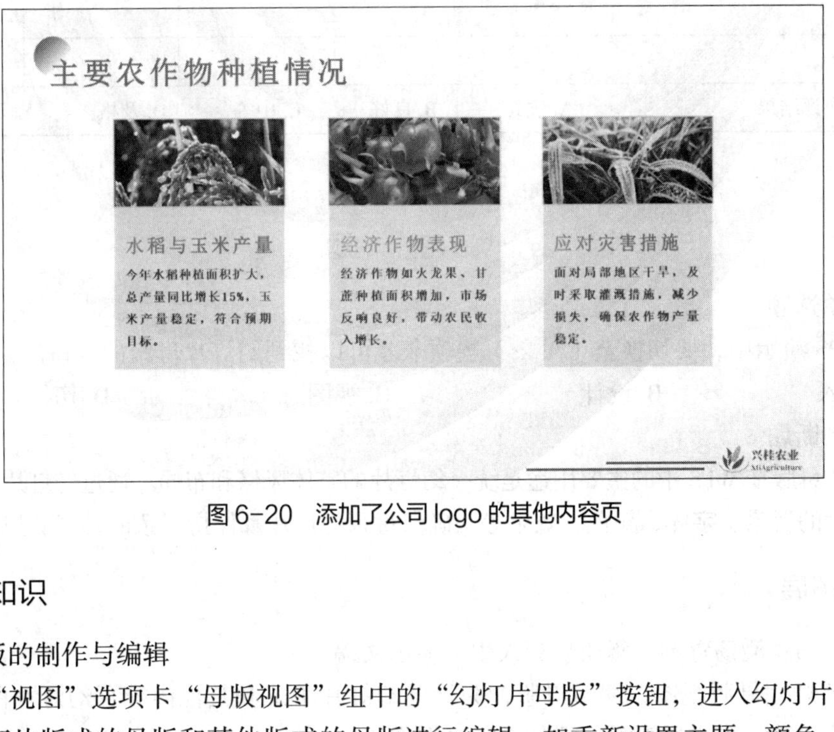

图 6-20　添加了公司 logo 的其他内容页

基础知识

1. 母版的制作与编辑

单击“视图”选项卡“母版视图”组中的“幻灯片母版”按钮，进入幻灯片母版视图。对标题幻灯片版式的母版和其他版式的母版进行编辑，如重新设置主题、颜色，以及插入图片、形状等。也可以在演示文稿中插入新的母版和版式，保护、删除和重命名母版。

2. 使用母版

编辑完母版后单击“幻灯片母版”选项卡中的“关闭”按钮，更改后的母版就应用到了相应的幻灯片中。

任务实施

1. 编辑母版

单击“视图”选项卡“母版视图”组中的“幻灯片母版”按钮，进入幻灯片母版视图。对标题幻灯片版式的母版和其他版式的母版进行编辑，在标题幻灯片版式的母版的左上角插入素材文件夹的“logo.gif”图片文件，在年终工作总结演示文稿的其他幻灯片的母版的右下角插入“logo.gif”图片文件，并将 logo 图片调小尺寸，添加如图 6–20 所示的两条深绿色线段。

2. 使用母版

编辑完母版后切换到“幻灯片母版”选项卡，单击“关闭”按钮，则更改的母版就应用到了相应的幻灯片中。

任务评价

请填写如表 6–5 所示的自我评价表。

表 6–5　自我评价表

<table>
<tr><td rowspan="2" colspan="2">知识与技能</td><td colspan="3">掌握程度</td></tr>
<tr><td>熟练掌握</td><td>掌握</td><td>基本掌握</td></tr>
<tr><td colspan="2">编辑母版</td><td></td><td></td><td></td></tr>
<tr><td colspan="2">使用母版</td><td></td><td></td><td></td></tr>
<tr><td>自评结果</td><td colspan="4">A. 优秀　B. 良好　C. 中等　D. 及格　E. 不及格</td></tr>
</table>

习　题

一、单选题

在 WPS 演示中，要切换至（　　）选项卡才可以找到幻灯片母版的入口。

A. 插入　B. 设计　C. 视图　D. 切换

二、判断题

幻灯片母版在 WPS 中的主要用途是统一幻灯片的整体风格和布局。通过幻灯片母版，可以设置幻灯片的背景、字体、颜色、效果等，确保每张幻灯片都保持一致的外观和风格。（　　）

任务拓展

编辑“书香激荡青春，阅读启智人生”演示文稿。

进入幻灯片母版视图，编辑母版，为标题幻灯片版式和其他内容页幻灯片的版式进行一些个性化设计，如设置背景，添加图形、图像等。

任务 6　放映和导出演示文稿

任务描述

演示文稿制作完成后，要进行放映才能将演示文稿的信息传达给观众。演示文稿也可以导出为其他格式的文档。小王要使用 WPS 办公软件对年终工作总结演示文稿进行必要的放映设置和将其导出为 PDF 文档。

任务目标

（1）了解演示文稿可以导出为哪些格式的文档。

（2）掌握放映演示文稿的方法。

（3）掌握演示文稿的导出方法。

任务要求

（1）设置自定义放映，要求第 10 页幻灯片和最后一页幻灯片不进行放映，设置幻灯片放映名称为“年终总结”。

（2）放映幻灯片，观看幻灯片的放映效果。

（3）将演示文稿中“农业生产经营”相关的内容（第 3 页 ~ 第 7 页幻灯片）导出为 PDF 文件，文件名为“农业生产经营 .pdf”。

基础知识

1. 自定义放映

单击“放映”选项卡“放映设置”组中的“自定义放映”按钮，在弹出的“自定义放映”对话框中单击“新建”按钮，弹出“定义自定义放映”对话框，在“幻灯片放映名称”文本框中输入一个名称，然后设置要放映的幻灯片。可以只放映演示文稿中的部分幻灯片。

在“放映”选项卡中单击“放映设置”下拉按钮，在下拉菜单中选择“放映设置”选项，在弹出的“设置放映方式”对话框中选中“自定义放映”单选按钮，在下拉菜单中选择前述命名的自定义放映名称，让演示文稿按照用户自定义的放映方案进行放映。

2. 放映幻灯片

（1）从头开始放映幻灯片。

方法一：单击“放映”选项卡“开始放映”组中的“从头开始”按钮。

方法二：按 F5 功能键。

（2）直接从当前幻灯片开始放映。

方法一：单击“放映”选项卡“开始放映”组中的“当页开始”按钮。

方法二：单击状态栏的“从当前幻灯片开始播放”按钮▶。

方法三：在 WPS 演示窗口左侧的“幻灯片”窗格中，单击要播放的起始幻灯片下方的“当页开始”按钮▶。

方法四：按组合键 Shift+F5。

（3）结束放映。按 Esc 键即可结束放映。

3. 输出 PDF 文件

在 WPS 演示中单击“文件”按钮，选择“输出为 PDF”选项，在“输出 PDF 文件”对话框中对输出文件名、输出范围等进行设置。

任务实施

1. 自定义放映

（1）单击“放映”选项卡“放映设置”组中的“自定义放映”按钮，在弹出的“自定义放映”对话框中单击“新建”按钮，弹出“定义自定义放映”对话框，在“幻灯片放映名称”文本框中输入“年终总结”。

（2）在“在演示文稿中的幻灯片”列表框中先选中第 1 页幻灯片，再在按住 Shift 键的同时单击最后一页幻灯片，单击“添加”按钮，将所有幻灯片发送到“在自定义放映中的幻灯片”列表框中，在“在自定义放映中的幻灯片”列表框中单击第 10 页幻灯片，单击“删除”按钮，单击第 15 页幻灯片，再次单击“删除”按钮，单击“确定”按钮，关闭“定义自定义放映”对话框。

（3）在“放映”选项卡中单击“放映设置”下拉按钮，在下拉菜单中选择“放映设置”选项，在弹出的“设置放映方式”对话框中选中“自定义放映”单选按钮，在下拉菜单中选择“年终总结”，让演示文稿按照用户自定义的放映方案进行放映。

2. 放映幻灯片

按 F5 功能键对演示文稿进行放映，也可以按组合键 Shift+F5 从当前页开始放映。

3. 输出为 PDF

单击“文件”按钮，选择“输出为PDF”选项，弹出“输出PDF文件”对话框，对“保存到”文本框、输出范围进行如图 6–21 所示的设置。单击“确定”按钮，演示文稿导出完成。

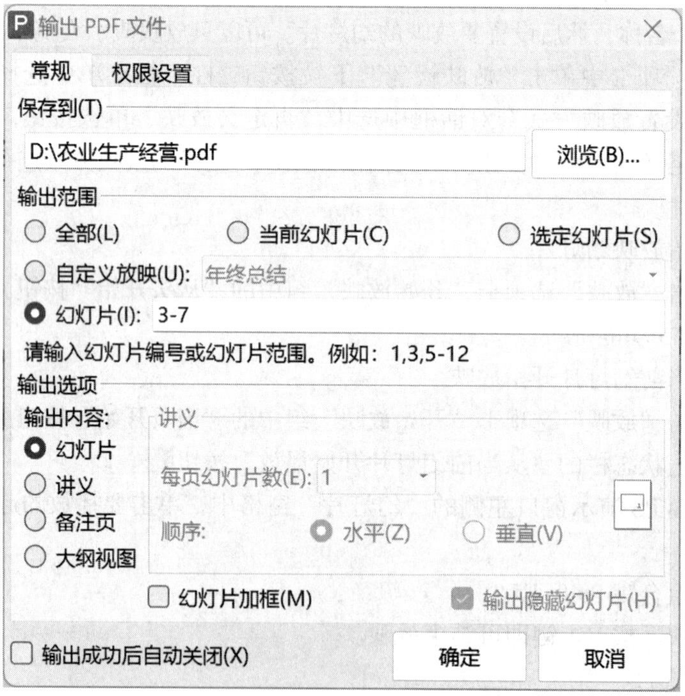

图 6–21 “输出 PDF 文件”对话框

任务评价

请填写如表 6–6 所示的自我评价表。

表 6-6　自我评价表

知识与技能		掌握程度		
		熟练掌握	掌握	基本掌握
自定义放映				
放映幻灯片				
输出为 PDF				
自评结果	A. 优秀　　B. 良好　　C. 中等　　D. 及格　　E. 不及格			

习　题

单选题

1. 在 WPS 演示中，从头开始放映幻灯片的快捷键是（　　）。

A.F1　　B.F5　　C.Shift+F1　　D.Shift+F5

2. 在 WPS 演示中，从当前页开始放映幻灯片的快捷键是（　　）。

A.F1　　B.F5　　C.Shift+F1　　D.Shift+F5

3. 在 WPS 演示中，幻灯片的放映方式不包括（　　）。

A. 展台自动循环放映　　B. 循环放映，按 Esc 键终止

C. 手动换片　　D. 必须放映全部幻灯片，不能部分放映

4. 在 WPS 演示中，不可以将演示文稿输出为（　　）格式。

A.PDF　　B. 图片　　C.OFD　　D.ZIP

任务拓展

编辑“书香激荡青春，阅读启智人生”演示文稿。

（1）设置自定义放映，要求幻灯片的放映顺序为：第 1 页→第 2 页→第 4 页→第 3 页→第 5 页→第 6 页→第 7 页→第 8 页，幻灯片放映名称为“征文活动”。

（2）放映幻灯片，观看幻灯片的放映效果。

（3）将全部幻灯片导出为 PDF 文件。

项目 2　制作新员工入职培训演示文稿

任务 1　AI 一键生成 PPT

任务描述

小李是兴桂农业公司人力资源部的员工，他需要制作一个员工入职培训的演示文稿展示给新员工。考虑到要高效、专业地制作出一个员工入职培训演示文稿，WPS AI 功能对演

示文稿的制作可以说是如虎添翼，小李可以借助“WPS AI 一键生成幻灯片”功能，根据输入的幻灯片主题或已有大纲一键生成若干页幻灯片。

任务目标

（1）掌握 WPS AI 根据输入的幻灯片主题或已有大纲一键生成幻灯片的方法。
（2）了解 WPS AI 的智能技术。

任务要求

（1）启动 WPS Office 应用程序，新建演示文稿。
（2）输入幻灯片主题“兴桂农业公司员工入职培训”，智能生成大纲。
（3）选择幻灯片模板，智能创建幻灯片。

基础知识

首先启动 WPS Office 应用程序，单击“新建”按钮，选择“演示”，再单击“WPS AI 一键生成幻灯片”按钮，在“AI 生成 PPT”窗口中就可以通过“输入内容”“上传文档”或“粘贴大纲”的方式智能生成幻灯片。

任务实施

1. 新建演示文稿

启动 WPS Office 应用程序，单击“新建”按钮，在 WPS 的“Office 文档”栏中选择“演示”，单击“WPS AI 一键生成幻灯片”按钮。

2. 输入幻灯片主题，智能生成大纲

在弹出的“AI 生成 PPT”窗口中，可以根据输入的幻灯片主题智能生成大纲。例如，在“输入内容”文本框中输入“兴桂农业公司员工入职培训”，如图 6-22 所示，单击“开始生成”按钮，这时 WPS AI 将智能生成大纲内容，如图 6-23 所示。生成大纲后，可以在“幻灯片大纲”窗口中单击相应封面内容和 AI 生成的内容，根据公司的实际情况对演示文稿的大纲内容进行编辑修改。

注意：在图 6-22 中，也可以通过“上传文档”选项卡，选择 DOC 文档或从思维导图导入的方式智能生成幻灯片。还可以通过“粘贴大纲”选项卡，粘贴内容层级不超过 4 级的精简大纲，AI 将整理并获得幻灯片大纲。

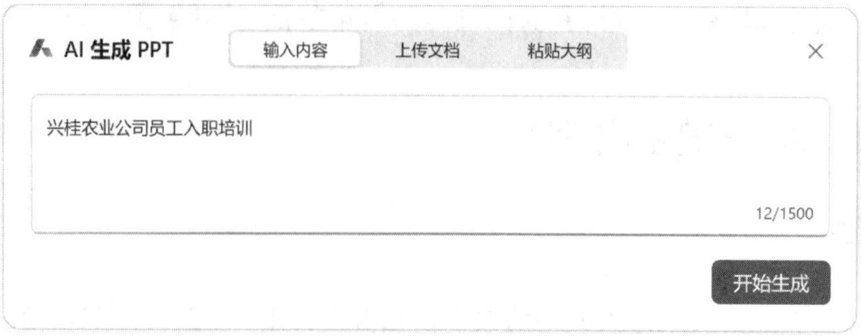

图 6-22　在“AI 生成 PPT”窗口中输入幻灯片主题

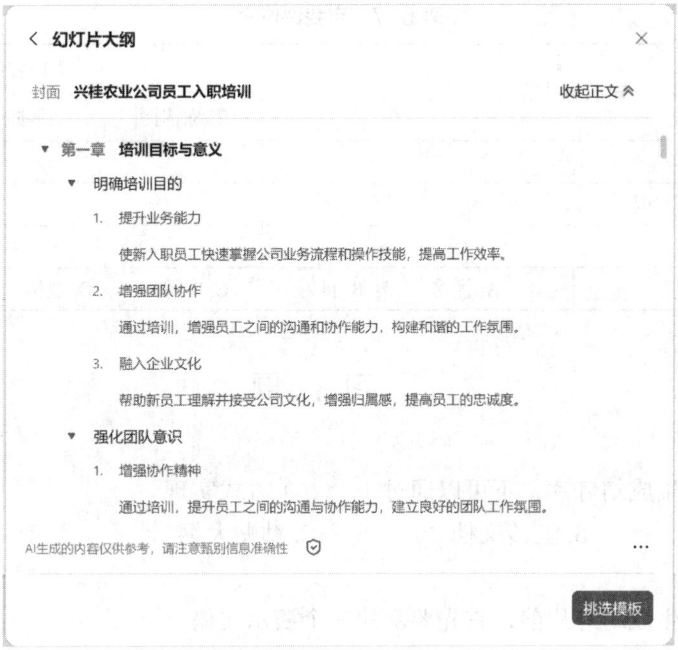

图 6-23　WPS AI 生成的幻灯片大纲

3. 选择幻灯片模板，智能创建幻灯片

在图 6-23 中单击“挑选模板”按钮，在 WPS Office 程序窗口右侧的“选择幻灯片模板”窗格中选择一个合适的模板，之后单击“创建幻灯片”按钮，“兴桂农业公司员工入职培训”演示文稿就创建完成，如图 6-24 所示。可以对封面（第 1 页幻灯片）的相关信息进行修改，如修改图 6-24 所示左上角的公司名称和右上角的时间信息，更改封面和结束幻灯片的汇报人名称等。其他幻灯片的内容也可以根据公司的实际情况进行修改。

图 6-24　WPS AI 创建的演示文稿

任务评价

请填写如表 6-7 所示的自我评价表。

表 6-7　自我评价表

<table>
<tr><td rowspan="2" colspan="2">知识与技能</td><td colspan="3">掌握程度</td></tr>
<tr><td>熟练掌握</td><td>掌握</td><td>基本掌握</td></tr>
<tr><td colspan="2">新建演示文稿</td><td></td><td></td><td></td></tr>
<tr><td colspan="2">输入幻灯片主题生成大纲</td><td></td><td></td><td></td></tr>
<tr><td colspan="2">选择幻灯片模板</td><td></td><td></td><td></td></tr>
<tr><td>自评结果</td><td colspan="4">A. 优秀　　B. 良好　　C. 中等　　D. 及格　　E. 不及格</td></tr>
</table>

习　题

一、单选题

WPS AI 一键生成幻灯片，不可以通过（　　）方式实现。

A. 输入内容　　B. 上传文档　　C. 粘贴大纲　　D. 上传图片

二、判断题

WPS AI 一键生成幻灯片前，首先要新建一个演示文稿。(　　)

任务拓展

针对兴桂农业公司新员工入职培训，作为人力资源部门的员工，请根据公司情况编写一个不多于 3 级的大纲，然后通过粘贴大纲一键生成幻灯片，如图 6-25 所示。

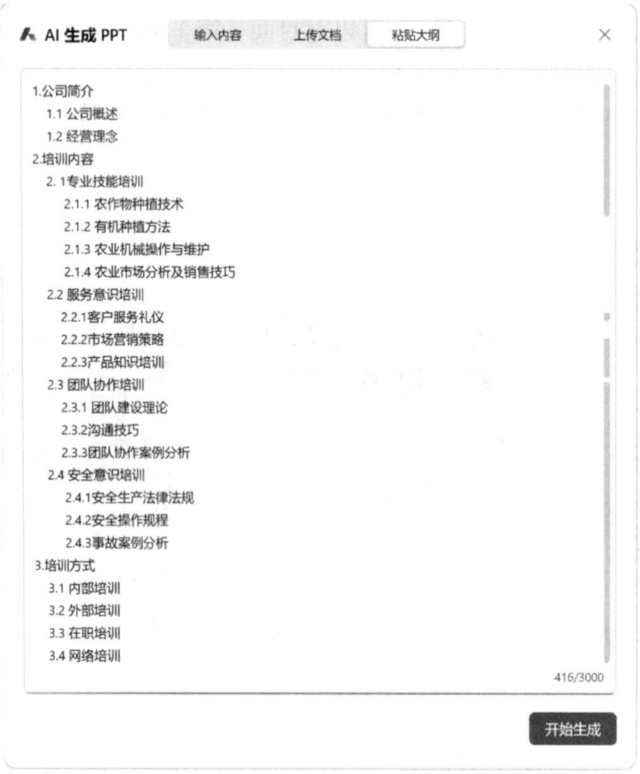

图 6-25　通过粘贴大纲一键生成幻灯片

任务 2　AI 利用文档生成幻灯片

任务描述

兴桂农业公司的人力资源部需要根据之前公司制定的员工手册，提取出手册中的主要内容，制作一个新员工入职培训的演示文稿，在培训会议上展示给新员工进行培训学习。可以借助 WPS AI 的 AI 全文总结功能，快速提炼长文档内容，然后将提炼的内容通过 WPS AI 的一键生成幻灯片功能，实现演示文稿的制作。

任务目标

（1）掌握 WPS AI 对长文档进行全文总结的方法。

（2）掌握根据长文档提取到的文字一键生成幻灯片的方法。

（3）懂得通过 AI 梳理、整理和提炼信息进行归纳总结，优化自己的工作方法。

任务要求

（1）启动 WPS Office 应用程序，打开长文档，利用 WPS AI 的 AI 全文总结功能快速提炼文档内容。

（2）复制提取到的文档内容，新建演示文稿，通过 WPS AI 将复制到的内容粘贴到“AI 生成 PPT”窗口中，智能生成大纲。

（3）选择幻灯片模板，智能创建幻灯片。

基础知识

1.AI 全文总结

在 WPS Office 应用程序中打开长文档，在菜单栏上单击“WPS AI”按钮，在下拉菜单中选择“AI 全文总结”选项，AI 会智能生成经过提炼的文档内容。

2.WPS AI 一键生成幻灯片

根据从长文档提取到的文字，利用 WPS AI 一键生成幻灯片。

任务实施

1. 使用 AI 全文总结功能快速提炼文档内容

启动 WPS Office 应用程序，单击“文件”按钮，选择“打开”选项，打开“兴桂农业公司员工手册 .docx”文档，然后单击菜单栏上的“WPS AI”按钮，在下拉菜单中选择“AI 全文总结”选项，这时 AI 会智能生成提炼的文档内容。

2. 复制提炼到的文档内容，并利用 WPS AI 生成大纲

在“AI 全文总结”窗口中单击右下角的“复制”按钮（或者利用鼠标拖曳选择智能生成的全部文本内容，按快捷键 Ctrl+C 进行复制），然后关闭“AI 全文总结”窗口。

单击“WPS 365 教育版”按钮，单击“新建”按钮，在 WPS 的“Office 文档”栏中单击“演示”按钮，单击“AI 生成 PPT”按钮。

在弹出的“AI 生成 PPT”窗口中，将光标定位在“输入内容”文本框中，按快捷键 Ctrl+V 将前面复制的全文总结内容粘贴到“输入内容”文本框中。此时注意在文本开头输入演示文稿标题“兴桂农业公司员工入职培训”，并按 Shift+Enter 键进行换行。

单击“开始生成”按钮，这时 WPS AI 将智能生成大纲内容。

3. 选择幻灯片模板，智能创建幻灯片

单击“挑选模板”按钮，在 WPS 365 程序窗口右侧的“选择幻灯片模板”窗格中选择一个合适的模板，之后单击“创建幻灯片”按钮，“兴桂农业公司员工入职培训”演示文稿就创建完成了。可以修改封面（第 1 页幻灯片）和结束页幻灯片的汇报人名称等信息。其他幻灯片的内容也可以根据公司的实际情况进行修改。

任务评价

请填写如表 6-8 所示的自我评价表。

表 6-8　自我评价表

知识与技能		掌握程度		
		熟练掌握	掌握	基本掌握
AI 全文总结				
根据 AI 全文总结提取到的文字一键生成幻灯片				
自评结果	A. 优秀　B. 良好	C. 中等	D. 及格	E. 不及格

习　题

单选题

1. 长文档可以通过 WPS AI 的（　　）功能快速提炼文档内容。

A.AI 帮我改　　B.AI 文档问答　　C.AI 全文总结　　D.AI 排版

2. 在 WPS 365 教育版的“AI 生成 PPT”窗口中，如果想在输入文字时换行，需要按（　　）键。

A.Enter　　B.Shift+Enter　　C.Ctrl+Enter　　D.Alt+Enter

任务拓展

将“模块 4　WPS AI 文档编辑”的项目 2 中任务 2 的长文档“广西古老的花山岩画 .docx”通过 AI 全文总结功能快速提炼文档内容，并复制提炼到的内容智能生成幻灯片，要求设置演示文稿标题为“广西古老的花山岩画”。

任务 3　AI 生成单页幻灯片

任务描述

在上一任务生成的“兴桂农业公司员工入职培训”演示文稿中，人力资源部要求小李在演示文稿的第 7 页幻灯片后面添加一张内容为“服务意识”的幻灯片，考虑风格统一及工作效率，可以用 WPS AI 的“AI 生成单页”功能，根据内容生成单页幻灯片。

任务目标

（1）掌握 AI 生成单页幻灯片的方法。

（2）懂得通过 AI 灵活生成单页幻灯片，感受智能化的便捷性。

任务要求

（1）启动 WPS Office 应用程序，打开“兴桂农业公司员工入职培训”演示文稿，利用 WPS AI 的“AI 生成单页”功能，在第 7 页幻灯片后面智能生成单页幻灯片内容。

（2）编辑幻灯片标题及内容。

（3）选择幻灯片样式，智能创建单页幻灯片。

基础知识

在 WPS Office 应用程序中打开演示文稿，在菜单栏上单击“WPS AI”按钮，在下拉菜单中选择“AI 生成单页”选项，AI 会智能地根据内容生成单页幻灯片。

任务实施

1.WPS AI 智能生成单页幻灯片的内容

启动 WPS Office 应用程序，单击“文件”按钮，选择“打开”命令，打开“兴桂农业公司员工入职培训”演示文稿，在幻灯片窗格中单击第 7 页幻灯片，然后单击菜单栏中的“WPS AI”按钮，在下拉菜单中选择“AI 生成单页”命令，弹出“AI 生成单页”窗口，可以在“主题扩写”文本框中输入单页主题，如图 6–26 所示。然后单击“智能生成”按钮，AI 将根据主题扩写并生成单页幻灯片内容，如图 6–27 所示。

2. 编辑幻灯片标题及内容

在图 6–27 所示的“本页幻灯片内容”窗口中修改页标题为“服务意识”，并对本页幻灯片内容进行编辑（单击相应文本内容右侧的“编辑”按钮，可对其进行新增、删除项目、降低层级或提升层级的编辑操作），如图 6–28 所示。单击“生成幻灯片”按钮，AI 将智能生成幻灯片。

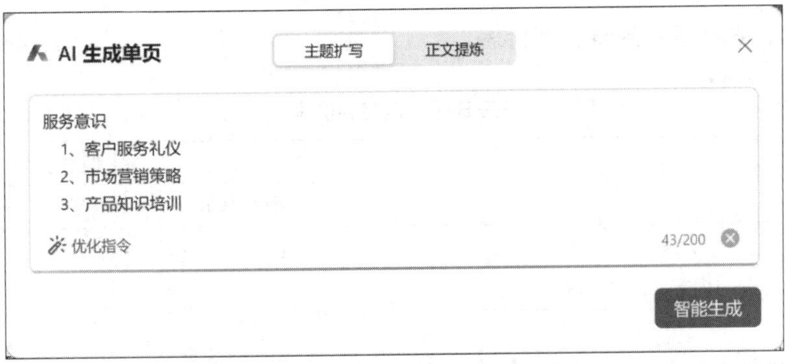

图 6–26　“AI 生成单页”窗口的“主题扩写”文本框

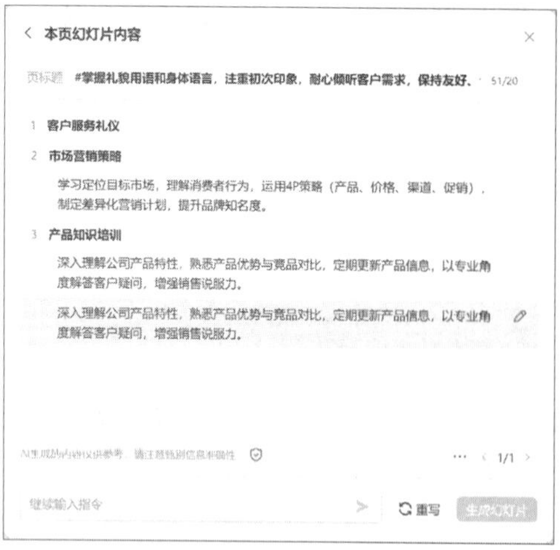

图 6-27　AI 生成的单页幻灯片内容

图 6-28　编辑单页幻灯片标题与内容

3. 选择幻灯片样式，智能创建单页幻灯片

AI 生成幻灯片后，出现如图 6–29 所示的选择样式界面，在“推荐样式”栏中选择一个适合主题内容的样式，然后单击“应用此页”按钮。此时在第 7 页幻灯片后面生成了一页新的幻灯片。

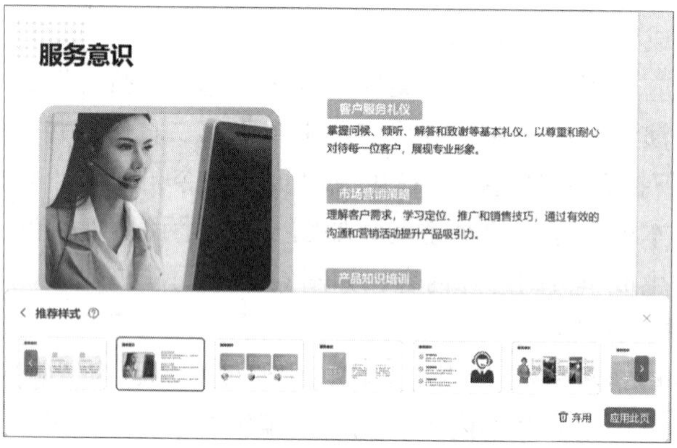

图 6–29　为单页幻灯片选择样式

任务评价

请填写如表 6–9 所示的自我评价表。

表 6–9　自我评价表

知识与技能	掌握程度		
	熟练掌握	掌握	基本掌握
AI 生成单页			
编辑本页幻灯片标题与内容			
选择幻灯片样式			
自评结果	A. 优秀　B. 良好　C. 中等　D. 及格　E. 不及格		

习　　题

一、单选题

WPS 的“AI 生成单页”功能不可以通过（　　）方式智能生成单页幻灯片。

A. 主题扩写　　　　B. 正文提炼　　　　C. 上传文档

二、判断题

在 WPS AI 生成单页幻灯片时，是一键生成幻灯片，这个过程中不可以编辑页标题和幻灯片文本内容。（　）

任务拓展

打开上一任务拓展中制作的“广西古老的花山岩画”演示文稿，在倒数第 2 页幻灯片之后用 AI 生成单页幻灯片，“AI 生成单页”功能采用“正文提炼”方式生成幻灯片，正文文本内容放置在“花山岩画保护传承 .txt”文本文档中。制作完成的效果可参考图 6-30。

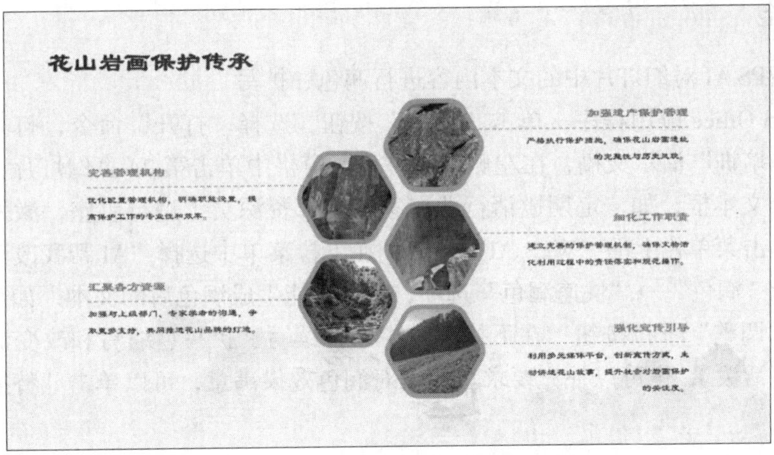

图 6-30　用正文提炼方式生成的单页幻灯片

任务 4　AI 智能优化文本内容

任务描述

在“兴桂农业公司员工入职培训”演示文稿中，第 24 页“员工培训鼓励政策”幻灯片的文本内容叙述过于平淡，为了更好地激发员工的积极性和主动性，使他们更好地投入工作，提高工作效率，促进员工个人成长，并增强员工对企业的认同感和归属感，提高员工的满意度和忠诚度，人力资源部要求小李对“员工培训鼓励政策”幻灯片的文本内容进行优化，并且第 6 页“产品创新与质量关键”幻灯片的文本内容过多，需要简略表达，以便更好地将信息传达给新员工。

任务目标

（1）掌握 AI 智能文本润色的方法。

（2）掌握 AI 智能文本扩写的方法。

（3）掌握 AI 智能文本缩写的方法。

（4）了解 AI 智能文本优化的意义。

任务要求

（1）启动 WPS Office 应用程序，打开“兴桂农业公司员工入职培训”演示文稿，利用 WPS AI 的“AI 帮我改”功能，对第 24 页幻灯片的文本内容进行润色、扩写。

（2）利用 WPS AI 的“AI 帮我改”功能，对第 6 页幻灯片的文本内容进行缩写。

基础知识

在 WPS Office 应用程序中打开演示文稿，选择某一幻灯片中要优化内容的文本框，在菜单栏中单击“WPS AI”按钮，在下拉菜单中选择“AI 帮我改”选项，根据需要选择“润色”“扩写”或“缩写”选项，进行文本内容的修改。

任务实施

1. 利用 WPS AI 对幻灯片中的文本内容进行润色、扩写

启动 WPS Office 应用程序，单击“文件”按钮，选择“打开”命令，打开“兴桂农业公司员工入职培训”演示文稿，在左侧“幻灯片”窗格中单击第 24 页幻灯片，在该幻灯片中选择第 1 个文本框，如“定期邀请行业专家或内部资深员工进行讲座，激发员工学习热情。”，然后单击菜单栏上的“WPS AI”按钮，在下拉菜单中选择“AI 帮我改”选项，在级联菜单中选择“润色”→“快速润色”选项，AI 将智能生成润色后的文本，如图 6-31 所示。也可以单击“调整”下拉按钮，在下拉菜单中选择续写、扩写、缩写和改变润色方式（可选更正式或更活泼），也可以补充要求。如果对润色效果满意，可以单击“替换”按钮进行替换。

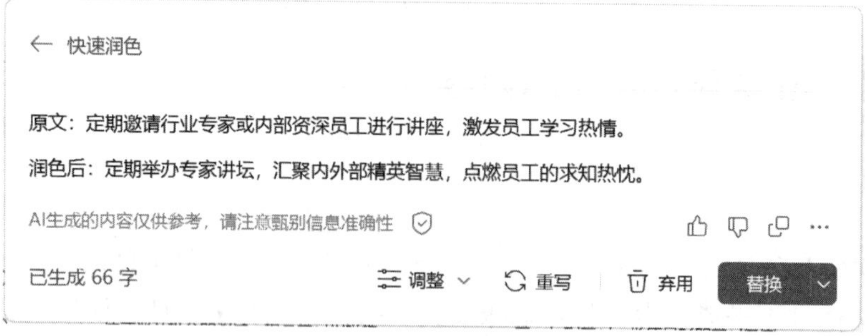

图 6-31 快速润色

在第 24 页幻灯片中选择第 2 个文本框“对积极参与培训并取得进步的员工给予物质或晋升机会的奖励，提高学习积极性。”，然后单击菜单栏中的“WPS AI”按钮，在下拉菜单中选择“AI 帮我改”选项，在级联菜单选择“扩写”选项，AI 将智能扩写文本，如图 6-32 所示。也可以进一步单击“调整”下拉按钮，在下拉菜单中选择续写、缩写和润色，也可以补充要求。如果对扩写效果满意，可以单击“替换”按钮进行替换。

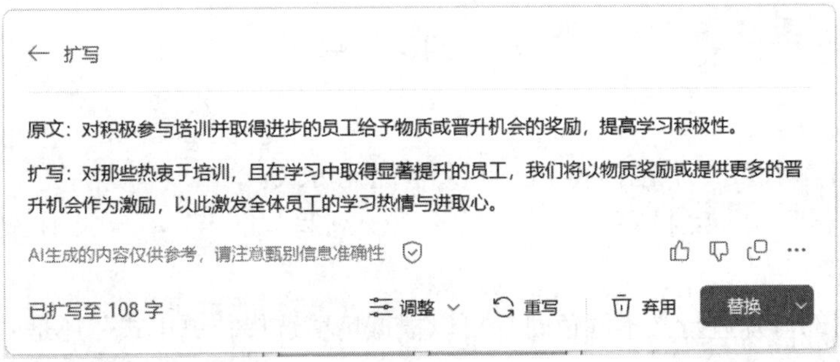

图 6-32　扩写

2. 利用 WPS AI 对幻灯片的文本内容进行缩写

在“兴桂农业公司员工入职培训”演示文稿的“幻灯片”窗格中单击第 6 页幻灯片，在该幻灯片中选择待缩写的单个文本框，然后单击菜单栏中的“WPS AI”按钮，在下拉菜单中选择“AI 帮我改”命令，在级联菜单选择“缩写”命令，AI 将智能生成缩写后的文本，如图 6–33 所示。也可以进一步单击“调整”按钮进行续写、扩写和润色，也可以补充要求。如果对缩写效果满意，可以单击“替换”按钮进行替换。

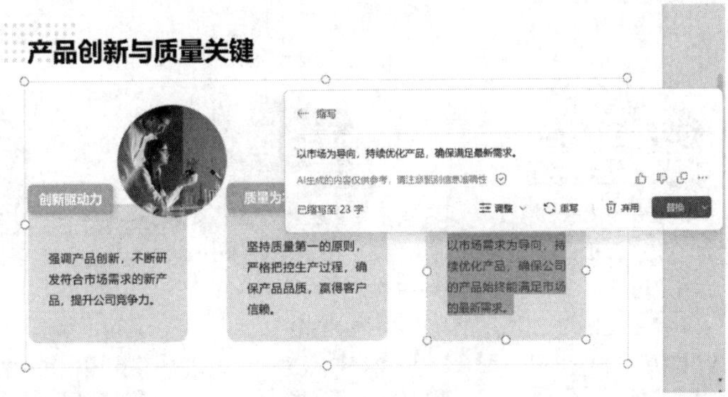

图 6–33　缩写

任务评价

请填写如表 6–10 所示的自我评价表。

表 6–10　自我评价表

<table>
<tr><td rowspan="2">知识与技能</td><td colspan="3">掌握程度</td></tr>
<tr><td>熟练掌握</td><td>掌握</td><td>基本掌握</td></tr>
<tr><td>AI 帮我改——文本润色</td><td></td><td></td><td></td></tr>
<tr><td>AI 帮我改——文本扩写</td><td></td><td></td><td></td></tr>
<tr><td>AI 帮我改——文本缩写</td><td></td><td></td><td></td></tr>
<tr><td>自评结果</td><td colspan="3">A. 优秀　B. 良好　C. 中等　D. 及格　E. 不及格</td></tr>
</table>

习　题

一、单选题

WPS 的“AI 帮我改”不包括（　　）文本优化方式。

A. 润色　　B. 扩写　　C. 缩写　　D. 转为思维导图

二、判断题

在 WPS AI 对幻灯片进行文本润色时，可以根据情境选择“更正式”还是“更活泼”。(　　)

任务拓展

打开上一任务拓展中制作的“广西古老的花山岩画”演示文稿，利用“AI 帮我写”功能对其中一页幻灯片中的文本内容进行智能文本优化。

如对第 13 页幻灯片中的 3 个文本框的文本内容分别进行“更正式”润色、扩写和缩写。参考效果如图 6-34 所示。

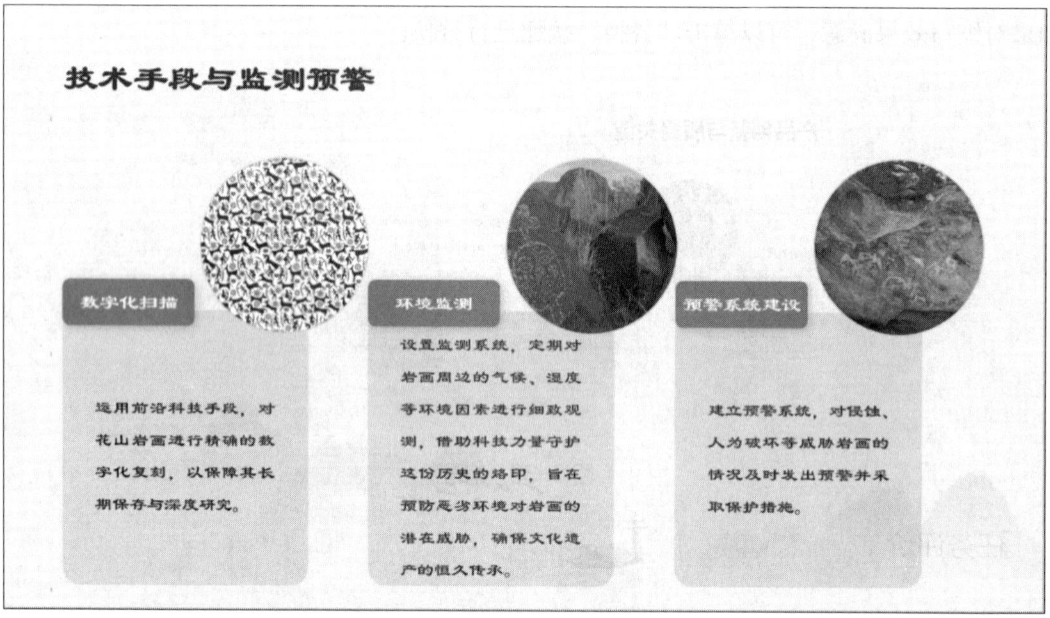

图 6-34　AI 智能文本优化效果

第二部分

拓展部分

模块 7
信息安全

★知识目标★

（1）了解信息安全的基本概念，包括信息安全基本要素、网络安全等级保护等内容。

（2）了解信息安全的相关技术，了解信息安全面临的常见威胁和常用的安全防御技术。

（3）了解常用网络安全设备的功能和部署方式。

（4）了解网络信息安全保障的一般思路。

★能力目标★

（1）掌握利用系统安全中心配置防火墙的方法。

（2）掌握利用系统安全中心配置病毒防护的方法。

（3）掌握常用的第三方信息安全工具的使用方法，并能解决常见的安全问题。

★素质目标★

（1）培养信息安全意识，认识到自己在信息安全方面的社会责任，共同维护网络空间的安全和秩序。

（2）警惕安全风险，培养诚信友善的价值准则。

（3）通过实践操作和案例分析，在真实场景中体验和理解信息安全的重要性，提升实际操作能力。

项目　信息安全概述

任务 1　了解并建立信息安全意识

任务背景

在数字化时代，信息安全问题日益凸显，成为我们必须面对的重大挑战。因此，加强信息安全防护，提高信息安全意识，已成为每个人的责任和使命。

任务目标

通过对本次任务的学习，了解信息安全的基本概念，建立和培养信息安全意识，培养识别网络欺诈行为的能力。

任务要求

掌握信息安全的基本概念，提升信息安全意识，能识别常见的网络欺诈行为。

基础知识

一、了解信息安全的基本概念

信息安全（information security）是指为保护数据处理系统而采取的技术和管理上的安全保护措施，旨在保护计算机硬件、软件、数据不因偶然的或恶意的原因而遭到破坏、更改、泄露。这包括确保信息的机密性、完整性、可用性、真实性以及所寄生系统的安全性。信息安全是一个综合性的领域，涉及计算机科学、网络技术、通信技术、密码技术、信息安全技术、应用数学、数论、信息论等多种学科。

1. 信息安全要素

（1）保密性（confidentiality）：是指确保信息不被未授权的个人、实体或进程所访问或使用。这通常通过加密技术实现，保护数据的传输和存储过程。保密性是信息安全的核心要素之一，为了实现保密性，可以采用防侦收、防辐射、信息加密等技术手段。

（2）完整性（integrity）：是指信息在传输、存储和处理过程中不被未经授权地篡改或损坏。为了实现完整性，可以采用数据完整性检查和校验机制，这可以通过数字签名和哈希函数等技术来实现。

（3）可用性（availability）：是指确保授权的用户能够及时、可靠地访问和使用信息。这要求系统具备稳定性和可靠性，以防止硬件故障、网络中断等原因导致信息不可用。除配备性能、质量可靠的软件和硬件，以及正确、可靠的参数配置，还应配备专业的系统安装和维护人员。防止拒绝服务攻击（DoS）等攻击导致系统不可用。

（4）真实性（authenticity）：确保信息的来源和内容是真实可靠的，防止信息被伪造或篡改。

（5）所寄生系统的安全性：保护信息处理系统本身不受攻击和破坏，确保系统能够稳定运行。

2. 网络安全等级保护

网络安全等级保护是指对网络（含信息系统、数据）实施分等级保护、分等级监管，并对网络中使用的网络安全产品实行按等级管理，以及对网络中发生的安全事件进行分等级响应和处置的一种制度。网络安全等级保护是党中央、国务院决定在网络安全领域实施的基本国策，是贯彻落实《中华人民共和国网络安全法》的重要举措。

网络安全等级保护是国家信息安全保障工作的基本制度，是实现国家对重要网络、信息系统、数据资源实施重点保护的重大措施，是维护国家关键信息基础设施的重要手段。

根据系统的重要程度和被破坏后的危害程度，网络安全等级保护划分为五个等级。不同等级的保护要求具有不同的保护强度和保护范围，等级越高，保护强度越大，保护范围越广。

（1）第一级（自主保护级）。信息系统受到破坏后，会对相关公民、法人和其他组织的合法权益造成损害，但不损害国家安全、社会秩序和公共利益。这一级别一般适用于小型私营、个体企业、中小学、乡镇所属信息系统、县级单位中一般的信息系统。该级别无须参与等级保护测评，但应依据国家有关管理规范和技术标准进行保护。

（2）第二级（指导保护级）。信息系统受到破坏后，会对相关公民、法人和其他组织的合法权益产生严重损害，或者对社会秩序和公共利益造成损害，但不损害国家安全。这一级别一般适用于县级某些单位中的重要信息系统；地市级以上国家机关、事业单位内部的一般信息系统，如非涉及工作秘密、商业秘密、敏感信息的办公系统和管理系统等。

（3）第三级（监督保护级）。信息系统受到破坏后，会对相关公民、法人和其他组织的合法权益产生特别严重损害，或者对社会秩序和公共利益造成严重损害，或者对国家安全造成损害。这一级别一般适用于地市级以上国家机关、企业、事业单位内部的重要信息系统，如涉及工作秘密、商业秘密、敏感信息的办公系统和管理系统；跨省或全国联网运行的用于生产、调度、指挥、控制、管理的重要信息系统以及这类系统在省、地市的分支系统；中央各部委、省（区、市）门户网站和重要网站；跨省连接的网络系统等。对于第三级信息系统，应当每年至少进行一次等级测评。

（4）第四级（强制保护级）。信息系统受到破坏后，会对社会秩序和公共利益造成特别严重危害，或者对国家安全造成严重损害。该级别的信息系统较少，主要针对重要领域、重要部门中的特别重要的系统以及核心系统。在四级信息系统中，重要程度更高的系统应被划分为五级系统。

（5）第五级（专控保护级）。信息系统受到破坏后，会对国家安全造成特别严重危害。这一级别主要针对国家关键基础设施领域中的重要系统，其保护要求极为严格。

二、建立信息安全意识

信息安全意识就是人们头脑中建立起来的信息化工作必须安全的观念，也就是人们在信息化工作中对各种各样有可能对信息本身或信息所处的介质造成损害的外在条件的一种戒备和警觉的心理状态。建立信息安全意识是指，能够认知可能存在的信息安全问题，预估信息安全事故对组织的危害，恪守正确的行为准则，并且执行在信息安全事故发生时所应采取的措施。提高信息安全意识，加强信息安全保护措施是每个人的责任和义务。

建立信息安全意识，才能更好地保护信息安全。可采取以下一些措施。

1. 创建强密码并定期更换

不建议一直使用同一个密码，如银行账户、QQ、邮箱一定要做到不定期地修改密码，最好与自己不离身的手机进行捆绑，以便在第一时间掌握自己的账户状态。

（1）使用复杂且难以猜测的密码，结合大小写字母、数字和特殊字符。

（2）避免使用与个人信息相关的密码，如生日、名字等。

（3）定期更换密码，特别是在发生安全事件或怀疑账户被入侵时。

2. 警惕网络钓鱼和社交工程

（1）注意识别可疑的电子邮件、短信或电话，特别是那些要求你提供个人信息或点击链接的。

（2）验证发送者的身份，不要轻信来自未知来源的信息。

（3）不要随意点击邮件或短信中的链接，特别是那些声称有紧急事务需要你立即行动的。

3. 保护个人设备

（1）安装并定期更新防病毒软件和防火墙，以防止恶意软件的入侵。

（2）确保操作系统和应用程序都是最新版本，以修补已知的安全漏洞。

（3）使用设备加密功能保护存储在设备上的数据。

4. 谨慎处理个人信息

（1）在网上分享个人信息时要格外小心，特别是敏感信息如地址、电话号码和身份证号码。

（2）检查并调整社交媒体和在线账户的隐私设置，确保只有信任的人才能看到你的信息。

（3）避免在公共 Wi-Fi 网络上处理敏感信息，因为这些网络可能不安全。

5. 备份重要数据

（1）定期备份你的重要数据到外部硬盘或云存储服务中，以防数据丢失或被勒索软件加密。

（2）确保备份的数据是加密的，并且只有你能访问。

6. 保持警惕并持续学习

（1）持续关注信息安全领域的新闻，了解新的威胁和防范措施。

（2）参加信息安全培训课程或研讨会，提高自己的安全知识和技能。

（3）与他人分享你的安全知识和经验，共同提高社区的信息安全意识。

7. 使用多重因素认证

为你的重要账户启用多因素认证（如短信验证码、指纹识别等），以增加额外的安全层。这将确保即使你的密码被泄露，攻击者也需要额外的信息才能访问你的账户。

通过建立这些基本的信息安全意识，用户可以有效地保护自己的个人信息和数据安全，减少遭受网络威胁的风险。

三、识别常见的网络欺诈行为

网络欺诈是指利用互联网和数字化平台，以虚假、误导或欺骗的手段，从他人处非法获取财产、个人信息或其他利益的行为。常用手段有网络钓鱼、仿冒身份、虚假信息诈骗等，主要特点有空间虚拟化、行为隐蔽化等。

目前，常见的网络欺诈行为包括以下几种类型。

1. 钓鱼、木马病毒类欺诈

钓鱼、木马病毒类欺诈是指通过伪装成银行、电子商务等网站窃取用户帐号密码等隐私的骗局。

（1）伪基站诈骗：犯罪分子利用伪基站向广大群众发送网银升级、10086 移动商城兑换现金的虚假链接，一旦受害人点击链接，便在其手机上植入获取银行账号、密码和手机号的木马，从而进一步实施犯罪。

（2）钓鱼网站诈骗：犯罪分子以银行网银升级为由，要求受害人登录假冒银行网站的钓鱼网站，进而获取受害人银行账户、网银密码及手机交易码等信息实施诈骗。

2. 仿冒身份欺诈

（1）冒充领导：通过不当渠道获取领导的姓名、电话号码等信息，假冒其身份进行欺诈，如推销书籍、纪念币等，要求支付订购款、手续费等。

（2）冒充亲友：利用木马程序盗取对方网络通信工具密码，截取对方聊天视频资料后，冒充该通信账号主人对其亲友实施诈骗。

（3）冒充公检法：冒充公检法工作人员拨打受害人电话，以受害人身份信息被盗用、涉嫌洗钱、贩毒等犯罪活动为由，要求受害人进行汇款。

（4）伪造身份：伪装成“高富帅”或“白富美”，添加受害人为好友骗取感情和信任后，随即以资金紧张、家人有难等各种理由骗取钱财。

3. 虚假信息欺诈

（1）以销售廉价飞机票、火车票及违禁物品为诱饵，利用人们贪图便宜的心理进行诈骗。

（2）中奖信息：冒充知名企业或节目组，向受害人发送中奖信息，以需交手续费、保证金或个人所得税等各种借口实施诈骗。

（3）网络兼职诈骗：诈骗分子通常会在各种社交平台上发布极具诱惑力的兼职广告。用“高薪”“无需经验”等字眼吸引大学生的注意，通过“培训费”“保证金”等虚假承诺，诈骗谋求兼职的学生的钱财。

4. 电子商务欺诈

（1）假冒微商：假冒成正规微商，以优惠、海外代购等为诱饵，待买家付款后，又以各种理由要求加付款项。

（2）虚假购物网站：通过开设虚假购物网站或网店，在受害人下单后，便称系统故障需重新激活，通过发送虚假激活网址，让受害人填写个人信息，实施诈骗。

（3）刷单返利诈骗：诈骗分子通过招募兼职刷单、网络色情诱导刷单等方式，骗取受害人信任后，以“充值越多、返利越多”诱骗受害人做任务，再以“连单”“卡单”等借口诱骗受害人不断转账。此类诈骗案发量和造成的损失数均居首位，受骗人群多为在校学生、低收入群体及无业人员。

5. 其他类型欺诈

（1）贷款诈骗：一些不法分子通过网络贷款平台面向在校大学生开展贷款业务，而很多校园贷其实都是披着伪善外衣的高利贷。这类贷款包含租房网贷、电信网贷、整容网贷等。不法分子通过群发信息，称其可为资金短缺者提供贷款，月息低，无需担保。一旦有人信以为真，对方即以预付利息、保证金等名义实施诈骗。

（2）假冒 APP：不法分子通过搭建虚假贷款平台，以“秒审核”“易通过”“低息高额度”等宣传诱导消费者下载 APP 并申请贷款，当受害人在 APP 内完成信息填写、额度审批等流程后，不法分子以银行卡账号填写错误、信誉存在问题等理由，告知受害人账户被冻结，无法打款，要求受害人缴纳“解冻费”“保证金”等。

（3）快递签收诈骗：冒充快递人员拨打受害人电话，称其有快递需签收但看不清信息，需受害人提供。随后送“货”上门，受害人签收后，再打电话称其已签收须付款，否则讨债公司将找麻烦。

（4）二维码诈骗：以降价、奖励为诱饵，要求受害人扫描二维码加入会员。一旦受害人扫描安装，木马就会盗取受害人的银行账号、密码等个人隐私信息。

四、网络欺诈的预防措施及应对策略

网络欺诈是当今社会面临的严重问题，为了保护个人和企业的利益，我们需要采取一系列的预防措施和应对策略。

1. 预防措施

（1）个人信息保护。

①不随意提供身份证号码、工作单位和职务、就读学校等重要信息。

②不将身份证照片或号码保存在手机中。

③不点击可疑链接，不扫描非正规渠道获取的二维码。

（2）提高金融安全意识。

①关注媒体和网络，了解近期出现的作案手法，并提醒亲友提高警惕。

②牢记电信运营商通过短信推送的安全提示信息，以及公安机关通过公众号发布的风险防范要点。

（3）培养良好支付习惯。

①收到短信、微信、微博、QQ、邮件、语音等形式发送的转账请求时，一定要通过电话核实确认。

②陌生人或久未联系的“朋友”要求汇款时，须保持谨慎，多方求证，遇到可疑情况及时向公安机关、银行、电信运营商等机构咨询。

③如确需向对方转账，应尽量选择次日到账方式，并于事后再次核实，如有异常及时申请撤销。

④选择安全性较高的支付方式，并下载安装正版应用软件。

（4）避免非法交易。不在网上购买非正当产品，如手机监听器、毕业证书、考题答案等。

2. 应对策略

（1）保持冷静、确定损失：在遭遇网络欺诈后，首先要保持冷静，迅速确定自己的损失情况。

（2）尽快报警：确定了损失之后，必须尽快报警，切不可再联系网络诈骗者，防止二次受骗。报警时，要提交好相关的证件材料，同时将诈骗财产所涉及的相关银行卡账户冻结，在案件处理结束后再解冻。

（3）及时止损：报警之后，尽快联系银行或快递公司等，想办法进行止损。例如，若为网银诈骗，且有保存诈骗者开户及账号信息的话，可立即登录对方开户行的网银和电话银行，输入对方的账号后故意输错 3 次登录密码，这样对方的网银转账和电话银行转账功能就会被暂时冻结 24 小时，为联系银行、报警以及进一步止损工作争取时间。

（4）搜集证据：在应对网络欺诈的过程中，要搜集并妥善保存相关证据，以便后续处理。

综上所述，预防网络欺诈需要广大网民提高警惕，加强自我保护意识，并采取有效的预防措施。同时，在遭遇网络欺诈时，要保持冷静、尽快报警、及时止损，保护我们的利益和信息安全。

五、相关案例

1. 了解虚假网络贷款诈骗

一些不法分子通过网络贷款平台面向在校大学生开展贷款业务，而很多校园贷其实都是披着伪善外衣的高利贷。所谓的“低利率”“免利息”都是诱导大学生进行贷款的诱饵，最后利滚利使受害人欠下巨债。

2. 典型案例分析

学生小 S 于 2024 年 1 月初在网上找了一份兼职，通过某 APP 帮别人售卖商品，售卖商品成功之后获得提成和基础工资。学生小 S 在未知是不是诈骗的情况下，收到了买家转账，再将这笔款转给了商家。之后，由于银行卡涉嫌诈骗款项，学生小 S 的账户被封，随后被要求前往当地某派出所，和负责警察进行沟通并阐述了事实，将在转账过程中获取的部分佣金退还，处理完成后离开。在此次事件中，共有 3 笔转账，金额分别为 2 000 元、1 800 元和 5 000 元，其中转账的 5 000 元涉案。学生小 S 总共获得了 320 元佣金，已全部退还给警察。

任务评价

请填写如表 7-1 所示的自我评价表。

表 7-1　自我评价表

知识与技能	掌握程度		
	熟练掌握	掌握	基本掌握
信息安全的基本概念			
信息安全意识			
识别常见的网络欺诈行为			
网络欺诈的预防措施及应对策略			
自评结果	A. 优秀　B. 良好　C. 中等　D. 及格　E. 不及格		

习　　题

单选题

1. 信息安全的基本要素不包括（　　）。

A. 完整性　　B. 保密性

C. 可用性　　D. 可审查性

2. 公司电脑不允许随意安装软件的原因是（　　）。

A. 软件版权问题

B. 病毒风险
C. 软件来源不明，安全性无法保证
D. 以上都是
3. 为了防范网络钓鱼攻击，以下选项中做法不正确的是（　　）。
A. 仔细辨别邮件发件人的地址，避免点击来自陌生人的链接
B. 在输入个人信息前，确认网站的安全性，如查看网址是不是官方域名
C. 收到声称中奖或需要验证身份的邮件时，立即点击链接并提供个人信息
D. 定期更新防病毒软件和操作系统，以提高计算机的安全性
4. 网络欺诈的常见手段不包括（　　）。
A. 假冒官方机构或知名公司发送诈骗邮件
B. 通过社交媒体发布虚假招聘信息，骗取个人信息
C. 在正规购物网站上购买商品，享受优惠
D. 利用虚假投资平台，承诺高额回报吸引投资
5. 以下选项中，可能会导致个人信息泄露的行为是（　　）。
A. 在公共 Wi-Fi 下使用网银或进行网上购物
B. 在社交账号中，不随意贴出自己的个人信息
C. 定期更新操作系统和软件
D. 不轻易点击来自陌生人的邮件链接

任务 2　了解信息安全技术

任务背景

在数字化日益深入的今天，信息安全是与我们每个人息息相关的重要议题。学习信息安全技术的基础知识，了解信息安全目前面临的威胁、常见的计算机病毒，加强信息安全防护是至关重要的。

任务目标

通过对本任务的学习，了解信息安全技术、信息安全防御技术、常见的计算机病毒，掌握计算机病毒的防治方法。

任务要求

了解信息安全技术的主要技术组成、目前信息安全所面临的威胁、信息安全防御技术、计算机病毒及防治软件，掌握常用杀毒软件的使用方法。

基础知识

一、信息安全技术概述

信息安全技术是一个涉及多个领域的综合性技术体系。以下是对信息安全技术的详细解析。

1. 定义与范畴

信息安全技术是指保护信息和信息系统免受未经授权的访问、使用、泄露、中断、修改或摧毁，以确保信息的机密性、完整性、可用性、可控性和不可否认性的各种技术手段和措施。它涵盖了从物理层面到网络层面，再到应用层面的全方位安全防护。

2. 主要技术组成

（1）信息保密技术。

①密码技术：包括密码编码、密码破译等，用于信息的加密保护、识别和确认，以及通过破译密码获得敏感信息。

②信息隐藏技术：通过将秘密信息嵌入宿主信息载体中隐藏信息的存在性，达到信息保密的目的。

（2）安全防护技术。

①物理安全防护技术：包括环境安全、设备安全和媒介安全防护技术，用于保护信息系统免遭人为或自然的损害。

②网络安全技术：包括实体认证、访问控制、安全隔离、防火墙、虚拟专用网络等，用于保护网络系统的硬件、软件、数据及其服务的安全。

③系统安全技术：包括安全操作系统、安全数据库管理系统等，用于保护信息存储和处理平台的安全。

④安全检测技术：包括漏洞扫描、入侵检测等，用于发现信息系统的安全隐患，检测入侵行为并预警。

⑤应急响应与恢复技术：包括应急处理、系统与数据备份、异常恢复等，是用于处理突发事件而采取的响应机制和容灾措施。

⑥防病毒技术：包括病毒检测、病毒清除和病毒预防等，用于发现病毒入侵、阻止病毒的传播和破坏。

（3）安全基础支撑技术。

①证书管理技术：包括证书颁发和注销、信任传递等，为用户及设备颁发证书并进行证书管理。

②安全管理技术：包括策略管理、安全监控、安全审计、风险评估及管理等，用于收集管理信息，监控系统运行，分析并评估系统安全风险。

③密钥管理技术：包括密钥产生与存储、密钥分配、密钥恢复与更新、密钥销毁等，用于对密钥全生命周期进行管理。

3. 应用领域

信息安全技术的应用领域非常广泛，包括但不限于以下几个方面。

①企业信息安全：保护企业机密信息、客户数据和商业秘密，防止数据泄露、网络攻击和恶意软件入侵。

②个人信息安全：保护个人隐私数据，如个人身份、信用卡信息和社交媒体账号等。

③政府和国防信息安全：保护政府敏感信息、军事机密和国家安全。

④金融信息安全：防止金融欺诈，保护客户账户和交易信息。

⑤医疗信息安全：保护病人的医疗数据，防止医疗设备遭受攻击。

⑥物联网信息安全：保护物联网设备和传感器等的安全，防止黑客入侵和数据

泄露。

⑦移动设备信息安全：保护移动设备和移动应用的安全，防止数据泄露和恶意软件攻击。

4. 发展趋势

随着技术的不断发展，信息安全技术也在不断演变。新的技术和方法，如区块链、零信任网络和安全自动化等，正在逐步应用于信息安全领域，为信息安全提供更加全面和高效的保障。同时，随着网络空间安全威胁的日益复杂和多样化，信息安全技术也需要不断创新和完善，以应对新的挑战和威胁。

总之，信息安全技术是维护信息和信息系统安全的重要手段和保障。它涉及多个领域和层面，需要综合运用各种技术手段和措施实现全方位的安全防护。在未来，随着技术的不断进步和应用场景的不断拓展，信息安全技术将发挥更加重要的作用和价值。

二、信息安全目前面临的威胁

信息安全面临多种威胁，包括信息泄露、破坏信息的完整性、拒绝服务、非法使用、窃听、业务流分析、假冒、旁路控制、授权侵犯、特洛伊木马、陷阱门、抵赖、重放、计算机病毒、人员不慎、媒体废弃、物理侵入等。

1. 网络攻击和黑客攻击

（1）网络攻击：网络攻击可能导致整个网络瘫痪，无法正常通信，也可能导致某些服务器瘫痪，无法提供正常服务。

（2）黑客攻击：黑客利用各种手段，如钓鱼攻击、勒索软件、DDoS 攻击等，对政府机构、企业、个人等进行网络攻击，造成巨大的经济损失和声誉风险。

2. 数据泄露和信息盗窃

（1）数据泄露：不法分子通过各种手段盗取企业或个人的重要数据和信息，给企业和个人带来不可估量的损失。

（2）信息盗窃：利用计算机实施的盗窃、诈骗等违法犯罪活动，会导致个人隐私泄露。

3. 新兴技术带来的威胁

（1）人工智能：生成式 AI 服务大模型存在语言生成、自然语言交互和迁移 3 大能力，但同时也存在“幻觉”缺陷，可能会误导用户。

（2）物联网：物联网设备的安全问题日益突出，黑客可能通过这些设备入侵其他系统。

（3）5G：5G 技术的广泛应用带来了新的安全挑战，需要采取相应的安全措施。

4. 具体的安全威胁类型

（1）计算机病毒和木马：这些恶意程序会复制自身并进行传播，影响计算机的正常运作，甚至控制计算机。

（2）网络钓鱼和假网站：通过假冒的电子邮件和伪造的网站进行诈骗活动，导致用户泄露重要私人资料。

（3）窃听和假冒：包括非授权访问、信息泄露、资源盗取、假扮另一个实体等。

（4）重放和流量分析：通过重复发送相同的数据包或分析网络流量获取敏感信息。

为了应对这些威胁，需要采取多层防御策略，包括先进的网络安全解决方案、威胁情报监控和强大的事件响应计划。通过优先考虑综合防御战略和跨部门合作，组织可以更有效地防范各种攻击手法。此外，利用人工智能技术提升安全分析能力也是关键。面对日益复杂的网络威胁格局，保持警惕和适应变化是保护数据和系统安全的关键。

三、信息安全防御技术

信息安全防御技术主要包括防火墙技术、加密技术、入侵检测技术、认证技术、安全扫描技术等。这些技术共同构成了信息安全防御的核心，旨在保护信息系统免受各种安全威胁。

1. 防火墙技术

防火墙是一种网络安全策略，用于监控网络流量并阻止非法访问。它可以设置网络访问规则，限制外部攻击者对内部网络的访问，从而保护企业的内部网络和服务器，防止恶意攻击和病毒入侵。

2. 加密技术

加密技术将信息转换成密文，只有拥有解密密钥的人才能解读信息内容。常见的加密技术包括对称加密算法（如 AES）和非对称加密算法（如 RSA），用于保护数据在传输和存储过程中的安全性。

3. 入侵检测技术

入侵检测技术是一种使用实时监测系统，通过对网络流量的分析，检测是否存在异常行为或攻击行为的技术。一旦检测到异常行为，入侵检测系统会立即发出警报并采取相应的措施，以防止攻击者进一步入侵系统。

4. 认证技术

认证技术确保只有授权的用户能够访问系统资源。通过对用户进行身份验证，确保用户拥有足够的权限访问数据和资源，防止未经授权的访问。

5. 安全扫描技术

安全扫描技术用于检测系统中的漏洞和弱点，帮助用户及时发现并修复安全问题。这包括对主机系统、网络设备以及应用程序的扫描，以确保系统的整体安全性。

四、了解计算机病毒及安全防御方式

近年来，计算机病毒的种类和数量都在不断增加，且呈现出多样化和复杂化的趋势。以下是一些近年来常见计算机病毒的特点与传播方式。

1. 勒索病毒

特点：通过加密用户设备上的文件，限制对其访问，然后勒索用户支付赎金以获取解密密钥。这种病毒威胁个人和企业数据安全，可能导致巨额损失和严重的隐私问题。

传播方式：通常通过恶意邮件、恶意网站或漏洞利用等方式传播。

2. 二维码病毒

特点：在二维码中隐藏恶意链接或代码，一旦用户扫描感染的二维码，可能导致恶意软件下载、个人信息泄露或远程攻击。

传播方式：主要利用人们扫描二维码的行为进行传播。

3. 挖矿木马病毒

特点：伪装成合法的程序或文件，实际上含有恶意代码。通过感染设备，利用其计算能力进行加密货币挖矿。这种木马悄无声息地利用计算资源，可能导致设备性能下降、电力成本上升，并对个人及企业网络安全构成威胁。

传播方式：通常通过恶意下载链接、感染网站或电子邮件附件传播。

4. 移动介质病毒

特点：恶意软件感染移动设备，利用可移动介质如 USB、SD 卡传播。一旦感染，可能窃取个人信息、监控通信或传播到其他设备。

传播方式：通过人们分享和使用存储介质的行为传播。

5. 网页病毒

特点：通过在网页中植入恶意代码，危害用户设备安全。用户访问受感染的网页时，可能面临个人信息泄露、设备感染或远程攻击的威胁。

传播方式：通过恶意广告、被黑客篡改的网站等途径传播。

6. 僵尸网络病毒

特点：将感染的设备集成为一个网络（僵尸网络），黑客可远程控制这些设备，用于进行分布式拒绝服务攻击、发送恶意流量等恶意活动。

传播方式：通常通过漏洞利用、恶意邮件等方式传播。

7. 内存马（内存木马）

特点：将恶意代码植入计算机内存，绕过传统防病毒软件的检测。这种木马在系统运行时执行，通常隐蔽性极高，可用于窃取敏感信息、远程控制设备等恶意活动。

传播方式：通常与其他恶意软件一起或通过漏洞利用方式传播。

8.rootkit 恶意软件

特点：一种植入系统内核的恶意软件，隐蔽性极高，难以被传统的防病毒软件检测。它可用于长期监控设备、窃取敏感信息，且能够隐藏自身及其他恶意活动。

传播方式：通常通过漏洞利用、恶意邮件等方式传播。

9. 系统病毒

特点：感染 Windows 操作系统的 EXE 和 DLL 文件，并通过这些文件进行传播。如 CIH 病毒等。

传播方式：通过文件复制、网络共享等方式传播。

10. 蠕虫病毒

特点：能够自我复制并传播的恶意软件，感染一个主机后，能够自动传播到其他系统，形成网络传播。这种病毒可能导致网络拥塞、系统性能下降，对基础设施和企业网络造成威胁。

传播方式：通过网络连接直接传播，无需依附于可执行文件。

此外，还有木马病毒、黑客病毒、脚本病毒、宏病毒、后门病毒、捆绑机病毒等多种类型的计算机病毒。这些病毒各具特点，但都对计算机系统和数据安全构成了严重威胁。

为了有效防范这些病毒，用户需要采取综合性的安全措施，包括定期更新防病毒软件、提高网络安全意识、避免点击可疑链接或下载未知来源的文件、加强网络监测和防御措施等。同时，企业和组织也需要建立完善的网络安全防护体系，确保信息系统的安全稳定运行。

五、了解并应用防治计算机病毒的软件

为了有效地防治计算机病毒，需要使用杀毒软件，它是保护计算机系统免受病毒侵害的重要工具。以下是一些常用的防治计算机病毒的软件。

1. 瑞星“智能云安全”

简介：瑞星公司推出的智能化整体上网安全解决方案。

特点：能够自动收集、分析和处理互联网上的恶意病毒、挂马网站和钓鱼网站等。采用人工智能技术，实时检测、监控并拦截各种病毒行为，加固系统内核，保护用户免受木马攻击、黑客入侵及网络诈骗的威胁。

2. 火绒安全软件

简介：新一代全功能安全软件，由具有10余年经验的资深工程师主导研发并拥有完全自主知识产权的反病毒引擎。

特点：基于强大的底层技术和先进的产品架构，实现了反病毒、主动防御和防火墙3大模块的深度整合。该软件采用主动防御模式，在查杀已知木马病毒的同时能够防范未知安全威胁。

3. 360安全卫士

简介：奇虎360公司推出的一款免费的杀毒软件。

特点：功能强大，能够实时地自动查杀木马，让电脑免受病毒的侵害。同时，还具有加速、清理垃圾等功能，能够一键加速，还能设置游戏免打扰。

这些软件各有特点，用户可以根据自己的需求和计算机配置选择合适的杀毒软件进行安装和使用。同时，为了保持计算机的最佳安全性，建议定期更新杀毒软件、操作系统和应用程序的安全补丁，并谨慎下载和打开未知来源的文件和链接。

六、了解常用网络安全设备的功能和部署方式

网络安全设备的主要功能包括访问控制、入侵检测、威胁防御、数据加密等，旨在保护网络免受各种安全威胁。

常见的网络安全设备有防火墙、入侵检测系统（IDS）、入侵防御系统（IPS）、虚拟专用网络（VPN）、统一威胁管理（UTM）系统、防病毒软件、网络扫描系统、安全网关、安全存储器、安全信息和事件管理（SIEM）系统等。这些设备部署在网络的不同位置，以实现对网络的全方位保护，同时保护网络免受各种威胁和攻击，确保数据的机密性、完整性和可用性。

以下是一些常见的网络安全设备及其功能。

（1）防火墙：防火墙是网络安全的第一道防线，是一种位于计算机和它所连接的网络之间的软件或硬件设备，它监控进出网络的流量，用于执行访问权限控制，防止非法用户或数据进入网络。它能够最大限度地阻止网络上的黑客攻击，保护内部网络的安全。

（2）IDS/IPS：IDS用于检测网络中的恶意活动，如未授权访问、数据泄露等，预防潜在的攻击。IPS不仅能检测攻击，还能实时阻断威胁，防止攻击发生。可通过分析网络流量，发现具有入侵特征的网络行为，并在其传入被保护网络前进行拦截。IPS能够自动阻止检测到的攻击。

（3）VPN：VPN在公共通信基础网络上建立专用的安全传输通道，确保数据传输的安全性。

（4）UTM：UTM系统集成了防火墙、防病毒、反垃圾邮件、内容过滤等多种安全功能于一体，提供全面的网络安全防护。

（5）云安全技术/主机安全：云安全技术通过网状的大量客户端对网络中的软件行为进行异常监测，提供实时防护。主机安全基于海量威胁数据，提供黑客入侵检测和漏洞风险预警等服务。

（6）数据库审计：数据库审计服务记录和警告数据库SQL注入、风险操作等行为，确保数据安全。

（7）SIEM：SIEM系统收集来自各种设备和系统的安全日志和事件，进行实时分析和监控，帮助组织及时发现和响应安全威胁。

（8）网络安全审计产品：网络安全审计产品收集、存储、分析网络中的活动数据，发

现安全违规或异常行为。

（9）web 应用防火墙（WAF）：WAF 专注于保护 web 应用免受攻击，如 SQL 注入、跨站脚本等。WAF 部署在 web 服务器前面，对进入 web 应用的流量进行检测和过滤，确保只有合法的请求被处理。WAF 通过特征提取和分块检索技术来识别和阻止恶意请求，保护 web 应用的安全。

（10）多因素认证系统：多因素认证系统通过要求用户在登录时提供多个验证因素（如密码、手机验证码、指纹识别等）来提高账户的安全性。

部署方式上，网络安全设备可以分为串联模式和旁路模式。串联模式要求所有网络流量都必须经过安全设备处理，如防火墙和入侵防御系统通常工作在这种模式下，确保所有流量都经过安全检查。旁路模式则允许设备在不中断主网络流量的情况下进行监控或维护，如入侵检测系统通常部署在这种模式下，以便在不中断网络连接的情况下进行监控和分析。

七、了解网络信息安全保障的一般思路

保障网络信息安全可以从多个方面入手，包括物理安全、访问控制、信息加密、网络安全管理、用户教育与意识提升等。以下是对这些方面的详细阐述。

1. 物理安全

物理安全策略主要从物理层面保护网络设备和通信链路免受自然灾害、人为破坏和搭线窃听攻击。这包括确保网络设备及系统有一个良好的电磁兼容工作环境，以及采取必要的物理保护措施，如露天线路的保护、设备的防盗和防破坏措施等。

2. 访问控制

访问控制策略是网络安全防范和保护的主要策略，其目的是保护网络资源不被非法使用和访问。具体措施如下。

①入网访问控制：通过身份验证、密码保护等手段，限制未经授权的用户访问网络资源。

②网络权限控制：根据用户角色和职责，设置不同的访问权限，确保用户只能访问其权限范围内的资源。

③目录级安全控制：对文件系统中的目录和文件进行访问控制，防止未授权用户访问敏感信息。

④属性安全控制：设置文件或目录的访问属性，如只读、隐藏等，以增强安全性。

3. 信息加密

信息加密的目的是保障网络传输的信息和存储的信息的安全性和保密性。这可以通过使用加密算法和密钥，将敏感信息转化为一串乱码实现，只有掌握正确密钥的人才能解密并获得原始信息。加密技术广泛应用于网络通信、存储和传输过程中，有效地保护了信息的机密性。

4. 网络安全管理

网络安全管理策略是指在特定环境下，为保证一定级别的安全保护所必须遵守的规则。具体措施如下。

①制定和执行安全策略：明确网络使用规定、安全操作规范等，确保用户遵守这些规范。

②安全监控和事件响应：建立安全监控系统，实时监控网络的安全状态，及时发现和处理安全事件。同时建立事件响应机制，确保在发生安全事件时能够迅速响应并处置。

③漏洞管理和补丁更新：定期扫描和评估系统的漏洞，及时发布和安装补丁，修复已

知的安全漏洞。

④使用安全插件和扩展：安装并启用安全插件，可以拦截广告和防护恶意软件入侵。

5. 用户教育与意识提升

网络安全措施不仅仅是技术手段，还需要用户的主动参与和合作。网络信息安全就是保护网络系统中的数据不受未经授权的访问、使用、泄露、破坏、修改或丢失。它涵盖了多个层面，包括个人隐私保护、企业数据安全、国家信息基础设施安全等。因此，对用户进行网络安全意识培训，提升其对网络安全的认知水平，是保障网络信息安全的重要环节。具体措施如下。

①普及网络安全知识：通过培训、讲座等方式，向用户普及网络安全的基本概念、常见威胁和防范措施。

②教育用户遵守安全规则：引导用户遵守网络安全规则，如不随意点击可疑链接、不下载未知来源的文件等。

③提高用户的自我保护能力：教授用户如何设置复杂的密码、如何保护个人信息等，提高用户的自我保护能力。

综上所述，网络信息安全保障需要从多个方面入手，形成全方位、多层次的保障体系。只有这样，才能有效地防范和应对各种网络安全威胁，确保网络系统的安全稳定运行，维护网络空间的清朗。

任务实施

1. 黑客入侵和计算机病毒入侵的概念

黑客入侵是指未经授权进入、干扰、获取或使用计算机系统、网络或其资源的行为。这种行为可能涉及对个人用户、组织或政府机构的计算机系统进行攻击，目的是获取敏感信息、控制系统资源或造成系统瘫痪。

计算机病毒入侵是指恶意软件（即计算机病毒）未经用户许可，侵入计算机系统并进行破坏或窃取信息的行为。这些病毒通常被设计为能够自我复制，并借助网络或文件传输等方式传播到其他计算机系统中。

2. 典型案例分析

案例一　黑客入侵

广东佛山某公司 APP 系统被破坏案。2023 年 2 月初，佛山市某科技有限公司股东杨某报案称，其公司名下的网络商城平台 APP 自 2022 年 11 月起遭到黑客入侵，损失近 50 万元。佛山公安网络安全保卫部门发现该 APP 存在多个系统漏洞，犯罪嫌疑人通过使用技术手段抓取系统传输的数据包、篡改系统数据等方式非法增加巨额商城积分，并将积分提现为人民币牟利，最终锁定 30 余名犯罪嫌疑人。同年 2 月 28 日，佛山公安网络安全保卫部门全链条打掉以王某涛为首的黑客网络盗窃团伙，在贵州、重庆、山东、河北等地抓获犯罪嫌疑人 31 名，查获涉案手机、计算机 64 部，银行卡 95 张，网络账号 51 个，成功打掉利用 APP 系统漏洞实施犯罪的特大黑客网络盗窃团伙。

案例二　木马病毒入侵

通过投放木马病毒入侵公司电脑，从而冒充企业老板或客户诈骗财会人员的“精准投毒”类电信网络诈骗案件高发，造成相关企业巨大损失。公安部公布典型案例，切实提高相关企业和人员的防骗意识。

2024 年 5 月 22 日，安徽省阜阳市公安机关接到某公司人员报警称，公司财务疑似被电信网络诈骗。经查，该公司财务王某在工作微信群中下载运行一不明文件后，电脑被植入木马病毒。境外诈骗分子通过木马病毒远程控制王某电脑，秘密窃取相关信息，利用伪装的公司领导微信号要求其向指定账户转账。王某信以为真，向该账户转账 100 万元，直至公司领导询问时才发觉被骗。案发后，阜阳市公安机关第一时间开展追赃挽损、循线打击，成功为该公司挽回损失 85 万元，抓获犯罪嫌疑人 6 名。

此类案件中，诈骗分子通常将研发的木马病毒伪装成报税工具、办公软件、电子发票、涉税文件等，通过发送电子邮件或推送下载链接等方式，诱骗企业人员点击下载，从而实施木马攻击。相关企业计算机一旦被木马病毒入侵，诈骗分子即可对计算机远程监控，进而通过办公文件、聊天记录等信息“精准”分析出企业基本情况和财会、管理、销售等人员信息。随后，诈骗分子通过远程控制财会等人员的 QQ、微信等社交软件，在本人未发觉的情况下，将用于诈骗的账号添加至其好友列表。时机成熟后，诈骗分子再将诈骗账号“摇身一变”，伪装成该企业老板或客户的 QQ、微信，编造多种理由要求财会等人员转账汇款，从而实施诈骗。作案过程中，诈骗分子无论是前期利用木马病毒入侵计算机，还是后期假冒老板、客户要求转账汇款，都极为隐蔽，迷惑性极强，甚至通过长期潜伏逐步摸清相关人员的聊天习惯和企业财务的审批流程，稍有不慎就可能落入诈骗陷阱。

3. 防范措施

防范黑客和计算机病毒入侵需要采取一系列的安全措施，以下是一些关键的防范方法。

（1）加强密码管理，可使用强密码。

（2）更新系统和软件，修复漏洞，提高安全性。

（3）安装安全防病毒软件以及防火墙。

（4）谨慎使用网络，尽量避免使用公共 Wi-Fi。

（5）加强数据保护，定期备份数据。

（6）了解常见计算机病毒，提高网络安全意识。

任务评价

请填写如表 7-2 所示的自我评价表。

表 7-2　自我评价表

<table>
<tr><td rowspan="2">知识与技能</td><td colspan="3">掌握程度</td></tr>
<tr><td>熟练掌握</td><td>掌握</td><td>基本掌握</td></tr>
<tr><td>信息安全技术的组成</td><td></td><td></td><td></td></tr>
<tr><td>计算机病毒及安全防御方式</td><td></td><td></td><td></td></tr>
<tr><td>常用网络安全设备</td><td></td><td></td><td></td></tr>
<tr><td>网络信息安全保障</td><td></td><td></td><td></td></tr>
<tr><td>自评结果</td><td colspan="3">A. 优秀　B. 良好　C. 中等　D. 及格　E. 不及格</td></tr>
</table>

习　题

单选题

1. 以下不属于信息安全防御技术的是（　　）。

A. 防火墙技术　B. 加密技术　C. 网络后门　D. 入侵检测技术

2. 下列关于计算机病毒的说法中，错误的是（　　）。

A. 计算机病毒能自我复制　B. 计算机病毒具有隐蔽性

C. 计算机病毒是一种程序　D. 计算机病毒是一种危害计算机的生物病毒

3. 以下选项中，属于信息安全面临的威胁的是（　　）。

A. 计算机硬件陈旧　B. 个人计算机连接网络

C. 信息被盗窃　D. 计算机 CPU 运行太慢

4. 注册或浏览社交类网站时，不恰当的做法是（　　）。

A. 尽量不要填写过于详细的个人资料

B. 不要轻易添加社交网站好友

C. 充分利用社交网站的安全机制

D. 完全信任他人转载的信息

5. 下列关于下载安全的建议中正确的是（　　）。

A. 选择资源丰富的网站下载　B. 关闭杀毒软件，提高下载速度

C. 下载完成后直接打开下载的文件　D. 到软件官方网站或其他正规网站下载

模块 8

程序设计基础

★知识目标★

（1）了解程序设计的概念。

（2）了解 Python 语言的特点及其应用领域。

（3）理解 Python 的基础语法，包括变量定义、数据类型等。

（4）理解 Python 的条件控制语句和循环语句。

★能力目标★

（1）掌握 Python 解释器的安装及第三方库的安装。

（2）掌握 Python 程序设计的简单编程。

（3）掌握 turtle 库的简单使用。

（4）掌握 Python 词云绘制。

★素质目标★

（1）提升逻辑思维，培养程序设计思维。

（2）提升运用编程解决实际问题的能力。

（3）激发对计算机编程、人工智能等前沿领域的兴趣与探索欲。

（4）深化科技认知，提升科技素养与创新意识。

在当今的数字化时代，计算机已经成为人们生活、学习和工作中不可或缺的一部分。要深入理解计算机的工作原理，掌握程序设计无疑是一把钥匙。通过本模块的学习，学生将不再对“程序”这个看似神秘的概念感到陌生。本模块将从 Python 的安装配置和基本语法入手，结合有趣的案例带学生领略神奇的编程世界。

项目　Python 基础知识

任务 1　Python 初步认识及安装

任务背景

Python 是一种高效且易于上手的高级编程语言，广泛应用于多个技术领域。本任务将引导读者初步认识 Python，包括其特点和应用领域，并详细指导如何从官方渠道下载安装包，完成安装并配置开发环境。

任务目标

（1）了解程序设计的基本概念。

（2）了解 Python 语言的特点及其应用领域。

（3）掌握 Python 解释器的安装方法。

任务要求

本任务需要读者初步认识 Python，包括其特点和应用领域，并需要读者从官方渠道下载安装包，完成 Python 的安装并配置好开发环境，为后续的编程实践打下坚实基础。

基础知识

1. 程序设计的概念

程序设计是创建和执行计算机程序的过程，涉及将人类可读的算法和逻辑转换为计算机能理解的指令。它要理解编程语言的语法、逻辑结构（如顺序、选择、循环）、数据类型、函数和模块等基础知识。通过程序设计，开发者能够构建应用程序、软件系统和工具，以满足各种需求。掌握程序设计不仅要求具备相关技术技能，还需要有良好的问题解决能力和创新思维。

2.Python 语言的特点及其应用领域

Python 是一种由荷兰国家数学与计算机科学研究中心的吉多·范罗苏姆（Guido van Rossum）于 1990 年代初设计的编程语言。它提供了高效的高级数据结构，支持面向对象编程，且语法简洁、易读性强。Python 是解释型语言，可在多个操作系统平台上运行，如 Windows、Linux、UNIX、MacOS 等。其丰富的标准库和第三方库使得 Python 广泛应用于

web 开发、数据分析、人工智能、科学计算等领域。Python 已成为适合新手学习的编程语言之一，并且由于其简洁性和易扩展性，受到越来越多开发者的青睐。

任务实施

下面以 Windows 10 平台为例演示如何进行 Python 的安装。此处安装的版本是 Python 3.9。

1. 官网下载 Python

打开浏览器访问 Python 官网，单击导航栏的 Downloads 按钮进入下载页面，找到 Windows installer (64–bit) 进行下载，如果在其他平台安装，需要下载对应的版本，如图 8–1 所示。

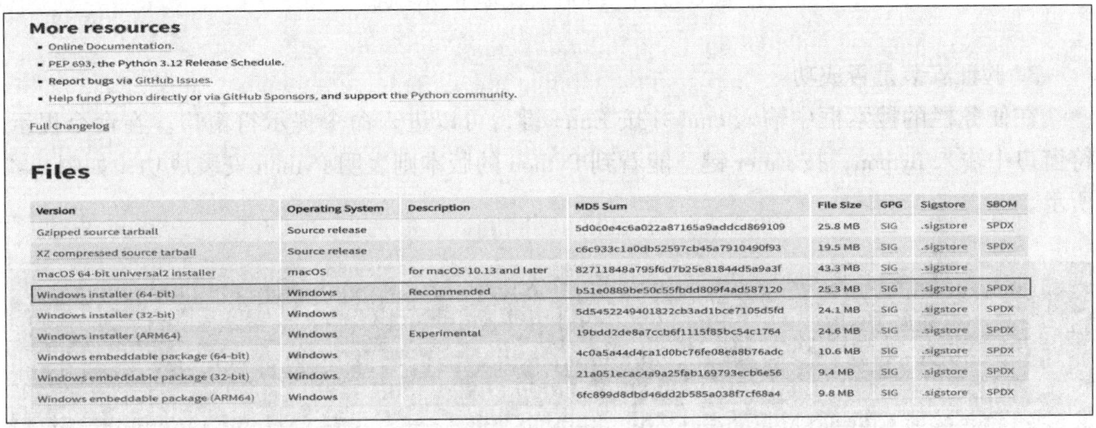

图 8–1 Python 下载

2. 安装 Python

双击下载好的 EXE 文件，勾选 Add Python 3.9 to PATH 复选框，单击 Install Now 开始安装，如图 8–2 所示。安装完成后出现安装成功提示界面，单击 Close 按钮关闭即可，如图 8–3 所示。

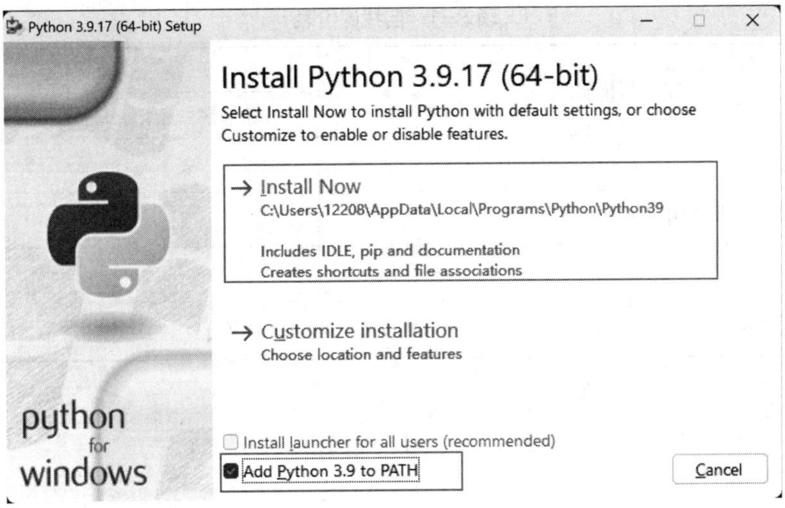

图 8–2 Python 安装界面

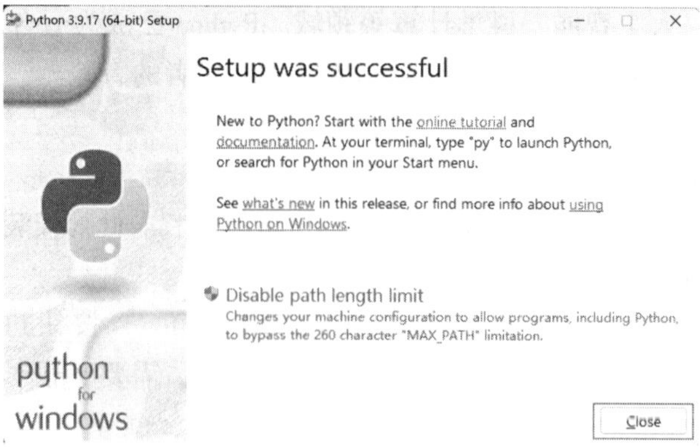

图 8-3　Python 安装成功提示界面

3. 验证安装是否成功

在任务栏的搜索框中输入 cmd 并按 Enter 键，可以进入命令提示符窗口。在命令提示符窗口中输入 python，按 Enter 键，能看到 Python 的版本则表明 Python 安装成功，如图 8-4 所示。

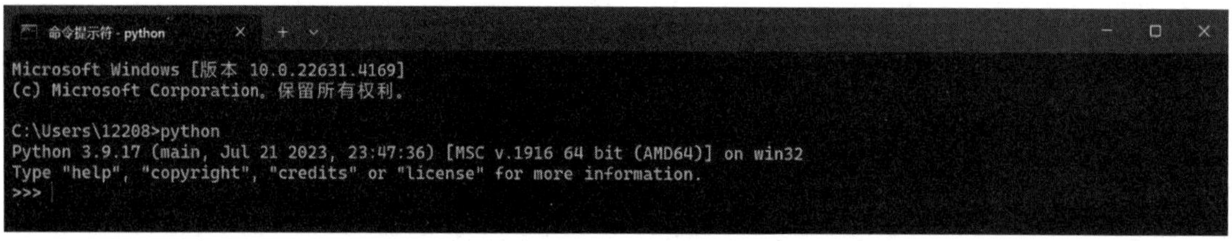

图 8-4　在命令提示符窗口验证 Python 安装是否成功

任务评价

请填写如表 8-1 所示的自我评价表。

表 8-1　自我评价表

知识与技能		掌握程度		
		熟练掌握	掌握	基本掌握
程序设计的概念				
Python 语言的特点及其应用领域				
Python 的安装				
自评结果	A. 优秀　B. 良好	C. 中等	D. 及格	E. 不及格

习　　题

填空题

1.Python 是一种______、解释型、交互式和面向对象的编程语言。

2.Python 因其 ______ 和 ______ 的特性，在数据科学和机器学习领域得到广泛应用。

任务拓展

请同学们在自己的计算机上下载并安装 Python，验证是否安装成功。然后查阅相关资料，安装 Pycharm 集成开发环境。

任务 2 Python 基本语法元素

任务背景

语法规则是编写程序的基础，学习 Python 基本语法元素对于掌握编程至关重要。它包括了解变量、数据类型、运算符、控制流和函数等核心概念。

任务目标

（1）理解变量的概念，了解 Python 中的变量命名规则。
（2）掌握 Python 常见数据类型的使用。
（3）掌握 Python 运算符的使用。
（4）掌握变量定义，能够进行简单的运算，并输出结果。

任务要求

熟练掌握 Python 的基本语法元素，包括 Python 的变量、运算符、常见数据类型。熟悉软件的编辑工具及用法。

基础知识

一、Python 的变量定义

1. 变量的概念

在 Python 语言中，变量是一个核心概念，它用于在内存中存储数据值。

变量的作用如下。

（1）存储数据：变量的基本功能是存储程序运行过程中需要使用的数据。这些数据可以是数字、字符串、列表等各种类型。

（2）代码重用：通过给数据命名，程序员可以在程序中多次重用变量，而无需重复写相同的数据值。这不仅节省了时间，而且使程序更加易于阅读和维护。

（3）提高可读性：合理命名变量可以使代码更加易于理解。例如，使用 total_price 比使用 tp 更能清晰地表达变量的含义。

（4）动态数据存储：在程序运行过程中，变量中存储的数据可以被修改。这意味着程序员可以根据程序的需要动态地更改数据。

（5）便于操作数据：变量让数据操作变得简单。例如，进行数学运算、字符串拼接或列表操作时，直接使用变量名进行操作即可。

（6）数据传递：在函数之间传递数据时，变量扮演了重要的角色。通过变量，一个函数可以接收输入，并将输出传递给另一个函数。

2. 变量的命名规则

（1）变量名只能包含字母（a~z，A~Z）、数字（0~9）和下画线（_）。变量名不能以数字开头。建议变量命名简单明了，能够清晰地表达变量的用途。

（2）Python 中的变量名是大小写敏感的，即 myVariable 和 myvariable 是两个不同的变量。

3. 变量赋值

在 Python 中，使用等号（=）将值赋给变量。例如：

```
x = 10                  # 将整数 10 赋给变量 x
name = "Alice"          # 将字符串 "Alice" 赋给变量 name
```

4. 常见的数据类型

虽然 Python 不需要显式地声明变量类型，但每个变量都有一个与之关联的类型，该类型决定了可以对变量执行哪些操作。Python 中的常见数据类型如表 8–2 所示。

表 8–2　Python 中的常见数据类型

数据类型	说明	示例
整型（int）	用于表示只有整数部分的数值	1，2，3
浮点型（float）	用于表示带有小数部分的数值	0.1，–0.5，10.5
字符串（str）	用于表示文本数据，可以是单引号（'）、双引号（"）或三引号（''' 或 """）括起来的字符序列	" 张三 "，' 我与地坛 '
布尔值（bool）	只有两个值 True 和 False，分别表示真和假	True，False
列表（list）	用于存储多个有序的项目，项目可以是不同类型的数据	[1,2,3,4,5]
元组（tuple）	与列表类似，但一旦创建就不能修改	(1,2,3,4,5)
字典（dict）	用于存储键值对，其中键是唯一的	{" 姓名 ":" 张三 "," 性别 ":" 男 "}
集合（set）	用于存储唯一的项目，无序且不重复	{1,2,3}

二、Python 运算符

在 Python 中，运算符用于执行各种算术、比较、赋值、逻辑等运算。表 8–3~ 表 8–5 是一些常见的 Python 运算符及其用途。

表 8–3　Python 中常见的算术运算符

运算符符号	含义	示例	结果
+	加法	5 + 3	8
–	减法	10 – 4	6
*	乘法	7 * 6	42
/	除法（浮点除法）	8 / 2	4.0
//	整除（取商的整数部分）	9 // 4	2
%	取模（求余数）	13 % 5	3
**	幂运算（指数运算）	2 ** 3	8

表 8-4　Python 中常见的比较运算符

运算符符号	含义	示例	结果
==	等于	5 == 5	True
!=	不等于	5 != 3	True
>	大于	7 > 4	True
<	小于	2 < 5	True
>=	大于或等于	8 >= 8	True
<=	小于或等于	–1 <= –2	False

表 8-5　Python 中常见的逻辑运算符

运算符符号	含义	示例	结果
and	逻辑与（与运算）	True and False	False
or	逻辑或（或运算）	True or False	True
not	逻辑非（非运算）	not True	False

三、Python 输入与输出

1.Python 输入

Python 输入使用 input() 函数进行，它的用法如下：

```
user_input = input(" 输入提示语 ")
```

input() 函数返回的是一个字符串，如果需要接收其他类型的输入，可以进行类型转换，类型转换的形式为目标类型 (待转换变量)。例如，想从用户处获取一个整型数据，可以使用如下语句：

```
user_input = int(input(" 请输入一个整数 "))
```

2.Python 输出

Python 输出使用 print() 函数进行，它的用法如下：

```
print(" 输出的信息 ")
```

也可以使用 "+" 连接两个字符串，输出变量的值。例如，有一个整型变量 a，它的值是 1，现在进行输出，可以使用如下语句：

```
print("a 的值是 "+str(a))
```

四、Python 注释

在 Python 编程中，注释是一种重要的代码文档化手段，它允许开发者在代码中添加说明、备注或解释，而这些内容在执行时会被 Python 解释器忽略。单行注释以井号 "#" 开头，井号之后直到该行末尾的内容都会被视为注释，不会被执行。例如：

```
# 这是一个单行注释
print("Hello, World!")   # 这也是一个单行注释，位于代码行的末尾
```

任务实施

编写一段程序，定义两个整型变量 a 和 b，计算 a 与 b 的和，输出结果。

1. 打开 IDLE 代码编辑器。

在任务栏的搜索框中输入 "idle"，按 Enter 键，打开 IDLE 代码编辑器，如图 8-5 所示。

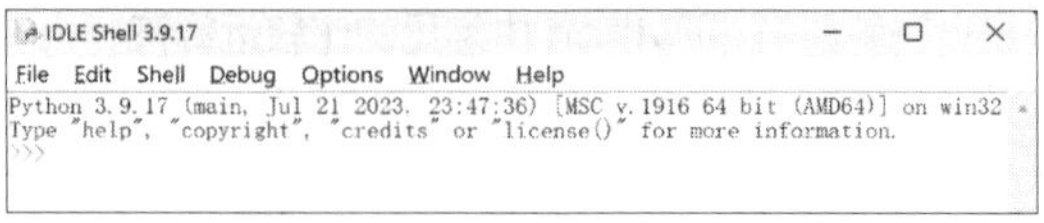

图 8-5　IDLE 代码编辑器

选择 File 菜单下的 New File 选项，新建一个代码文件，在其中输入代码。本模块中的代码输入都按照此步骤进行。

2. 输入代码，保存文件

在代码文件中输入如图 8-6 所示的求和代码。

完成代码编辑后可以选择 File 菜单下的 Save 选项将代码保存。

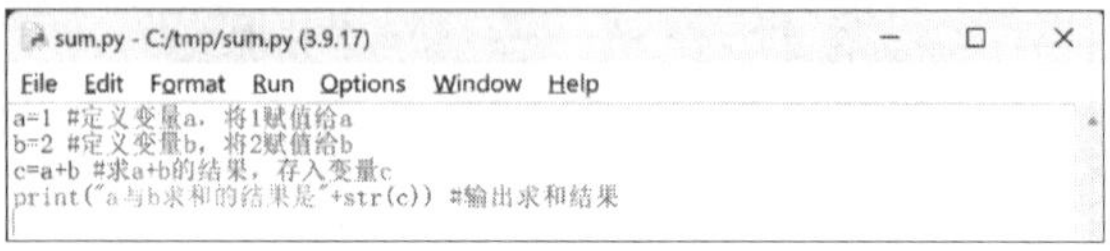

图 8-6　求和代码

3. 运行代码

选择 Run 菜单下的 Run Module 选项即可运行代码，结果如图 8-7 所示。

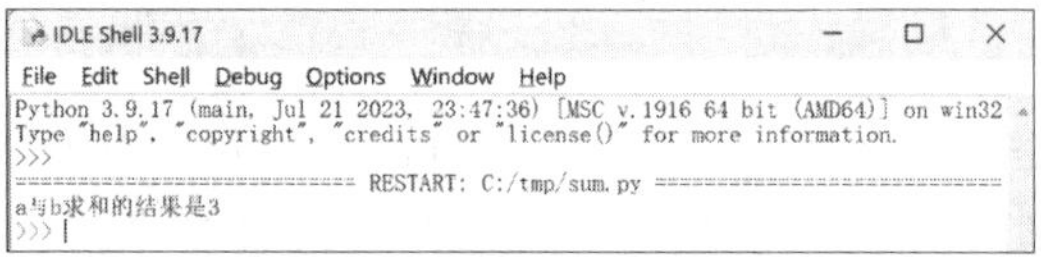

图 8-7　代码运行结果

任务评价

请填写如表 8-6 所示的自我评价表。

表 8-6　自我评价表

知识与技能	掌握程度				
	熟练掌握		掌握		基本掌握
Python 变量定义及常见的数据类型					
Python 运算符					
Python 输入与输出					
在 IDLE 中输入、运行代码					
自评结果	A. 优秀	B. 良好	C. 中等	D. 及格	E. 不及格

习　题

单选题

1. 关于 Python 变量定义，以下说法中正确的是（　　）。

A.Python 变量在声明时需要指定数据类型

B.Python 变量名可以包含空格

C.Python 变量名区分大小写

D.Python 变量赋值后，其值不可更改

2.Python 中的字符串类型用于存储（ ）类型的数据。

A. 数字 B. 布尔值 C. 文本 D. 列表

3.（ ）运算符用于检查两个值是否相等。

A.= B.== C.!= D.+

4. 在 Python 中，（ ）符号用于给变量赋值。

A.$ B.# C.= D.&

5. 以下选项中，（ ）是 Python 中的有效变量名。

A.3variable B.my_variable

C.variable-name D.class

任务拓展

请编写一个程序并运行，程序完成如下功能。

定义两个变量 a 和 b，它们的值分别是 4 和 2。完成 a 加 b、b 减 a、a 乘 b、a 除以 b 和 a 的 b 次方等运算，并输出结果。

任务 3 认知 Python 程序的编程结构

任务背景

编程结构是程序的基础，它决定了代码的执行流程。在本任务中，我们将深入探讨如何运用 Python 中的选择结构和循环结构构建更为复杂的程序，解决逻辑判断以及重复执行任务的问题。

任务目标

（1）理解条件控制语句，掌握 if 语句和 if-else 语句的使用。

（2）理解循环语句，掌握 while 语句和 for 语句的使用。

任务要求

理解 Python 程序的选择结构和循环结构，能根据问题要求书写出正确的条件控制语句和循环语句，解决比较数据大小的问题。

基础知识

一、条件控制语句

1.if 语句

if 语句是最基本的条件控制语句，用于检查一个条件是不是真。如果条件为真，则执行 if 语句块中的代码。例如：

```
x = 10
if x > 5:
    print (" 比 5 大 ")
```

值得注意的是，Python 代码有严格的缩进要求，if 语句块中的语句（如此处的 print 语句）需要比 if 语句增加一个缩进层次，如果没有缩进，程序将会报错。读者们学习 Python 的时候需要注意各种语句的缩进。

2.elif 语句

elif 语句是 if 语句的扩展，用于在 if 语句的条件不成立时检查其他条件。可以使用多个 elif 语句检查多个条件。例如：

```
x = 7
if x > 10:
    print ("x 大于 10")
elif x > 5:
    print ("x 大于 5 且小于 10")
```

这段代码中，如果条件 x>10 成立，则进入 if 语句块执行，输出“x 大于 10”，此时不再进入 elif 语句。反之若 x>10 的条件不成立，就会进入 elif 语句，检查条件 x>5 是否成立，若成立则执行 elif 语句块，输出“x 大于 5 且小于 10”，否则不执行（没有任何输出）。

3.else 语句

else 语句用于在 if 和所有 elif 语句的条件都不成立时执行代码。else 语句是可选的，但通常与 if 和 elif 语句一起使用。例如：

```
x = 3
if x > 10:
    print ("x 大于 10")
elif x > 5:
    print ("x 大于 5 且小于 10")
else:
    print ("x 小于或等于 5")
```

这个程序段扩展了前面的程序，当条件 x>10 成立时进入 if 语句块执行，输出“x 大于 10”，若条件 x>10 不成立，则进入 elif 语句，条件 x>5 成立时执行 elif 语句块，输出“x 大于 5 且小于 10”，此时不执行 else 语句，否则进入 else 语句块执行，输出“x 小于或等于 5”。

4. 逻辑运算符

在条件控制语句中，逻辑运算符（如 and、or 和 not）用于组合多个条件。

and ：当且仅当两个条件都为真时，结果才为真。

or ：只要有一个条件为真，结果就为真。

not ：将条件的布尔值取反。

例如：

```
x = 12
y = 18
if x >10 and y > 15:
    print (" 两个条件表达式的值都是 True")
```

二、循环语句

Python 循环语句允许重复执行代码，从而有效地处理大量数据和任务。

1.while 循环

while 循环用于在条件为真时重复执行代码块。它会不断地检查条件，只要条件为真，就会继续执行循环。

```
# 初始化计数器变量 count 为 0
count = 0
# 使用 while 循环，当 count 小于 5 时执行循环体内的代码
while count < 5:
    # 输出当前计数器的值
    print (count)
    # 将计数器的值增加 1，为下一次循环做准备
    count + = 1
```

在这个程序中，count 是一个用于追踪循环次数的变量。while 循环会检查 count 的值是否小于 5，如果是，则执行循环体内的代码。在循环体内，首先通过 print() 函数输出 count 的当前值，然后通过 count += 1 语句将 count 的值增加 1。这样，每次循环迭代都会输出一个递增的数字，直到 count 的值达到 5，循环结束。

2.for 循环

for 循环可以使用 range() 函数指定循环次数。例如：

```
# 使用 range () 函数循环 5 次
for i in range (5) :
    print (i)
```

三、函数定义

在 Python 中，函数是一种可重用的代码块，旨在执行特定的任务或计算。通过为函数指定一个名称，用户可以在程序中多次调用它，而无需重复编写相同的代码。函数不仅提高了代码的可读性和可维护性，还促进了代码的模块化和重用。

使用 def 关键字定义一个函数。语法如下：

```
def function_name (parameters):
    # 函数体
    return value   # 可选，返回值
```

一个求两个数之和的函数如下：

```
def add (a,b):
    return a + b
```

在定义了函数之后，可以进行函数调用，传递实际参数使用函数的功能，例如计算 3+5 的值，可以进行如下调用。

```
# 调用函数
result = add (3,5)
print (result)   # 输出 8
```

任务实施

编写一个程序，可以执行 5 次，每次让用户输入两个数，输出这两个数比较大小的结果。

1. 完成比较两个数大小的函数

打开 IDLE 代码编辑器，新建代码文件，输入如下函数。

```
def compare_values (a, b):
    # 检查 a 是否大于 b
    if a > b:
        return True
    else:
        return False
```

这个函数体内部使用了 if–else 语句，比较了 a 和 b 的值。如果 a>b 成立，则执行 if 分支的语句，即返回 True，否则执行 else 分支的语句，即返回 False。在调用这个函数的时候，需传入两个参数，根据函数返回值是 True 还是 False 即可得出参数 a 和 b 的大小关系。

2. 使用 for 循环，完成执行 5 次的程序主体

在代码文件中输入如下代码：

```
# 使用 for 循环让用户输入 5 次
for i in range (5):
    # 提示用户输入第 1 个值 a
    a = float (input (f" 请输入第 {i+1} 次比较的第 1 个值 a ( 整数或浮点数 ):"))
    # 提示用户输入第 2 个值 b
    b = float (input (f" 请输入第 {i+1} 次比较的第 2 个值 b ( 整数或浮点数 ):"))
    # 调用比较函数并获取结果
    result = compare_values (a,b)
    # 输出比较结果
    if result:
        print (f" 第 {i+1} 次比较结果 :{a} 大于 {b}，结果是 True")
    else:
        print (f" 第 {i+1} 次比较结果 :{a} 不大于 {b}，结果是 False")
```

将两段代码组合，如图 8–8 所示。

3. 运行代码

运行代码，得到的结果如图 8–9 所示。

```
def compare_values(a, b):
    # 检查 a 是否大于 b
    if a > b:
        return True
    else:
        return False
# 使用 for 循环让用户输入 5 次
for i in range(5):
    # 提示用户输入第 1 个值 a
    a = float(input(f"请输入第{i+1}次比较的第 1 个值 a（整数或浮点数）:
"))
    # 提示用户输入第 2 个值 b
    b = float(input(f"请输入第{i+1}次比较的第 2 个值 b（整数或浮点数）:
"))
    # 调用比较函数并获取结果
    result = compare_values(a, b)
    # 输出比较结果
    if result:
        print(f"第{i+1}次比较结果：{a} 大于 {b}，结果是 True")
    else:
        print(f"第{i+1}次比较结果：{a} 不大于 {b}，结果是 False")
```

图 8–8　比较两数大小的程序

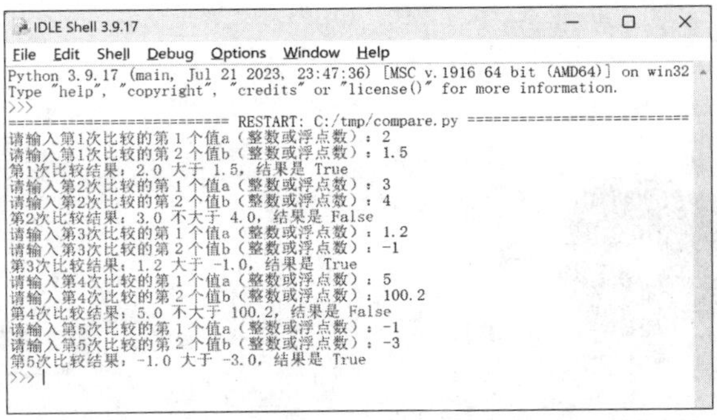

图 8-9　比较两数大小的程序的运行结果

任务评价

请填写如表 8-7 所示的自我评价表。

表 8-7　自我评价表

知识与技能	掌握程度		
	熟练掌握	掌握	基本掌握
if 语句和 if-else 语句			
while 语句和 for 语句			
Python 函数定义			
在 IDLE 中输入、运行代码			
自评结果	A. 优秀　B. 良好　C. 中等　D. 及格　E. 不及格		

习　题

单选题

1. 以下选项中，（　　）语句可以根据条件执行代码块。

A.for　　B.if　　C.while　　D.def

2. 当需要基于条件执行不同代码块时，应使用（　　）结构。

A.for 循环　　B.if 语句　　C.if-else 语句　　D.while 循环

3. 以下选项中（　　）最适合用于遍历 Python 中的列表元素。

A.while 循环　　B.for 循环　　C.if 语句　　D.if-else 语句

4. 在 while 循环中，要立即停止循环并跳出，应使用关键字（　　）。

A.return　　B.break　　C.continue　　D.pass

5.for 循环中，如果想跳过当前迭代并继续下一次迭代，应该使用关键字（　　）。

A.break　　B.continue　　C.pass　　D.return

任务拓展

请使用 while 循环改写比较大小的程序，并运行。

模块 9
人工智能简介

★知识目标★

（1）了解人工智能的基本概念。
（2）了解人工智能的社会价值。
（3）熟悉人工智能常用的开发平台。

★能力目标★

（1）能够运用 AI 的原理和方法解决实际生活中的问题。
（2）能够撰写结构清晰、逻辑严密的 AI 项目报告，并能有效地进行口头汇报。
（3）培养对 AI 新技术的敏锐度，具备自我学习和更新知识的能力。
（4）能够辨别 AI 相关信息的真伪，避免盲目跟风或传播不实信息。

★素质目标★

（1）面对 AI 领域的复杂性和不确定性，保持耐心，坚持不懈地追求解决方案。
（2）培养职业道德和社会责任感，确保 AI 技术的应用符合伦理和法律标准。
（3）树立终身学习的理念，认识到在 AI 领域持续学习的重要性，不断追求卓越。
（4）树立科技创新的精神，强调团队合作的重要性，倡导跨学科的交流与合作。

一直以来，人们对人工智能都充满了好奇和困惑。每次听到“AI”这个词，都会觉得它好像离我们很远，又好像无处不在。然而，当深入地去了解时，你会发现原来人工智能就在我们身边，而且正在悄悄地改变我们的生活。在 2016 年，科技界的大事之一有“阿尔法狗”大战李世石，问鼎围棋，这将人工智能的热点推向高潮，人工智能的概念在全球开始流行，第一次出现在普通大众的生活中。2017 年 10 月，最新版本的“阿尔法狗零”自学三天，就将上个版本的“阿尔法狗”打败（100 比 0），人工智能再次进入人们的视野。本模块主要介绍人工智能的基础知识、人工智能的核心技术、人工智能技术的应用等内容。

项目 1　人工智能概述

任务 1　了解人工智能

任务背景

人工智能（artificial intelligence，AI）是研究、开发用于模拟、延伸和扩展人的智能的理论、方法、技术及应用系统的科学领域。本任务主要了解人工智能的基本概念、定义、集成技术和方法。

任务目标

（1）了解人工智能的基础概念。
（2）了解人工智能的定义。
（3）了解人工智能的集成技术。
（4）认识人工智能的概念组成部分。

任务要求

（1）理解并掌握人工智能的基本概念。
（2）理解人工智能集成的核心技术。
（3）认识人工智能执行的高级功能。
（4）理解人工智能概念组成部分中“人工”的概念知识。
（5）理解人工智能概念组成部分中“智能”的概念知识。

基础知识

1. 人工智能的概念和定义

人工智能是指通过计算机程序或机器模拟、实现人类智能的技术和方法，即通过计算机模拟人类智能，以达到类似人类智能的表现和行为的技术和理论。广义的定义：人工智能是研究、开发用于模拟、延伸和扩展人的智能的理论、方法、技术及应用系统的一门新的技术科学。狭义的定义：人工智能也可以被定义为一种数学模型、计算程序和执行系统，包括软件和硬件，能够胜任和完成由人类或自然智能所具有的功能和任务。人工智能概念图如图 9–1 所示。

图 9–1　人工智能概念图

2. 人工智能的集成技术及概念组成部分

人工智能集成了机器学习、深度学习、自然语言处理等多种技术，使计算机能够执行诸如理解、翻译、数据分析和提出建议等高级功能。人工智能的概念可以分为两部分，即“人工”和“智能”，“人工”指的是由人力创造的技术，而“智能”则意味着这种技术能实现类似于人类的智能行为。

任务实施

1. 导入人工智能课题

通过引入人工智能相关的有趣的问题或情境的方式，激发学生的学习兴趣和好奇心。

2. 介绍人工智能

系统地讲解人工智能的基础知识和理论，确保学生对核心概念有清晰的理解。

3. 案例分析

选取典型的人工智能应用案例进行分析，帮助学生理解该技术的实际应用和价值。

4. 课堂讨论

组织学生就人工智能的伦理道德问题进行讨论，培养他们的批判性思维和伦理意识。

5. 总结归纳

对本任务的内容进行总结归纳，帮助学生梳理知识点并加深理解。

任务评价

请填写如表 9–1 所示的自我评价表。

表9-1　自我评价表

知识与技能		掌握程度		
		熟练掌握	掌握	基本掌握
人工智能的概念				
人工智能的定义				
人工智能集成技术				
人工智能概念的组成				
自评结果	A. 优秀　B. 良好　C. 中等　D. 及格　E. 不及格			

习　　题

单选题

1. 人工智能是指通过计算机模拟人类智能，以达到类似人类智能的表现和行为的技术和理论。以下不是人工智能核心技术的是（　　）。

A. 机器学习　　B. 深度学习

C. 自然语言处理　　D. 数据挖掘

2. 人工智能的定义中，狭义定义指的是（　　）。

A. 研究、开发用于模拟、延伸和拓展人的智能的理论、方法、技术及应用系统的一门新的技术科学

B. 一种数学模型、计算程序和执行系统，包括软件和硬件，能够胜任和完成由人类或自然智能所具有的功能和任务

C. 人工智能是计算机科学的一个分支，它企图了解智能的实质，并生产出一种新的能以人类智能相似的方式做出反应的智能机器

D. 以上都是

3. 人工智能的研究方向不包括（　　）。

A. 机器学习　　B. 深度学习

C. 自然语言处理　　D. 生物医学工程

4. 人工智能的核心在于通过计算机模拟人类智能以实现各种复杂任务。以下不是人工智能核心要素的是（　　）。

A. 学习能力　　B. 推理能力

C. 感知能力　　D. 物理交互能力

任务拓展

人工智能的概念是一个持续深化和拓宽知识视野的过程，它有助于我们更全面、深入地理解人工智能的基本概念、原理和应用，并培养相关的实践能力、创新思维和跨学科学习能力。请同学们完成以下拓展任务。

（1）在掌握基础知识的基础上，进一步深入学习人工智能的高级理论和技术，如深度

学习、强化学习等。

（2）关注人工智能领域的最新研究成果有哪些，了解技术发展的前沿动态。

（3）探索人工智能在新兴领域（如智能机器人、智能家居等）的应用潜力。

（4）讨论人工智能技术可能带来的伦理道德问题，思考人工智能技术的社会影响和责任。

（5）用批判性思维和伦理意识看待人工智能技术，成为负责任的技术使用者和开发者。

任务 2　人工智能的诞生和发展历史

任务背景

人工智能作为一门前沿科学，其发展经历了多个阶段，从早期的理论探索到现代的广泛应用，每一步都充满了挑战与机遇。在人工智能的发展过程中，有许多关键人物和事件对其发展产生了深远的影响。通过学习人工智能的诞生和发展历史，我们可以更好地理解这一领域的发展历程、技术演变以及未来趋势。本任务主要了解人工智能的诞生和历史发展过程。

任务目标

（1）理解人工智能的起源。

（2）梳理人工智能的发展阶段。

（3）认识人工智能发展过程中的关键人物。

（4）分析人工智能的社会影响。

（5）探索人工智能的现状和趋势。

任务要求

（1）理解人工智能的发展过程，包括各个阶段的特点和成就。

（2）分析人工智能发展过程中的重要事件，如达特茅斯会议、第一台人形机器人等。

（3）探讨人工智能发展过程中的重要事件对人工智能发展的影响和意义。

（4）讨论人工智能技术对社会、经济和文化的影响，包括正面和负面效应。

（5）思考人工智能在不同领域（如家居、教育、交通等）的应用，评估其未来潜力。

（6）了解人工智能技术的发展现状，包括专用智能和通用智能的区别与进展。

基础知识

1. 人工智能的发展过程

人工智能的诞生和发展经历了多个重要阶段，从 1956 年概念的提出到现代技术的飞速发展，每个阶段都有其独特的成就和挑战，如图 9–2 所示。

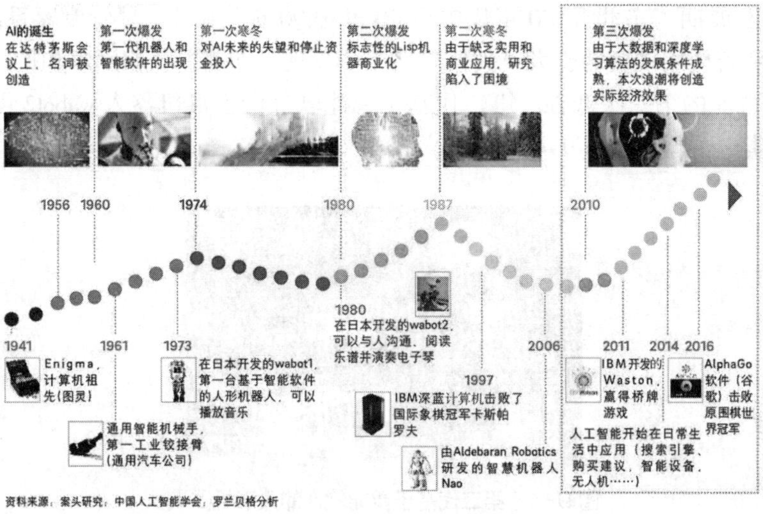

图 9-2 人工智能的发展过程

2. 人工智能的发展阶段

（1）起步发展期（1956 年至 20 世纪 60 年代初）：在这个阶段，人工智能的概念被正式提出并迅速获得了学术界的广泛关注。1956 年，在美国汉诺斯小镇达特茅斯会议上首次使用“人工智能”这一术语，标志着该学科的正式成立。在此时期，人工智能的研究取得了一系列突破性成果，如机器定理证明、跳棋程序等，掀起了人工智能发展的第一个高潮。同一时期，中国制定了《1956—1967 年科学发展远景规划》，方针是“重点发展，迎头赶上”。随后，自动化、计算技术、电子学和半导体这 4 个学科的研究和发展被列为“四大紧急措施”。在此背景下，中国科学院成立了自动化研究所。

（2）反思发展期（20 世纪 60 年代至 20 世纪 70 年代初）：由于早期人工智能研究的期望过高而实际进展缓慢，加之一些技术难题未能解决，如自然语言理解和常识推理等，人工智能进入了第一次低谷。这一时期，尽管面临挑战，但人工智能的研究并未完全停滞，科学家们继续探索新的理论和技术。

（3）应用发展期（20 世纪 70 年代初至 20 世纪 80 年代中）：专家系统的出现标志着人工智能从理论研究向实际应用的转变，它们模拟人类专家的知识和经验解决特定领域的问题，如医疗诊断和化学分析，推动了人工智能的实用化。第一台基于智能软件的人形机器人 wabot1 可以播放音乐，如图 9-3 所示。

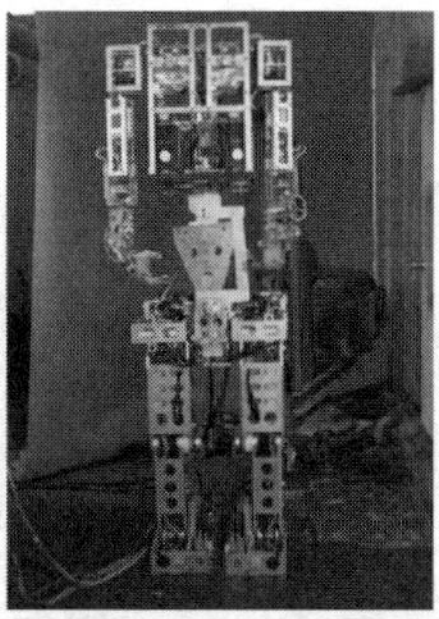

图 9-3 第一台基于智能软件的人形机器人

（4）低迷发展期（20 世纪 80 年代中至 20 世纪 90 年代中）：尽管专家系统在某些领域取得成功，但随着应用规模的扩大，其局限性逐渐显现，如知识获取困难和推理方法单一等，这导致了人工智能的第二次低谷。第二代基于智能软件的人形机器人 wabot2 可以与人沟通，阅读乐谱并演奏电子琴，如图 9–4 所示。

图 9–4　第二代基于智能软件的人形机器人

（5）稳步发展期（20 世纪 90 年代中至 2010 年）：互联网技术的发展为人工智能提供了新的数据资源和计算平台，促进了人工智能技术的进步和应用扩展。例如，IBM 的深蓝计算机在 1997 年战胜国际象棋世界冠军卡斯帕罗夫，成为人工智能领域的一个标志性事件，如图 9–5 所示。这一阶段的另一个成果是 2006 年由 Aldebaran Robotics 公司研发的智慧机器人 Nao，如图 9–6 所示。

图 9–5　IBM 的深蓝计算机战胜国际象棋世界冠军卡斯帕罗夫

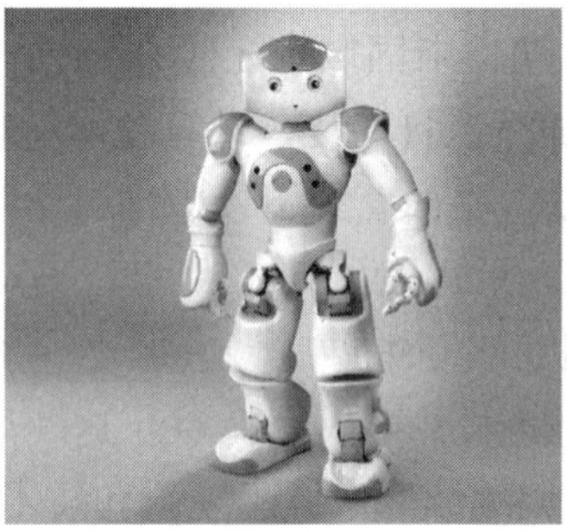

图 9–6　智慧机器人 Nao

（6）蓬勃发展期（2011 年至今）：随着大数据、云计算、物联网等技术的发展，以及深度学习技术的突破，人工智能在图像识别、语音识别、自然语言处理等领域取得了显著进展，引发了新一轮的技术热潮。例如，2016 年 3 月，AlphaGo（阿尔法狗）软件战胜了围棋世界冠军李世石，如图 9–7 所示。

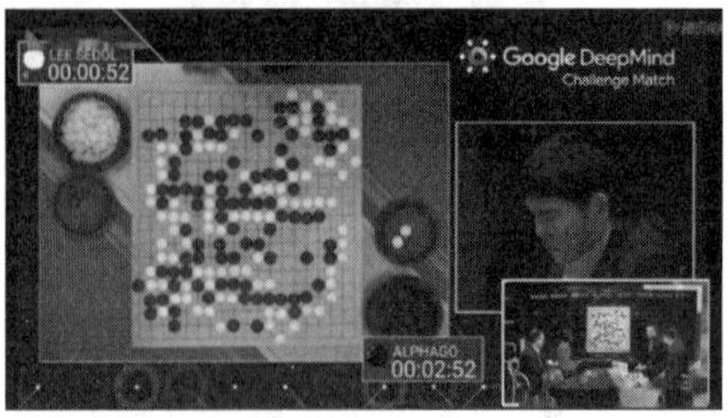

图 9–7　AlphaGo 软件战胜围棋世界冠军李世石

综上所述，人工智能的发展经历了多个阶段，每个阶段都伴随着技术的进步和社会影响的增大。当前，人工智能正处于快速发展之中，未来可能给社会带来更加深远的变革。

任务实施

1. 起源与早期发展介绍

介绍人工智能的起源，包括古希腊神话中的机械人以及 20 世纪中叶的科学研究。重点讲解 1956 年达特茅斯会议的重要性，以及“人工智能”这一术语的首次提出。

2. 发展阶段分析

梳理人工智能从起步到蓬勃发展的各个阶段，包括每个阶段的特征、成就和挑战。强调不同时期的关键事件和技术突破，如图灵测试的提出、专家系统的兴起等。

3. 历史人物研究

详细介绍“人工智能之父”艾伦·图灵及其贡献，包括图灵测试和对人工智能发展的预测。研究其他对人工智能发展有重大影响的科学家和他们的成就，如麦卡锡、明斯基等。

4. 社会影响探讨

讨论人工智能技术对社会、经济和文化的影响，包括正面的和负面的。思考人工智能在不同领域的应用，如医疗、教育、交通等，并评估其未来潜力。

5. 现状与趋势展望

介绍当前人工智能技术的发展现状，包括专用智能和通用智能的区别与进展。预测人工智能的未来发展趋势，特别是在技术创新和社会应用方面的可能性。

任务评价

请填写如表 9–2 所示的自我评价表。

表9–2 自我评价表

知识与技能	掌握程度		
	熟练掌握	掌握	基本掌握
人工智能的起源			
人工智能的发展阶段			
人工智能发展过程中的关键人物			
人工智能的社会影响			
人工智能的现状和未来发展趋势			
自评结果	A. 优秀 B. 良好	C. 中等 D. 及格	E. 不及格

习 题

单选题

1. 人工智能学科正式确立的标志是（ ）。

A. 图灵测试的提出 B. 达特茅斯会议的召开

C. IBM 深蓝超级计算机战胜卡斯帕罗夫 D. 日本政府启动第五代计算机项目

2. 被誉为“人工智能之父””的是（　　）。

A. 约翰·麦卡锡　　B. 艾伦·图灵

C. 马文·明斯基　　D. 杰弗里·辛顿

3. 以下不是人工智能发展过程中的重要事件的是（　　）。

A. ELIZA 聊天机器人的诞生　　B. Shakey 机器人的研制成功

C. 日本第五代计算机项目的启动　　D. iPhone 手机的发布

4. IBM 深蓝超级计算机战胜国际象棋世界冠军卡斯帕罗夫发生在（　　）。

A.1997 年　　B.2000 年　　C.2005 年　　D.2010 年

5. 以下不属于“四大紧急措施”的是（　　）。

A. 自动化　　B. 计算机技术　　C. 大数据技术　　D. 半导体

任务拓展

为了进一步加深对人工智能的诞生和发展历史的了解，提高同学们学习和解决问题的能力，以及增强个人表达和理解能力，请完成以下拓展任务。

（1）观看与人工智能相关的视频，如 *AI: The Robots Among Us*、*AlphaGo* 等。这些影视作品可以生动地展示人工智能的发展历史和应用场景，加深同学们对人工智能发展历史的了解。

（2）同学们分成若干小组，就人工智能的某个话题进行讨论和交流。例如，讨论人工智能的伦理问题、社会影响以及未来的发展趋势等。通过小组讨论，锻炼表达能力和团队协作能力。

（3）鼓励同学们建立一个以人工智能为主题的学习社群，如微信群、QQ 群等。在社群中，可以分享学习资源、交流学习心得、答疑解惑等。通过社群互动，同学们可以形成良好的学习氛围并促进彼此之间的合作与交流。

任务 3　AI 的核心技术及基本特征

任务背景

人工智能是一种有效的工具，它使机器能够从经验中学习，适应新的变化，并像人类一样执行任务。它可以设计智能机器或开发软件应用程序，在推理、感官应用、规划、最佳决策和解决问题技术的帮助下，这些应用程序可以拥有自我学习和模仿人类思维的特征。利用数据挖掘人工智能执行人类行为的潜力已经引起了研究团体和顶级企业的特别关注，与其他技术相比，这一领域的技术取得了快速发展。本任务主要了解人工智能的核心技术和基本特征。

任务目标

（1）了解人工智能的智能行为能力。

（2）熟悉人工智能的核心技术所包含的内容。

（3）了解通过设计智能机器或开发软件应用程序的方式，使系统模拟人类实现智能行为。

（4）了解人工智能的基本特征。

任务要求

（1）理解人工智能如何从大量数据中学习知识和技能。

（2）掌握人工智能如何利用已有的知识和经验进行逻辑推理和判断。

（3）了解人工智能在自然语言处理领域的应用。

（4）关注人工智能领域的最新研究和技术发展，思考人工智能未来的发展方向和可能的社会影响。

基础知识

1. 人工智能通过机器和算法模拟人类智能行为

人工智能是一门涉及计算机科学的分支，旨在通过机器和算法模拟人类的智能行为。这包括学习、推理、自我修正等能力。人工智能的核心技术包括机器学习、深度学习、自然语言处理、计算机视觉和机器人技术等，如图 9–8 所示。这些技术的发展使人工智能能在多种场景下模拟人类的思维和行为。

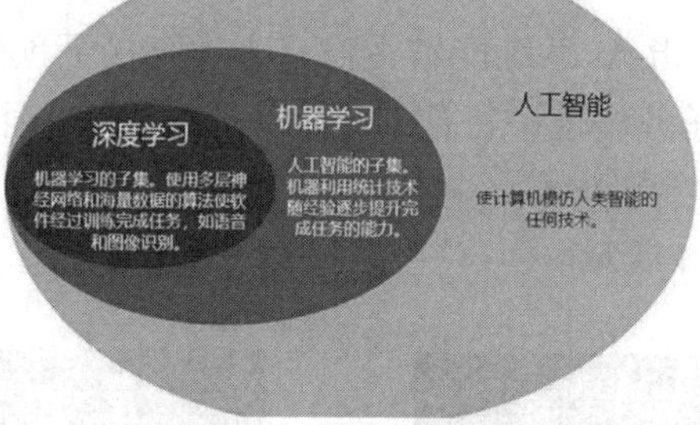

图 9–8　人工智能开发流程图

人工智能是一种有效的工具，它使机器能够从经验中学习，适应新的变化，并像人类一样以理性的思考和行动执行任务。它可以设计智能机器或开发软件应用程序，在推理、感官应用、规划、最佳决策和解决问题技术的帮助下，这些应用程序可以拥有自我学习和模仿人类思维的特征。

2. 人工智能的基本特征

人工智能的基本特征主要包括学习能力、推理能力、语言理解与生成、计算机视觉、自主性、存储与处理大数据以及并行性。以下是对这些特征的具体介绍。

（1）学习能力：学习能力是人工智能的核心特征之一，它使 AI 系统能够通过机器学习算法从海量数据中提取知识，并不断优化其性能和准确性。机器学习可以分为监督学习、无监督学习和强化学习 3 种方式。标志性的产物是 2022 年小米科技公司的 CyberOne 仿生机器人，如图 9–9 所示。

（2）推理能力：推理能力使 AI 能够根据已有的知识和经验进行逻辑推断，做出合理的判断和决策。这种能力不仅包括基于规则的推理，还包括从经验中总结出新规则的能力。

（3）语言理解与生成：AI 的语言理解与生成能力使其能够理解和处理人类的自然语言，

这一能力在搜索引擎、智能助手和翻译等领域有着广泛的应用。标准性的产物是优必选科技公司发布的仿生机器人系列，如图 9–10 所示。

图 9–9　CyberOne 仿生机器人

图 9–10　优必选科技公司发布的仿生机器人系列

（4）计算机视觉：计算机视觉是 AI 的重要组成部分，它使机器能够通过图像和视频等视觉数据理解世界，实现物体识别、人脸识别、场景理解等功能。这一技术在自动驾驶、安全监控等领域至关重要。标志性的产物是 2024 年宇树科技公司发布的仿生机器人系列，如图 9–11 所示。

（5）自主性：自主性是指 AI 系统能够在没有人类直接干预的情况下，根据环境变化和任务需求做出决策并执行任务。这一特征对于无人驾驶汽车、机器人等领域尤为重要。标志性的产物有中国空间站智能机械臂、“美团”空投外卖无人机、“萝卜快跑”无人驾驶运营汽车等，如图 9–12~ 图 9–14 所示。

图 9–11　宇树科技公司发布的仿生机器人系列

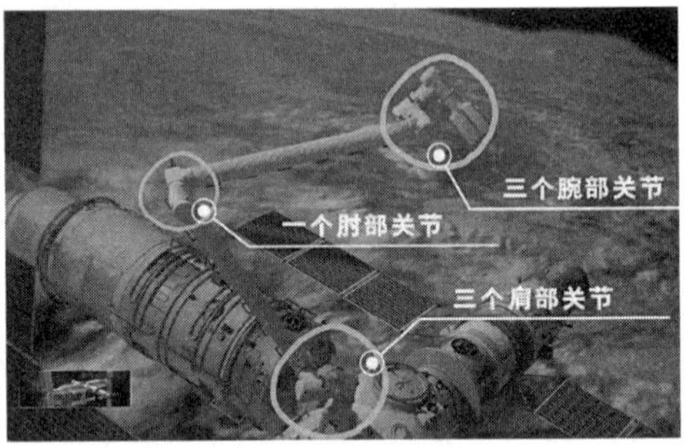

图 9–12　中国空间站智能机械臂

图 9–13　“美团”空投外卖无人机

图 9–14　“萝卜快跑”无人驾驶运营汽车

（6）存储与处理大数据：AI 需要处理和分析大量数据，以支持其学习和决策过程。通过分布式计算和云计算等技术，AI 可以高效地存储和处理这些数据。

（7）并行性：并行性允许 AI 同时处理多个任务，提高处理效率和响应速度。这一特性对于需要实时处理大量信息的应用场景尤为关键。

综上所述，人工智能的基本特征涵盖了从数据处理到自主决策的各个方面，这些特征共同构成了 AI 的核心能力和应用基础。随着技术的不断进步，这些特征将进一步完善，推动 AI 技术在更多领域的应用和发展。

任务实施

1. 基础知识介绍

明确本任务结束后应掌握的知识和技能，如理解人工智能的智能行为、了解人工智能的不同特征在不同领域具有广泛的应用。

2. 引入课程主题

从人工智能的智能行为原理、核心技术和基本原理开始，逐步引入人工智能基本特征的主题知识。

3. 讲解基本特征

学习和理解人工智能不同特征中所包含的知识内容，理解不同特征可在不同领域得到广泛应用。

4. 社会责任培养

引导思考 AI 技术的伦理问题，如偏见、隐私保护等。强调作为未来的 AI 开发者和使用者，应承担的社会责任。

任务评价

请填写如表 9-3 所示的自我评价表。

表9-3　自我评价表

知识与技能		掌握程度		
		熟练掌握	掌握	基本掌握
人工智能的智能行为				
人工智能的核心技术				
人工智能的技术发展				
人工智能的基本特征				
自评结果	A. 优秀	B. 良好	C. 中等	D. 及格　E. 不及格

习　题

单选题

1. 以下属于人工智能基本特征的是（　　）。

A. 固定程序执行　　B. 自主性与并行性

C. 仅依赖于人类指令　　D. 无法处理大量数据

2. 在人工智能中，使其能够从经验中学习和改进的是（　　）。

A. 推理能力　　B. 存储能力

C. 学习能力　　D. 并行处理能力

3. 人工智能的语言理解与生成能力主要涉及的领域是（　　）。

A. 机器学习　　B. 自然语言处理

C. 计算机视觉　　D. 机器人学

4. 以下技术中使计算机能够“看见”和理解图像的是（　　）。

A. 语音识别　　B. 自然语言处理

C. 计算机视觉　　D. 强化学习

5. 人工智能的自主性指的是（　　）。

A. 完全不需要人类的干预　　B. 能够独立决策和执行任务

C. 只能执行预先编程的任务　　D. 不能进行任何自我调整

任务拓展

请同学们结合所学知识，进行知识拓展，按要求完成以下内容。

（1）了解什么是机器学习。

（2）探讨深度学习所包含的知识内容。

（3）深入了解语义分析、情感分析和机器翻译等领域的知识。

（4）深入了解计算机视觉的知识内容，探索对象检测、图像分割和视频分析等高级主题。

（5）了解世界不同文化背景下的 AI 应用和挑战。

项目 2　人工智能的社会价值

任务 1　AI 提高生产效率

任务背景

人工智能作为新一轮科技革命和产业变革的重要驱动力，正深刻改变着人们的生产、生活、学习方式。它通过提高生产效率、优化资源配置、创新服务模式等方式，为经济增长提供了新的动力。例如，智能制造、智能物流等领域的发展，大大提高了生产效率和经济效益。本任务主要介绍人工智能的社会价值中提高生产效率、改善生活质量的知识内容。

任务目标

（1）掌握人工智能在提高生产效率中的应用原理和方法。

（2）分析人工智能技术如何优化生产流程、降低成本和提升产品质量。

（3）通过实际案例的学习，了解人工智能在不同行业中的应用效果。

（4）培养创新思维，探索人工智能在未来生产中的潜力和挑战。

任务要求

（1）能够准确地理解人工智能的基本概念、原理和技术特点。

（2）通过对实际案例的分析，能够识别人工智能在提高生产效益中的关键环节和作用机制。

（3）在学习过程中发挥创新精神，提出新的观点和解决方案。

（4）学会与他人合作，共同解决问题。

（5）具备持续学习和适应新技术的能力。

基础知识

人工智能通过多种方式显著提高了生产效率，这些方式涵盖了从生产线自动化到供应链优化的各个方面。

1. 智能生产线的应用

AI 技术可以通过自动化和机器人技术，实现生产线的智能化。例如，使用机器人和传感器自动完成生产过程中的各种任务，减少人工干预，提高生产效率。汽车自动生产车间如图 9–15 所示。

2. 预测性维护的实施

利用机器学习算法分析设备数据，预测潜在的故障和停机时间，从而在问题发生之前进行维护，避免设备服务中断。例如，基于机器学习的心脏病检测如图 9–16 所示。

图 9–15　汽车自动生产车间

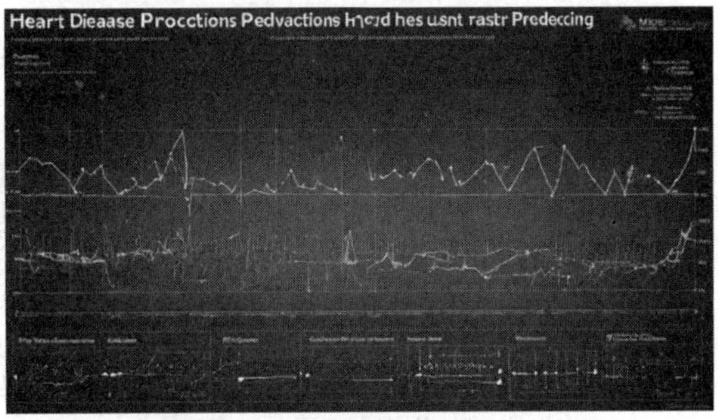

图 9–16　基于机器学习的心脏病检测

3. 质量控制的优化

通过计算机视觉和图像识别技术，AI 可以在生产过程中实时检测产品缺陷，确保产品质量，减少废品率，例如计算机视觉工业检测，如图 9–17 所示。

4. 供应链管理的改进

AI 可以帮助企业更有效地管理其供应链，通过预测物流需求和潜在风险，确保原材料和成品的及时供应。

5. 能源管理的精细化

AI 可以分析能源消耗模式，优化设备运行时间和功率设置，减少能源浪费，降低生产成本。例如，可以利用 AI 自动分析能源消耗，如图 9–18 所示。

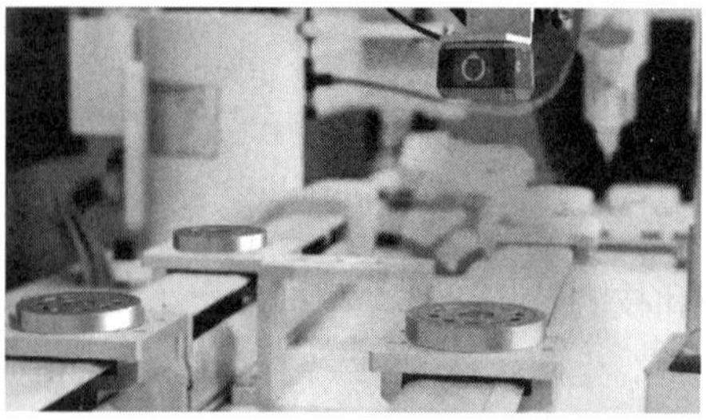

图 9-17　计算机视觉工业检测

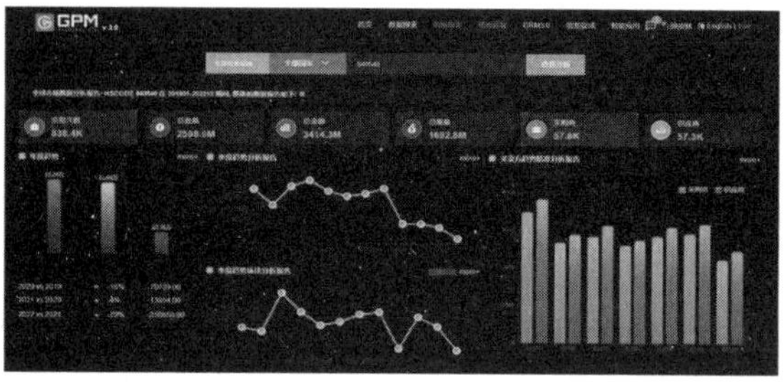

图 9-18　AI 自动分析能源消耗

6. 员工培训的加强

通过 AI 辅助的虚拟现实和增强现实技术，提供模拟环境进行员工培训，提高员工的操作熟练度和应对复杂情况的能力，如图 9-19 所示。

图 9-19　利用虚拟现实技术进行员工培训

7. 创新加速的推动

AI 不仅提高了现有工作的效率，还加速了创新过程。通过快速处理和分析大量数据，AI 有助于发现新的模式和趋势，从而推动产品和服务的创新。

8. 决策支持的提升

AI 系统可以提供基于数据的分析，帮助企业做出更加精准的业务决策，从而提高整体运营效率。

9. 客户服务的改善

在客户服务领域，AI 可以通过聊天机器人和自动化响应系统提供 24 h 的客户支持，提高客户满意度和服务效率。

10. 个性化生产的实现

AI 使得按需生产和个性化定制成为可能，通过灵活的生产系统快速响应市场需求变化，提高市场适应性和生产效率。

总的来说，人工智能通过优化生产流程、提高自动化水平、加强质量控制、改进供应链管理等多个方面，极大地提高了生产效率。随着 AI 技术的不断进步和应用深入，未来制造业和其他行业的生产效率有望得到更大幅度的提升。

任务实施

1. 明确 AI 提高生产效率的具体目标

明确 AI 提高生产效率的具体目标，如减少人工成本、提高生产速度、提升产品质量等。

同时，要明确 AI 技术的应用场景，如生产线自动化、质量检测、供应链管理等。

2. 选择合适的 AI 技术

选择合适的 AI 技术完成生产工作以提高工作效率和生产效率。

3. 实施与检测

在实施 AI 技术的过程中，需要密切关注生产效率和质量的变化，及时调整 AI 系统的参数和配置，确保其稳定运行。同时，要建立有效的监控机制，及时发现并处理潜在的问题。

4. 案例分析与借鉴

某汽车零部件生产企业采用人工智能视觉检测系统，实现了对产品质量的自动检测，提高了产品质量。

任务评价

请填写如表 9-4 所示的自我评价表。

表 9-4 自我评价表

知识与技能	掌握程度				
	熟练掌握		掌握		基本掌握
了解 AI 在不同领域的应用					
选择合适的 AI 技术进行生产					
了解不同 AI 技术的应用场景					
自评结果	A. 优秀	B. 良好	C. 中等	D. 及格	E. 不及格

习 题

单选题

1. 以下技术中最常用于生产线自动化，以显著提高生产效率的是（ ）。

A. 虚拟现实　　B. 人工智能与机器人技术

C. 三维打印　　D. 区块链

2. 以下选项中属于 AI 在质量检测中典型应用的是（ ）。

A. 通过机器视觉技术检测产品缺陷　　B. 通过自然语言处理分析客户反馈

C. 通过区块链技术确保产品溯源　　D. 通过物联网技术监控设备状态

3. 在提高生产效率方面，以下选项中不是 AI 的主要优势的是（ ）。

A. 减少人工成本　　B. 提高生产速度

C. 替代所有员工岗位　　D. 提升产品质量

4. 以下技术中不属于智能制造核心技术的是（ ）。

A. 人工智能　　B. 大数据　　C. 物联网　　D. 传统机械加工

5. 在制造业中，人工智能主要用于提高生产效率的方面是（ ）。

A. 产品设计和市场推广　　B. 生产决策、生产流程优化、质量控制

C. 人力资源管理和财务管理　　D. 物流运输和仓储管理

任务拓展

人工智能在提高生产效率方面的任务拓展涉及多个领域和层面。未来，随着人工智能技术的不断进步和应用场景的不断拓展，我们将看到更加智能化、高效化和人性化的生产方式和服务模式。请完成以下相关内容的任务拓展。

（1）人工智能在制造业中的应用与拓展。

（2）人工智能在服务业中的应用与拓展。

（3）人工智能在农业中的应用与拓展。

（4）人工智能在医疗健康领域的应用与拓展。

任务2　AI改善生活质量

任务背景

随着科技的飞速发展，AI技术已经深入人们生活的方方面面，从家居、交通、医疗到教育等多个领域，都在经历着AI带来的深刻变革。AI技术以其独特的优势，如高效的数据处理能力、精准的预测分析，以及强大的自动化能力，为人类改善生活质量提供了前所未有的机遇。本任务主要介绍AI技术在医疗健康领域、教育领域、交通领域、家居领域、娱乐领域的应用。

任务目标

（1）了解AI技术在不同领域的应用场景。

（2）了解AI技术如何改善生活质量。

（3）了解AI技术在改善生活质量方面发挥的重要作用。

（4）认识到通过不断创新和发展AI技术，人们可以创造更加便捷、舒适、健康和可持续的未来生活。

任务要求

（1）利用AI技术进行疾病预防、健康监测和紧急救援，提高人们的健康水平和安全保障。

（2）掌握AI教育平台，可提供个性化的学习方案，提升教育质量和公平性。

（3）了解自动驾驶技术和智能导航系统，提高出行安全性和舒适度。

（4）了解AI提供的更加丰富的生活体验。

基础知识

AI在改善生活质量方面发挥着日益重要的作用，其应用广泛且深远，涵盖了医疗健康、教育、交通、家居、娱乐等多个领域。以下是对人工智能如何改善生活质量的详细叙述。

1. 医疗健康领域

（1）精准医疗。AI通过分析患者的基因数据、病史和健康状况，可以为患者提供个性化的治疗方案，实现精准医疗。这有助于提高治疗效果，减少不必要的药物副作用。

（2）疾病预测与预防。AI 能够利用大数据分析技术，预测疾病的发病率和流行趋势，为公共卫生政策的制定提供依据。同时，通过监测个人健康数据，AI 可以提前发现潜在的健康问题，从而采取有效的预防措施。

（3）辅助诊断。AI 在医学影像识别方面取得了显著进展，可以辅助医生进行疾病诊断，如图 9–20 所示。这不仅可以提高诊断的准确性和效率，还可以减轻医生的工作负担。

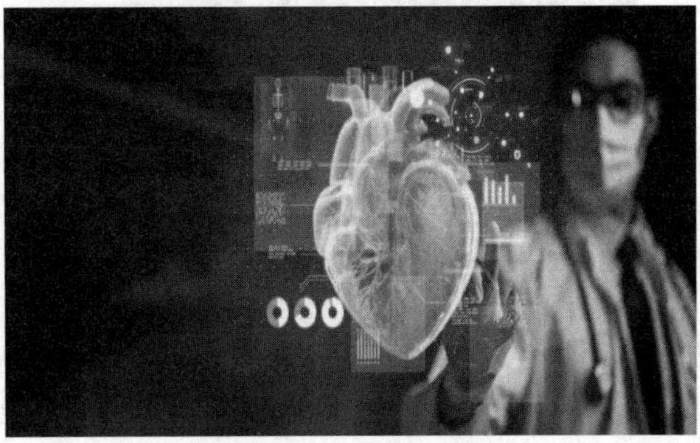

图 9–20 AI 辅助医疗

2. 教育领域

（1）个性化学习。AI 可以根据学生的学习习惯、兴趣和能力，提供个性化的学习资源和建议，从而提高学习效果和满意度。

（2）智能辅导。AI 可以模拟教师的角色，为学生提供在线辅导和答疑服务，如图 9–21 所示。这有助于解决教育资源不均的问题，让更多人享受到优质的教育资源。

（3）教育评估。AI 可以对学生的作业、考试等学习成果进行自动评估和反馈，为教师提供教学改进的依据。

图 9–21 AI 课堂教学

3. 交通领域

（1）智能交通管理。AI 可以实时监测交通流量、路况和违法行为，为交通管理部门提供决策支持，如图 9–22 所示。这有助于缓解交通拥堵，提高道路通行效率。

（2）自动驾驶技术。AI应用在自动驾驶技术方面，有望减少交通事故，提高驾驶的安全性和舒适性。同时，自动驾驶车辆还可以为老年人、残疾人等提供便捷的出行服务。

图 9-22 智慧交通

4. 家居领域

（1）智能家居系统。AI可以控制家中的各种设备，如灯光、空调、电视等，实现智能家居，如图 9-23 所示。这不仅可以提高生活的便利性，还可以节约能源，降低生活成本。

（2）家庭安全监控。AI可以实时监测家庭的安全状况，如入侵检测、火灾预警等。这有助于保障家庭成员的人身和财产安全。

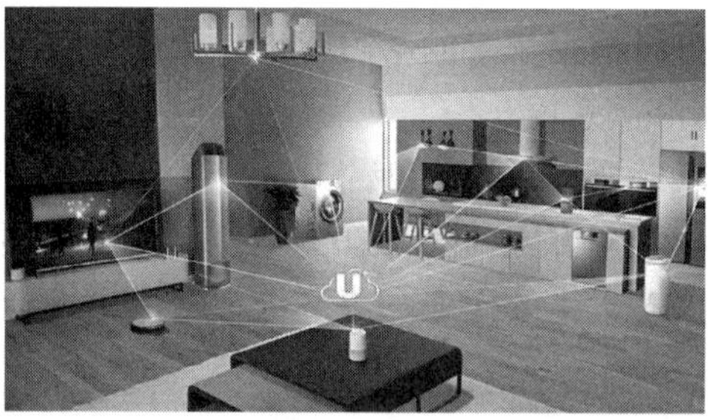

图 9-23 智能家居

5. 娱乐领域

（1）个性化推荐。AI可以根据用户的喜好和观看历史，推荐影视作品、音乐等娱乐内容。这有助于提高用户的娱乐体验，满足个性化的需求。

（2）虚拟现实技术。AI在虚拟现实技术方面的应用可以为用户提供沉浸式的娱乐体验，如图 9-24 所示。这有助于丰富人们的生活，提高生活品质。

图 9-24 虚拟现实技术

综上所述，AI 在多个领域的应用都可以提高人们的生活质量。随着技术的不断进步和应用场景的拓展，AI 将在未来发挥更加重要的作用，为人们的生活带来更多便利和惊喜。

任务实施

1. 明确学习目标

了解 AI 在不同领域中的应用改善了人们的生活质量。

2. 案例分享

分享 AI 改善生活质量的成功案例，展示技术的实际应用效果。

3. 持续创新与迭代

关注 AI 技术的最新发展动态，不断引入新技术和新算法优化现有应用和服务。

任务评价

请填写如表 9-5 所示的自我评价表。

表 9-5 自我评价表

<table>
<tr><td rowspan="2" colspan="2">知识与技能</td><td colspan="3">掌握程度</td></tr>
<tr><td>熟练掌握</td><td>掌握</td><td>基本掌握</td></tr>
<tr><td colspan="2">人工智能的应用领域</td><td></td><td></td><td></td></tr>
<tr><td colspan="2">AI 如何改善生活质量</td><td></td><td></td><td></td></tr>
<tr><td colspan="2">AI 技术在不同领域的应用场景</td><td></td><td></td><td></td></tr>
<tr><td colspan="2">AI 技术在改善生活质量方面发挥的作用</td><td></td><td></td><td></td></tr>
<tr><td>自评结果</td><td colspan="4">A. 优秀　B. 良好　C. 中等　D. 及格　E. 不及格</td></tr>
</table>

习　题

单选题

1. 智能家居系统可以实现对家居设备的远程控制，使用的主要技术为（　　）。

A. 语音识别　　B. 自然语言处理

C. 云计算和物联网　　D. 图像识别

2. 以下选项中不是 AI 技术在改善生活质量方面应用的是（　　）。

A. 智能家居系统的远程控制　　B. 疾病诊断和治疗决策的辅助

C. 环境污染的治理　　D. 虚拟现实技术的娱乐体验

3. 在社会服务领域，AI 技术可以用于的任务是（　　）。

A. 提供 24 小时在线咨询服务

B. 监测社会舆情和民意动向

C. 为老年人和残障人士提供生活照料和康复训练支持

D. 以上全部

4. 在交通出行领域，AI 技术可以用于的任务是（　　）。

A. 优化交通流量预测和调度　　B. 开发自动驾驶汽车和智能导航系统

C. 提高公共交通服务质量　　D. 以上全部

任务拓展

人工智能在改善生活质量方面的任务拓展是一个持续且广泛的过程，涉及多个领域和层面的创新与应用。请同学们完成以下相关内容的任务拓展。

（1）环境保护领域的拓展。利用 AI 技术，实时监测空气质量、水质等环境指标，及时发现环境问题并采取措施进行干预。

（2）智能办公与协作拓展。利用 AI 技术，提高办公效率和协作能力，如智能会议系统、智能文档处理等。

（3）智能机器人伴侣拓展。开发具有情感陪伴和辅助功能的智能机器人伴侣，为老年人、独居者等提供生活上的帮助和情感上的支持。

项目 3　人工智能常用的开发平台

任务 1　了解主流的机器学习框架

任务背景

小李是软件开发团队的新成员，最近负责了一个关于机器学习框架的研究项目。他的首要任务是对当前市场上主流的机器学习框架进行全面了解，以便后续能够根据实际需求选择合适的工具。小李需要搜集并整理相关资料，分析各个框架的特点、优势及适用场景，为团队提供有价值的参考意见。

任务目标

（1）熟悉主流的机器学习框架及其特点。

（2）了解各个框架的适用范围和限制。

（3）掌握如何根据项目需求选择合适的机器学习框架。

任务要求

（1）框架调研：收集并整理至少 3 个主流机器学习框架的资料，例如 TensorFlow、PyTorch 和 Scikit-Learn，总结它们的主要功能、优势和适用场景。

（2）框架对比：对比不同框架在模型构建、训练效率、社区支持等方面的异同点。

（3）报告撰写：撰写一份详细的调研报告，包括框架概述、特点分析、应用场景及优缺点等内容。

基础知识

主流机器学习框架简介

1. TensorFlow

概述：由 Google 开发，是一个开源的机器学习框架，支持大规模机器学习模型的训练。它提供了强大的图形计算能力和丰富的 API 接口，适用于各种深度学习任务。

主要功能：

①图形计算：支持动态图和静态图，可以在 CPU、GPU 和 TPU 等多种硬件上运行。

②分布式训练：支持多节点分布式训练，可以显著加速模型的训练过程。

③模型部署：提供了多种模型导出和部署方式，如 TensorFlow Serving 和 TensorFlow Lite。

优势：

①社区支持：拥有庞大的开发者社区，提供了大量的教程和资源。

②生态系统：拥有丰富的工具和库，如 TensorBoard、TFX 等。

适用场景：

①深度学习：适用于图像识别、自然语言处理等复杂任务。

②生产环境：适合大规模生产部署，支持多节点分布式训练。

2. PyTorch

概述：由 Facebook 推出，是一个开源的机器学习框架，以灵活性和动态计算图著称，特别适合于研究和快速原型设计。

主要功能：

①动态计算图：支持动态图，可以更方便地调试和修改模型。

②自动微分：提供了强大的自动微分功能，简化了梯度计算。

③多硬件支持：支持 CPU、GPU 等多种硬件，可以灵活选择计算设备。

优势：

①灵活性：适合快速原型设计和研究，代码可读性强。

②社区活跃：拥有活跃的开发者社区，提供了丰富的资源和支持。

适用场景：

①研究和开发：适用于学术研究和快速原型设计。

②自然语言处理：在文本生成、情感分析等方面有广泛应用。

3. Scikit-Learn

概述：是一个专注于传统机器学习算法的 Python 库，提供了一套简单高效的工具，用于数据挖掘和数据分析。

主要功能：

①算法实现：实现了多种经典的机器学习算法，如线性回归、决策树、支持向量机等。

②数据预处理：提供了丰富的数据预处理工具，如特征缩放、独热编码等。

③模型评估：提供了多种模型评估工具，如交叉验证、网格搜索等。

优势：

①易用性：API 设计简洁，易于上手。

②稳定性：经过长时间的测试和优化，稳定性高。

适用场景：

①数据预处理：在数据预处理和特征工程方面有广泛的应用。

②传统机器学习：适用于回归、分类、聚类等经典任务。

任务实施

1. 框架调研

（1）确定调研对象。

选择至少 3 个主流机器学习框架，如 TensorFlow、PyTorch 和 Scikit-Learn。

（2）收集资料。

①访问官方文档和网站，获取框架的详细介绍和最新版本信息。

②查阅学术论文和行业报告，了解框架的最新发展和应用案例。

③浏览开发者社区和论坛，了解用户的使用经验和反馈。

（3）整理资料。将收集到的资料整理成表格或文档，包括框架名称、版本、主要功能、优势、适用场景等。可以使用 Excel 或 Markdown 格式进行整理，便于后续分析和报告撰写。

2. 框架对比

（1）基于收集到的信息，对比不同框架在模型构建、训练效率、社区支持等方面的异同点，分析各自的优缺点。

（2）定义对比维度。

①模型构建：比较不同框架在模型构建方面的便捷性和灵活性。

②训练效率：比较不同框架在模型训练速度和资源利用率方面的表现。

③社区支持：比较不同框架的社区活跃度、文档质量和用户支持。

④生态系统：比较不同框架提供的工具和库的丰富程度。

⑤适用场景：比较不同框架在不同类型任务中的适用性，如深度学习、传统机器学习等。

（3）制作对比表。使用表格形式列出每个框架在各个维度的表现，如图 9-25 所示。

请参考图 9-25 中 TensorFlow 框架的相关内容，补充表格剩余部分的内容。

分析优缺点：根据对比表，分析每个框架的优点和不足。总结各框架的适用场景和潜在问题。

框架	模型构建	训练效率	社区支持	生态系统	适用场景
TensorFlow	动态图/静态图	高效	强大	丰富	深度学习、生产环境
PyTorch					
Scikit-Learn					

图 9-25　不同模型各个维度的对比

3. 报告撰写

（1）编写框架概述：为每个框架编写一段简短的概述，介绍其背景、主要功能和特点。

（2）详细分析。

①特点：详细描述每个框架的主要功能和优势。

②应用场景：列举每个框架的典型应用场景和成功案例。

③优缺点：总结每个框架的优点和不足，以及在实际应用中的注意事项。

（3）结论和建议。综合分析结果，提出选择合适框架的建议。针对不同类型的项目需求，推荐相应的框架。

（4）报告格式。使用 Word 或 Markdown 格式编写报告，确保排版清晰、内容完整，包含目录、引言、框架概述、详细分析、结论和建议、参考资料等部分。

任务评价

请填写如表 9-6 所示的自我评价表。

表 9-6　自我评价表

知识与技能		掌握程度		
		熟练掌握	掌握	基本掌握
框架调研				
框架对比				
报告撰写				
自评结果	A. 优秀　B. 良好　C. 中等　D. 及格　E. 不及格			

习　题

单选题

1. 以下机器学习框架中，（　　）是由 Google 开发的。

A.PyTorch　　B.Scikit-Learn　　C.TensorFlow　　D.Keras

2.PyTorch 框架以（　　）特性著称，特别适合于学术研究和快速原型设计。

A. 静态计算图　　B. 分布式训练

C. 动态计算图　　D. 丰富的生态系统

3.Scikit-Learn 库主要专注于（　　）。

A. 深度学习算法　　B. 传统机器学习算法

C. 强化学习算法　　D. 联邦学习算法

4. 以下选项中，（　　）提供了 TensorBoard 这一可视化工具。

A.PyTorch　　B.Scikit-Learn　　C.TensorFlow　　D.Keras

5. 以下选项中，（　　）在数据预处理和特征工程方面有广泛的应用。

A.TensorFlow　　B.PyTorch　　C.Scikit-Learn　　D.MXNet

任务拓展

为了进一步加深对机器学习框架的理解，可以尝试以下活动。

（1）参加线上课程。注册一门在线课程，系统地学习机器学习理论和实践技巧。推荐课程有 Coursera 的“机器学习”、Udacity 的“深度学习纳米学位”等。

（2）加入开发者社区。加入 GitHub、Stack Overflow 等社区，与其他开发者交流经验。可以关注相关框架的官方仓库，参与讨论和问题解答。

（3）阅读官方文档和论文。深入阅读 TensorFlow、PyTorch 和 Scikit-Learn 的官方文档，了解最新的功能和最佳实践。同时，阅读相关领域的学术论文，了解前沿技术和发展趋势。

任务 2　掌握部署机器学习框架的方法

任务背景

在了解了主流的机器学习框架之后，小李接下来的任务是在本地 Windows 系统上搭建这些框架的开发环境，确保能够顺利地安装和运行。这一步骤对于后续的模型开发和实验至关重要。

任务目标

（1）掌握在 Windows 系统上安装和配置机器学习框架的方法。

（2）了解如何管理和维护机器学习框架的运行环境。

（3）学会解决环境搭建过程中的常见问题。

任务要求

（1）环境准备：选择合适的 Windows 操作系统和硬件配置，准备一台可用于开发的计算机。

（2）安装 Python：建议使用 Anaconda 发行版，它包含了 Python 及相关科学计算库。

（3）安装框架：按照官方文档指南，使用 pip 命令安装 TensorFlow、PyTorch 和 Scikit-Learn。

（4）配置虚拟环境：使用 Conda 或 Virtualenv 创建独立的开发环境，避免包依赖冲突。

（5）环境测试：运行一些简单的测试程序，确保框架能够正常工作。

（6）问题解决：记录环境搭建过程中遇到的问题及解决问题的方法。

基础知识

1. 环境要求

（1）操作系统。Windows：适合初学者，图形界面友好，适合大多数开发任务。

（2）硬件配置。

内存：至少 4 GB，推荐 8 GB 及以上，特别是需要进行深度学习任务时。

硬盘空间：至少 10 GB，用于存储数据集和模型文件。

显卡：推荐使用带有 CUDA 支持的 NVIDIA 显卡，可以显著地加速深度学习任务。

（3）Python 版本。推荐使用 Python 3.7 及以上版本，以获得更好的兼容性和性能。

（4）虚拟环境。

Conda：Anaconda 提供的环境管理工具，可以轻松地创建和管理多个独立的 Python 环境。

Virtualenv：Python 自带的环境管理工具，轻量级，适合简单的项目。

2. 安装 Anaconda

下载：访问 Anaconda 官网，下载对应操作系统的安装包。

安装：打开安装包，按照提示完成安装。

验证：打开命令行工具，输入 python --version 和 conda --version，验证安装是否成功。

3. 安装框架

（1）TensorFlow。

安装：使用 pip 命令安装，具体为 pip install tensorflow。

验证：导入 TensorFlow 库，命令为 import tensorflow as tf，并执行 tf.__version__，检查版本信息。

（2）PyTorch。

安装：使用 pip 命令安装，具体为 pip install torch torchvision。

验证：导入 PyTorch 库，命令为 import torch，并执行 torch.__version__，检查版本信息。

（3）Scikit-Learn。

安装：使用 pip 命令安装，具体为 pip install scikit-learn。

验证：导入 Scikit-Learn 库，命令为 import sklearn，并执行 sklearn.__version__，检查版本信息。

任务实施

1. 环境准备

选择合适的 Windows 操作系统和硬件配置，准备一台可用于开发的计算机。

2. 安装 Python

下载并安装 Anaconda，它包含了 Python 及相关科学计算库。

3. 安装框架

使用基础知识中的相关指令，在 Anaconda 中使用 pip 命令安装。

4. 配置虚拟环境

使用 Conda 或 Virtualenv 创建独立的开发环境，避免包依赖冲突。

使用 Conda 创建的虚拟环境如图 9-26 所示。

```
# 创建名为ml_env的虚拟环境
conda create --name ml_env python=3.7

# 激活虚拟环境
conda activate ml_env

# 安装TensorFlow
pip install tensorflow

# 安装PyTorch
pip install torch torchvision

# 安装Scikit-Learn
pip install scikit-learn
```

图 9-26 Conda 虚拟环境

使用 Virtualenv 创建的虚拟环境如图 9-27 所示。

```
# 安装virtualenv
pip install virtualenv

# 创建名为ml_env的虚拟环境
virtualenv ml_env

# 激活虚拟环境
ml_env\Scripts\activate

# 安装TensorFlow
pip install tensorflow

# 安装PyTorch
pip install torch torchvision

# 安装Scikit-Learn
pip install scikit-learn
```

图 9-27　Virtualenv 虚拟环境

5. 环境测试

运行一些简单的测试程序，确保框架能够正常工作。

测试 TensorFlow，如图 9-28 所示。

```
import tensorflow as tf

print("TensorFlow version:", tf.__version__)

# 创建一个简单的张量
a = tf.constant([1, 2, 3])
b = tf.constant([4, 5, 6])

# 进行张量运算
c = a + b

print("Result of tensor addition:", c.numpy())
```

图 9-28　测试 TensorFlow

测试 PyTorch，如图 9-29 所示。

```
import torch

print("PyTorch version:", torch.__version__)

# 创建一个简单的张量
a = torch.tensor([1, 2, 3])
b = torch.tensor([4, 5, 6])

# 进行张量运算
c = a + b

print("Result of tensor addition:", c)
```

图 9-29　测试 PyTorch

测试 Scikit-Learn，如图 9-30 所示。

```
from sklearn.datasets import load_iris
from sklearn.model_selection import train_test_split
from sklearn.linear_model import LogisticRegression
from sklearn.metrics import accuracy_score

print("Scikit-Learn version:", sklearn.__version__)

# 加载鸢尾花数据集
iris = load_iris()
X = iris.data
y = iris.target

# 划分训练集和测试集
X_train, X_test, y_train, y_test = train_test_split(X, y, test_size=0.2, random_state=42)

# 创建逻辑回归模型
model = LogisticRegression()

# 训练模型
model.fit(X_train, y_train)

# 预测测试集
y_pred = model.predict(X_test)

# 计算准确率
accuracy = accuracy_score(y_test, y_pred)
print("Accuracy:", accuracy)
```

图 9-30 测试 Scikit-Learn

任务评价

请填写如表 9-7 所示的自我评价表。

表 9-7 自我评价表

知识与技能		掌握程度		
		熟练掌握	掌握	基本掌握
环境准备				
安装 Python				
安装框架				
配置虚拟环境				
环境测试				
自评结果	A. 优秀	B. 良好	C. 中等	D. 及格　E. 不及格

习　题

一、单选题

1. 在 Windows 操作系统上安装 Python，推荐使用的发行版本是（　　）。

A.Python.org　　B.Anaconda　　C.ActivePython　　D.PyCharm

2. 在创建虚拟环境时，使用 Conda 创建名为 ml_env 的虚拟环境的命令是（　　）。

A.conda create --name ml_env python=3.7

B.conda create –n ml_env python=3.7

C.virtualenv ml_env

D.conda env create ml_env

3. 在安装 TensorFlow 时，使用的 pip 命令是（　　）。

A.pip install tensorflow　　B.pip install tensorflow–gpu

C.pip install tf–nightly　　D.pip install tensorflow–cpu

4. 在安装 Scikit–Learn 时，使用的 pip 命令是（　　）。

A.pip install sklearn　　B.pip install scikit–learn

C.pip install sklearn–learn　　D.pip install sci–learn

二、填空题

在 Windows 操作系统上安装 Anaconda 后，可以通过命令 ______ 验证 Python 是否安装成功。

任务拓展

为了进一步加深对机器学习框架的理解，可以尝试以下活动。

（1）参与开源项目。贡献代码或文档到开源机器学习项目中，提高自己的编程技能和项目管理能力。可以选择 GitHub 上的热门项目，如 TensorFlow、PyTorch 等。

（2）撰写技术博客。分享自己在学习过程中的心得和体会，帮助更多人了解机器学习的魅力。可以发布在个人博客、Medium 或 CSDN 等平台上。

（3）动手实践。选择一个实际的项目，如图像分类、情感分析或推荐系统，使用选定的框架实现一个完整的机器学习项目。通过实际操作，巩固所学知识。

（4）参加竞赛。参加 Kaggle 等平台的机器学习竞赛，挑战实际问题，提高解决复杂问题的能力。竞赛项目通常包含真实数据集，有助于提升数据处理和模型优化的技能。

模块 10
人工智能支撑技术

★知识目标★

（1）掌握大数据的基础知识、系统架构、应用及发展。

（2）掌握云计算的基础知识和模式、技术原理和架构、主流产品和应用。

（3）掌握物联网的基础知识、体系结构和关键技术以及系统应用。

（4）掌握区块链的基础知识和应用领域。

★能力目标★

（1）根据数据特点选择恰当的存储方式进行数据存储。

（2）能够根据具体的业务需求，选择合适的云计算服务模式与部署模型。

（3）能够识别不同场景下适用的物联网感知设备与通信技术。

（4）具备对区块链应用案例进行评估和解读的能力。

★素质目标★

（1）培养数据驱动决策的思维方式。

（2）培养对云计算领域前沿发展的关注度，养成主动追踪新技术、新应用的习惯。

（3）树立万物互联的宏观视野，深刻认识物联网在推动各行业智能化转型中的重要作用。

（4）增强合规意识，认识到区块链应用也要遵守相关的法律法规。

在当今科技飞速发展的时代，人工智能正以前所未有的态势重塑着各个领域的格局。然而，人工智能的蓬勃兴起并非孤立存在，其背后离不开一系列强大支撑技术的有力驱动。其中，大数据以其海量、多元且复杂的数据资源，为人工智能提供了丰富的知识素材与分析依据，使其能够精准洞察规律、做出智能决策；云计算凭借强大的计算能力、存储功能与灵活的资源调配，满足人工智能对大规模数据处理和复杂模型运算的严苛需求；物联网将物理世界与数字世界紧密相连，为人工智能注入源源不断的实时数据，拓展其感知与交互的边界；区块链则以其不可篡改、分布式记账等独特特性，为人工智能的数据安全、信任机制与协同合作奠定坚实基础。本模块将深入学习大数据、云计算、物联网、区块链的相关知识与关键技术，剖析它们如何与人工智能相互交融、协同共进，共同推动科技浪潮迈向新的高峰。

项目 1　大数据探索之旅

任务 1　认识大数据基础

任务背景

本任务旨在使学生全面掌握大数据的基本概念、结构类型与核心特征，深入了解大数据所处的时代背景、重要应用场景及未来的发展趋势。

任务目标

（1）理解大数据的基本概念、结构类型和核心特征。

（2）了解大数据的时代背景、应用场景和发展趋势。

任务要求

以小组为单位，完成相关材料的学习，包括但不限于教材、在线课程、学术论文等。至少完成 3 个不同行业的大数据应用案例分析，撰写分析报告。

基础知识

1. 大数据的概念

大数据（big data）也称巨量数据、海量数据，是由数量巨大、结构复杂、类型众多的数据构成的数据集合，泛指无法在一定时间范围内用常规软件工具进行捕捉、管理和处理的数据集合。大数据本身并不直接具备决策力，而是通过特定的处理模式与分析手段，助力人们挖掘其中有价值的信息，从而提升人们自身的决策能力、洞察发现能力以及流程优化能力，并最终形成海量、高增长率且多样化的信息资产。

2. 大数据的结构类型

大数据的结构类型包括结构化数据、半结构化数据、非结构化数据。这些不同类型的数据在大数据应用中各自扮演着重要的角色，共同构成了大数据的多样性和复杂性。其中，非结构化数据已经成为数据的主要组成部分。大数据就是互联网发展到现阶段的一种表象或特征，在以云计算为代表的技术创新背景下，这些原本看起来很难收集和使用的数据开始容易被利用起来，逐步为人类创造更多的价值。

3. 大数据的特征

大数据的特征通常可以用“5V”来概括：容量（volume）、速率（velocity）、多样性（variety）、真实性（veracity）、价值（value）。这些特征共同定义了大数据的独特性和重要性，使得大数据成为信息时代中不可或缺的重要资源。

4. 大数据的应用

大数据的应用场景非常广泛，几乎涵盖了所有行业和领域，如电子商务、金融、医疗、制造业等。随着技术的不断进步和数据量的不断增加，大数据的应用将会更加深入和广泛，为人们的生活和工作带来更多的便利和价值。

任务实施

1. 认知大数据的结构类型

（1）结构化数据。结构化数据是指具有固定格式和预定义的数据模型的数据。这类数据通常存储在关系型数据库中，数据按表和字段进行存储，字段之间相互独立。结构化数据类型包括预定义的数据类型、格式和结构的数据，如关系型数据库的数据表中的数据。这些数据严格遵循数据格式与长度规范，可以通过关系型数据库实现高效的存储、查询和管理。

（2）半结构化数据。半结构化数据是指具有可识别的模式并可以解析的文本数据文件，但其属性灵活，无需满足关系型数据库中非常严格的结构和关系要求。这类数据通常以自描述的文本形式记录，如XML、JSON数据。半结构化数据模型在数据库系统中有着独特的地位，它适用于描述包含在两个或多个数据库（这些数据库含有不同模式的相似数据）中的数据，同时也是一种标记服务的基础模型，用于在web上共享信息。半结构化数据的构成更为复杂和不确定，从而具有更高的灵活性，能够适应更广泛的应用需求。

（3）非结构化数据。非结构化数据是指数据结构不规则或不完整，没有预定义的数据模型，不方便用数据库的二维逻辑表表现的数据。这类数据通常包括所有格式的办公文档、报表、图片、音频、视频信息等。非结构化数据在内容管理、多媒体处理、社交媒体等领域有重要的应用。如企业的文档管理系统需要存储和管理大量的文本文件，图像处理软件需要处理各种图像数据，社交媒体平台需要对用户上传的大量图片、视频等非结构化数据进行存储和分析，以了解用户的行为和兴趣。

2. 认知大数据的“5V”特点

（1）容量。随着互联网、物联网、移动互联技术的发展，人和事物的所有轨迹都可以被记录下来，数据呈现出爆发式增长的趋势。大数据最明显的特征就是数据规模大，数据量的存储单位从过去的GB扩展到TB，进而达到PB、EB、ZB、YB等级别。据《IDC：2025年中国将拥有全球最大的数据圈》报告预测，2025年我国数据量将增至48.6 ZB，占全球数据量的27.8%。到目前为止，尚未有一个公认的标准来界定“大数据”的大小，“大”只是表示大数据容量的特征，并非全部含义。数据单位之间的换算关系如下：

1 KB = 1 024 B

1 MB = 1 024 KB

1 GB = 1 024 MB

1 TB = 1 024 GB

1 PB = 1 024 TB

1 EB = 1 024 PB

1 ZB = 1 024 EB

1 YB = 1 024 ZB

（2）速率。速率表现在数据的高速流转和处理上。在实时性要求较高的应用场景中，如金融交易、网络监控等，数据需要被迅速收集、处理和分析，以便及时做出决策。大数据处理技术必须能够支持高速的数据处理，确保数据的实时性和有效性。此外，随着技术的不断发展，数据的产生和传输速度也在不断提高，对大数据处理技术的要求也越来越高。

（3）多样性。数据来源的广泛性决定了数据形式的多样性。大数据不仅包括传统的结构化数据，如关系型数据库中的表格数据，还包括半结构化数据（如 XML、JSON 等格式的数据）和非结构化数据（如文本、图像、音频和视频等）。这些数据类型在格式、结构和内容上都有很大的差异，对大数据处理技术提出了更高的挑战。为了有效地处理和分析这些数据，需要采用灵活多样的数据处理方法和工具。

（4）真实性。真实性意味着数据的准确性和可信赖度高，即数据的质量高。如果数据本身是虚假的，那么就失去了处理的意义，任何通过虚假数据得出的结论都可能是错误的。追求数据质量是大数据一项重要的要求和挑战，要消除数据的不确定性。如果只是大量收集庞杂的数据，且数据的可信度很低，那么不管收集了多少数据，采用了何种分析方法，都无法真正发挥数据的力量，甚至付出昂贵的代价，其原因是基于低效数据做出的决策可能使事情变得更加复杂。

（5）价值。大数据的价值总量高、价值密度低，虽然信息量巨大，但真正具有价值的信息可能只占整体数据的一小部分。以视频为例，一份时长 1 小时的监控视频，有用数据可能仅有几秒。如何从海量数据中提取有价值的信息，是大数据处理和分析的重要任务。

3. 认知大数据的应用

（1）金融领域。大数据在金融领域的应用是非常广泛的，主要方向有智能投顾、风险管控、股市舆情监测、融资授信决策、金融市场预测等。以风险管控为例，金融机构面临多种风险，如市场风险、信用风险、操作风险等。利用大数据分析和挖掘技术，能更好地识别和评估潜在风险。例如，通过分析客户的信用记录和交易行为，评估客户的信用风险，进而调整贷款利率和额度；通过实时监测和分析海量数据，及时发现潜在风险并采取防范措施，降低金融危机的可能性。目前，金融机构通过应用大数据平台，统一管理内部多源异构数据和外部征信数据，以完善风控体系。

（2）电子商务领域。电子商务领域是最早将大数据应用于精准营销的领域，主要方向有商品智能推荐、客户分析、以图搜图、库存监测、智能分拣、商品定价。其中，商品智能推荐主要是通过构建推荐引擎来实现的，该引擎是建立在算法框架基础之上的一套完整的推荐系统，利用人工智能算法可以实现海量数据集的深度学习，分析消费者的行为，并且预测哪些产品可能会吸引消费者，从而为消费者推荐商品，有效降低消费者的选择成本。

（3）制造业领域。工业大数据的应用提高了制造业的生产效率和产品质量，推动了制造业的转型升级和高质量发展。主要应用包括产品故障诊断与预测、分析工艺流程、生产流程优化、产品质量控制、供应链分析与优化等。以生产流程优化为例，通过在生产线上安装传感器等设备，实时收集生产数据，包括设备状态、生产进度、产品质量等，利用大数据技术对收集到的数据进行实时分析，及时发现生产过程中的异常和问题，为生产优化提供决策支持。也可以基于历史销售数据、市场需求预测等信息，利用大数据算法优化生产计划，实现精准生产。

（4）医疗领域。大数据在医疗领域的应用已经取得了显著的成果，为医疗行业的进步和发展提供了强大的支持。主要方向包括预防医学、临床诊断、个性化治疗、流行病监测、药物研发等。以流行病监测为例，大数据可以辅助监测流行病的传播趋势和风险区域，为疫情防控提供科学依据。在疾病暴发期间，大数据可以用于追踪病例、分析人群流动，及时识别并预警潜在的疫情风险。这有助于政府和卫生部门及时采取措施，控制疫情的蔓延。

4. 分析大数据的发展趋势

（1）与人工智能和机器学习深度融合。机器学习使组织能够更轻松地识别数据模式、检测异常情况，并支持预测分析等高级功能。例如用于图像、视频和文本数据的识别系统，数据自动分类，用于聊天机器人的自然语言处理功能以及语音和文本分析等。生成式人工智能和大型语言模型可以在整个数据管道中带来好处，进一步改善组织的数据运营，为组织提供新的数据民主化能力，融入数据管理流程的数据编目、集成、隐私保护、治理和共享等方面都在兴起。但要注意的是，其效能取决于用于训练模型的数据的质量，因此数据团队必须仔细监控所有人工智能生成的数据操作的结果。

（2）数据多样性推动处理进步和边缘计算兴起。非数据库来源将继续成为数据的主要生成者，语音助手和物联网设备等产生的大量非结构化数据，促使组织重新审视数据处理需求。处理能力的提升使设备能够自行收集和存储数据，边缘计算将处理负载转移到设备本身，优化了性能和存储，降低了计算和处理成本，加快了数据分析速度，并为用户提供更快的响应。

（3）准标准化产品下的“定制化”业务成为趋势。由于国内企业数字化建设水平参差不齐，不同行业、类型的企业以及同一企业的不同阶段，数字化转型重点和路径都会有所差异，因此同时具备根据客户需求进行个性化部署和产品具有行业普适性这两种能力的大数据基础软件厂商将具有较大优势。

（4）数据安全和隐私保护日益重要。随着数据的价值不断提升，数据安全和隐私保护将成为关键问题。企业和组织需要加强数据安全防护措施，采用加密技术、访问控制、数据脱敏等手段保护数据的安全和隐私。同时，相关法律法规也将不断完善，以规范数据的使用和管理。

（5）可视化和交互性的增强。数据可视化技术将不断发展，以更直观、易懂的方式呈现数据。新兴的数据可视化形式将使普通商业用户能够更好地理解和分析数据，从而帮助组织发现关键见解并改进决策。同时，用户与数据的交互方式也将更加自然和便捷，例如使用自然语言进行查询和分析。

任务评价

请填写如表 10-1 所示的自我评价表。

表 10-1　自我评价表

知识与技能	掌握程度		
	熟练掌握	掌握	基本掌握
大数据的基本概念			
大数据的结构类型			
大数据的特点			
大数据的应用			
大数据的发展趋势			
自评结果	A. 优秀　B. 良好　C. 中等　D. 及格　E. 不及格		

习　题

单选题

1. 大数据时代背景下，数据产生量呈爆炸式增长的主要原因不包括（　　）。

A. 互联网的普及　　B. 物联网技术的发展

C. 人们对数据存储需求的减少　　D. 数字化转型的需求

2. 大数据是指（　　）。

A. 数据量很大的数据

B. 无法在一定时间范围内用常规软件工具获取、存储、管理和处理的数据集合

C. 复杂的数据

D. 高速增长的数据

3. 大数据的结构类型不包括（　　）。

A. 结构化数据　　B. 半结构化数据

C. 非结构化数据　　D. 一体化数据

4. 大数据最明显的特征是（　　）。

A. 数据规模大　　B. 数据类型多样

C. 数据处理速度快　　D. 数据价值密度低

5. 以下属于半结构化数据的是（　　）。

A. 数据库中的表格数据　　B. 文本文件

C. XML 文件　　D. 图片

任务拓展

选择 3 个不同行业的大数据应用案例进行深入调研。每个案例分析不少于 300 字，包括行业背景、应用场景、数据类型及体现的大数据特征等。制作一份演示文稿，展示调研结

果，并在小组内进行汇报交流。

任务 2 分析大数据系统架构

任务背景

通过本任务的学习，熟悉大数据系统架构的基础知识，了解大数据的采集技术、大数据存储技术、大数据处理框架。

任务目标

（1）熟悉大数据系统架构的基础知识。

（2）熟悉大数据在获取、存储、计算方面的技术架构。

任务要求

绘制大数据系统架构图。

基础知识

1. 大数据的系统架构

大数据技术是一系列技术的总称，它集合了数据采集与传输、数据存储、数据处理与分析、数据挖掘和数据可视化等技术，构成了一个庞大而复杂的技术体系。根据大数据的来源、应用与实现传输的流程，可以将大数据系统架构分为数据采集层、数据存储层、数据处理层、数据分析可视化层、数据管理层。

2.Hadoop

Hadoop 是一个由 Apache 基金会开发的开源框架，允许用户在不了解分布式底层细节的情况下，开发分布式程序。Hadoop 的核心设计旨在实现高可靠性和可扩展性，非常适合处理数据密集型任务。它广泛应用于大数据处理、数据挖掘、机器学习等领域。Hadoop 的主要组件包括存储系统、编程模式 MapReduce、作业调度和集群资源管理（yet another resource negotiator，YARN）。除这些核心组件，Hadoop 的生态系统还包含了很多技术，包括 HBase、Hive、Pig、Sqoop、Oozie 等，具体如图 10-1 所示。

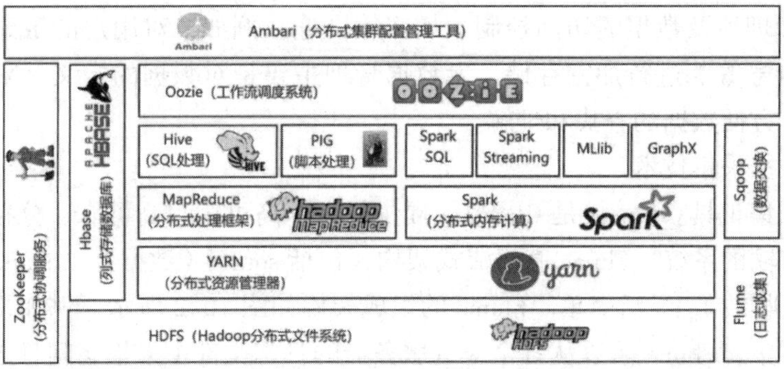

图 10-1 Hadoop 生态圈

任务实施

1. 认识大数据的系统架构

（1）数据采集层。数据采集是大数据系统的入口，负责从各种数据源收集数据。这些数据源包括但不限于传感器、日志文件、社交媒体平台、数据库等。其目的是将分散在不同位置、不同格式的数据集中起来，为后续的处理提供原始素材。例如，在智能家居系统中，通过安装在各个设备上的传感器（如温湿度传感器、门窗传感器等）采集室内环境数据和设备状态数据。主要技术和工具包括传感器技术、日志采集工具、网络爬虫技术等。

（2）数据存储层。数据存储层负责存储从采集层获取的海量数据。由于大数据的规模巨大，需要使用专门的存储技术满足存储需求，并且要保证数据的可靠性、可用性和可扩展性。主要存储类型和技术包括分布式文件系统 HDFS、NoSQL 数据库、关系型数据库。虽然在大数据环境下，关系型数据库不是主要的存储方式，但在某些场景下仍然会使用。例如，对于一些事务性强、数据结构固定的业务数据，如企业的财务数据、用户认证信息等，MySQL 或 Oracle 等关系型数据库仍然是很好的选择。这些数据库通过表格存储数据，并且支持强大的事务处理和复杂的查询功能。

（3）数据处理层。数据处理层对存储的数据进行清洗、转换、分析等操作。这一层是大数据系统的核心，通过各种数据处理技术，将原始数据转化为有价值的信息，为决策支持、业务优化等提供服务。例如，在处理销售数据时，要清洗掉无效的订单记录（如金额为负数的订单）。主要处理技术和框架有批处理框架和流处理框架、数据挖掘算法和机器学习算法等。其中典型的批处理框架是 Hadoop MapReduce，流处理框架有 Apache Storm、Apache Flink。

（4）数据分析和可视化层。数据分析层主要对经过处理的数据进行深度分析，提取有价值的见解和模式。例如，通过关联规则挖掘可以发现顾客购买商品之间的关联关系，例如购买了尿布的顾客可能也会购买婴儿奶粉。可视化层则将分析结果以直观的图表（如柱状图、折线图、饼图等）或图形（如地图、网络图等）的方式展示出来，方便用户理解数据和做出决策。例如，在展示城市的交通拥堵情况时，可以使用地图标注拥堵路段的位置和拥堵程度。

（5）数据管理层。数据管理层负责管理数据的整个生命周期，包括数据质量管理、数据安全管理和元数据管理。数据质量管理确保数据的准确性、完整性和一致性。例如，在金融数据处理中，要保证账户余额等数据的准确性。

数据安全管理涉及数据的访问控制、加密等措施。例如，对用户的敏感信息（如身份证号码、银行卡号等）进行加密存储。元数据管理主要是对数据的定义、来源和关系等信息进行管理，以方便数据的查找和理解。

2. 了解大数据采集技术

（1）日志采集工具。Flume 是 Cloudera 提供的一个高可用、高可靠、分布式的海量日志采集、聚合和传输的系统。Flume 基于流式架构，包括 source（数据源）、channel（数据通道）和 sink（数据接收端），灵活简单。Flume 的组成架构如图 10-2 所示。例如，在一个大型网站的服务器集群中，Flume 可以从各个 web 服务器的日志文件中采集访问日志，通过配置不同的 source 读取不同格式的日志，然后经过 channel 进行缓冲和传输，最后通过 sink 将日志发送到存储系统（如 HDFS）进行存储。

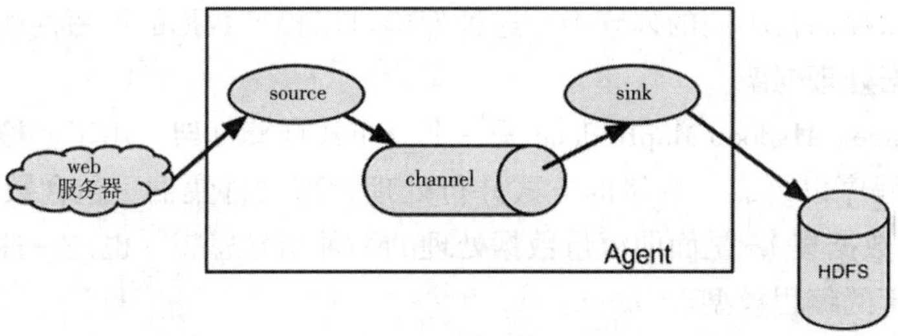

图 10-2 Flume 的组成架构

（2）网络爬虫。网络爬虫用于从网页中提取数据。网络爬虫一般通过 HTTP 访问网页，然后解析网页的 HTML 或其他格式（如 XML）的内容。例如，搜索引擎的爬虫会按照一定的规则（如广度优先搜索或深度优先搜索）访问网页，提取网页中的标题、关键词、正文等信息，将这些信息存储起来用于构建索引和提供搜索服务。

（3）数据传输协议和技术。Kafka 是一种高吞吐量的分布式消息队列系统，用于在不同的组件之间传输数据。它采用了发布 - 订阅模式，生产者可以将数据发布到不同的主题（topic），消费者可以订阅这些主题从而获取数据。例如，在一个实时数据处理系统中，数据采集工具可以将采集到的数据发送到 Kafka 的主题中，数据处理组件（如流处理应用）可以从 Kafka 中订阅这些主题，从而实现数据的高效传输和异步处理。

3. 了解大数据存储技术架构

（1）分布式文件系统。分布式文件系统（distributed file system，DFS）是一种通过网络将多个存储设备组合起来，形成一个统一的文件存储系统的技术。Hadoop 分布式文件系统（HDFS）是 Apache Hadoop 项目的一个核心子项目，它被设计用来在廉价硬件上存储海量数据，并提供高容错性和高吞吐量的数据访问。HDFS 采用主从架构，包括一个 NameNode 和多个 DataNode，具体如图 10-3 所示。其中 NameNode 负责管理文件系统的命名空间和文件块的映射关系，DataNode 负责存储实际的数据块。例如，当一个文件被存储到 HDFS 中时，NameNode 会将文件分割成多个固定大小（如 128 MB）的块，并记录这些块在各个 DataNode 上的存储位置。数据块会在不同的 DataNode 上存储多个副本（默认是 3 个副本），以保证数据的可靠性。这种架构可以有效地存储海量的结构化和非结构化数据，并且能够支持大规模的并行读写操作。例如，在一个大数据分析平台中，多个数据分析任务可以同时从 HDFS 中读取数据进行处理。

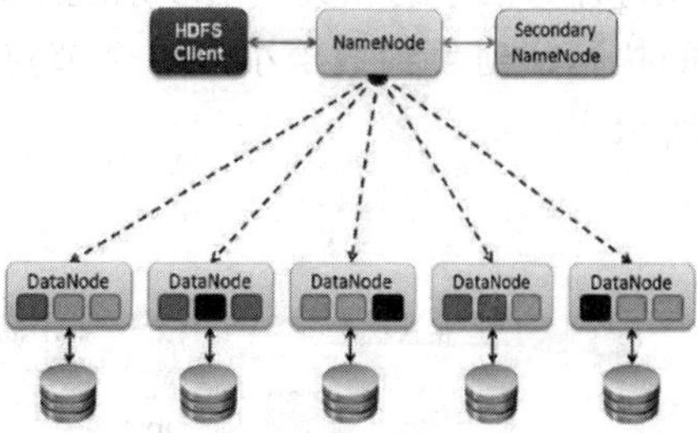

图 10-3 HDFS 的基本组件

（2）NoSQL 数据库。

①文档型数据库。MongoDB 以文档（document）为基本存储单位，文档是一种类似于 JSON 格式的数据结构。例如，在一个内容管理系统中，文章、用户评论等信息可以以文档的形式存储在 MongoDB 中。每个文档可以有不同的结构，方便存储和查询各种复杂的数据。

②列族数据库。Cassandra 主要用于存储大规模的分布式数据，它采用了分布式的架构，

通过多个节点组成集群来存储数据。列族是 Cassandra 中的基本存储单元，它类似于关系数据库中的表，但是更加灵活。例如，在一个社交网络应用中，用户的信息（如个人资料、好友列表等）可以存储在不同的列族中，这种架构可以提高数据的读写性能和可扩展性。

4. 了解大数据处理框架

（1）MapReduce。Hadoop MapReduce 是一个分布式计算框架，用于轻松编写分布式应用程序，这些应用程序以可靠、容错的方式并行处理大型硬件集群（包含数千个节点）上的大量数据(多 TB 数据集)，是面向海量数据处理的一种指导思想，也是一种用于对大规模数据进行分布式计算的编程模型。

MapReduce 的核心思想是“先分再合，分而治之”。所谓“分而治之”，就是把一个复杂的问题，按照一定的“分解”方法分为等价的规模较小的若干部分，再分别找出各部分的结果，最后把各部分的结果组合成整个问题的最终结果，如图 10–4 所示。

MapReduce 中的 Map 负责“拆分”，把复杂的任务分解为若干个“简单的子任务”并行处理。彼此间几乎没有依赖关系。Reduce 负责“合并”，对 Map 阶段的结果进行全局汇总。注意：可以进行拆分的前提是这些小任务可以并行计算。

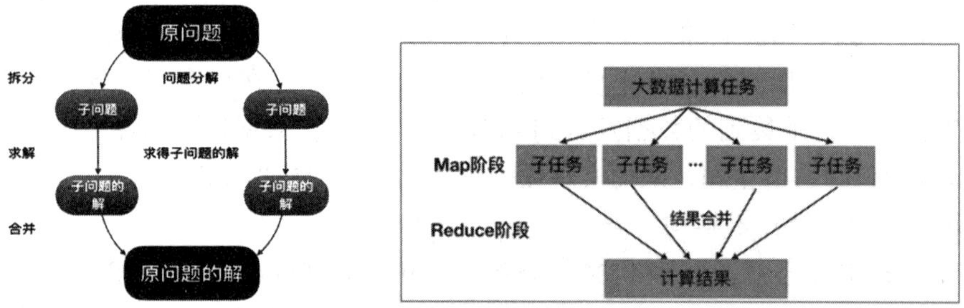

图10-4　分而治之的思想

MapReduce 最大的亮点在于通过抽象模型和计算框架把需要做什么与具体怎么做分开，为程序员提供了一个抽象且高层的编程接口和框架。程序员仅需要关心其应用层的具体计算问题，并编写少量的处理应用本身计算问题的业务程序代码。至于如何完成这个并行计算任务的相关的诸多系统层细节将被隐藏起来，交给计算框架去处理：从分布代码的执行，到大到数千小到单个节点集群的自动调度使用。MapReduce 计算流程如图 10–5 所示。

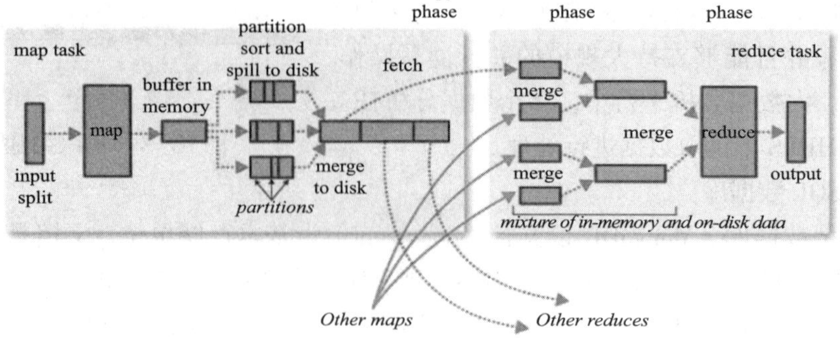

图10-5　MapReduce 计算流程

① Map 阶段：InputFormat 根据输入文件产生键值对，并传入 Mapper 类的 map 函数；map 函数进行文件处理，将键值对输出到一个未排序的缓冲内存中；当缓冲内存达到给定值或者 map 任务完成时，在缓冲内存中的键值对会被排序，然后输出到磁盘中的溢出文件。如果有多个溢出文件，那么就会整合这些文件到一个文件中，等待 Reducer 的获取。

② Reduce 阶段：Reducer 获取 Mapper 的记录，经过 shuffle 过程将相同的 key 传入同一个 Reducer；当有一个 Mapper 完成时，Reducer 开始获取相关数据，所有的溢出文件会被排序并放到一个内存缓冲区中；当 Reducer 的所有相关数据都传输完成后，所有溢出文件就会被整合和排序；Reducer 中的 reduce 方法对每个 key 调用一次，对数据进行处理并输出到 HDFS。

（2）Spark。Spark 是加州大学伯克利分校 AMP（Algorithms, Machines, and People）实验室开发的通用内存并行计算框架。Spark 在 2013 年 6 月进入 Apache 成为孵化项目，8 个月后成为 Apache 的顶级项目，速度之快足见其过人之处。Spark 以其先进的设计理念，迅速成为社区的热门项目，围绕着 Spark 推出了 Spark SQL、Spark Streaming、MLlib 和 GraphX 等组件，这些组件逐渐形成大数据处理一站式解决平台。

Spark 使用 Scala 语言实现，它是一种面向对象的函数式编程语言，能够像操作本地集合对象一样轻松地操作分布式数据集（Scala 提供一个称为 Actor 的并行模型，其中 Actor 通过它的收件箱发送和接收非同步信息而不是共享数据，该方式被称为 Shared Nothing 模型）。据 Spark 官网介绍，它具有运行速度快、易用性好、通用性强和随处运行等特点。

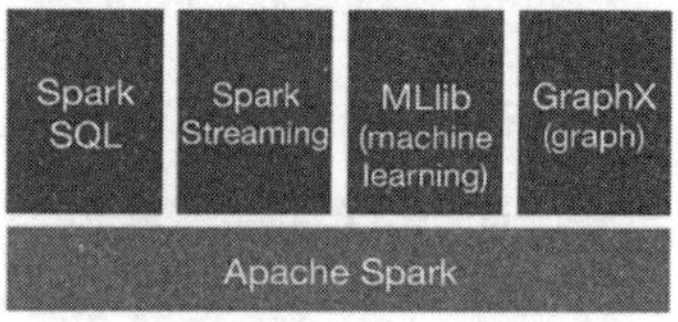

图 10-6 Spark 的核心组件

Spark 提供了几个核心组件，具体如图 10-6 所示。

①Spark SQL：一个用于处理结构化数据的 Spark 组件。它允许使用 SQL 语句查询数据。Spark 支持多种数据源，包括 Hive 表、Parquet 和 JSON 等。

② Spark Streaming：一个用于处理动态数据流的 Spark 组件。它能够开发出强大的交互式数据查询程序。在处理动态数据流时，流数据会被分割成微小的批处理单元，这些微小的批处理单元将会在 Spark Core 上按时间顺序快速执行。

③ MLlib：Spark 的机器学习库。它提供了常用的机器学习算法和实用程序，包括分类、回归、聚类、协同过滤、降维等。MLlib 还提供了一些底层优化原语和高层流水线 API，可以帮助开发人员更快地创建和调试机器学习流水线。

④ GraphX：Spark 的图形计算库。它提供了一种分布式图形处理框架，可以帮助开发人员更快地构建和分析大型图形。

5. 了解大数据分析技术架构

以 Hive 数据仓库为例。

Hive 是一个基于 Hadoop 的数据仓库工具，它提供了类似 SQL 的查询语言 HiveQL，使用户可以方便地对存储在 HDFS 或其他分布式存储系统中的数据进行查询和分析。Hive 将数据存储在表中，并对表进行管理和维护，同时支持数据的分区、索引等操作。其架构原理如图 10-7 所示。

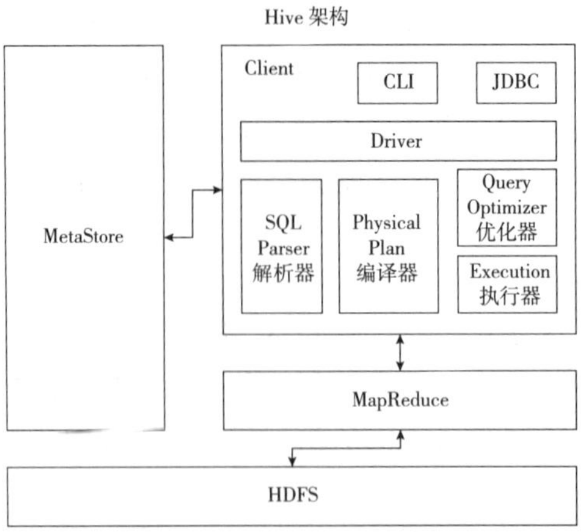

图 10-7　Hive 架构原理

Hive 的运行机制是给用户提供一系列交互接口，接收用户的指令（SQL），使用自己的 Driver，结合元数据（metastore），将这些指令翻译成 MapReduce，提交到 Hadoop 中执行，最后，将执行返回的结果输出到用户交互接口。具体如图 10-8 所示。

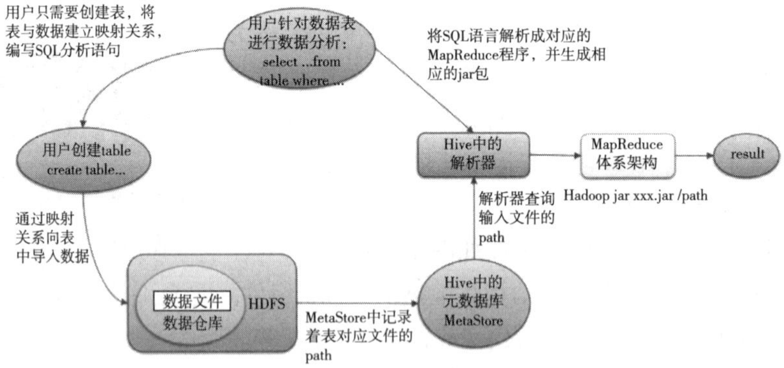

图 10-8　Hive 的运行机制

任务评价

请填写如表 10-2 所示的自我评价表。

表 10-2　自我评价表

<table>
<tr><td rowspan="2">知识与技能</td><td colspan="3">掌握程度</td></tr>
<tr><td>熟练掌握</td><td>掌握</td><td>基本掌握</td></tr>
<tr><td>大数据系统架构的基础知识</td><td></td><td></td><td></td></tr>
<tr><td>大数据采集技术</td><td></td><td></td><td></td></tr>
<tr><td>大数据存储技术</td><td></td><td></td><td></td></tr>
<tr><td>大数据计算技术</td><td></td><td></td><td></td></tr>
<tr><td>大数据分析技术</td><td></td><td></td><td></td></tr>
<tr><td>自评结果</td><td colspan="3">A. 优秀　　B. 良好　　C. 中等　　D. 及格　　E. 不及格</td></tr>
</table>

习　题

单选题

1. 在大数据系统架构中，负责从各种数据源收集数据的是（　　）。

A. 数据存储层　　B. 数据采集层

C. 数据处理层　　D. 数据分析和可视化层

2.Hadoop 的核心组件不包括（　　）。

A.HDFS　　B.MapReduce　　C.Spark　　D.YARN

3. 在 MapReduce 计算流程中，负责将复杂任务分解为简单子任务并行处理的是（　　）。

A.InputFormat　　B.Mapper　　C.Reducer　　D.Shuffle

4. 以下关于 HDFS 的说法中错误的是（　）。

A. 采用主从架构，有一个 NameNode 和多个 DataNode

B. NameNode 负责存储实际的数据块

C. 数据块默认大小为 128 MB

D. 数据块会存储多个副本保证可靠性

5. MongoDB 是（　　）型的 NoSQL 数据库。

A. 文档　　B. 列族　　C. 关系　　D. 图

任务拓展

Hadoop 有 3 种部署模式，分别为独立模式、伪分布式模式和集群模式。请以小组为单位，查看并学习 Hadoop 生态圈的相关教程，在虚拟机上完成 Hadoop 环境搭建与配置。

项目 2　云端的智慧

任务 1　初识云计算

任务背景

通过本任务的学习，学生可以初步了解云计算的基础知识和模式；了解云计算的发展历程、行业应用场景；熟悉云计算的服务交付模式和部署模式。

任务目标

（1）理解云计算的基本概念。

（2）了解云计算的主要应用行业和典型场景。

（3）熟悉云计算的服务交付模式。

（4）熟悉云计算的部署模式。

任务要求

以小组为单位完成以下任务。

（1）收集至少 5 篇关于云计算的专业文章、研究报告或权威书籍章节。

（2）选择 3 个不同的主要应用行业（如互联网、金融、医疗），针对每个行业，深入调研至少两家采用云计算技术的典型企业，对于每一家企业，分析其具体的云计算应用场景，整理调研结果，形成每个行业的云计算应用案例报告。

基础知识

1. 云计算的基本概念

针对云计算的概念，美国国家标准与技术研究院提出了一个目前唯一得到广泛认同和支持的定义：云计算是一种按使用量付费的模式，这种模式提供可用的、便捷的、按需的网络访问，进入可配置的计算资源共享池（资源包括网络、服务器、存储、应用软件、服务），这些资源能够被快速提供，且只需投入很少的管理工作，或与服务供应商进行很少的交互。

2. 云计算的特点

云计算的主要特点包括按需付费、弹性伸缩、高可靠性、资源池化、广泛的网络接入等。

3. 云计算的主要应用行业和典型场景

云计算作为一种以互联网为中心，提供安全、快速、便捷的数据存储和网络计算服务的技术，已经广泛应用于多个行业，并形成了多种典型的应用场景。云计算的主要应用行业包括互联网、金融、政务、制造、教育、医疗等。

4. 云计算的服务交付模式

目前云计算的服务交付模式主要包括基础设施即服务（infrastructure as a service，IaaS）、平台即服务（platform as a service，PaaS）和软件即服务（software as a service，SaaS）3 类。

5. 云计算的部署模式

云计算的部署模式是根据云计算服务的消费者来源以及资源管理方式等因素划分的，主要包括公有云、私有云、社区云、混合云。

任务实施

1. 认知云计算的特点

（1）按需付费。云计算服务通常采用按需付费的模式，用户只需根据自己实际使用的资源量支付费用，无需进行大量的前期投资。这种模式降低了用户的成本风险，使企业能够更加灵活地使用计算资源。例如，一个小型创业公司可以根据业务发展的需要，逐步增加对云计算资源的使用，而不必在一开始就投入大量资金购买硬件设备。

（2）弹性伸缩。云计算能够根据用户的实际需求动态地调整计算资源的规模。当业务量增加时，系统可以自动增加服务器、存储容量和网络带宽等资源，以满足更高的负载要求；而当业务量下降时，又可以自动释放多余的资源，避免资源浪费。例如，在电商行业的“双十一”购物狂欢节期间，网站的访问量会急剧上升，云计算平台可以在短时间内为电商企业提供大量的计算资源，确保网站的稳定运行；活动结束后，这些资源又可以被回收，降低企业的成本。

（3）高可靠性。云计算采用分布式架构和数据冗余技术，确保服务的高可靠性。数据通常会存储在多个地理位置不同的数据中心，若某个数据中心出现故障，系统可以自动将业务切换到其他正常的数据中心，保证服务不中断。例如，谷歌云平台在全球范围内拥有多个数据中心，通过先进的网络技术和自动化管理系统，确保用户的数据和应用始终可用。

（4）资源池化。云服务提供商可以通过统一的管理平台对资源池中的资源进行集中管理和监控，实现资源的自动化分配、调度和优化。用户也可以通过简洁的用户界面，方便地申请、使用和管理资源，无需关心底层的硬件设备和复杂的技术细节。

（5）广泛的网络接入。所有的云必须依赖网络连接。可以说网络是云计算的基础支撑，尤其是互联网，云时刻离不开互联网。互联网提供了对 IT 资源远程的、随时随地的访问。有人甚至将云计算看成“互联网 + 计算”，网络接入是云计算自带的属性。

2. 了解云计算的主要应用行业和典型场景

（1）云互联网。云计算为互联网行业提供了强大的数据存储和处理能力，支持视频、游戏、电子商务、协同办公等多种应用。互联网行业的海量数据需求是中国云服务市场的主要动力之一。例如，阿里云和腾讯云等云服务提供商为互联网企业提供了丰富的云服务产品，包括云服务器、云数据库、云存储、CDN 等，帮助互联网企业降低运维成本，提高业务响应速度。

（2）云金融。金融行业对数据安全和处理能力要求极高，云计算为金融机构提供了弹性、安全、高效的数据处理能力，通过将各金融机构及相关机构的数据中心互联互通，构成云网络，以提高金融机构迅速发现并解决问题的能力，提升其整体工作效率，改善流程，降低运营成本，为客户提供更便捷的金融服务和金融信息服务。

（3）云医疗。在医疗领域，云计算提供了安全、可靠的数据存储和处理平台，支持病历、检验报告等医疗数据的实时共享，提高医疗资源利用率。

（4）云政务。云计算在政务行业的应用非常广泛，它通过提供灵活、高效、安全的服务，帮助政府机构提高服务效率和决策质量。云政务的主要应用场景包括智慧城市建设、电子政务、公共安全监控、智能交通管理等。云政务的架构如图 10–9 所示。

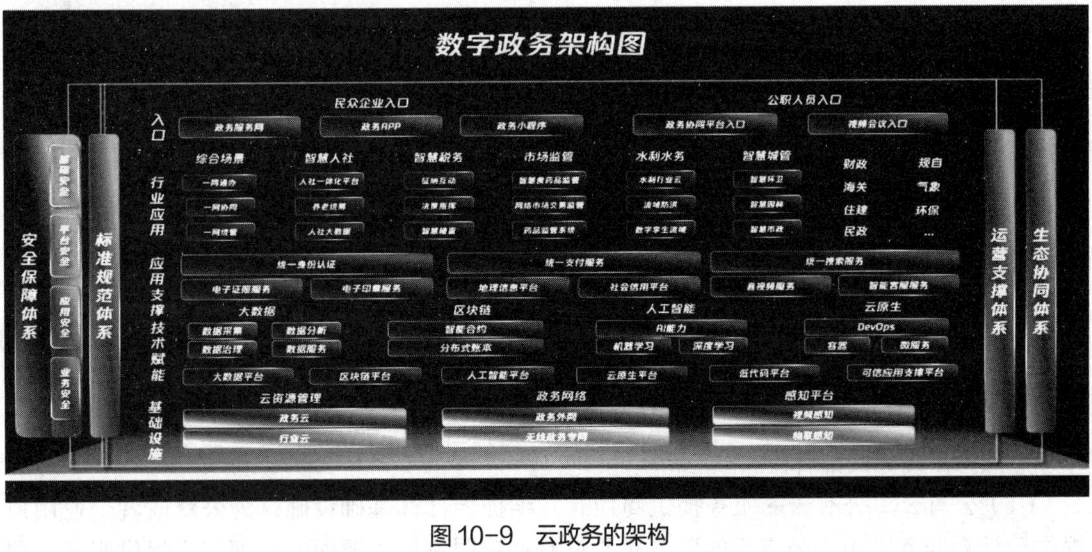

图 10–9　云政务的架构

（5）云制造。云计算为制造业提供强大的计算和存储能力，支持生产线的实时监控和智能调度，提高生产效率和降低成本，推动制造业的数字化转型和智能化升级。云制造的常见应用场景有数字工厂、数字中台、供应链管理等。

（6）云教育。随着科技的不断发展，教育领域也逐渐与云计算技术相结合。云计算作为一种新型的计算和信息处理方式，为教育行业带来了巨大的变革。它利用网络将资源和服务集中存储和管理，为学生、教师和管理者提供了更加便捷的学习和管理环境。云教育的常见应用场景有教学资源共享、创新教学方式、提供个性化学习环境。

3. 认知云计算的服务交付模式

（1）基础设施即服务（IaaS）。IaaS 通过互联网向用户提供计算机基础设施服务，包括虚拟机、存储、网络和操作系统等。用户可以根据自己的需求动态地调整计算资源，而无需自行购买和维护物理设备。典型应用包括搭建开发和测试环境、数据存储、备份和恢复、高性能计算、批处理任务、网站托管等。主要提供商包括 Amazon Web Services（AWS）的 Amazon EC2、Microsoft Azure 的 Azure Virtual Machines、Google Cloud Platform 的 Google Compute Engine 等。

（2）平台即服务（PaaS）。PaaS 提供一个开发和部署应用程序的平台，包括操作系统、中间件、数据库和开发工具等。它使开发人员能够专注于应用程序的开发，而无需管理底层基础设施。典型应用包括 web 应用和移动应用的开发和部署、API 开发和管理、数据分析和大数据处理、物联网（internet of things，IoT）应用等。主要提供商包括 Google Cloud Platform 的 Google App Engine、Microsoft Azure 的 Azure App Service、AWS 的 AWS Elastic Beanstalk 等。

（3）软件即服务（SaaS）。SaaS 通过互联网提供软件应用，用户无需安装、维护和管理软件，只需通过浏览器或客户端访问应用程序。典型应用包括企业资源计划（ERP）、客户关系管理（CRM）、办公软件（如电子邮件、文档处理）、协作工具和项目管理、电商平台等。主要提供商包括 Microsoft 的 Office 365、Google 的 Google Workspace（原 G Suite）、Salesforce 的 CRM、Adobe 的 Creative Cloud 等。

这 3 种服务交付模式的区别如图 10–10 所示。

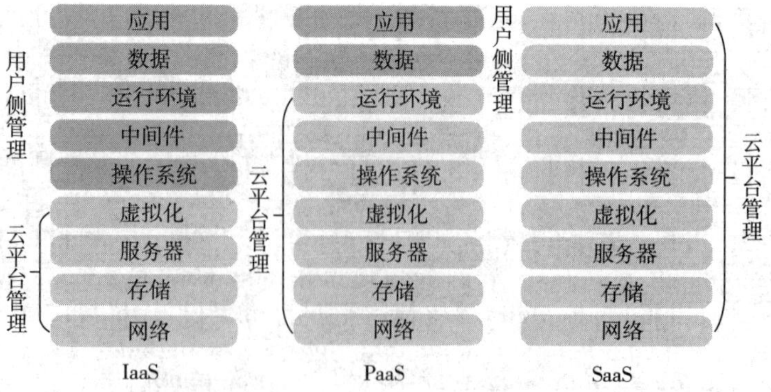

图 10–10　IaaS、PaaS、SaaS 模式的区别

4. 熟悉云计算的部署模式

（1）公有云。公有云的服务提供商拥有并维护云计算基础设施，为公众或者企业用户提供云计算服务。由于公有云的服务对象没有特定限制，主要面向外部用户提供服务，因

此公有云也被称为外部云。公有云中所有的应用程序及相关数据都存放在公有云平台上，用户不必进行前期的大量投资和漫长的建设过程。然而由于应用和数据不存储在用户自己的数据中心，因此其安全性和隐私性等问题会引起用户的担忧，尤其是对于大型企业和政府部门。公有云如图 10–11 所示。

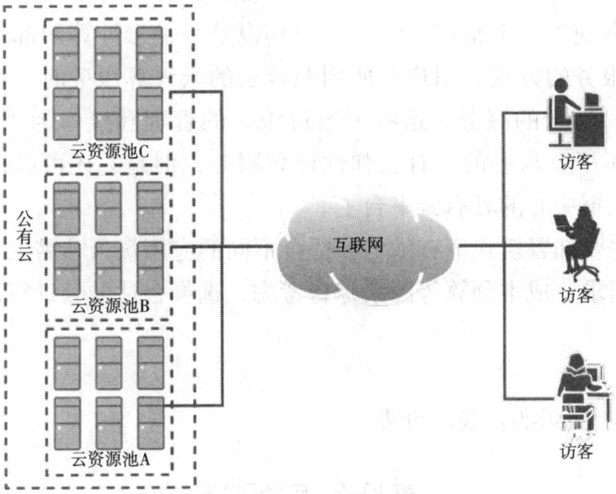

图 10–11　公有云

（2）私有云。私有云是由某个机构在其内部建设、运营的云平台，专供该机构自己使用，也被称为内部云，具体如图 10–12 所示。对于那些已经有大量数据中心，或者由于各种原因暂时不会采用第三方云计算服务的机构来说，私有云是一个比较好的选择。此外，私有云也适用于拥有众多分支机构的大型企业或政府部门。随着这些大型数据中心的集中化，私有云将会成为主流的 IT 系统部署模式。与公有云不同，私有云部署在企业内部，因此它的优势是数据安全性、系统可用性等都可由机构自己控制。但是私有云需要大量的前期投资，并仍然采用传统的商业模型。此外，它的规模相对公有云来说一般要小得多，因此经济学上的规模效应难以充分发挥。私有云实际上是企业应用云计算相关技术提高自身信息服务效率的一种方式。电信云也属于私有云。

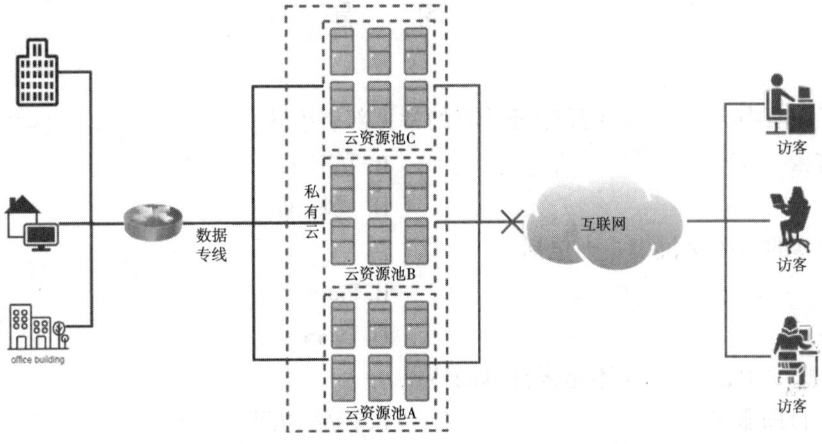

图 10–12　私有云

（3）社区云。社区云的云计算基础设施由多个有着相同需求或利益的组织共享，并为这些组织提供特定的应用功能和工具。社区云可以按行业进行分类，如医疗云、教育云、金融云、生产制造云、物流云、建筑云等。这类云通过在云平台上部署特定行业的应用，可以更好地为某一行业内的多个机构提供服务，因此社区云也被称为行业云。

（4）混合云。混合云的云计算基础设施由上述云计算部署模式中的两种或两种以上组合而成，对外仍然表现为一个整体。混合云与其说是一种云计算的部署方式，不如说是一种用户使用云计算服务的方式。用户在使用混合云的云计算服务时，往往既使用了公有云的服务，又使用了私有云的服务，这些云通过统一的管理和接口为用户提供一致的服务。例如，一个组织使用了亚马逊的公有云弹性计算服务，但是它还可以把一些核心的数据同时存储在基于自己数据中心的私有云平台上。

云计算的 4 种主要部署模式各有优劣，适合不同的应用场景和需求。企业可以根据自身的业务特点、安全需求、成本预算等因素综合考虑，选择合适的云计算部署模式。

任务评价

请填写如表 10-3 所示的自我评价表。

表 10-3　自我评价表

知识与技能	掌握程度		
	熟练掌握	掌握	基本掌握
云计算的特点			
云计算的主要应用行业和典型场景			
云计算的服务交付模式			
云计算的部署模式			
自评结果	A. 优秀　B. 良好　C. 中等　D. 及格　E. 不及格		

习　题

单选题

1. 以下选项中，（　　）不属于云计算的常见部署模式。

A. 公有云　　B. 私有云

C. 社区云　　D. 局域网

2. 云计算的服务交付模式不包括（　　）。

A.IaaS　　B. PaaS

C. SaaS　　D. DaaS

3. 以下选项中，（　　）不是云计算的特点。

A. 按需自助服务　　B. 网络访问

C. 本地存储　　D. 资源池化

4. 以下选项中，（　　）不是云计算的典型优势。

A. 成本效益　　B. 无限的可扩展性

C. 完全的安全性　　D. 易于维护

5. 云计算中的“按需自助服务”意味着（　　）。

A. 用户可以根据需要选择和调整服务　　B. 服务提供商提供自助服务终端

C. 用户需要自己维护服务器　　D. 服务是自动运行的，不需要用户干预

任务拓展

下载并精读至少3份来自权威机构的云计算行业报告，对每份报告提炼出关键信息和数据，形成不少于500字的报告摘要。摘要应涵盖云计算在不同行业的主要应用领域、市场规模及增长趋势、主流的服务交付和部署模式占比情况，以及报告中对未来云计算发展的预测和建议。针对报告中的数据和观点，提出自己的思考和见解，例如对某一行业应用趋势的认同或质疑，并说明理由。

任务2　云计算的关键技术与原理

任务背景

通过本任务的学习，了解分布式计算的原理，熟悉云计算的技术架构；了解云计算的关键技术，包括网络技术、数据中心技术、虚拟化技术、分布式存储技术、安全技术等。

任务目标

（1）熟悉云计算的技术架构。

（2）了解分布式计算的原理。

（3）了解云计算的关键技术。

任务要求

以小组为单位，制作一份资料综述文档，对云计算的技术架构、分布式计算原理和关键技术进行系统的梳理和总结。文档应包括各个主题的概述、主要技术要点、相互关系以及在实际应用中的体现等内容，字数不少于3 000。

基础知识

1. 分布式计算

分布式计算是一种计算方法，它将大型计算任务分解成多个小任务，并将这些小任务分配到多个计算节点上进行处理。这些计算节点通常分布在不同的地理位置，它们通过网络相互连接和通信。分布式计算的主要目的是利用网络中的多个计算资源提高计算效率、处理能力、可靠性和灵活性。

2. 云计算的技术架构

云计算的技术架构可以分为核心服务层、服务管理层、用户访问接口层。

3. 云计算的关键技术

云计算是一种以数据和处理能力为中心的密集型计算模式，融合了多项信息通信技术（information communications technology，ICT)。它是一系列传统技术融合发展的产物，其中关键技术包括数据中心技术、虚拟化技术、分布式存储技术、安全技术等。

任务实施

1. 理解分布式计算的原理

分布式计算中包括批处理任务计算、离线计算、流计算等多种类型，目前也有相应的处理框架，如批处理框架 MapReduce、流处理框架 Storm、批流一体框架 Flink 和 Spark 等，如图 10-13 所示。批处理框架 MapReduce 通过将一系列杂乱无章的数据按照某种特征归纳起来，进行处理并得到最终结果，它适用于 web 访问日志分析、数据查找等场景。

流处理框架 Storm 是 Twitter 发布的开源分布式实时大数据处理框架，它适用于网站统计、推荐系统、金融系统等场景。

Flink 是为分布式流处理应用程序打造的开源流处理框架，不仅能够进行实时计算，也能够进行批量数据处理。

Spark 是一种基于内存的大数据计算引擎，集批处理、实时流处理、交互式查询、图计算和机器学习于一体，可以应用于用户推荐系统、舆情分析等实时业务场景。

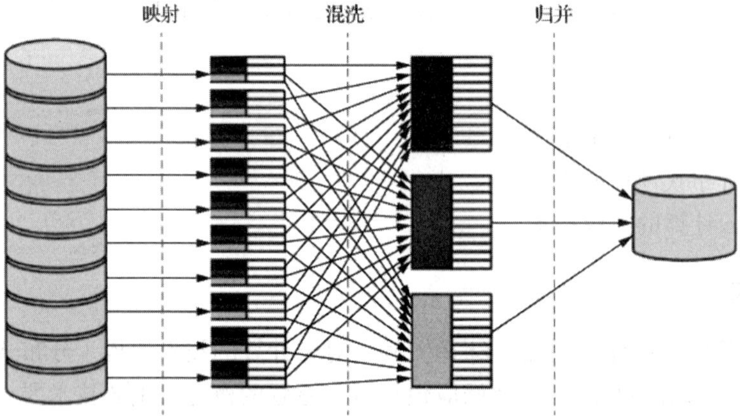

图 10-13　分布式计算

2. 分析云计算的技术架构

云计算的目标是以低成本的方式提供高可靠性、高可用性、规模可伸缩的个性化服务。它的技术架构如图 10-14 所示。

（1）核心服务层：将硬件基础设施、软件运行环境平台、应用程序软件抽象成 IaaS、PaaS、SaaS，这些服务具有可靠性强、可用性高、规模可伸缩等特点，能够满足多样化的应用需求。

（2）服务管理层：贯穿于云计算技术架构的各个层次，为核心服务提供支持，进一步确保核心服务的可靠性、可用性与安全性。

（3）用户访问接口层：实现端到云的访问。

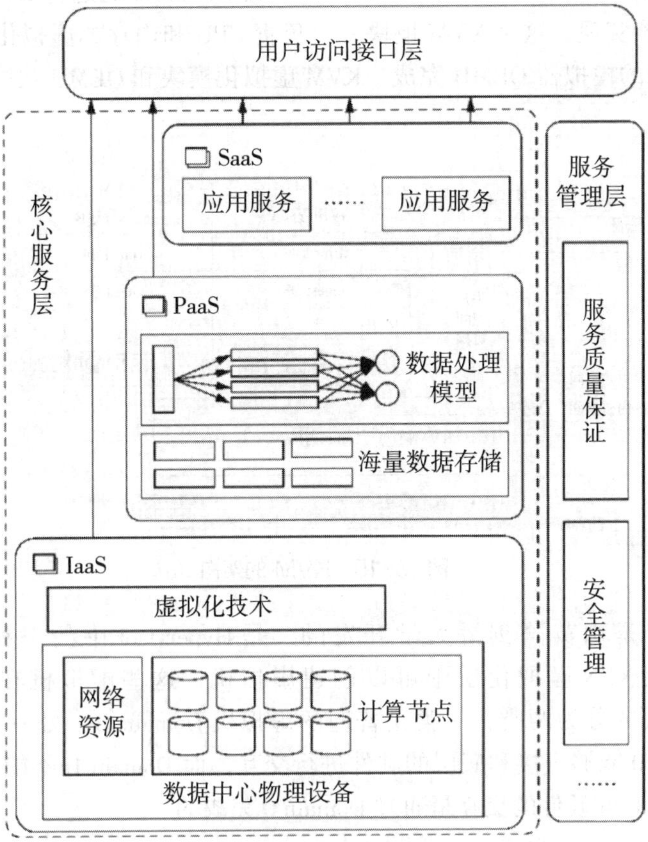

图 10-14　云计算的技术架构

3. 认知云计算的关键技术

（1）虚拟化技术。虚拟化技术是云计算最重要的核心技术之一，它为云计算服务提供基础架构层面的支撑，是推动 ICT 服务快速走向云计算的最主要驱动力。虚拟化技术包括服务器虚拟化、存储虚拟化、网络虚拟化等。

服务器虚拟化：可以将一台物理服务器虚拟化成多台逻辑服务器，每台逻辑服务器都可以独立运行操作系统和应用程序，从而提高服务器的利用率，降低硬件成本。例如，原本需要多台物理服务器才能满足的业务需求，现在通过服务器虚拟化技术，只需要一台物理服务器就可以实现，大大节省了空间和电力消耗。

存储虚拟化：将分散的存储资源整合起来，形成一个统一的存储池，为用户提供透明的存储服务。这样用户无需关心数据具体存储在哪个物理设备上，只需要通过统一的接口访问存储资源。例如，企业可以将不同型号、不同品牌的存储设备通过存储虚拟化技术整合在一起，实现存储资源的统一管理和分配。

网络虚拟化：将物理网络资源虚拟化成多个逻辑网络，每个逻辑网络可以根据不同的业务需求进行定制化配置。例如，可以为不同的部门或项目划分独立的虚拟网络，保证网络的安全性和隔离性。

虚拟化的主流技术如下。

① KVM。KVM（kernel-based virtual machine）即基于内核的虚拟化，是 Hypervisor 的一种。KVM 的架构如图 10-15 所示，在 KVM 中，虚拟化功能通过将 KVM 模块嵌入主机的 Linux 操作系统内核实现，这个 KVM 模块主要负责 CPU 和内存的虚拟化，而 I/O 方面的虚拟化则主要由开源的模拟器 QEMU 完成。KVM 虚拟化模块和 QEMU 共同组成了 KVM 虚拟化解决方案。

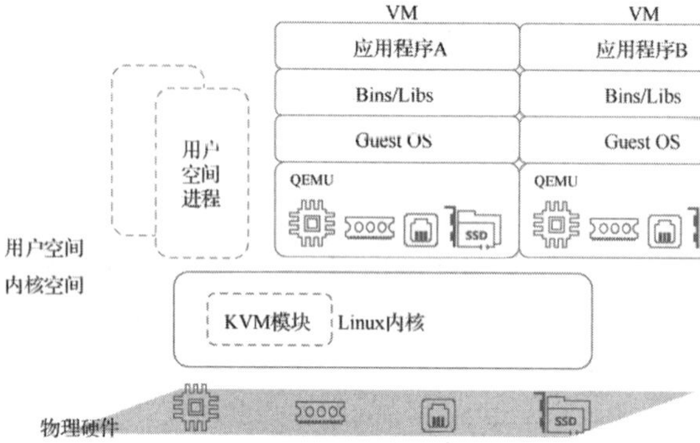

图 10-15　KVM 的架构

② XEN。XEN 是由英国剑桥大学开发的，是 Hypervisor 中的一种。XEN 的架构如图 10-16 所示，在 XEN 虚拟化层中可以创建虚拟机，这些虚拟机在 XEN 中也被称为域（domain），domain 分为两类，一类是普通的虚拟机 Domain U，另一类是特殊的虚拟机 Domain 0。Domain 0 能够直接和底层的硬件进行交互，而 Domain U 不能直接和底层的硬件进行交互，Domain U 和硬件的交互是通过 Domain 0 完成的。

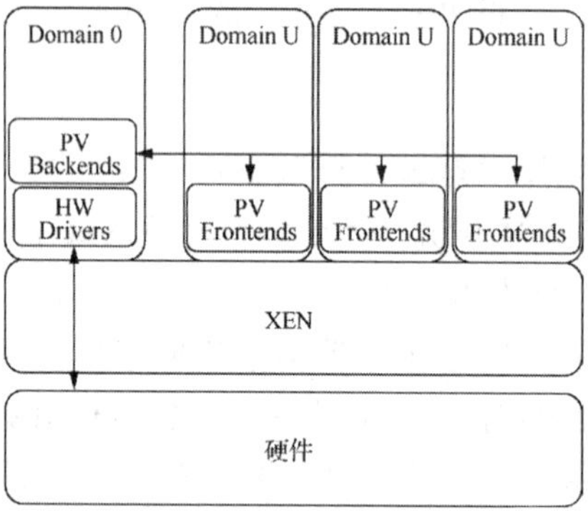

图 10-16　XEN 的架构

（2）分布式存储技术。云计算不仅要能够快速计算，还要能够存储海量的数据，因此分布式存储技术至关重要。传统的网络存储技术采用集中式存储服务器存放所有数据，存储服务器成为系统性能的瓶颈，也是可靠性和安全性的焦点，不能满足大规模存储应用的需要。分布式网络存储技术采用可扩展的系统结构，利用多台存储服务器分担存储负荷，利用位置服务器定位存储信息，这不仅提高了系统的可靠性、可用性和存取效率，还易于扩展。这种技术不仅摆脱了硬件设备的限制，扩展性也更好，能够快速响应用户需求的变化，如图 10-17 所示。

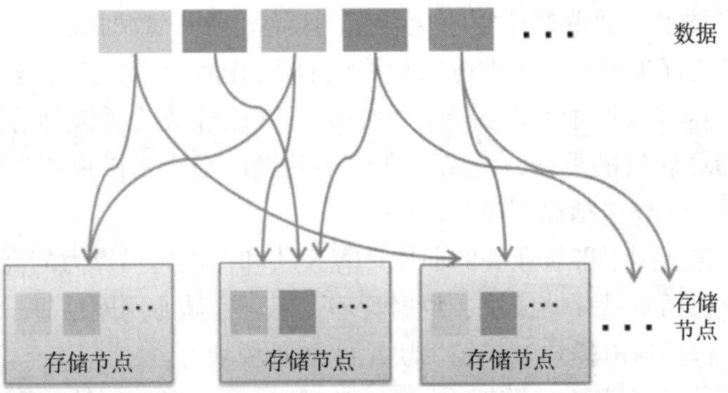

图 10-17 分布式存储技术

常见的分布式存储技术有数据冗余存储、分布式文件系统、分布式数据库等。

①数据冗余存储：通过将数据复制到多个存储节点上，提高数据的可靠性和可用性。即使某个存储节点出现故障，数据仍然可以从其他节点上获取。例如，Hadoop 的分布式文件系统 HDFS 就采用了数据冗余存储策略，默认将数据复制 3 份存储在不同的节点上。

②分布式文件系统：将数据分散存储在多个节点上，并提供统一的访问接口。这种技术可以实现数据的高吞吐量访问和大规模扩展。例如，谷歌的 GFS 和开源的 HDFS 都是非常著名的分布式文件系统，被广泛应用于云计算环境中。

③分布式数据库：将数据库分散存储在多个节点上，通过数据分片和复制等技术实现数据的高可用性和可扩展性。例如，MongoDB、Cassandra 等分布式数据库系统可以处理海量数据，并支持水平扩展。

（3）安全技术。近年来，国家对云平台的安全建设和要求越来越高。随着大数据和人工智能、5G、物联网等新技术的上云，企业对云计算安全的诉求也越来越高，云计算安全技术是确保云计算环境安全的关键技术措施，涉及用户数据的保密性、完整性和可用性。以下是一些主要的云计算安全技术。

①身份认证与访问控制：确保只有合法的用户才能访问云计算资源。身份认证可以采用多种方式，如用户名 / 密码、数字证书、生物识别等。访问控制则根据用户的身份和权限，限制用户对资源的访问范围。例如，在云计算平台中，可以通过设置不同的用户角色和权限，控制用户对虚拟机、存储资源、数据库等的访问。

②数据加密：对用户数据进行加密，保护数据的保密性。可以采用对称加密算法和非对称加密算法相结合的方式，对数据进行加密和解密。例如，在数据传输过程中，可以使用 SSL/TLS 协议对数据进行加密传输；在数据存储时，可以使用加密文件系统或数据库加密技术对数据进行加密存储。

③安全审计：对云计算平台中的各种操作进行审计，记录用户的访问行为和系统的运行状态，以便及时发现安全问题和进行事后追溯。例如，云计算平台可以记录用户的登录时间、操作内容、访问的资源等信息，为安全审计提供依据。

云计算安全是一个不断发展的领域，随着技术的进步和威胁的演变，新的安全技术和解决方案也在不断出现，目前不论是软件安全厂商还是硬件安全厂商，都在积极研发云计算安全产品和方案，包括传统杀毒软件厂商、软硬件防火墙厂商、入侵检测系统 / 入侵防御系统厂商在内的各个层面的安全供应商都已加入云安全领域。

（4）数据中心技术。随着产业数字化转型的持续发展，数据成为关键生产要素，伴随着云计算商业模式的逐步成熟，各类应用和传统 IT 服务都在“上云”，云业务正在成为新的价值中心。因此，传统数据中心向云数据中心的转变已经成为主流趋势。数据中心肩负着数据的计算、存储和转发的重任，是新基建中最关键的数字基础设施。现代数据中心的构成如图 10–18 所示，主要包括以下核心部件。

①计算系统：包括用于部署业务的通用计算模块和提供超强算力的高性能计算模块等。

②存储系统：包括海量存储模块、数据管理引擎、存储专用网络等。

③能源系统：包括供电模块、温控模块、IT 管理模块等。

④数据中心网络：负责连接数据中心内部通用计算、高性能计算和存储模块，它们之间的所有数据交互都要通过数据中心网络实现。

其中，直接承接用户业务的是通用计算模块，它依赖的物理基本单元是大量的服务器。如果说服务器是数据中心运转的机体，那么数据中心网络就是数据中心的灵魂。

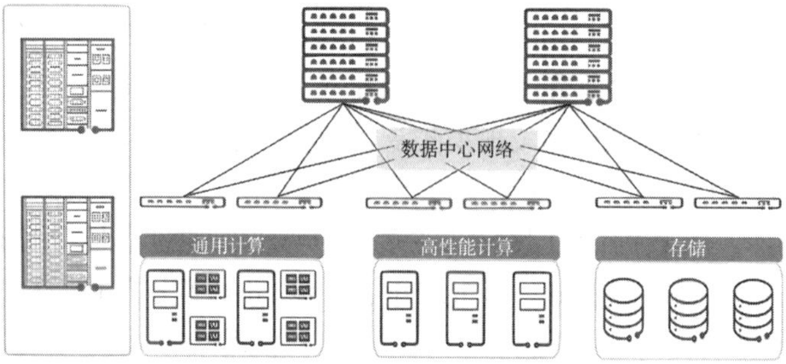

图 10–18　现代数据中心的构成

华为 CloudFabric 数据中心网络解决方案采用了 VXLAN、EVPN 等关键技术，提供了端到端 VXLAN、Segment VXLAN 两种数据中心互联方案。

基于端到端 VXLAN 隧道的数据中心互联是指，多个数据中心的计算、网络都是统一的资源池，统一由一套云平台和一套 iMaster NCE–Fabric 集中管理，多个数据中心是统一的端到端 VXLAN 域，用户的 VPC（virtual private cloud，虚拟私有云）和子网可跨数据中心部署，可直接实现业务互通，其部署架构如图 10–19 所示。

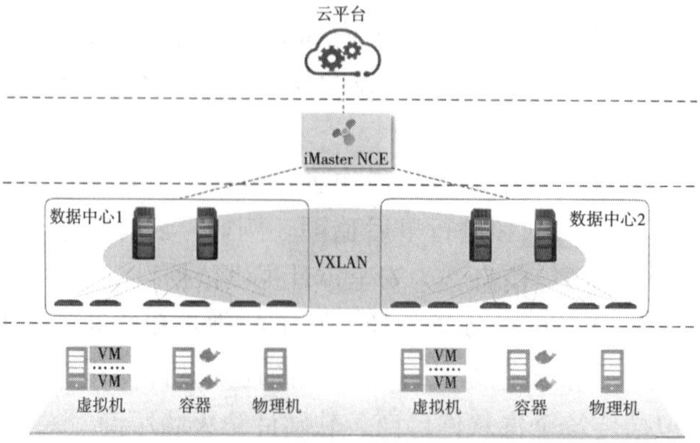

图 10–19　端到端 VXLAN 方案的部署架构

基于 Segment VXLAN 隧道的数据中心互联是指，在多数据中心场景下，每个数据中心的计算、网络都是独立的资源池，分别由各自的云平台和 iMaster NCE-Fabric 独立管理，每个数据中心是一个独立的 VXLAN 域，数据中心之间需要再建立一个 DCI VXLAN 域才能实现互通。而且，用户的 VPC 和子网都在各自的数据中心内部署，因此，不同数据中心之间的业务互通还需要更上层的云管理平台统一编排，其部署架构如图 10-20 所示。

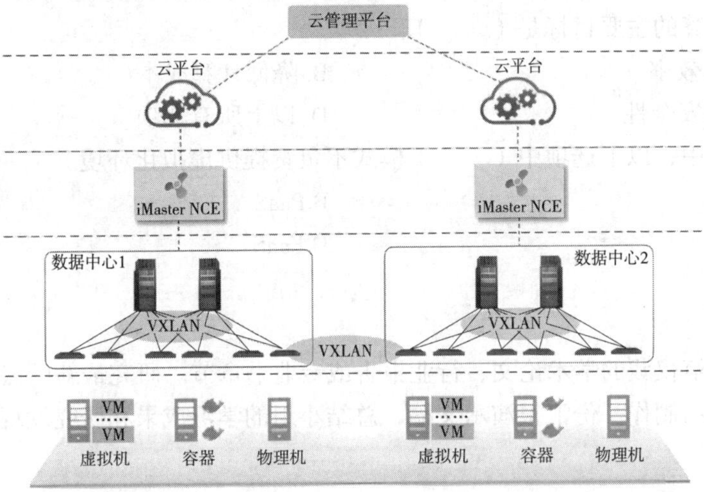

图 10-20　Segment VXLAN 方案的部署架构

任务评价

请填写如表 10-4 所示的自我评价表。

表 10-4　自我评价表

<table>
<tr><td colspan="2" rowspan="2">知识与技能</td><td colspan="3">掌握程度</td></tr>
<tr><td>熟练掌握</td><td>掌握</td><td>基本掌握</td></tr>
<tr><td colspan="2">分布式计算的原理</td><td></td><td></td><td></td></tr>
<tr><td colspan="2">云计算的技术架构</td><td></td><td></td><td></td></tr>
<tr><td colspan="2">云计算的关键技术</td><td></td><td></td><td></td></tr>
<tr><td>自评结果</td><td colspan="4">A. 优秀　　B. 良好　　C. 中等　　D. 及格　　E. 不及格</td></tr>
</table>

习　题

单选题

1. 数据中心采用模块化设计的主要优势是（　　）。

A. 降低能耗　　B. 减少维护成本

C. 快速扩展　　D. 以上所有选项

2. 数据中心的冗余设计主要用于（　　）。

A. 增加存储容量　　B. 提高能源效率

C. 确保业务连续性　　D. 减少硬件成本

3. 虚拟化技术在云计算中的主要优势不包括（　　）。

A. 提高资源利用率　　B. 降低硬件成本

C. 增加物理服务器数量　　D. 提高系统的灵活性和可扩展性

4. 分布式计算的主要目标是（　　）。

A. 提高计算效率　　B. 降低计算成本

C. 提高数据安全性　　D. 以上所有选项

5. 在云计算中，以下选项中（　　）模式不负责提供虚拟化环境。

A.IaaS　　B.PaaS

C.SaaS　　D.FaaS

拓展任务

查阅至少 5 篇权威的学术论文、行业报告或专业书章节。研究最新的云计算的关键技术和架构，每个小组制作一份汇报演示文稿，总结小组的学习成果和研究发现。

项目 3　物联网连接万物

任务 1　探究物联网的概念与体系结构

任务背景

通过资料查阅、案例分析和小组讨论，深入探究物联网的概念、应用领域、发展趋势以及三层体系结构，包括感知层、网络层和应用层在物联网中的作用。

任务目标

（1）能够准确地阐述物联网的概念、应用领域和发展趋势，增强对物联网的整体认知。

（2）能够清晰地理解物联网三层体系结构中每层的功能和相互关系，构建完整的知识框架。

任务要求

（1）分组查阅相关资料，每组至少收集 5 个物联网应用实例，并分析其所属领域及涉及的物联网层次。

（2）小组内进行讨论，总结物联网的特点和发展趋势，形成书面报告。

（3）制作演示文稿，在课堂上展示小组的研究成果，每组展示时间不少于 10 分钟。

基础知识

1. 物联网

物联网就是“物物相连的互联网”，指通过信息传感设备，按约定的协议，将各种物体与网络相连接，使物体能够通过信息传播媒介进行信息交换和通信，从而实现智能化识别、定位、跟踪、监管等功能的技术。物联网被视为继计算机、互联网和移动通信之后的新一轮信息技术革命。

2. 物联网的应用领域与发展趋势

近年来，物联网技术呈现出愈发广泛的应用态势，深入渗透到各行各业中。在生产和生活领域，物联网为各个行业注入了新的活力。主要的应用领域涉及工业、农业、医疗、交通、物流、金融、教育等。发展趋势包括多元深度融合、安全规范发展、开放普惠共享、全球物联网发展、物联网应用领域扩展和深化以及与其他技术的融合创新。

3. 物联网的体系结构

物联网的体系结构是支撑物联网运作的框架，它定义了物联网设备如何连接、交互以及处理数据。虽然不同物联网的解决方案可能会有不同的体系结构，但大多数物联网体系结构模型都包括 3 到 7 个功能组件层，如感知层、网络层、应用层等。

任务实施

1. 理解物联网的概念

1999 年，麻省理工学院（MIT）Auto-ID 中心的凯文·艾什顿教授最早明确地提出了物联网的概念。他认为物联网是通过给物品贴上一个射频识别（radio frequency identification，RFID）的电子标签来实现的。电子标签内存储物品的信息（物品编号、产地、原料组成、生产日期等）。通过 RFID 技术，可以完成对物品的识别并获取物品的信息，然后借助互联网，将这些物品的信息在网上发布，在全球范围内实现对物品信息的共享，进而可以对物品进行智能管理。

2005 年，国际电信联盟（International Telecommunication Union，ITU）发布了《ITU 互联网报告 2005：物联网》（ITU Internet Reports 2005：The Internet of Things）。在 ITU 的报告中，物联网的定义和范围已经发生了变化，覆盖范围有了较大的拓展，不再只是指基于 RFID 技术的物联网。无所不在的物联网通信时代即将来临，通过 RFID 和传感器等都可以获取物体的信息，世界上所有的物体都可以通过互联网主动进行信息交换，无论是轮胎、牙刷，还是房屋、纸巾。

2009 年 8 月，“感知中国”的概念被提出，物联网被正式列为国家五大新兴战略性产业之一，并写入《政府工作报告》，因此物联网在我国受到了全社会极大的关注。

目前，国内对物联网的通用定义如下：物联网是通过射频识别装置、红外感应器、全球定位系统（global positioning system，GPS）、激光扫描器等信息传感与执行设备，按约定的协议，把任何物品与互联网相连，进行信息交换和通信，以实现智能化识别、定位、跟踪、监控和管理的一种网络。

简单来说，物联网就是将现实世界中的各种物体通过互联网连接起来，使它们能够相互通信、协同工作，从而实现智能化的管理和控制。

2. 了解物联网的应用领域

物联网的应用非常广泛，本任务从物联网 + 工业、物联网 + 物流、物联网 + 交通 3 个方面进行介绍。

（1）物联网 + 工业。工业制造物联网的主要特性在于“物”之间的相互连接，这里的“物”指的是物联传感设备，也就是传感器。在工业制造领域，物联网技术能够达成对物品数据的采集、存储、传输、分析以及管理等一系列操作。例如，在纺织机械和服装工业领域，能够借助物联网实时采集服装的相关数据，并利用这些数据开展优化制造等一系列管理工作，如图 10–21 所示。随着工业互联网时代的到来，制造业信息化程度不断加深，数字化、网络化发展趋势愈发显著，物联网必将迎来更为宽广且更具活力的发展前景。

图 10–21　智慧工业

（2）物联网 + 物流。在信息技术的支撑下，物流已经进入了一个全新的发展阶段，信息化技术在物流领域的应用使得物流更加高效、科学。物联网 + 物流的组合通常被称为智慧物流或物流 4.0，是现代物流行业的一项革命性发展。物联网技术的应用可以显著提高物流操作的透明度、效率和响应能力。

将物联网应用于物流行业中，主要体现在 3 个方面，即仓储管理、运输监测和智能快递柜。

①仓库储存：通常采用基于 LoRa、NB–IoT 等传输网络的物联网仓库管理信息系统，完成收货入库、盘点调拨、拣货出库以及整个系统的数据查询、备份、统计、报表生产及报表管理等任务，如图 10–22 所示。

图 10–22　智慧物流

②运输监测：实时监测货物运输中的车辆行驶情况以及货物运输情况，包括货物位置、状态环境以及车辆的油耗、油量、车速及刹车次数等驾驶行为。

③智能快递柜：将云计算和物联网等技术结合，实现快件存取和后台中心数据处理，通过 RFID 或摄像头实时采集、监测货物收发等数据。

（3）物联网 + 交通。随着城市的发展，城市的人口越来越多，车辆也越来越多，而为满足人们出行需要的道路等基础设施数量却增长缓慢，导致交通拥堵日益严重。如何解决人们快速出行的问题成为一个重大课题。物联网在交通领域的应用，为人们智慧地管理交通，优化调度交通资源，提供人们出行的合理路线提供了可能。

采用物联网技术，人们能通过部署在城市道路上的感知设备及时感知道路状况，人们可根据此情况在智能调度系统的帮助下，选择合理的出行线路（例如开车时有实时拥堵的提醒，为用户规避堵塞的道路）；交通管理者可利用实时感知的交通道路信息在智能调度系统的辅助下，合理地调整交通信号灯的时长，进行全局性的交通流量优化，最大限度地提高现有交通资源的利用率，如图 10–23 所示。

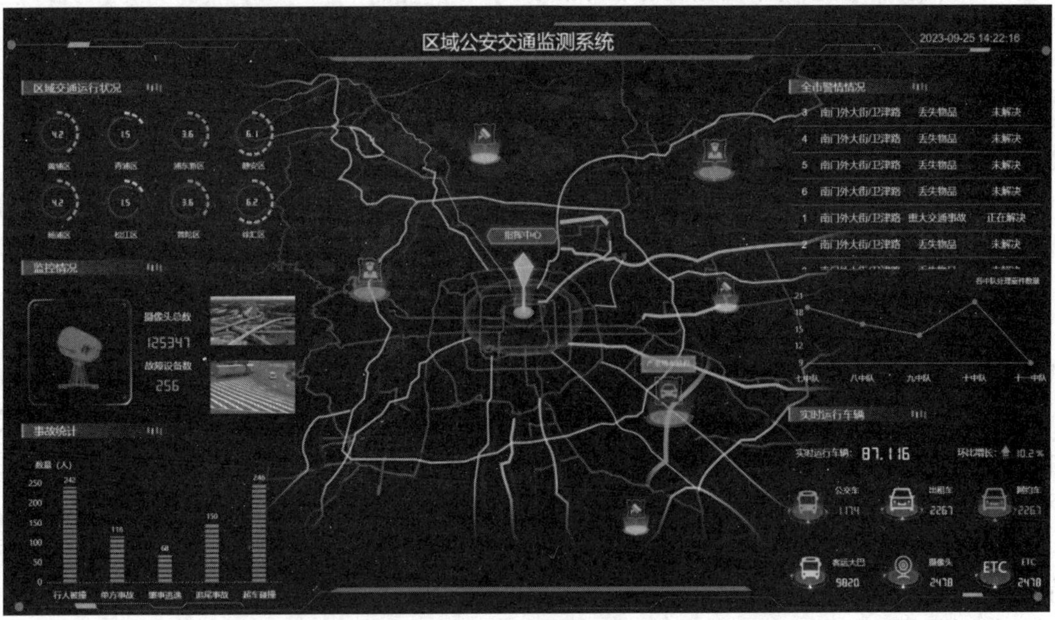

图 10–23　智慧交通

3. 探索物联网的发展趋势

物联网的发展呈现出以下一些趋势。

（1）多元深度融合：物联网与人工智能、卫星互联网、量子信息等新技术深度融合、相互赋能，形成融合集群，引领带动新的增长引擎。同时，物联网作为集成手段，促进新一代信息技术与传统产业深度融合，通过数据赋能，推动传统产业的数字化转型，开创数字经济和实体经济融合发展的新局面。

（2）安全规范发展：随着物联网产业的扩张，其安全保障政策将不断完善，基础安全标准体系逐步建立，治理框架和规则体系也会更加协调统一，跨部门、跨地区的协同监管机制基本健全，从而形成政府主导、多元参与、法治保障的治理格局。相应地，安全监管与治理技术也会持续提升，推动物联网产业安全、规范、有序地发展。

（3）开放普惠共享：在数字中国、数字政府、数字经济等数字战略的实施背景下，公共数据的开放共享机制会不断优化，共享水平持续提升。以物联网为代表的数字技术将在各领域不断创新应用，其产业应用赋能从 C 端快速延伸至 B 端，产业发展模式不断推陈出新。开源经济、平台经济、共享经济等新业态快速涌现，促使开放、协同、普惠、共享的物联网产业生态系统加速构建。

（4）物联网应用领域扩展和深化：物联网将进一步扩展至更多领域，如智慧城市、智能制造、智能交通、智能家居、智能医疗、智慧农业等。同时，其应用不断深入，实现更智能化、个性化的服务，例如精准农业生产、智能化供应链管理以及提供更舒适便捷的家居生活体验等。

（5）与其他技术融合创新：物联网技术会与人工智能、云计算、大数据、区块链等技术密切结合，创造出更加智能化、高效化的应用。例如，其与人工智能结合可实现智能制造中的自动化质检、智能交通中的智能化车辆调度等；与云计算和大数据结合能更高效地处理和分析数据，提供更个性化、精准的服务。

4. 分析物联网的三层体系结构

物联网的三层体系结构包括了感知层、网络层、应用层。具体如图 10–24 所示。

（1）感知层。感知层是物联网的基础层，负责采集物理世界中的各种信息。这一层主要由各种传感器、执行器、射频识别标签、二维码等设备组成。其功能如下。

①数据采集：通过传感器等设备实时采集环境中的温度、湿度、压力、光照、声音等物理量，以及物体的位置、状态等信息。

②数据转换：将采集到的模拟信号转换为数字信号，以便进行后续的处理和传输。

③执行控制：根据接收到的指令，通过执行器对物理世界中的设备进行控制，如打开或关闭阀门、调节灯光亮度等。

（2）网络层。网络层是物联网的中间层，负责将感知层采集到的数据传输到应用层，并将应用层的指令传输到感知层。这一层主要由各种通信网络组成，如互联网、移动通信网络、卫星通信网络、无线传感器网络等。其功能如下。

①数据传输：通过各种通信网络将感知层采集到的数据传输到应用层，确保数据的可靠、高效传输。

②网络管理：对通信网络进行管理和维护，确保网络的稳定运行。

③数据融合：对来自不同感知设备的数据进行融合处理，提高数据的准确性和可靠性。

（3）应用层。应用层是物联网的最高层，负责对感知层采集到的数据进行分析和处理，为用户提供各种应用服务。这一层主要由各种应用系统组成，如智能家居系统、智能交通系统、智能物流系统、智能医疗系统等。其功能如下。

①数据分析：对感知层采集到的数据进行分析和处理，提取有价值的信息，为用户提供决策支持。

②应用服务：根据用户的需求，为用户提供各种应用服务，如远程监控、智能控制、数据分析等。

③用户界面：为用户提供友好的用户界面，使用户能够方便地使用物联网应用服务。

物联网的体系结构是一个层次分明、功能明确的系统，感知层负责采集数据，网络层负责传输数据，应用层负责处理数据和提供服务，三个层次相互协作，共同构成了物联网的完整体系。

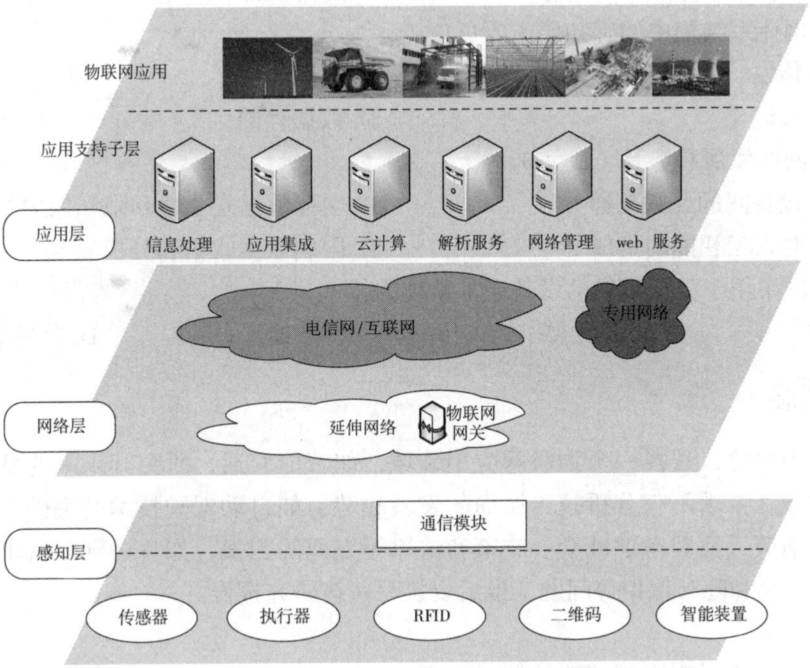

图 10-24 物联网的三层体系结构

任务评价

请填写如表 10-5 所示的自我评价表。

表 10-5 自我评价表

知识与技能	掌握程度		
	熟练掌握	掌握	基本掌握
物联网的概念			
物联网的应用领域			
物联网的发展趋势			
物联网的三层体系结构			
自评结果	A. 优秀 B. 良好 C. 中等 D. 及格 E. 不及格		

习 题

单选题

1. 物联网的英文缩写是（ ）。

A.IoT B.AI C.VR D.AR

2. 以下选项中（　　）不是物联网的应用领域。

A. 智能家居　　B. 智能农业

C. 视频游戏　　D. 智慧医疗

3. 物联网体系结构中的感知层主要负责（　　）。

A. 数据传输　　B. 数据处理

C. 数据收集　　D. 数据存储

4. 物联网的发展趋势是（　　）。

A. 减少设备间的互联互通　　B. 增强数据安全性和隐私保护

C. 减少对人工智能的集成　　D. 限制数据收集和分析

5. 物联网中用于数据收集的设备通常被称为（　　）。

A. 网关　　B. 路由器　　C. 传感器　　D. 服务器

任务拓展

以小组为单位，选择一个物联网应用领域，如智能交通，研究其未来的发展方向和可能面临的挑战。要求不仅分析技术层面的发展趋势，如自动驾驶技术的突破、智能交通系统的互联互通等，还要考虑社会、政策和法律等方面的因素，如自动驾驶汽车的上路法规制定、数据安全和隐私保护等问题，最后要撰写一篇研究报告。

任务 2　分析物联网关键技术

任务背景

本任务针对物联网感知层、网络层和应用层的关键技术进行深入学习和分析，包括传感器、自动识别、智能设备、无线通信网络、互联网、卫星通信网、云计算、中间件、应用系统等，通过案例研究和实验操作，掌握这些关键技术的原理和应用。

任务目标

（1）能够熟悉物联网各层关键技术的基本原理和主要功能。

（2）能够运用所学知识分析实际物联网应用中关键技术的选择和应用场景。

任务要求

（1）每组选择物联网的一个关键技术领域（感知层、网络层或应用层）进行深入研究，收集相关资料和案例。

（2）分析所选关键技术在至少 3 个实际物联网应用中的具体应用方式和作用，制作案例分析报告。

基础知识

1. 物联网的技术体系架构

物联网的技术体系架构如图 10–25 所示。

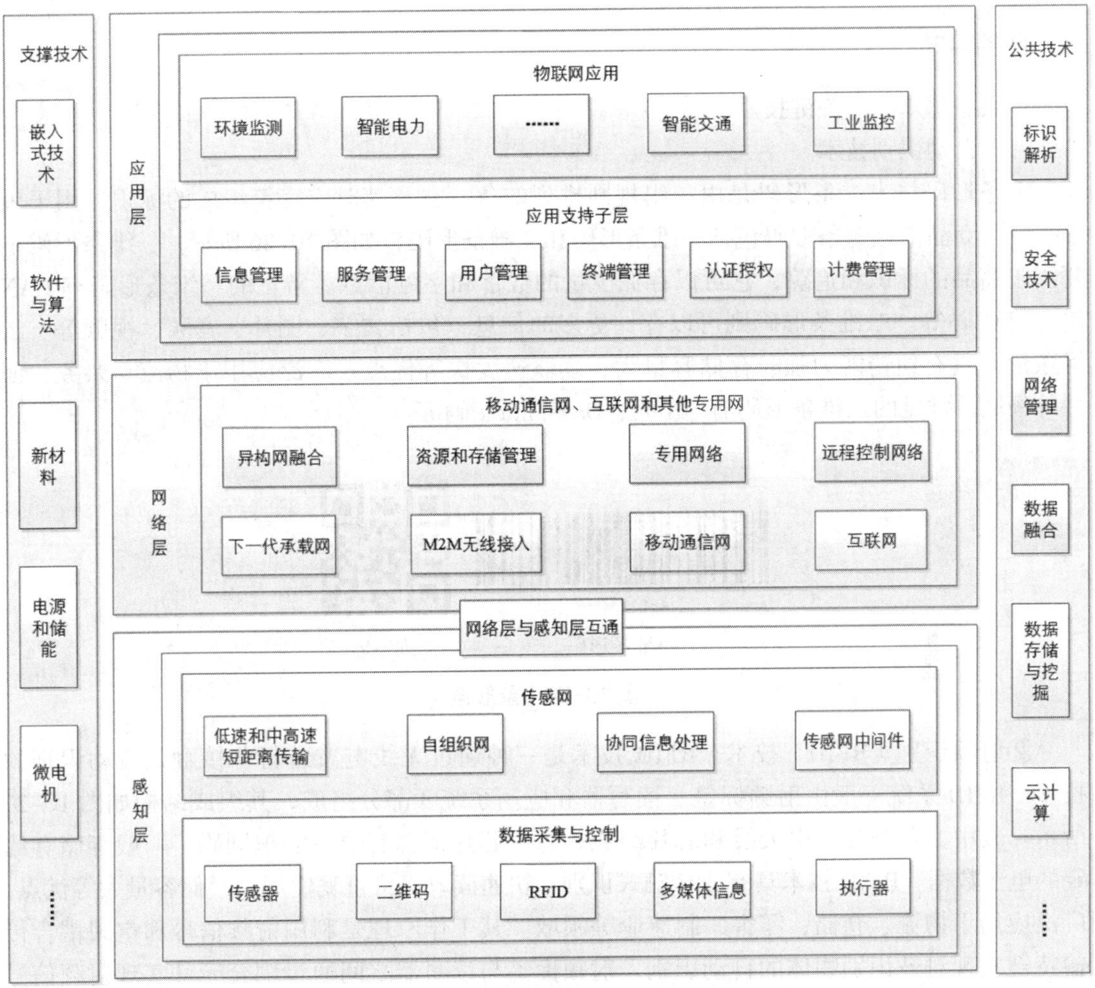

图 10-25　物联网的技术体系架构

2. 感知层的关键技术

物联网的三层体系结构中，感知层主要解决人类社会和物理世界的数据获取和数据收集的问题，用于完成信息的采集、转换、收集和整理。感知层涉及的关键技术很多，主要有传感器、自动识别、智能设备等。

3. 网络层的关键技术

网络层是物联网中感知层与应用层之间的连接桥梁，为物联网提供了高效、可靠的数据传输通道。感知层的各类传感器和智能设备负责采集物理世界中的各种数据信息，但这些数据需要通过网络层进行传输和处理，才能到达应用层被进一步分析和利用。网络层的关键技术主要包括无线通信网络、互联网、卫星通信网等。

4. 应用层的关键技术

应用层直接面向用户，将物联网收集到的数据进行分析、处理和展示，为用户提供各种具体的应用服务。无论是智能家居的远程控制、智能医疗的健康监测，还是工业物联网的生产管理，都通过应用层来实现用户的特定需求。应用层的关键技术涉及云计算、中间件、应用系统等。

任务实施

1. 熟悉感知层的关键技术

（1）自动识别技术。

①条形码技术。条形码是由一组规则排列的条、空及其对应字符组成的标识，用于表示一定的商品信息。条形码包括一维条形码和二维条形码，如图 10-26 所示。一维条形码主要用于商品的标识和追踪，它可以存储少量的数字和字母信息。常见的一维条形码有 EAN 码、UPC 码等。二维条形码则可以存储更多的信息，包括文字、图片、音频、视频等。二维条形码具有纠错能力强、存储容量大、读取速度快等优点，广泛应用于物流、票务、证件等领域。常见的二维条形码有 QR 码、Data Matrix 码等。

图 10-26　条形码

②射频识别（RFID）技术。RFID 技术是一种通过无线电波进行非接触式自动识别的技术。RFID 系统一般由射频标签、读写器和应用系统 3 部分组成，其组成结构如图 10-27 所示。其中，射频标签由天线和芯片组成，每个芯片都含有唯一的识别码，一般存储有约定的电子数据。RFID 技术具有非接触式识别、快速读取、可重复使用、存储容量大等优点，广泛应用于物流、仓储、零售、制造业等领域。其工作原理是利用射频信号和空间耦合传输特性实现对被识别物体的自动识别。射频标签与读写器之间通过耦合元件实现射频信号的空间耦合。在耦合通道内，根据时序关系，实现能量的传递和数据的交换。

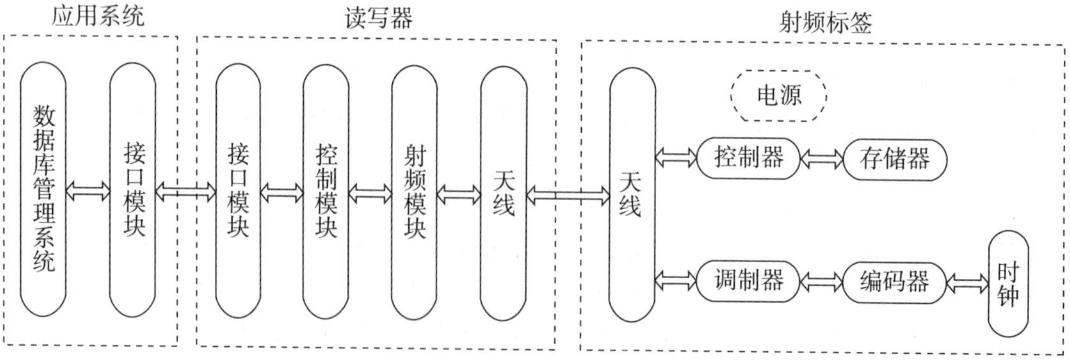

图 10-27　RFID 系统的组成结构

根据 RFID 读写器及射频标签之间的通信及能量感应方式，RFID 可分为电感耦合及电磁反向散射耦合，它们的区别如表 10-6 所示。根据标签的供电方式，RFID 技术可以分为有源 RFID、无源 RFID 和半有源 RFID，它们的区别如表 10-7 所示。

表 10-6　电感耦合及电磁反向散射耦合的区别

区别点	电感耦合	电磁反向散射耦合
工作频率	低频（125 kHz、134.2 kHz 等）和高频（13.56 MHz）	超高频（860 MHz~960 MHz）和微波频段（2.45 GHz、5.8 GHz 等）
作用距离	较短，通常在几十厘米以内	较远，可以达到几米甚至几十米
通信方式	通过变压器原理，在近场范围内实现能量和数据的传输	利用电磁波的反射原理，在远场范围内实现能量和数据的传输
能量来源	阅读器发射的射频信号在近场感应出的电磁场为标签提供能量	阅读器发射的射频信号经标签反射后，标签从反射信号中获取能量
天线要求	阅读器和标签的天线通常为线圈天线	阅读器和标签的天线一般为平板天线或偶极子天线
应用场景	适用于对距离要求不高、数据传输速率要求较低的场景，如门禁系统、图书馆管理、智能卡等	适用于对距离要求较高、数据传输速率要求较高的场景，如物流管理、仓储管理、供应链管理等

表 10-7　有源 RFID、无源 RFID 和半有源 RFID 的区别

类型	工作原理	读取距离	使用寿命	成本	应用场景
有源 RFID	标签内部装有电池，主动向阅读器发射信号	几十米甚至上百米	由电池寿命决定，一般几年到十几年	最高	车辆管理、人员定位、资产追踪等对读取距离要求高、需实时监控的场景
无源 RFID	无内置电池，靠阅读器发射的射频信号获取能量并反射信息	几米到十几米	理论上无限，只要标签不损坏	最低	图书馆管理、超市商品管理、物流仓储管理等对成本要求低、读取距离要求不高的场景
半有源 RFID	内部有电池但只用于维持内部电路工作，进入阅读器射频场被激活反射信号	十几米到几十米	一般几年到十几年	介于有源和无源之间	门禁系统、智能货架管理、博物馆展品管理等对读取距离和成本有一定要求的场景

③生物识别技术。人作为物联网的发明者和应用主体，应该而且必然要融入物联网的运作之中，成为物联网中一个具有特殊符号的元素，最终形成与物体之间的有效互动，确保物联网功能的实现。生物识别技术是利用人体的生理特征或行为特征进行身份识别的技术。常见的生物识别技术有指纹识别、面部识别、虹膜识别、语音识别等。生物识别技术具有唯一性、稳定性、安全性等优点，广泛应用于门禁系统、考勤系统、金融支付等领域。

（2）传感器技术。传感器是一种能够感受规定的被测量并按照一定的规律转换成可用输出信号的器件或装置。它通常由敏感元件和转换元件组成，敏感元件负责感受被测量，转换元件负责将敏感元件的输出转换为电信号或数字信号，以便进行后续的处理和传输。传感器是物联网感知层的核心技术之一，对于物联网的发展具有至关重要的意义。

传感器的种类繁多，可以按照不同的标准进行分类。按照被测量的物理量分类，可分为温湿度传感器、压力传感器、光照传感器、声音传感器、加速度传感器等，如图 10-28 所示。

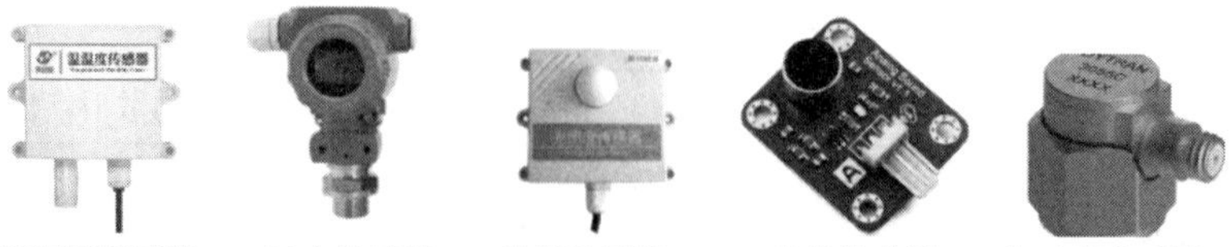

温湿度传感器　压力传感器　光照传感器　声音传感器　加速度传感器

图 10-28　传感器

按照工作原理分类，传感器可分为电阻式传感器、电容式传感器、电感式传感器、压电式传感器、磁电式传感器、光电式传感器等。按照输出信号的类型分类，传感器可分为模拟传感器和数字传感器。模拟传感器输出的是连续变化的电信号，数字传感器输出的是离散的数字信号。

（3）智能设备技术。智能设备是指具有一定的计算能力和通信能力的设备，如智能手机、平板电脑、智能手表等。智能设备技术的发展趋势是智能化、个性化、多功能化和便携化。智能设备可以作为物联网感知层的终端设备，采集用户的行为数据、健康数据等信息，并将这些信息上传到云端进行分析和处理。

2. 熟悉网络层的关键技术

（1）无线通信网络技术。无线通信网络技术是一种利用无线电波在发射端和接收端之间传播的技术。它包括多种技术，广泛应用于各个领域。无线通信网络技术主要包括蜂窝移动通信网络、低功耗广域网和无线局域网（wireless local area network，WLAN）。蜂窝移动通信网络是将通信服务区域划分为若干个相邻的小区，形状类似蜂窝，每个小区由一个基站负责通信服务，常见的有 2G、3G、4G 和 5G 网络。这种结构可以有效地利用有限的频谱资源，提高通信容量和覆盖范围。这种网络的特点是覆盖范围广、通信质量高、支持高速数据传输。5G 网络更是具备低时延、高可靠、大连接等特性，能够满足物联网中多种应用场景的需求，如智能交通、工业自动化等。

蜂窝移动通信网络的关键技术如下。

①多输入多输出（MIMO）技术：通过在发射端和接收端使用多个天线，提高数据的传输速率和可靠性。

②正交频分复用（OFDM）技术：将高速数据流分成多个并行的低速子数据流，分别在多个正交的子载波上传输，有效抵抗多径衰落，提高频谱利用率。

③软件定义网络（SDN）和网络功能虚拟化（NFV）技术：实现网络的灵活配置和管理，提高网络的效率和可靠性。

④大规模天线阵列技术：通过在基站部署大量天线，提高信号的覆盖范围和传输质量。

（2）无线局域网。无线局域网是一种利用无线通信技术在局部区域内建立的计算机网络。WLAN 通常基于 Wi-Fi 技术，在局部范围内提供高速无线连接，具有灵活性高、安装便捷、可扩展性强等特点。应用场景涉及智能家居、企业办公网络、公共场所无线网络等。

无线局域网的关键技术如下。

①无线标准：常见的无线局域网标准有 IEEE 802.11a/b/g/n/ac/ax 等。不同的标准在传输速度、频率范围、覆盖范围等方面有所不同。例如，802.11ac 标准支持更高的传输速度和更多的设备连接，适用于高带宽需求的场景；而 802.11ax 标准则进一步提高了网络容量和效率，适合密集部署的环境。

②安全机制：为了保障网络安全，无线局域网采用了多种安全机制，如 WEP（wired equivalent privacy，有线等效保密）、WPA（Wi-Fi protected access，Wi-Fi 保护访问）、WPA2 和 WPA3 等。这些安全机制通过加密技术、身份认证等方式，防止未经授权的用户接入网络，从而保护用户数据的安全。

③信道分配：无线局域网使用特定的频率范围进行通信，需要合理分配信道，以避免信号干扰。通常采用自动信道选择和手动配置相结合的方式，根据实际环境选择最佳的信道，提高网络性能。

（3）低功耗广域网。低功耗广域网（low power wide area network，LPWAN）是一种专为物联网应用设计的无线通信技术，具有低功耗、远距离传输、低成本等特点。主要应用场景包括智能抄表、环境监测、物流追踪、农业监测。

低功耗广域网的核心技术如下。

① LoRa 技术：一种基于扩频技术的 LPWAN 技术，具有低功耗、远距离传输、抗干扰能力强等特点。LoRa 技术采用了线性调频扩频（chirp spread spectrum，CSS）调制方式，通过改变频率的方式传输数据，使信号能够在低信噪比的环境下被接收。LoRa 技术的网络架构由终端节点、网关和服务器组成，终端节点通过无线方式与网关通信，网关将数据转发到服务器进行处理。

② NB-IoT 技术：一种基于蜂窝网络的 LPWAN 技术，由 3GPP 标准化组织制定。该技术采用了窄带物联网技术，通过降低设备的发射功率和带宽，实现了低功耗和远距离传输。NB-IoT 技术的网络架构与传统的蜂窝网络相似，由终端节点、基站和核心网组成，终端节点通过无线方式与基站通信，基站将数据转发到核心网进行处理。

③ Sigfox 技术：一种基于超窄带技术的 LPWAN 技术，具有低功耗、远距离传输、低成本等特点。Sigfox 技术采用了超窄带调制方式，通过在非常窄的频率范围内传输数据，使得信号能够在低信噪比的环境下被接收。Sigfox 技术的网络架构由终端节点、基站和服务器组成，终端节点通过无线方式与基站通信，基站将数据转发到服务器进行处理。

（4）互联网。互联网是物联网网络层的核心组成部分，它将物联网中的设备与全球信息网络连接起来，实现数据的大规模传输、存储和处理。通过互联网，物联网设备可以与各种服务器、云平台进行交互，获取所需的服务和资源。例如，在智能医疗中，医疗设备采集到的患者数据可以通过互联网传输到医疗云平台，医生可以在任何地方通过网络访问这些数据，进行远程诊断和治疗。

互联网的关键技术如下。

① IP：确保不同设备之间的地址识别和数据路由。随着物联网设备数量的不断增加，IPv6 的推广变得尤为重要，它提供了巨大的地址空间，能够满足物联网中大量设备的接入需求。

②路由技术：决定数据在互联网中的传输路径，高效的路由技术可以确保数据快速、准确地到达目的地。SDN 和 NFV 等技术的应用，使得互联网的路由更加灵活和智能。

（5）卫星通信网。卫星通信网具有覆盖范围广、不受地理条件限制、可靠性高等独特优势。无论是在偏远山区、海洋、沙漠等地区，还是在发生自然灾害等紧急情况下，卫星通信都能够保持畅通。

常见的应用场景包括：在海洋监测中，通过卫星通信将海上传感器的数据传输到陆地控制中心，实现对海洋环境的实时监测；在偏远地区的物联网应用中，如林业监测、地质勘探等，卫星通信可以为物联网设备提供可靠的连接；在应急救援中，卫星通信能够快速建立通信链路，保障救援工作的顺利进行。

随着卫星技术的不断进步，低轨道卫星通信系统的发展为物联网带来了新的机遇。低轨道卫星具有传输时延低、信号强度高、覆盖范围广等优点，能够更好地满足物联网对实时通信和广域覆盖的需求。当然，卫星通信的成本相对较高，设备的功耗和体积也较大。此外，卫星通信的信号容易受到天气等因素的影响，需要不断提高信号的稳定性和抗干扰能力。

我国于1986年建成国内卫星通信网络，从1988年开始使用自己制造和发射的卫星，现在我国已建成以国产卫星为主的卫星通信网络，特别地，我国具有独立自主知识产权的北斗卫星导航系统，为全球用户提供全天候、全天时、高精度的定位、导航和授时服务，不断推进我国物联网技术的发展。

3. 熟悉物联网应用层的关键技术

（1）云计算。在物联网应用层中，云计算提供了强大的计算和存储能力，能够处理物联网设备产生的海量数据。可以根据实际需求动态调整计算资源，满足不同规模的物联网应用。通过数据冗余和备份等技术，确保数据的安全性和可用性。

在智慧城市领域，通过云计算平台整合城市中的各种物联网设备（如交通传感器、环境监测设备等）的数据，实现城市交通管理、环境监测、公共安全等方面的智能化。在工业物联网领域，利用云计算进行设备状态监测、故障诊断和预测性维护，提高工业生产的效率和可靠性。

（2）中间件。中间件是位于物联网应用系统和底层操作系统、网络通信协议之间的软件层。它的主要功能是屏蔽底层硬件和通信协议的差异，为应用开发提供统一的接口和服务，提高应用的可移植性和开发效率。中间件可以分为多种类型，如设备中间件、数据中间件、应用中间件等。

其中，设备中间件主要用于管理和控制物联网设备，具有设备驱动适配、协议转换等功能。数据中间件专注于数据的处理和管理，提供数据存储、查询、分析等服务。应用中间件为应用开发提供通用的功能模块和框架，如用户认证、权限管理等。

中间件的特点如下。

①通用性：能够适用于不同类型的物联网应用和设备。

②可扩展性：可以根据应用需求进行功能扩展和定制。

③高效性：优化数据处理和通信效率，提高系统性能。

（3）应用系统。物联网应用系统可以根据应用领域不同进行分类，如智能家居系统、智能医疗系统、工业物联网系统等。

智能家居系统：通过手机应用或智能音箱等控制终端，实现对家中灯光、电器、窗帘等设备的远程控制，以及家庭安全监控、环境调节等功能。

智能医疗系统：包括电子病历管理、远程医疗、健康监测等功能，为患者提供便捷的医疗服务，提高医疗效率和质量。

工业物联网系统：实现生产过程的自动化控制、设备状态监测、质量检测等功能，提高工业生产的智能化水平和竞争力。

应用系统的特点如下。

①针对性强：针对特定的应用场景和用户需求进行设计和开发。

②功能丰富：提供多种功能模块，满足用户的不同需求。

③用户友好：具有良好的用户界面和交互体验，方便用户使用。

应用系统的开发通常采用面向服务的架构（SOA）或微服务架构，将系统功能分解为多个独立的服务模块，便于开发、维护和扩展。部署方式可以选择本地部署、云计算部署或混合部署，根据应用的规模、性能要求和安全需求进行选择。

云计算、中间件和应用系统是物联网应用层的关键技术，它们相互协作，为用户提供丰富多样的物联网应用服务。云计算提供强大的计算和存储能力，中间件屏蔽底层差异，提高开发效率，应用系统则直接满足用户的特定需求。

任务评价

请填写如表10-8所示的自我评价表。

表10-8 自我评价表

<table>
<tr><th rowspan="2">知识与技能</th><th colspan="3">掌握程度</th></tr>
<tr><th>熟练掌握</th><th>掌握</th><th>基本掌握</th></tr>
<tr><td>感知层的关键技术</td><td></td><td></td><td></td></tr>
<tr><td>网络层的关键技术</td><td></td><td></td><td></td></tr>
<tr><td>应用层的关键技术</td><td></td><td></td><td></td></tr>
<tr><td>自评结果</td><td colspan="3">A. 优秀　B. 良好　C. 中等　D. 及格　E. 不及格</td></tr>
</table>

习　题

单选题

1. 物联网网络层的关键技术不包括（　　）。

A. 无线通信网络　B. 互联网　C. 蓝牙技术　D. 卫星通信网

2. 以下选项中，（　　）不是5G网络的特点。

A. 高带宽　B. 高功耗　C. 低时延　D. 大连接

3. 以下选项中，（　　）技术不属于LPWAN技术。

A.LoRa　B.Wi-Fi　C.NB-IoT　D.Sigfox

4. WLAN中常用的标准是（　　）。

A.IEE.802.11　B.IEE.802.15　C.IEE.802.16　D.IEE.802.20

5. 物联网应用层的关键技术不包括（　　）。

A. 云计算　B. 大数据　C. 传感器技术　D. 中间件

拓展任务

尝试设计一个基于物联网关键技术的创新应用方案，要求具有可行性和创新性，撰写设计报告并进行小组展示和交流。

项目 4　区块链的奥秘

任务 1　认知区块链的基础知识

任务背景

系统地学习区块链的基础知识，包括概念、发展历史、技术基础、特性等，同时深入了解区块链的分类（公有链、私有链、联盟链）。

任务目标

（1）理解区块链的基本概念和内涵。
（2）梳理区块链的发展脉络和技术构成。
（3）认识区块链的特性及其应用价值。
（4）区分不同类型区块链的特点和适用范围。

任务要求

（1）阅读至少两本关于区块链的专业书或两篇权威文献，记录关键知识点和自己的思考。
（2）制作一份关于区块链基础知识和分类的详细表格，对比分析不同内容。

基础知识

1. 区块链的基本概念

区块链是一种应用了分布式数据存储、点对点传输、共识机制、加密算法等计算机技术的新型应用模式。它本质上是一个分布式的共享账本和数据库，通过将数据以区块的形式按照时间顺序链接起来，并使用密码学技术确保数据的安全性和不可篡改性。

2. 区块链的发展历史

区块链的发展共经历了 4 个阶段，分别是起源阶段（2008 年之前）、比特币的诞生与早期发展阶段（2008 年至 2013 年）、区块链技术的发展与多样化应用探索阶段（2013 年至 2017 年）、行业规范与成熟发展阶段（2017 年至今）。

3. 区块链的特性

区块链的特性包括去中心化、不可篡改、全程留痕、可以追溯、集体维护、公开透明等。

4. 区块链的分类

根据网络范围、开放程度的不同，可以将区块链分为公有链、私有链和联盟链。

任务实施

1. 初识区块链的概念

提到区块链，有人认为区块链就是比特币，这是狭义的、错误的认识。其实，比特币

（bitcoin）是一种网络虚拟货币，是区块链应用的一种呈现方式，区块链并不等同于比特币。区块链是比特币的基础架构和底层技术，而比特币是区块链的一种应用。

广义来讲，区块链技术（blockchain technology，BT）是利用块链式数据结构验证与存储数据，利用分布式节点共识算法生成和更新数据，利用密码学的方式保证数据传输和访问的安全，利用由自动化脚本代码组成的智能合约编程和操作数据的一种全新的分布式基础架构与计算范式，最终由信息互联实现价值互联。

简单来讲，区块链的实质是一个由多方参与、共同维护、持续增长的分布式数据库，也被称为分布式共享总账（distributed shared ledger）。其特点是分布式网络、可建立信任、公开透明和不可篡改。如果把数据库假设成一本账本，读写数据库就是一种记账行为。在一段时间内找出系统中记账最快、最好的人来记账，然后将账本的该页信息发给系统里的其他人，相当于改变数据库中的所有记录，发给全网的每个节点。

2. 了解区块链的发展历史

（1）起源阶段（2008 年之前）。密码学和分布式系统等相关技术的发展为区块链的诞生奠定了基础。如哈希函数、公钥加密等密码学技术的研究和应用，以及分布式数据库等分布式系统概念的提出和实践。

早期的数字货币实验和理论探索也为区块链的出现提供了思路。一些学者和研究者开始思考如何创建一种去中心化的数字货币系统，以解决传统金融体系中存在的一些问题，如信任成本高、交易效率低等。

（2）比特币的诞生与早期发展阶段（2008 年至 2013 年）。2008 年，中本聪发表了比特币白皮书《比特币：一种点对点的电子现金系统》，首次提出了区块链的概念和比特币的运行机制。比特币作为第一个成功应用区块链技术的数字货币，开启了区块链时代。在这一阶段，比特币主要在技术爱好者和一小部分投资者中传播和使用。其价格波动较大，但也吸引了越来越多的人关注区块链技术。同时，一些早期的比特币交易平台和矿池开始出现，为比特币的交易和挖矿提供了基础设施。

（3）区块链技术的发展与多样化应用探索阶段（2013 年至 2017 年）。随着比特币的知名度不断提高，区块链技术逐渐受到更多人的关注和研究。人们开始意识到区块链技术不仅仅可以用于数字货币，还具有更广泛的应用潜力。

在这期间，以太坊等智能合约平台的出现，为区块链技术的应用开发提供了更强大的平台和工具。开发者可以基于以太坊平台构建各种去中心化应用（DApps），涉及金融、游戏、社交等多个领域。同时，区块链技术在供应链管理、知识产权保护、医疗健康等领域的应用探索也逐渐展开。

（4）行业规范与成熟发展阶段（2017 年至今）。区块链行业开始逐渐走向规范和成熟。各国政府和监管机构对区块链技术的态度也逐渐明确，一方面鼓励创新和应用，另一方面加强监管，防范风险。例如，一些国家出台了相关的法律法规，规范区块链项目的发展和数字货币的交易。

企业级区块链应用逐渐兴起，许多大型企业开始尝试将区块链技术应用于自身的业务流程中，以提高效率、降低成本、增强安全性和透明度。同时，区块链技术的标准化工作也在不断推进，为行业的健康发展提供了保障。此外，区块链技术与人工智能、物联网等其他新兴技术的融合也成为了其发展趋势，进一步拓展了区块链技术的应用场景和潜力。

3. 区块链的特性

（1）去中心化。区块链的去中心化特性是其最核心的特点之一。在传统的中心化系统中，如银行、支付宝等，存在一个中央权威机构管理和控制所有的交易和数据。区块链通过分布式的节点网络实现数据的存储和管理，没有一个单一的中心节点。

每个节点都可以参与到区块链的运行和维护中，都有权利对交易进行验证和记录。这种去中心化的结构使得区块链系统更加安全和可靠，因为不存在单点故障的风险。即使部分节点受到攻击或出现故障，整个系统仍然可以正常运行；同时，去中心化也减少了中间环节，降低了交易成本，提高了交易效率。传统中心化与去中心化的对比如图 10-29 所示。例如，在比特币网络中，全球各地的矿工节点通过竞争记账权维护区块链的运行。没有任何一个机构或个人能够完全控制比特币网络，所有的交易都是由节点之间相互协作完成的。

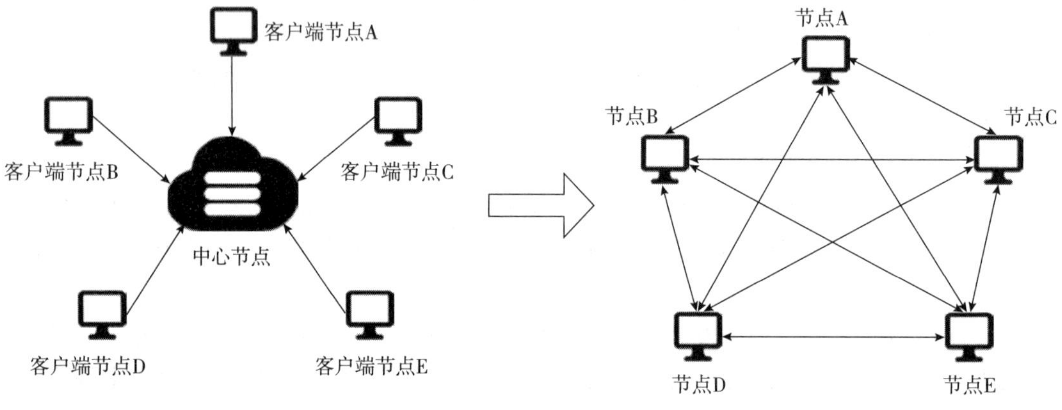

（a）传统中心化　　（b）去中心化

图 10-29　传统中心化与去中心化的对比

（2）不可篡改。区块链上的数据一旦被记录，就很难被篡改。这是因为区块链使用了密码学技术和共识机制保证数据的完整性和安全性。

当一个区块被添加到区块链上后，它所包含的交易信息就被永久地记录下来。如果要篡改其中的数据，就需要同时修改该区块以及后续所有区块的哈希值，并且要通过网络中其他节点的验证。由于哈希函数的特性，这种篡改几乎是不可能实现的，除非攻击者掌握了超过 51% 的计算资源（在某些共识机制下）。

不可篡改的特性使得区块链在很多领域具有重要的应用价值，如金融、供应链管理、知识产权保护等。在金融领域，它可以保证交易记录的真实性和可靠性，防止欺诈行为；在供应链管理中，它能够确保产品的溯源信息不被篡改，提高供应链的透明度和可信度。

（3）全程留痕。区块链系统会对每一笔交易和操作进行详细的记录，并且这些记录是永久性的，形成一个完整的交易历史轨迹。从交易的发起、验证、打包到最终的确认和上链，每一个环节都被清晰地记录下来。

这种全程留痕的特性为监管和审计提供了便利。例如，在金融监管方面，监管机构可以通过查看区块链上的交易记录，实时监测资金的流向和交易情况，及时发现异常交易和潜在的风险。在企业内部管理中，全程留痕可以帮助企业对业务流程进行追溯和分析，优化管理决策，提高运营效率。同时，对于消费者来说，他们也可以通过区块链查询产品的生产、运输、销售等全过程信息，增加对产品的信任度。

（4）可以追溯。基于全程留痕的特点，对区块链上的每一笔交易都可以追溯到其源头。通过区块链的链式结构和时间戳，用户可以轻松地查看某个交易是在何时、由谁发起的，以及经过了哪些节点的处理和确认。

可以追溯的特性在供应链管理中具有重要意义。它可以帮助企业追踪产品的原材料来源、生产过程、运输环节等，确保产品的质量和安全。如果出现产品质量问题或安全事故，企业可以迅速定位问题所在，并采取相应的措施进行召回和处理。此外，在知识产权保护方面，区块链可以为作品的创作时间、作者信息等提供可靠的追溯证据，保护创作者的权益。

（5）集体维护。区块链是由网络中的全体节点共同维护的。每个节点都参与到数据的验证、存储和更新过程中，通过共识机制保证区块链的一致性和正确性。

节点之间相互协作，共同维护区块链的运行。当有新的交易发生时，节点会对交易进行验证，如果验证通过，则将交易打包成区块并广播到网络中。其他节点接收到区块后，会再次进行验证，只有当大多数节点都认可该区块时，它才会被添加到区块链上。

集体维护的方式使得区块链系统具有很强的容错性和抗攻击性。因为攻击者需要同时攻击网络中的大部分节点才能成功篡改数据，这在实际操作中是非常困难的。同时，集体维护也促进了区块链社区的发展，节点参与者可以通过贡献自己的计算资源和技术能力，共同推动区块链技术的发展和应用。

（6）公开透明。区块链上的大部分数据都是公开透明的，任何人都可以查看和验证。除一些涉及个人隐私或商业机密的信息可能会进行加密处理外，区块链上的交易记录、区块信息等都是对全网公开的。

这种公开透明的特性增加了区块链的信任度。用户可以通过查看区块链上的信息，了解交易的详情和整个系统的运行情况，无需依赖第三方机构的背书。例如，在比特币网络中，任何人都可以查看比特币的交易记录和钱包地址余额，这使得比特币的交易更加透明和可信。

公开透明也有利于促进市场竞争和创新。企业和开发者可以基于公开的区块链数据，开发出各种应用和服务，为用户提供更多的选择和价值。同时，监管机构也可以更加方便地对区块链行业进行监管，确保市场的公平和有序。

4. 明确区块链的分类

（1）公有链。公有链是完全开放的区块链，任何人都可以自由地加入或退出网络，参与节点的竞争记账，读取和写入数据。公有链去中心化程度最高，没有任何机构或个人能够控制公有链的运行。数据公开透明，所有交易记录对全网节点可见。节点数量众多，网络安全性依赖于大量节点的共同维护和算力竞争。应用场景广泛，适用于对信任要求较高、需要公开透明的领域，如数字货币（比特币、以太坊等）、去中心化金融（DeFi）等。比特币网络就是典型的公有链。全球各地的矿工通过竞争挖矿获得记账权，每个节点都可以参与交易的验证和确认，并且任何人都可以查看比特币的交易记录和区块链上的其他信息。

（2）私有链。私有链是仅在一个组织或机构内部使用的区块链，其写入权限由组织或机构内部控制，读取权限可以根据需要对外开放。私有链主要用于企业内部的数据管理和业务流程优化。其中心化程度较高，由单一组织或机构完全控制；数据隐私性较强，只在内部进行共享和处理，适合处理敏感信息；交易速度快，因为节点数量有限，并且可以根据组织的需求进行定制化配置。应用场景主要包括企业内部的财务管理、人力资源管理、客户关系管理等。

（3）联盟链。联盟链是由多个机构或组织共同参与管理的区块链，参与节点需要经过授权才能加入网络。联盟链通常用于企业之间或机构之间的合作场景，旨在提高业务效率、降低成本和增强信任。联盟链是半去中心化的，由联盟成员共同管理和维护，决策过程相对集中；数据的读取和写入权限可以根据联盟成员的需求进行定制，具有一定的隐私性和可控性；交易速度相对较快，因为节点数量相对较少，共识机制可以更加高效地运行；适用于行业内的合作与协同，如供应链金融、跨境贸易、医疗健康等领域。Hyperledger Fabric 是一个知名的联盟链平台，许多企业和机构在其基础上构建了各种应用场景；在供应链金融中，银行、核心企业、供应商等可以组成一个联盟链，通过区块链技术实现供应链上的信息共享和资金流转，提高融资效率，降低风险。

一些大型企业为了提高内部数据的安全性和管理效率，会建立自己的私有链；一家跨国公司可以使用私有链管理全球各地分支机构的财务数据，实现实时的财务报表汇总和审计，提高财务管理的透明度和效率。

公有链、私有链、联盟链的对比如表 10–9 所示。

表 10–9 公有链、私有链、联盟链的对比

对比维度	公有链	私有链	联盟链
参与者	任何人都可自由参与，节点数量众多且开放	单一组织或机构内部使用，节点由组织控制	多个组织或机构共同参与，节点需授权加入
去中心化程度	最高，无单一控制实体	较低，由组织或机构集中控制	中等，介于公有链和私有链之间
数据公开性	完全公开透明，任何人可查看交易数据和账本	数据仅在组织内部可见，高度隐私	根据联盟规则确定数据公开程度，可部分公开
性能	交易处理速度相对较慢，受节点数量和共识机制影响	性能较高，可根据组织需求优化配置	性能适中，取决于节点数量和共识机制优化
应用场景	数字货币（如比特币）、去中心化应用等	企业内部数据管理、流程优化、模拟测试等	供应链金融、跨境贸易、行业协会合作等
监管难度	较难监管，因无明确中心管理机构	相对容易监管，组织内部可制定规则	监管难度适中，需联盟成员共同制定和遵守规则
安全性	安全性高，攻击成本高，但面临 51% 攻击等理论风险	安全性依赖于组织内部管理和技术措施，相对较弱	安全性较高，通过多组织监督和技术保障
部署和维护成本	高，需要大量节点参与和算力支持	低，组织内部自行部署和维护	中等，需多个组织共同承担成本和维护责任

任务评价

请填写如表 10-10 所示的自我评价表。

表 10-10　自我评价表

知识与技能	掌握程度		
	熟练掌握	掌握	基本掌握
区块链的基本概念和内涵			
区块链的发展脉络和技术构成			
区块链的特性及应用价值			
不同类型区块链的特点和适用范围			
自评结果	A. 优秀　B. 良好　C. 中等　D. 及格　E. 不及格		

习　题

单选题

1. 区块链的本质是（　　）。

A. 一种加密货币　　B. 一个分布式的共享账本和数据库

C. 一种新型的互联网技术　　D. 一种数据库管理系统

2. 以下选项中（　　）不是区块链的技术基础。

A. 人工智能技术　　B. 分布式账本技术

C. 密码学技术　　D. 共识机制

3. 比特币诞生于（　　）。

A.2006 年　　B.2008 年

C.2010 年　　D.2012 年

4. 在区块链中，用于生成交易唯一标识符的是（　　）。

A. 哈希函数　　B. 公钥加密

C. 数字签名　　D. 私钥

5. 公有链的特点不包括（　　）。

A. 数据公开透明　　B. 节点数量有限

C. 任何人可参与　　D. 去中心化程度高

任务拓展

探索智能合约在更多领域的创新应用，设计一个基于智能合约的简单应用场景并描述其实现原理。

任务2　解读区块链技术应用与核心技术原理

任务背景

深入研究区块链技术在金融、供应链、公共服务、数字版权等领域的应用，同时理解分布式账本、非对称加密算法、智能合约、共识机制等核心技术的原理。

任务目标

（1）了解区块链技术在各个领域的具体应用场景和实际效果。

（2）掌握区块链核心技术的工作原理和相互关系。

（3）分析区块链技术应用的优势和面临的挑战。

（4）能够运用区块链知识进行简单的应用案例分析和技术原理解释。

任务要求

（1）选择两个不同领域，分别收集至少一个区块链技术的应用案例，并进行深入分析。

（2）学习分布式账本、非对称加密算法、智能合约、共识机制的技术资料，制作原理讲解视频。

基础知识

1. 区块链技术的应用

区块链的应用领域比较广泛，主要涉及金融领域、供应链领域、公共服务领域、数字版权领域等。

2. 区块链的核心技术

区块链的核心技术主要包括分布式账本、非对称加密算法、智能合约和共识机制等。

任务实施

1. 了解区块链技术在各个领域的应用

（1）金融领域。

①跨境支付：传统跨境支付流程烦琐，涉及多个中间机构，手续费高且到账时间长。区块链技术通过去中心化的方式，实现点对点的直接交易，减少中间环节，降低成本。例如，利用区块链的智能合约功能，可自动执行跨境支付的条件，当满足预设的汇率、金额等条件时，资金自动转移，提高交易效率，同时增强支付的安全性和透明度，降低汇率风险和信用风险。

②数字货币：以比特币为代表的数字货币是区块链技术的典型应用之一。数字货币的发行和交易基于区块链的分布式账本，不受单一机构控制，具有匿名性、去中心化等特点。此外，一些国家和地区也在探索法定数字货币（CBDC）的发行，旨在提高货币发行和流通的效率，加强金融监管。

③供应链金融：在供应链中，核心企业、供应商、经销商等之间存在复杂的交易关系和资金流动。区块链可以为供应链金融提供解决方案，通过将供应链上的交易信息记录在区块链上，实现信息的可追溯和不可篡改，为金融机构提供更准确的风险评估依据。例如，供应商可以将应收账款进行数字化处理，并基于区块链进行转让和融资，降低融资成本，提高资金周转效率。

（2）供应链领域。

①产品溯源：消费者对产品的质量和来源越来越关注，区块链技术可以为产品溯源提供可靠的解决方案。通过在供应链的各个环节记录产品的相关信息，如原材料采购、生产加工、物流运输等，形成一个完整的溯源链条。消费者可以通过扫描产品上的二维码或查询区块链上的记录，了解产品的详细信息，确保产品的质量和安全，同时这也有助于企业加强品牌建设和质量管理。

②供应链管理优化：区块链可以改善供应链中的信息共享和协同效率。传统供应链中，信息传递不及时、不准确，导致出现库存管理困难、生产计划不合理等问题。利用区块链的分布式账本和共识机制，供应链各环节的参与者可以实时共享信息，实现信息的同步更新，提高供应链的透明度和协同效率。例如，企业可以根据区块链上的实时库存信息，优化生产计划和配送安排，降低库存成本，提高供应链的响应速度。

（3）公共服务领域。

①政务数据共享：政府部门之间存在大量的数据孤岛，数据共享困难，影响了政务服务的效率和质量。区块链技术可以实现政务数据的安全共享和可信交换。通过建立区块链政务平台，将各部门的数据上链，利用加密算法和授权机制，确保数据的安全性和隐私性，同时实现数据的可控共享。例如，在跨部门的业务办理中，通过区块链可以实现数据的实时共享和验证，减少重复提交材料和审核环节，提高政务服务的效率和便捷性。

②电子投票：投票是公共服务中的重要环节，但传统投票方式存在着投票舞弊、计票错误等问题。区块链技术可以为电子投票提供安全、透明、可追溯的解决方案。利用区块链的分布式账本和加密算法，确保投票数据的真实性和完整性，同时保护选民的隐私。投票过程中的每一张选票都可以被记录在区块链上，并且可以进行追溯和验证，防止投票舞弊和计票错误，提高投票的公信力。

③医疗健康：在医疗领域，患者的医疗数据分散在不同的医疗机构，数据共享和互操作性差，影响了医疗服务的质量和效率。区块链可以建立一个安全、可信的医疗数据共享平台，将患者的医疗记录上链，实现医疗数据的跨机构共享和协同。同时，区块链的加密技术可以保护患者的隐私，确保医疗数据的安全使用。例如，在远程医疗中，医生可以通过区块链平台获取患者的完整医疗记录，进行准确的诊断和治疗，提高医疗服务的质量和效率。

（4）数字版权领域。

①版权登记：传统的版权登记流程烦琐，需要提交大量的纸质材料，审核时间长，且容易出现版权纠纷。区块链技术可以实现版权的快速登记和确权。创作者可以将作品的相关信息，如作品名称、创作时间、作者信息等，上传到区块链上进行登记，区块链会为作品生成一个唯一的数字指纹，即哈希值，作为版权的证明。这种方式简化了版权登记流程，提高了登记效率，同时确保了版权信息的真实性和不可篡改。

②版权保护：区块链可以为数字作品的版权保护提供有效的手段。通过将作品的哈希值存储在区块链上，任何对作品的修改都会导致哈希值的变化，从而可以及时发现侵权行为。此外，区块链还可以记录作品的传播和使用情况，为版权维权提供证据支持。例如，在互联网上，一些图片、音乐等数字作品经常被未经授权地使用，利用区块链技术可以对这些作品的使用情况进行实时监测，一旦发现侵权行为，版权所有者可以通过区块链上的证据进行维权。

③版权交易：区块链可以促进数字版权的交易和流通。在传统的版权交易中，版权交易存在着交易双方之间信息不对称、交易流程复杂等问题。区块链技术可以建立一个透明、可信的版权交易平台，将版权信息上链，实现版权的数字化和资产化。交易双方可以在平台上进行版权的查询、交易和授权，交易过程通过智能合约自动执行，提高了交易效率，降低了交易成本。同时，区块链的可追溯性可以确保版权交易的合法性和公正性，保护交易双方的权益。

2. 解读区块链的核心技术

（1）分布式账本技术（distributed ledger technology，DLT）。分布式账本技术是区块链的核心技术之一，它是一种在多个节点上分布式存储数据库的技术。与传统的中心化账本不同，分布式账本中的每个节点都保存了完整或部分的账本副本，所有节点通过网络进行通信和数据同步，共同维护账本的一致性。当有新的交易发生时，节点会将交易信息广播到网络中，其他节点接收到信息后进行验证和确认。一旦交易被确认，它将被打包成一个区块，并添加到区块链上。通过这种方式，所有节点上的账本都能保持同步和一致。

分布式账本技术的优势在于它能够提高数据的安全性和可靠性。由于数据存储在多个节点上，即使某个节点出现故障或被攻击，也不会影响整个系统的运行和数据的完整性。同时，它也增强了数据的透明度和可追溯性，因为所有的交易记录都被公开记录在区块链上，任何人都可以进行查看和验证。这对于金融、供应链等领域的监管和审计非常有帮助。

分布式账本技术主要包括区块链账本技术、分布式哈希表（DHT）账本技术、有向无环图（DAG）账本技术、多链账本技术。

（2）非对称加密算法。非对称加密算法是一种加密技术，它使用一对密钥，即公钥和私钥。公钥可以公开给其他人，用于加密信息；私钥由用户自己保存，用于解密信息。公钥和私钥之间具有数学上的关联，但从公钥无法推导出私钥。在区块链中，用户生成自己的公钥和私钥对。当用户要发送信息时，使用接收方的公钥对信息进行加密，加密后的信息只有接收方使用自己的私钥才能解密。例如，在比特币交易中，发送方使用接收方的公钥对交易信息进行加密，然后将加密后的交易广播到网络中。接收方收到交易后，使用自己的私钥进行解密，获取交易信息。同时，为了确保交易的真实性和完整性，发送方还会使用自己的私钥对交易进行数字签名。接收方可以使用发送方的公钥对数字签名进行验证，以确认交易是由合法的发送方发起的，并且在传输过程中没有被篡改。

非对称加密算法保证了区块链数据的安全性和隐私性。公钥加密使得信息在传输过程中能够安全地被加密，只有拥有私钥的接收方才能解密，防止了信息被窃取。数字签名则保证了交易的真实性和不可否认性，发送方无法否认自己发起的交易，同时接收方可以验证交易的合法性。这对于区块链上的资产交易和信息传递至关重要，确保了用户的资产安全和交易的可信度。非对称加密的代表算法包括 RSA、ElGamal、椭圆曲线、SM2 等系列算法。

（3）智能合约。智能合约是一种自动执行的合约条款，以代码的形式部署在区块链上。它是一种基于区块链的去中心化应用程序，能够在满足预设条件时自动执行相应的操作，无需第三方的干预。

智能合约的开发者使用特定的编程语言（如 Solidity 等）编写合约代码，定义合约的规则和逻辑。然后将智能合约部署到区块链上，合约部署后会在区块链上生成一个唯一的地址。用户可以通过向智能合约的地址发送交易来触发合约的执行。当交易满足智能合约中设定的条件时，合约会自动执行相应的代码逻辑，完成预定的操作，如资产转移、数据存储、业务逻辑处理等。智能合约的执行结果会被记录在区块链上，不可篡改，确保了合约执行的公正性和可靠性。

智能合约实现了交易的自动化和可编程性，提高了交易效率，降低了交易成本。它可以应用于各种场景，如金融衍生品交易、供应链管理、物联网等。在金融领域，智能合约可以自动执行金融合约的条款，如利息支付、到期结算等，减少人工操作和中介环节，提高金融交易的效率和透明度。在供应链管理中，智能合约可以根据货物的运输状态、交付时间等条件自动触发支付和结算，优化供应链流程，降低风险。智能合约还为创新的商业模式和应用提供了可能，推动了区块链技术在各个领域的广泛应用。

（4）共识机制。共识机制是区块链网络中节点之间达成一致的算法和规则，用于确保分布式账本的一致性和正确性。由于区块链是一个去中心化的系统，没有中央权威机构控制和管理，因此需要通过共识机制让各个节点在分布式环境下对数据的状态达成共识。

常见的共识机制有工作量证明、权益证明、拜占庭容错等。

①工作量证明（PoW）：在比特币等区块链网络中广泛使用。节点通过计算复杂的数学难题竞争记账权，谁先解出难题，谁就有资格将新的区块添加到区块链上。这个过程需要大量的计算资源和电力消耗，因此被称为“工作量证明”。PoW 的优点是安全性高，攻击者需要掌握超过 51% 的计算资源才能篡改区块链数据，其缺点是能源消耗大，交易确认速度相对较慢。

②权益证明（PoS）：节点根据其持有的数字货币数量或权益竞争记账权。持有更多权益的节点有更大的概率被选中创建新的区块。PoS 相对于 PoW 来说，能源消耗较低，交易确认速度较快。但它也存在一些问题，如可能导致“富者更富”的现象，即持有更多数字货币的节点更容易获得记账权，从而进一步增加财富。

③拜占庭容错（BFT）：主要用于联盟链等需要较高性能和可靠性的场景。它能够容忍网络中部分节点出现故障或恶意行为，通过多轮投票和消息传递确保节点之间达成一致。BFT 算法的优点是交易确认速度快，能够适应一些对实时性要求较高的应用场景，但它的实现相对复杂，需要更多的通信和计算资源。

任务评价

请填写如表 10-11 所示的自我评价表。

表 10-11　自我评价表

知识与技能	掌握程度		
	熟练掌握	掌握	基本掌握
区块链技术在各个领域的具体应用场景和实际效果			
区块链核心技术的工作原理和相互关系			
区块链技术应用的优势和面临的挑战			
运用区块链知识进行简单的应用案例分析和技术原理解释			
自评结果	A. 优秀　B. 良好	C. 中等　D. 及格	E. 不及格

习　题

单选题

1. 在区块链技术的应用中，（　　）可以利用区块链实现产品溯源。

A. 金融领域　B. 供应链领域　C. 公共服务领域　D. 数字版权领域

2. 区块链中的智能合约是（　　）类型的程序。

A. 中心化

B. 分布式程序且在节点执行前需第三方审核

C. 以代码形式部署在区块链上的自动执行合约条款

D. 运行在特定服务器上的传统合约

3. 以下选项中，（　　）在区块链中用于保证交易的安全性和隐私性，同时实现数字签名等功能。

A. 对称加密算法　B. 非对称加密算法

C. 哈希算法　D. 以上都不是

4. 在区块链的共识机制中，PoW 的主要特点是（　　）。

A. 节点根据权益竞争记账权

B. 能源消耗低，交易确认速度快

C. 通过计算复杂数学难题竞争记账权，安全性高但能源消耗大

D. 适用于联盟链等对性能要求高的场景

5. 关于分布式账本，以下说法中正确的是（　　）。

A. 只有一个中心节点保存账本数据　B. 每个节点都保存完整的账本副本

C. 节点之间不能进行数据同步　D. 数据的安全性较低

任务拓展

选择一个你熟悉或感兴趣的行业（如物流、能源、教育、娱乐等），深入研究区块链技术在该行业中的现有应用案例和潜在应用场景。然后基于对行业需求和区块链技术原理的理解，设计一个创新的区块链应用方案，旨在解决该行业当前面临的一些关键问题或挑战，并带来新的价值和机遇。

模块 11
人工智能涉及的领域

★知识目标★

（1）了解数字媒体的特点，熟悉数字媒体处理的技术过程，掌握主流数字媒体工具的操作方法。

（2）学习并了解机器人流程自动化的概念和发展前景，掌握机器人流程自动化的主流工具及其使用。

（3）学习并了解现代通信技术的发展状况，掌握 5G 网络的建设流程。

（4）学习并了解虚拟现实技术的基本概念，掌握虚拟现实应用的开发流程。

★能力目标★

（1）熟练应用各类数字媒体工具进行文本、图像、音频、HTML5 交互网页等的处理与制作。

（2）熟练掌握机器人流程自动化主流工具的功能和使用方法。

（3）能够独立运用 5G 技术进行特定应用场景的搭建。

（4）熟悉虚拟现实的开发工具并进行场景搭建。

★素质目标★

（1）通过探索人工智能技术在各个领域的创新应用，培养学生解决问题的创新意识和能力，提升创新思维。

（2）通过实践操作和项目实战，能够熟练掌握人工智能相关技术，将理论知识应用于实际问题的解决，培养实践能力。

（3）面对不断更新的人工智能领域，紧跟行业发展趋势，不断提升自身综合素质，培养自主学习能力。

（4）学会利用现代通信技术和数字媒体资源，提升信息素养，有效获取、处理和传播信息。

人工智能涉及跨学科的技术领域，它汇集了计算机科学、数学、心理学、神经科学等多个学科的知识，旨在开发出一种智能的实体，能够模拟或扩展人类智能。在数字媒体领域中，人工智能可以辅助识别语音指令和图像内容，为数字媒体交互提供支持。在制造业中，人工智能驱动的机器人能够执行重复性高、危险或精密的工作，提升生产效率和安全性。同时，人工智能可以创建高度真实的虚拟环境，提供智能化的互动，辅助生成大量的虚拟现实内容，用于教育培训、游戏娱乐等领域。在现代通信领域，人工智能技术可以优化通信网络，提升数据传输速率和网络的稳定性，帮助识别和防御网络攻击，保护通信安全。

人工智能的不断发展正在深刻地改变着上述领域，推动着各行各业的数字化转型，为社会发展和人民生活带来深远的影响。

项目1　数字媒体

任务1　数字媒体介绍

任务背景

了解数字媒体和数字媒体技术的概念，了解数字媒体的特征和应用场景，对数字媒体的应用有更深入的了解。

任务目标

（1）学习并掌握数字媒体和数字媒体技术的概念。

（2）了解当前迅速发展的数字媒体和数字媒体技术在日常生活中的应用。

任务要求

以小组为单位，分工合作。通过互联网搜索和调查问卷等方式收集、整理数字媒体和数字媒体技术在当前日常生活中的应用与影响，形成调研报告。

基础知识

1. 数字媒体的概念

数字媒体是指以数字形式存在，并通过计算机网络进行创建、编辑、存储、传输和消费的媒体内容。这个概念涵盖了多种形式的媒体，包括文本、图像、音频、视频和交互式内容。

2. 数字媒体技术的概念

数字媒体技术是指支持数字媒体内容创作、处理、存储、分发和展示的技术和工具。数字媒体技术使用计算机软件和硬件创建与编辑数字媒体内容。例如，使用视频编辑软件剪辑电影，使用图形设计软件制作海报。

3. 数字媒体的特征

数字媒体主要有以下特征。

①可复制性：数字媒体内容可以轻松地复制而不损失质量，所以数字媒体内容可以无限制地分发。

②可编辑性：数字媒体内容可以被修改、编辑和重新组合，这使得创作和修正过程更加灵活。

③跨平台性：数字媒体可以兼容不同的设备和平台，更方便它的传播和扩散。

④即时性：数字媒体可以实现即时传播，用户可以实时接收信息。

⑤互动性：数字媒体可以通过互联网在全球范围内访问并跨越地理界限进行互动，如点击链接、参与话题、发表评论等。

⑥融合性：数字媒体可以整合文本、图像、音频和视频，融合多种媒体，提供多感官的体验。

⑦个性化：数字媒体可以根据用户的偏好和行为进行个性化定制。

⑧分散性：数字媒体可以分散式地发布，任何人都可以成为内容的创造者和分发者。同时，跨平台性的特征让用户可以在多种移动设备上创作、传播、消费内容。

4. 数字媒体的应用场景

数字媒体的应用场景非常广泛，几乎涵盖了现代社会生活的各个方面。以下是一些典型的数字媒体应用场景。

（1）娱乐与游戏：视频点播服务、音乐流媒体、在线游戏和电子竞技、虚拟现实和增强现实体验。

（2）教育与培训：在线课程和远程教育平台、交互式电子教科书与学习软件、虚拟实验室和模拟训练。

（3）新闻与信息：在线新闻网站和新闻应用程序、社交媒体平台、博客和内容管理系统（CMS）。

（4）广告与营销：数字广告、社交媒体营销和影响力营销、数据驱动的精准营销和客户关系管理。

（5）艺术与创意产业：数字艺术创作、互动装置和多媒体艺术展览、数字音乐制作和数字影视制作。

（6）企业与商务：电子商务网站和移动购物应用、企业内部通信和协作工具、数字出版和电子书发行。

（7）公共管理与公共服务：政府在线服务和电子政务、公共信息发布和紧急通知系统、城市智能化管理系统。

（8）个人生活与社交：社交网络服务、个人博客和视频博客（vlog）、在线社区和论坛。

任务实施

1. 组建学习研究小组

组成 5 人左右的学习研究小组，并由一名同学担任组长，负责组织本组成员开展调研工作。

2. 开展研究学习

各个小组成员根据分工，通过互联网搜索、查阅文献、调查问卷等方式，收集整理并讨论，撰写调研报告。

3. 学习成果汇报

组长作为小组代表对小组调研结果进行课堂汇报。

任务评价

请填写如表 11-1 所示的自我评价表。

表 11-1　自我评价表

知识与技能	掌握程度		
	熟练掌握	掌握	基本掌握
数字媒体的概念			
数字媒体技术的概念			
数字媒体的特征			
数字媒体的应用场景			
自评结果	A. 优秀　B. 良好	C. 中等　D. 及格	E. 不及格

习　　题

单选题

1. 以下选项中，(　　) 不属于数字媒体。

A. 短视频平台

B. H5 网页

C. 政务公众号

D. 报刊

2. 数字媒体的特征包括 (　　)。

A. 互动性　　B. 融合性　　C. 即时性　　D. 以上都是

3. 以下选项中，(　　) 不属于数字媒体的主要特征。

A. 权威性　　B. 个性化　　C. 分散性　　D. 互动性

4. 以下选项中，(　　) 不是数字媒体的应用场景。

A. 数字影视　　B. 购物网站　　C. 广告营销网页　　D. 著作出版

5. 数字媒体技术是指支持数字媒体内容创作、处理、(　　)、分发和展示的技术与工具。

A. 存储　　B. 研究　　C. 打印　　D. 下载

任务拓展

建立一个自己的自媒体账号或者社交平台账号，编辑发布数字媒体内容，增强对数字媒体的了解，拓宽和丰富自己的生活与学习阅历。

任务 2　数字媒体的发展

任务背景

通过学习了解数字媒体和数字媒体技术的发展历史，了解数字媒体技术的发展趋势。

任务目标

（1）了解数字媒体和数字媒体技术的发展历史与现状。

（2）掌握数字媒体技术的发展趋势以及多元化数字媒体的表现形式。

任务要求

以小组为单位，分工合作。通过文献资料和互联网查询收集数字媒体技术的发展历史与现状，开展学习讨论，并设计汇报演示文稿，由 1 名小组成员汇报研究成果，展望数字媒体技术未来的发展趋势。

基础知识

1. 数字媒体技术的发展历程

（1)20 世纪 50–70 年代：计算机艺术的启蒙与发展。德国艺术家和图形专家赫伯特·弗兰克撰写了大量关于数字媒体艺术的论文，他在专业刊物上首次提出“计算机艺术”的概念。约翰·惠特尼最早开始了计算机图形图像系统的研究和开发，是将计算机图像引入电影工业的第一人，被尊称为“计算机图像之父”。计算机图形学和图形用户界面之父伊凡·苏泽兰设计的画板（Sketchpad）成为计算机艺术未来的发展方向。1965 年，德国斯图加特应用技术大学举办了第一届计算机艺术展。1969 年，美国计算机协会计算机绘图专业组成立。1975 年，为了拍摄电影《星球大战》，乔治·卢卡斯创立了工业光魔。1977 年，苹果公司在个人计算机上首次使用了彩色图形。

（2）20 世纪 80 年代：数字媒体技术的兴起与发展。1980 年，太平洋数字影像公司成立，该公司最终加入梦工厂。1986 年，苹果公司并购皮克斯公司，形成专业数码动画工厂与计算机公司的强强联合。1989 年，卡梅隆的电影《深渊》中出现了第一个用 CG 制作得栩栩如生的生物。

（3）20 世纪 90 年代：数字媒体技术的繁荣。1990 年，Photoshop 1.0 发布，发展至今，Photoshop 成为数字媒体领域最著名和广泛使用的图像编辑软件。欧盟委员会在 1996 年提出了“信息 2000 年”计划，促进了数字内容产业的发展。

（4）2000 年以后：数字媒体技术成熟并高速发展。数字技术引发了电影工业革命，以美国好莱坞为代表的电影公司通过“数字 3D 技术”制作了一系列风靡全球的特效大片。数字媒体技术也广泛应用于电视节目制作、新媒体内容制作与传播。随着移动互联网技术的推广和数字化产品的丰富，数字媒体技术已经成为人们生活中不可缺少的部分。

2. 数字媒体技术的多元化发展

（1）市场规模：当前数字媒体市场正在迅速扩张，2024 年中国新媒体行业的市场规模预计接近 1.9 万亿元。

（2）技术革新和应用：5G 技术的发展，大数据技术的应用，人工智能技术、数字媒体内容的标准化、内容定制化，数字广告技术等技术的发展和应用推动了行业的增长和创新。

（3）新媒体的发展：新媒体特别是网络媒体在内容创新、传播手段和话语方式上持续加强，用户群体不断增长，增强了网络空间的正能量和主旋律。

（4）国家战略的推动：近年来，我国不断推动媒体融合发展。“十四五”规划建议中明确提出要推进媒体深度融合、实施全媒体传播工程、做强新型主流媒体，媒体融合发展逐步成为国家战略。数字媒体技术在我国得到高速发展。

3. 数字媒体技术的未来发展趋势

德勤的《技术趋势 2024》报告中指出，生成式 AI 将成为产业创新和经济增长的重要动力。而增强现实和虚拟现实技术在消费者应用领域已受到广泛关注，它们在工业生产领域的影响也日益显著。通用人工智能的发展将推动大模型走向多模态，AI 智能体可能成为下一代平台。数字媒体技术的未来趋势集中在 AI 的广泛应用、新型计算技术的融合以及这些技术在不同领域的深入整合。这些发展预示着数字媒体技术将在未来几年内迎来更加迅速和深刻的变化。

任务实施

1. 组建学习研究小组

组成 5 人左右的学习研究小组，并由一名同学担任组长，负责组织开展活动并汇报学习研究成果。

2. 开展研究学习

各个小组成员根据分工，利用互联网或者图书馆查阅相关资料，并集体设计研究学习汇报演示文稿。

3. 学习成果汇报

组长作为小组代表在课堂上展示本组演示文稿，汇报数字媒体技术的发展历史并展望其未来的发展趋势。

任务评价

请填写如表 11–2 所示的自我评价表。

表 11–2　自我评价表

知识与技能	掌握程度		
	熟练掌握	掌握	基本掌握
数字媒体技术的发展历程			
数字媒体技术的多元化发展			
数字媒体技术未来的发展趋势			
自评结果	A. 优秀　B. 良好　C. 中等　D. 及格　E. 不及格		

习　　题

单选题

1. 被称为“计算机图像之父”的是（　　）。

A. 赫伯特·弗兰克　　B. 伊凡·苏泽兰

C. 乔治·卢卡斯　　D. 约翰·惠特尼

2. 第一届计算机艺术展在（　　）举办。

A. 美国纽约　　B. 德国斯图加特

C. 英国伦敦　　D. 法国戛纳

3. 第一个用 CG 制作得栩栩如生的生物出现在电影（　　）中。

A. 深渊　　B. 终结者　　C. 星球大战　　D. 魔戒

4. Photoshop 1.0 是在（　　）年发布的。

A.1990　　B.1980　　C.1988　　D.1996

5. AR 技术是指（　　）。

A. 5G 技术　　B. 3D 数字技术

C. 增强现实　　D. 虚拟现实

任务拓展

在课外利用互联网查找更多有关数字媒体技术发展历史的资料，进一步加深对数字媒体技术发展历史的了解，对数字媒体技术的现状和未来发展有更多的体会。

任务 3　数字文本处理

任务背景

通过互联网收集关于数字媒体技术发展的相关资料，撰写一篇评述稿，运用数字文本处理技术对评述稿进行相关处理。

任务目标

（1）学习并了解数字文本的相关操作处理。

（2）掌握文本的资料收集流程。

（3）掌握数字文本编辑、数字文本处理、文本展现等操作。

（4）熟悉 AI 技术辅助数字文本处理的技巧。

任务要求

（1）使用搜索引擎、AI 数字文本辅助软件进行素材的收集、分析。

（2）使用数字文本软件、AI 数字文本进行文本的输入、编辑。

（3）保存文本并输出为 PDF 格式。

基础知识

1. 数字文本处理技术

数字文本处理技术通常指的是使用数字文本软件进行文档编辑、格式设置、排版和内容管理的技术。数字文本处理技术涉及的主要操作如下。

①文档编辑：包括文本输入、编辑、复制、粘贴等基本操作。

②格式设置：如字体、字号、颜色、样式、段落格式等的设置。

③排版：涉及分页、分栏、首行缩进、行间距、页边距等。

④表格和图像处理：包括插入、编辑表格和图像，以及图文混排。

⑤引用和目录：如插入脚注、尾注、参考文献，以及自动生成目录。

⑥审阅和修订：使用跟踪更改、插入批注、比较文档等功能。

⑦模板和样式：使用模板快速创建文档，应用样式以保持文档的一致性。

⑧宏和自动化：使用宏自动执行重复性任务，提高效率。

2.AI 数字文本辅助技术

AI 数字文本辅助技术是指利用人工智能技术辅助文本创作、编辑和管理的各种工具与方法。这些技术可以帮助用户提高写作效率、优化文本内容、增强文本的可读性和专业性。AI 数字文本辅助技术主要可以完成以下操作。

①自动校对：使用 AI 技术自动检测文本中的拼写错误、语法错误和标点符号错误。

②文本生成：利用 AI 生成文章、报告、摘要等文本内容。

③风格转换：AI 帮助用户调整文本的风格和语气，以适应不同的读者和场景。

④内容优化：AI 分析文本内容，提供优化建议，如改写句子、增加关键词等。

⑤智能推荐：基于用户的历史数据和当前文本内容，AI 推荐相关的信息、图片、链接等。

⑥机器翻译：使用 AI 进行语言之间的翻译，提高翻译的准确率和效率。

⑦情感分析：AI 分析文本中的情感倾向，如积极、消极或中性。

⑧文本分类：AI 根据文本内容将其划分到不同的主题或类别中。

任务实施

当前数字文本的主要处理软件有 Microsoft Office、WPS Office、Google Docs、Apple Pages 等，国内主流的数字文本 AI 辅助软件主要有讯飞星火、智谱 ChatGLM、字节跳动豆包、笔灵等。本任务综合运用这些软件进行案例学习。

1. 文本输入素材准备

（1）使用百度搜索引擎，收集数字媒体技术发展的相关文献、数据。

（2）运用智谱清言，选择“文档解读助手”，对收集的数字媒体技术发展的相关文献进行解读，提取文献核心要点。

（3）运用智谱清言或者 Kimi，选择“数据分析”，对收集的数字媒体技术发展的数据进行分析，并转换为可视化图表，同时撰写数据分析报告。

2. 文本输入与编辑

（1）对收集到的文献和数据进行总结分析后，撰写文本大纲，使用豆包、ChatGLM、讯飞星火、Kimi 等 AI 文本辅助软件对文本大纲进行扩写。

（2）使用 WPS 输入评述稿，常见的输入方式有键盘输入、语音输入、手写输入、文档扫描识别等。

（3）选择评述稿的具体段落，使用 AI 数字文本辅助软件进行展开扩写，使其更加详细具体。

（4）使用 Word 对评述稿进行排版，熟悉拼写检查、语法校正、字体设置、段落格式设置等操作。

3. 文本保存与输出

（1）将编辑好的评述稿保存到指定路径，保存的格式有 Word 文件（DOCX）、WPS 文件（WPS）、文本文件（TXT）。

（2）文档输出：将文件转换为 PDF 格式。转换为 PDF 格式能够有效解决文档在传输过程中在不同设备上乱码的缺陷。纸质文档需要将文档在打印机上设置打印格式后打印输出。

任务评价

请填写如表 11-3 所示的自我评价表。

表 11-3 自我评价表

知识与技能	掌握程度		
	熟练掌握	掌握	基本掌握
数字文本处理技术的概念			
AI 文本辅助技术			
文本素材的收集与分析			
文本的编辑与处理			
自评结果	A. 优秀　B. 良好　C. 中等　D. 及格　E. 不及格		

习　题

单选题

1. 以下选项中不是数字文本格式的是（　　）。

A.AVI　　B.TXT　　C.DOCX　　D.WPS

2. 文档转换为 PDF 格式主要是为了（　　）。

A. 方便排版　　B. 避免在不同设备输出时出现乱码

C. 文档更加清晰　　D. 更好编辑

3. 数字文本处理技术涉及的主要操作包括（　　）。

A. 格式设置　　B. 排版

C. 表格和图像处理　　D. 以上都是

4. 数字文本处理技术涉及的主要操作包括（　　）。

A. 文本生成　　B. 内容优化　　C. 自动校对　　D. 以上都是

5. 以下选项中（　　）不是常用的数字文本处理软件。

A.Microsoft Office　B. WPS Office　C.Adobe Audition　D.Google Docs

任务拓展

使用数字文本处理软件和 AI 数字文本辅助软件，撰写一篇主题为中国文旅出圈的调研报告。通过实践掌握文献资料收集、分析，数字文本的输入、编辑、输出等操作，并将所学知识应用到日常学习和工作中。

项目 2　机器人流程自动化

任务 1　机器人流程自动化概述

任务背景

机器人流程自动化是以软件机器人和人工智能为基础，通过模仿用户手动操作的过程，让软件机器人自动执行大量重复的、基于规则的任务，将手动操作自动化的技术。例如在企业的业务流程中，纸质文件录入、证件票据验证、从电子邮件和文档中提取数据、跨系统数据迁移、企业 IT 应用自动操作等工作，可通过机器人流程自动化技术准确、快速地完成，减少人工错误、提高效率并大幅降低运营成本。本任务主要介绍机器人流程自动化的基本定义与原理、特点与优势、交互方式、应用场景、与人工智能的区别及互补等知识。

任务目标

（1）理解机器人流程自动化的基本概念。

（2）认识机器人流程自动化的特点与优势。

（3）了解机器人流程自动化的交互方式。

（4）了解机器人流程自动化的应用场景。

（5）理解机器人流程自动化与人工智能的区别及互补。

任务要求

（1）了解机器人流程自动化的基本概念、定义和原理。

（2）根据机器人流程自动化的特点与优势，了解其功能与作用。

（3）了解机器人流程自动化交互的主要类型。

（4）认识机器人流程自动化的应用，有效提高工作效率。

（5）理解机器人流程自动化与人工智能的区别及互补功能，结合人工智能开发能够更加高效地处理复杂数据。

基础知识

机器人流程自动化（robotic process automation，RPA）是一种新型的业务流程自动化技术，它使用自动化技术模拟后台任务，如提取数据、填写表单和移动文件等。以下是对机器人流程自动化概念的详细解释。

1. 定义与原理

RPA 是以软件机器人和人工智能为基础的业务过程自动化科技。它通过模仿用户手动操作的过程，让软件机器人自动执行大量重复的、基于规则的任务，从而将手动操作自动化。这些任务通常包括与现有用户系统的交互，如处理交易、分析数据，以及和其他电子系统的直接对接交流。RPA 可以实现在多个应用、系统之间进行交互，而不仅局限于 Office 工具的操作。

2. 特点与优势

（1）高效性。RPA 能够显著提高运营效率，节省时间并释放员工，使他们能够专注于更复杂的任务。

（2）准确性。RPA 增强了业务流程执行的准确性、可审计性、监视、跟踪和控制能力，减少了人为错误。

（3）灵活性。RPA 提供了可扩展且灵活的增强型“虚拟”员工队伍，能够快速响应业务需求。

（4）协作性。RPA 促进了业务和 IT 人员之间的协作与创新交流，使他们能够一起工作，共同推动数字化转型。

3. 交互方式

RPA 的交互方式大致可分为两大主要类型。

（1）人机交互型 RPA（有人值守型 RPA）：这种 RPA 需要人工干预，即机器人需要员工或管理员的命令或输入才能执行任务，如图 11–1 所示。

图 11–1　人机交互型 RPA

（2）无人值守型 RPA：这种 RPA 无须人为干预，由机器人自行触发，并以批处理模式连续完成相关工作。理论上，机器人可以 7 × 24 小时全天候执行操作，如图 11–2 所示。

图 11-2　无人值守型 RPA

4. 应用场景

RPA 技术广泛应用于各种需要流程自动化的场景，包括但不限于如下场景。

（1）规则烦琐且重复的工作。如自动计算、流程审批等，RPA 技术可在提升效率的同时确保准确性。RPA 银行流水下载机器人的工作原理如图 11-3 所示。

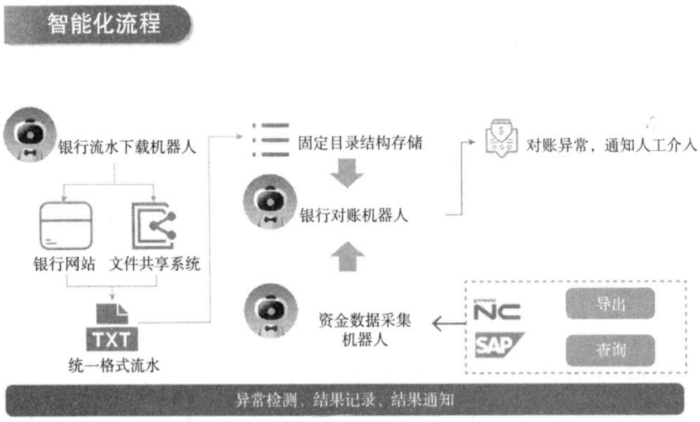

图 11-3　RPA 银行流水下载机器人的工作原理

（2）大批量的数据获取工作。如数据映射和验证确认、错误模式分析识别、非结构化数据整理与分析等，RPA 技术能够提高业务处理效率，确保业务时效性并满足业务拓展需求。RPA 自动获取数据机器人的工作原理如图 11-4 所示。

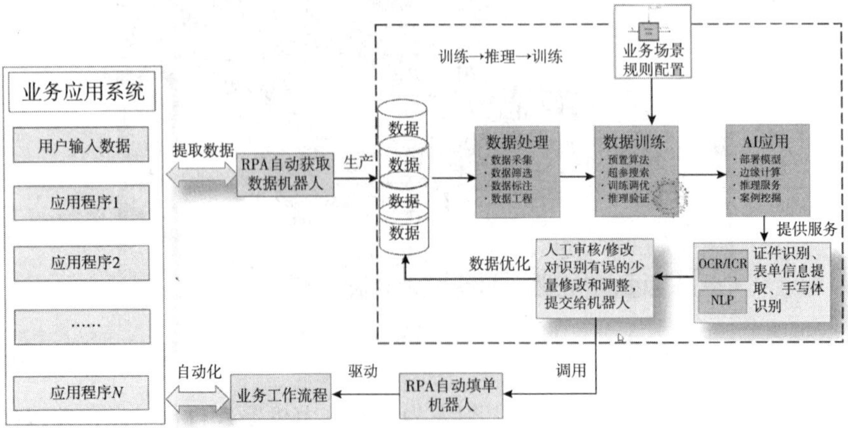

图 11-4　RPA 自动获取数据机器人的工作原理

（3）复杂的系统交互工作。如调取多个系统页面数据并进行数据交互、文件上传下载等，RPA 技术可在不影响系统原本运行效率的情况下实现系统之间的数据交互。

5. 与人工智能的区别及互补

虽然 RPA 经常被误认为是 AI，但两者截然不同。AI 结合了认知自动化、机器学习（ML）、自然语言处理（NLP）、推理、假设生成和分析等技术，而 RPA 是流程驱动的。RPA 机器人只遵循最终用户定义的流程，而 AI 机器人使用机器学习识别数据中的模式，特别是非结构化数据，并持续进行学习。RPA 与 AI 的区别如图 11-5 所示。然而，RPA 和 AI 彼此之间还起到很好的互补作用。AI 可以帮助 RPA 更全面地自动完成任务，并处理更复杂的用例；而 RPA 有助于更迅速地对 AI 洞察采取行动，而不是等待人工实施。RPA 与 AI 的互补如图 11-6 所示。

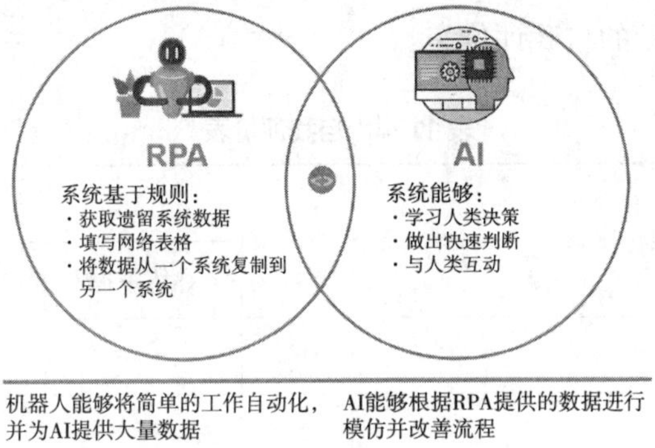

图 11-5　RPA 与 AI 的区别

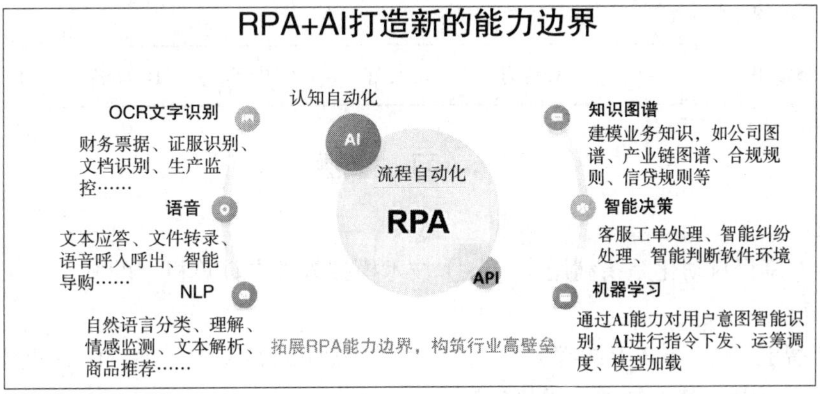

图 11-6　RPA 与 AI 的互补

综上所述，RPA 是一种强大的业务流程自动化技术，它通过模拟人类操作实现流程自动化，提高了运营效率、准确性和灵活性。随着技术的不断发展，RPA 将在更多领域发挥重要作用。

任务实施

1. 明确学习目标和任务

根据大纲和任务要求，明确本任务主要学习 RPA 的基本定义与原理、特点与优势、交互方式、应用场景、与 AI 的区别及互补等知识。

2. 掌握基本定义与原理

掌握 RPA 的基本定义与原理，了解其特点与优势，认识 RPA 的功能和作用。

3. 了解 RPA 的交互方式和应用场景

加强学习和了解 RPA 的交互方式，理解 RPA 的应用场景，能够有效地提高工作效率。

4. 理解 RPA 与 AI 的区别及互补

结合 RPA 的功能特点，了解其与 AI 的区别及互补，以创造更多新技术，为复杂的工作问题提供良好的帮助。

任务评价

请填写如表 11–4 所示的自我评价表。

表 11–4　自我评价表

知识与技能	掌握程度		
	熟练掌握	掌握	基本掌握
RPA 的基本定义与原理			
RPA 的特点与优势			
RPA 的交互方式与应用场景			
RPA 与人工智能的区别及互补			
自评结果	A. 优秀　B. 良好　C. 中等　D. 及格　E. 不及格		

习　　题

单选题

1. 机器人流程自动化是指利用（　　）技术模拟人类在计算机上的操作，实现业务流程的自动化执行。

A. 人工智能　　B. 机器学习　　C. 软件机器人　　D. 深度学习

2. 以下选项中，RPA 的主要优势包括（　　）。

A. 提高工作效率　　B. 增加人为错误

C. 降低业务稳定性　　D. 增加运营成本

3. 以下选项中不是 RPA 技术优势的是（　　）。

A. 提高工作效率　　B. 降低人为错误率

C. 完全不需要人工干预　　D. 实现 7×24 小时不间断工作

4. RPA 的主要目的是（　　）。

A. 替代人类在所有工作中的角色　　B. 自动化进行重复性高、规则明确的业务流程

C. 提高机器人的智能水平　　D. 仅仅为了节省成本

5. 以下选项中，RPA 工具模拟人工操作通常通过（ ）。

A. 自然语言处理　　B. 机器学习算法

C. 图形用户界面（GUI）自动化　　D. 深度神经网络

任务拓展

探讨 RPA 的未来发展趋势。深入探索业务流程自动化、跨系统数据迁移与整合、智能文档处理等应用场景，并持续关注 RPA 行业的最新技术动态，尝试预测 RPA 在未来发展中可能面临的机遇和挑战，并提出相应的应对策略和建议。

任务 2　机器人流程自动化的发展趋势和前景

任务背景

随着科技的不断进步和市场竞争的加剧，RPA 在各个领域的应用越来越广泛。为了深入了解 RPA 的发展趋势和前景，本任务将对 RPA 的发展历程、技术特点、应用现状以及未来发展趋势进行深入讲解和分析。

任务目标

（1）了解 RPA 的发展历程。

（2）理解 RPA 的技术特点。

（3）认识 RPA 的应用现状。

（4）了解 RPA 的未来发展趋势。

任务要求

（1）回顾 RPA 技术的发展历程，梳理其关键技术和应用场景。

（2）了解 RPA 技术的起源、发展历程及其在现代企业中的重要性。

（3）分析 RPA 技术在提高生产效率、降低成本、优化业务流程等方面的优势。

（4）分析 RPA 技术的特点、优势和不足之处，以及与其他自动化技术的比较。

（5）探讨 RPA 技术在未来发展中可能面临的挑战和机遇。

基础知识

以下是对 RPA 的发展趋势和前景的详细分析。

1.RPA 的发展历程

（1）起源与早期发展。RPA 的历史可以追溯到 20 世纪 80 年代的第一代工作自动化软件，如 TSO/OCR 的文字处理软件。20 世纪 90 年代，随着互联网的兴起，企业开始将业务流程集成到网络中，形成了业务流程管理（workflow management）。21 世纪初，企业开始意识到自动化业务流程的重要性。到 21 世纪头 10 年，RPA 开始崭露头角，2001 年，基于抓屏技术与工作流程自动化技术开发而成的按键精灵软件出现，成为国内最早的 RPA 产品。

（2）竞争加剧与快速发展。2015—2019年，RPA行业竞争开始加剧，国内出现了大批RPA厂商，如弘玑、云扩科技、金智维等RPA厂商均在2016—2017年成立。2020年至今，RPA与其他技术结合，如人工智能、大数据、云计算等，实现了更广泛的应用和更深入的发展。

RPA的发展阶段如图11-7所示。

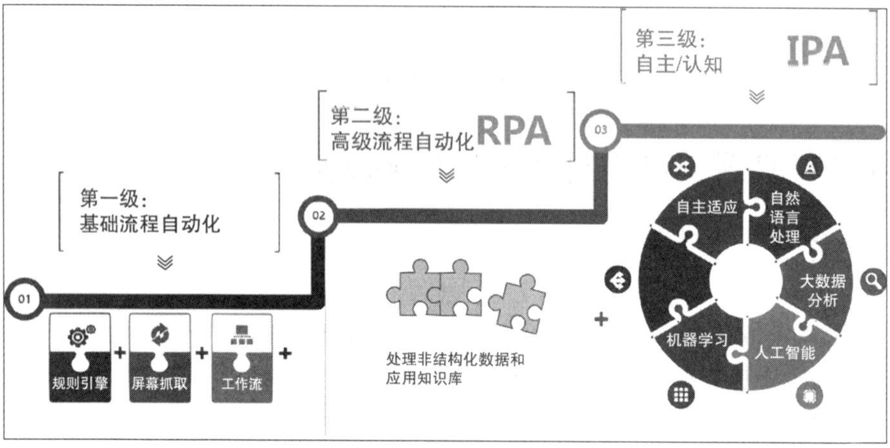

图11-7 RPA的发展阶段

2.RPA的应用现状

RPA应用于各个行业，如金融、保险、电商、医疗、制造业等。RPA涉及的业务流程包括数据抓取与处理、文档处理、客户服务、财务管理、供应链管理和人力资源管理等。

（1）市场规模。近年来，随着RPA在各个领域的持续渗透以及RPA应用实践的不断成熟，我国RPA市场规模不断增长。2022年，我国RPA市场规模达到35.3亿元，预计到2028年，我国RPA市场规模或将达到302亿元，未来5年复合年均增长率（CAGR）预计达到43%。

（2）实践成效。从RPA应用情况来看，银行、保险、证券、电商与零售、政务等领域是RPA商用实践主力军。随着流程自动化在客户侧应用实践的逐步深入和供应商产品与服务能力的不断提升，RPA项目实践成效逐步提升。

3.RPA的发展趋势

（1）智能化。利用自然语言处理、计算机视觉、机器学习等技术，使RPA具备更强的理解、决策和适应能力。这将使RPA能够更好地理解和应对复杂业务情境，提高任务处理的灵活性和准确性。

（2）自主化。RPA将具备更强的自主决策和学习能力，以应对复杂、不确定的业务环境。未来，RPA有望实现更加高度自主化和无人干预的自动化，降低对人力资源的依赖。

（3）集成化。RPA将与其他技术如物联网、区块链、虚拟现实等结合，构建更加完整、智能化的数字生态系统。特别是与API的集成，将使RPA能够连接更多的软件系统，保证RPA稳定运行并获得更高的效率。

（4）云化。RPA上云以后，催生了基于云计算的RPAaaS（robotic process automation as a service）服务。RPAaaS让使用RPA和使用其他SaaS应用一样简单，大大降低了RPA机器人的开发与应用难度。

（5）超级自动化。超级自动化被定义为先进技术的应用，包括人工智能和机器学习，以日益实现流程自动化和增强人员能力。作为一种技术合集，超级自动化主要包括 RPA、AI、NLP、OCR、ML、流程挖掘、任务挖掘、低代码、无代码、iBPMS 等多种创新技术。RPA 作为超自动化的重要参与者与推动者，其发展前景广阔。

4.RPA 的发展前景

（1）市场需求增长。随着数字化转型的需求增多，越来越多的企业开始寻求通过 RPA 等技术提高效率和降低成本。这将推动 RPA 市场的持续增长。

（2）技术创新。随着人工智能、大数据、云计算等技术的不断发展，RPA 将不断融合这些先进技术，实现更高效、智能的自动化应用。

（3）政策支持。我国政府持续出台相关政策，加快包括 RPA 在内的新一代信息技术在各个领域的应用，提高各行业的管理效率，促进行业发展。这将为 RPA 的发展提供良好的政策环境。

（4）国际化发展。随着全球新兴市场经济的蓬勃发展，RPA 技术在这些地区有着巨大的潜力和机遇。未来，RPA 将实现更广泛的国际化应用和发展。

综上所述，RPA 作为一种新兴的自动化解决方案，其发展前景广阔。随着技术的不断发展和市场需求的增长，RPA 将在各行各业中发挥更加重要的作用。

任务实施

1.RPA 的背景与现状

学习 RPA 的起源与发展历程，掌握 RPA 技术的特点，了解 RPA 的市场现状。

2.RPA 的应用前景

了解 RPA 智能化的应用能力，理解 RPA 强大的自主决策和学习能力,RPA 可应对复杂、不确定的业务环境，认识 RPA 集成化的特点，了解 RPAaaS。

3.RPA 的发展趋势

RPA 可以应用于多行业的多个场景，如金融行业、制造业、政府与公共服务、医疗与健康等，通过自动化处理大量重复性任务，提高效率和准确率，降低人为错误和运营成本。

4.RPA 的发展挑战与应对策略

（1）数据安全与隐私保护。RPA 在处理敏感数据时可能面临数据泄露和隐私侵犯的风险。

（2）技术更新与迭代。随着技术的不断发展，RPA 需要不断更新和迭代以保持竞争力。

（3）加强数据安全与隐私保护。采用先进的加密技术和隐私保护机制，确保数据的安全性和隐私性。

5.RPA 技术的发展机遇与未来展望

人工智能、大数据、云计算等新兴技术的发展将为 RPA 提供更加广阔的应用场景和更强的技术支持。RPA 将成为企业数字化转型的重要推动力量之一，助力企业实现业务流程的自动化和优化。随着技术的不断进步和应用场景的拓展，RPA 将在更多领域得到广泛应用，为人类社会带来更多的创新和价值。

任务评价

请填写如表 11–5 所示的自我评价表。

表 11-5　自我评价表

知识与技能	掌握程度		
	熟练掌握	掌握	基本掌握
RPA 的发展历程			
RPA 的技术特点			
RPA 的应用现状			
RPA 的发展趋势			
自评结果	A. 优秀　B. 良好　C. 中等　D. 及格　E. 不及格		

习　　题

一、单选题

1.RPA 技术在提高生产效率方面的优势主要体现在（　　）。

A. 减少人为错误　　B. 提高工作效率

C. 降低运营成本　　D. 以上都是

2.RPA 技术在实际应用中可能遇到的挑战包括（　　）。

A. 数据安全和隐私问题　　B. 技术复杂性和实施难度

C. 业务流程的标准化程度不高　　D. 以上都是

3.RPA 技术在未来可能面临的挑战不包括（　　）。

A. 数据安全与隐私保护　　B. 技术更新迭代的快速性

C. 跨平台、跨系统的集成难度　　D. 机器人对人类工作的全面替代

4. 以下选项中，不属于 RPA 技术当前的主要应用领域的是（　　）。

A. 金融行业的数据处理　　B. 制造业的生产线控制

C. 政府与公共服务的流程优化　　D. 医疗行业的病历管理

任务拓展

RPA 具有广阔的发展前景和巨大的市场潜力。为了拓展 RPA 的任务和应用范围，需要不断加强技术研发与创新、拓展应用场景与领域、提升服务质量与效率以及培养专业人才与团队。

（1）持续关注 RPA 技术的最新发展动态，加强技术研发和创新。

（2）探索将新兴技术如数字孪生、人形机器人等应用于 RPA 领域，提升 RPA 的性能和应用范围。

（3）深入挖掘更多潜在的应用场景和领域，如智慧城市、智能制造等。

（4）注重 RPA 项目的实施效果和服务质量，提供更加专业、高效的服务。

（5）提升团队成员理解知识的能力水平，为 RPA 技术的学习提供有力保障。

项目 3 现代通信技术

任务 1 现代通信技术概述

任务概述

现代通信技术指利用电子技术和信息技术进行信息传递和交换的现代化手段，包括无线通信、有线通信、卫星通信等多种类型，共同构成了现代通信的基石。现代通信技术是一个广泛而复杂的领域，涵盖了多种技术和设备，使人们能够高效、便捷地传输和接收各种类型的信息，如声音、视频、图形和图像。现代通信技术涵盖了 5G、物联网、云计算、大数据等前沿技术，极大提升了通信速度、效率和安全性，为人们的生活和工作带来了便利。其主要特点如下。

（1）数字化：信息以数字信号的形式传输和处理，提高了速度和效率，减少了错误。

（2）网络化：实现了全球范围内的互联互通，信息可迅速共享和传播。

（3）智能化：集成人工智能元素，实现自动化和智能化的信息处理。

（4）移动化：移动通信技术让人们随时随地通过移动设备进行通信。

（5）安全性：数据加密、安全协议和身份验证等被广泛应用，确保通信安全。

任务目标

（1）全面了解通信技术的原理、发展趋势和应用领域。

（2）掌握数字通信系统的基本结构和基础知识。

（3）为深入研究通信技术和实践应用打下坚实的基础。

任务要求

通过书籍、报刊杂志和网络等方式收集相关材料，辅助学习现代通信技术的核心概念、发展历程、关键技术、应用领域以及对社会的影响，并形成学习简报。

基础知识

一般而言，通信的目的是传递信息，是指由一地向另一地进行信息传递。通信技术是用于传输和交换信息的各种技术与工具的总称。

1. 通信技术的原理

通信技术的基本原理是通过物理介质（如光纤、电缆、无线信号等）将信息从发送方传输到接收方，涉及信息从发送方（信源）到接收方（信宿）的传输过程，该过程主要依赖于物理介质（信道）进行传输。通信技术的关键步骤有信息的采集和转换、传输和防干扰、捕获和反转换等。

通信技术的原理是一个复杂而精细的过程，涉及信息的采集、转换、传输、防干扰和捕获等多个环节。随着科技的不断进步和创新，通信技术也在不断发展壮大，为人类社会的信息化和全球化进程提供了强有力的支持。

2. 通信技术的类型

（1）有线通信技术：利用有线传输介质（如电缆、光纤）进行通信。优点是传输速度快、信号稳定，且不容易受到干扰。常见的有线通信技术包括电报通信技术、电话通信技术、局域网技术和光纤通信技术。

（2）无线通信技术：利用无线电波进行通信。可以实现远距离通信，且不需要传输介质。常见的无线通信技术包括无线电技术、卫星通信技术、蓝牙技术和 Wi-Fi 技术。

（3）光通信技术：利用光波进行通信。可以实现高速数据传输，且信号稳定。常见的光通信技术包括光纤通信技术和激光通信技术。

3. 通信技术的应用领域及其发展趋势

通信技术的应用领域非常广泛，涵盖了人们日常生活、工作、学习的方方面面，主要应用领域如下。

（1）移动通信领域：实现人与人之间的随时随地沟通，如手机通话、短信、移动互联网接入等。人们可以通过智能手机进行各种活动，如浏览网页、观看视频、社交媒体互动、在线购物、移动支付等。

（2）固定通信领域：为家庭和企业提供稳定的语音和数据通信服务，如固定电话、宽带网络接入等。

（3）卫星通信领域：由卫星和地球站两部分组成，无线电通信站间利用卫星作为中继进行通信。

（4）广播电视信号传输：将电视和广播节目信号传输到各个地区，使人们能够收看到各种电视节目和收听广播。

（5）应急通信：在自然灾害、突发事件等情况下，提供可靠的通信保障，确保救援工作的顺利进行。

（6）航空航海通信：为飞机、船舶等提供通信服务，保障飞行和航行安全。

（7）军事通信：在军事领域发挥重要作用，用于战略指挥、战术通信等。

（8）物联网领域：实现设备与设备之间的互联互通，如智能家居、智慧交通、工业自动化等。通过物联网，人们可以远程控制家中的电气设备、实现智能交通管理、提高工业生产效率等。

（9）广播电视领域：用于广播电视节目的制作、传输和播出，如高清电视、数字广播等。

（10）医疗领域：在医疗保健中得到应用，如远程医疗、医疗设备数据传输等。医生可以通过远程医疗技术为患者提供诊断和治疗建议，医疗设备的数据也可以实时传输到医院的信息系统中，方便医生进行分析和诊断。

（11）金融领域：保障金融交易的安全和稳定进行，如银行的网络系统、证券交易的通信等。

通信技术的发展趋势主要包括以下几个方面。

（1）高速化：随着人们对数据传输速度和带宽的需求不断增加，通信技术将不断追求更高的传输速率。例如，5G 网络的出现已经带来了显著的速度提升，未来还可能有更高速的网络技术出现。

（2）低延迟：在一些实时性要求较高的应用场景中，如自动驾驶、远程医疗、工业自动化等，低延迟的通信技术至关重要。未来的通信网络将致力于进一步降低延迟，以满足这些应用的需求。

（3）大容量：随着物联网、大数据、人工智能等技术的发展，需要传输的数据量将呈爆炸式增长。因此，通信技术需要具备更大的容量以支持这些数据的传输。

（4）智能化：通信网络将越来越智能化，能够自动感知用户需求、优化网络资源配置、提供个性化服务。例如，通过人工智能技术可以实现网络的智能运维、流量预测和优化等。

（5）融合化：不同类型的通信技术将逐渐融合，形成一个综合性的通信网络。例如，5G 网络将融合多种无线接入技术，实现更广泛的覆盖和更高的性能。同时，通信技术也将与其他领域的技术，如云计算、大数据、人工智能等深度融合，创造出更多新的应用和服务。

（6）绿色节能化：随着对环境保护和可持续发展的关注增多，通信技术也将朝着绿色节能的方向发展。这包括采用更节能的设备和技术、优化网络架构以降低能耗等。

（7）安全可靠化：在数字化时代，通信安全和可靠性至关重要。未来的通信技术将加强安全防护措施，如加密技术、身份认证、访问控制等，以保障用户数据的安全和隐私。同时，通信网络的可靠性也将得到进一步提高，以确保在各种情况下都能稳定运行。

4. 数字通信系统

通信的基本形式是在信源与信宿之间建立一个传递信息的通道。建立信息通道，实现信息传递所需要的一切技术设备和传输介质的总和称为通信系统。以点对点通信为例，通信系统的结构如图 11-8 所示。

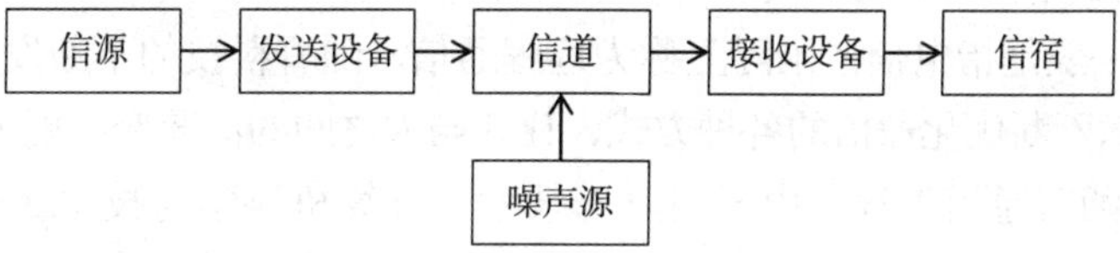

图 11-8　通信系统的结构（点对点通信）

通信系统各部分的功能和作用如下。

（1）信源：将各种消息转换成原始电信号，如麦克风、摄像机等，消息包括语音、文字、图像等不同形式。

（2）发送设备：将信源产生的消息信号变换成适合在信道中传输的信号，包括调制、编码等。

（3）信道：信号传输的媒介，包括有线信道和无线信道，传输过程中会附加各种噪声和干扰。

（4）噪声源：信号传输过程中附加的各种噪声和干扰的来源。

（5）接收设备：将接收的信号进行放大和反变换，恢复出原始的电信号。

（6）信宿：把原始电信号恢复成相应的消息，如扬声器、显示器等。

信道中传输的已调波信号有两种形式：模拟信号和数字信号。根据已调波信号的形式不同，通信系统又可分为模拟通信系统和数字通信系统。模拟通信系统是基于模拟信号进行信息传输的。在模拟通信系统中主要有将原始信息转换成连续变化的电信号和把电信号恢复成最初的连续信号两种转换。数字通信系统是基于数字信号进行信息传输的。数字信号是一种离散的信号，其幅度取值是有限的离散值，通常用二进制代码表示。例如，计算机中的数据、数字电话中的语音信号等都是数字信号。

数字通信的主要优点包括安全可靠、稳定、抗干扰能力强、与现代电子技术及计算机技术的结合性强。数字通信系统中，信源产生的原始信号首先经过采样、量化和编码等过程转换为数字信号，然后进行数字调制，将数字信号的频谱搬移到适合传输的频段。接收端接收到信号后，经过数字解调、解码等过程恢复出原始的数字信号，最后通过数模转换恢复出原始的模拟信号。数字通信系统的结构如图 11–9 所示。

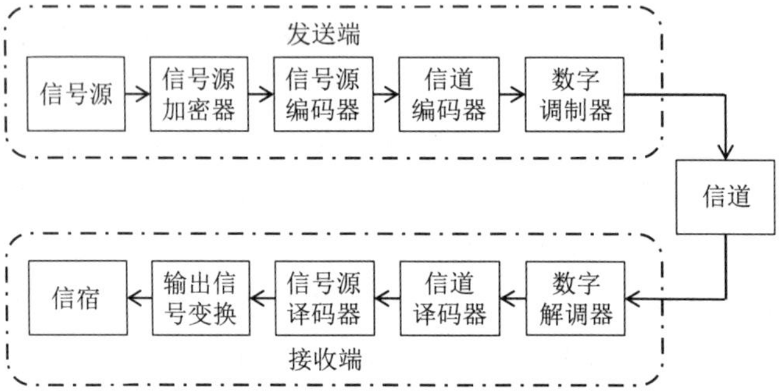

图 11–9　数字通信系统的结构

任务实施

1. 了解现代通信技术的定义和内涵

现代通信技术一般是指电信，国际上称为远程通信。随着科技的不断发展，现代通信技术是指采用最新的技术不断优化通信的各种方式，让人与人之间的沟通变得更为便捷有效的技术。

现代通信技术涵盖通信工程、电子科学与技术、计算机科学与技术 3 个学科的知识。

现代通信技术涉及的技术包括数字技术（如编解码器、数字信号处理器等）、软件技术（如程控时分交换、分组交换等技术）、微电子技术、光子技术和光电子技术、微波技术等。

2. 认知现代通信技术的技术

（1）有线通信技术：利用导线、电缆等物理媒介进行信息传递的技术，如光纤通信。

（2）无线通信技术：利用电磁波进行信息传递的技术，如移动通信、卫星通信等。

（3）光通信技术：以光波为载频，以光导纤维为传输介质的一种通信方式，具有频带宽、损耗低、抗电磁干扰能力强等优点。

技术特点如下。

①速度快：能够实现高速的数据传输，满足人们对信息快速传递的需求。

②容量大：能够承载大量的信息，满足大规模通信的需求。

③距离远：无线通信技术和卫星通信技术使得信息可以进行远距离传递。

④质量高：采用先进的纠错编码和调制技术，提高了通信的可靠性和稳定性。

3. 认知现代通信技术的应用领域

现代通信技术广泛应用于电信、互联网、广播电视、军事、航空航天、智能家居等多个领域。它推动了信息产业的发展，促进了全球化进程，提高了人们的生活质量。

4. 认知现代通信技术的未来发展趋势

现代通信技术正朝着智能化、宽带化、个人化方向发展。5G、6G 等新一代通信技术的研发和应用将进一步提升通信的速度和质量。物联网、大数据、云计算等技术的融合应用将推动现代通信技术向更广泛的领域拓展。

综上所述，现代通信技术是一个不断发展和创新的领域，它利用高科技手段实现了信息的快速、准确、安全传输，为人们的生活和工作带来了极大的便利。

任务评价

请填写如表 11–6 所示的自我评价表。

表 11–6　自我评价表

知识与技能	掌握程度		
	熟练掌握	掌握	基本掌握
现代通信技术的定义及概述			
通信系统的性能及特点			
通信原理			
通信系统的结构			
通信技术的应用领域及发展			
数字通信系统			
自评结果	A. 优秀　B. 良好	C. 中等　D. 及格	E. 不及格

习　题

单选题

1. 以下选项中（　　）不是通信系统的基本组成部分。

A. 信源　　B. 信道　　C. 信宿　　D. 信号处理器

2. 数字通信系统相比模拟通信系统的优点不包括（　　）。

A. 抗干扰能力强　　B. 便于加密处理

C. 占用带宽小　　D. 可以实现差错控制

3. 通信系统中，把模拟信号转换为数字信号的过程称为（　　）。

A. 调制　　B. 解调　　C. 编码　　D. 解码

4. 5G 通信技术的特点不包括（　　）。

A. 高速率　　B. 低时延　　C. 大容量　　D. 短距离覆盖

5. 通信系统按照（　　）分类，可以分为有线通信和无线通信。

A. 通信内容　　B. 信号特征　　C. 传输介质　　D. 信道类型

任务拓展

（1）查阅文献资料，用数字图标等形式描述现代通信技术的现状及未来发展，可从技术发展现状、电信业务收入和电信业务总量累计增速、未来通信技术趋势3个方面描述。

（2）查询资料，总结数字通信系统和模拟通信系统的应用范围与技术特点的区别。

（3）以小组为单位，畅谈通信技术对生活的影响，阐述对技术发展的未来期望。

任务2　现代通信技术的发展历程及未来趋势

任务概述

现代通信技术的发展是一个不断演进和革新的过程，经历了从简单到复杂、从低速到高速、从单一到多元的显著变化。通信技术的发展历程包括4个阶段：语言文字通信阶段、电通信阶段、电子信息通信阶段、移动通信发展阶段。未来，随着科技的不断进步和创新，通信技术将更加先进、智能和便捷，为人们的生活和工作带来更多的便利和机遇。

任务目标

（1）全面而深入地掌握现代通信技术的核心知识与发展脉络。

（2）深入学习从电话发展到如今的5G、物联网等系统的过程中现代通信技术蕴含的技术创新与突破。

（3）深入探究现代通信技术的核心原理，如数字信号处理、信息传输协议等。

（4）激发创新思维，培养解决复杂问题的能力。

（5）提升个人专业技能，为科技进步和社会发展贡献力量，推动信息社会的繁荣与发展，让通信技术更好地服务于人类社会的各个领域。

任务要求

通过书籍、报刊杂志和网络等方式收集相关材料，辅助学习现代通信技术的发展历程及未来趋势，并以如下6点作为大纲形成学习总结。

（1）了解基础阶段：学习语言文字通信阶段和电通信阶段的通信技术，如电报、电话的发明，以及无线电通信的开创。

（2）掌握关键节点：深入了解电子信息通信阶段的重要事件，包括光纤通信、数字微波通信、卫星通信、移动通信等技术的发展和应用。

（3）研究标准化进程：研究从1G到5G的移动通信系统的发展历程，以及各国在通信技术标准化过程中的竞争与合作。

（4）关注前沿技术：关注6G、量子通信、太赫兹通信等前沿技术的最新研究进展。

（5）理解发展趋势：理解未来通信技术将朝着更高速度、更低延迟、更广泛互联的方向发展，以及这些趋势对通信行业和社会的影响。

（6）探索应用场景：探索未来通信技术可能的应用场景，如自动驾驶、虚拟现实、工业互联网等，并思考这些技术如何改变人们的生活和工作方式。

通过完成这些学习任务，全面而深入地了解现代通信技术的发展历程和未来趋势，为未来的学习和工作打下坚实的基础。

基础知识

现代通信技术指利用电子技术和信息技术进行信息传递和交换的现代化手段。这些技术共同构成了现代通信的基石，包括无线通信、有线通信、卫星通信等多种类型。现代通信技术发展迅速，已经历了语言文字通信、电通信和电子信息通信 3 个阶段。当前，5G 技术已广泛应用，而 6G、Wi-Fi 7、5.5G、卫星通信等新技术也在加速研发。未来，通信技术将朝着更高速度、更低时延、更广覆盖的方向发展，实现万物智联，深度融合物理世界、生物世界和数字世界，开启智能化综合性数字信息新时代。

1. 现代通信技术的发展历程

现代通信技术作为信息社会的基石，经历了从简单到复杂、从低速到高速、从有线到无线的演变过程。这一历程不仅见证了人类智慧，也深刻改变了人们的生活方式和工作模式。

（1）早期通信技术的萌芽。在远古时代，人类主要通过口头语言进行信息传递，这种方式受限于距离和听力范围。随着社会的进步，人们开始使用简单的符号和图画记录信息，进而发明了文字和纸张，使得信息可以被记录下来并传递给其他人。然而，这些早期的通信方式仍然受到时间和空间的限制。

（2）电通信技术的诞生。19 世纪中叶，随着电磁学理论的建立和电报机的发明，电通信技术应运而生。电报机的出现使得信息传递的速度大大加快，人们可以跨越地理障碍进行远距离通信。随后，电话的发明更是将通信方式推向了一个新的高度，人们可以实时进行语音交流，极大地促进了信息的传递和人际关系的建立。

（3）无线电通信技术的突破。20 世纪初，无线电通信技术的出现标志着通信技术进入了一个全新的时代。无线电波可以跨越海洋和大陆进行远距离通信，使得全球范围内的信息传递成为可能。无线电广播、电视等媒体的兴起，进一步丰富了人们的文化生活，推动了信息的广泛传播。

（4）卫星通信技术的崛起。随着航天技术的不断发展，卫星通信技术逐渐崭露头角。卫星通信具有覆盖范围广、通信容量大、传输质量高等优点，成为跨越大洋和大陆进行远距离通信的重要手段。卫星通信技术的崛起，不仅推动了全球通信网络的构建，也为国际间的信息交流提供了更加便捷和高效的途径。

（5）互联网技术的兴起。20 世纪末，互联网技术的兴起彻底改变了人们的生活方式和工作模式。互联网连接了全球上千万台个人主机和工作站系统，形成了一个庞大的信息网络。人们可以通过互联网进行电子邮件的收发、即时通信、在线购物、远程办公等活动，极大地提高了工作效率和生活质量。

（6）移动通信技术的飞速发展。进入 21 世纪，移动通信技术迎来了飞速发展。从 1G 到 5G，移动通信系统不断升级换代，通信速度、容量和可靠性都得到了显著提升。移动通信技术的飞速发展，使得人们可以随时随地进行通信和信息交流，推动了移动互联网的普及和应用。

2. 现代通信技术的未来发展趋势

随着科技的飞速进步和全球信息化程度的不断加深，现代通信技术正以前所未有的速度向前发展。从有线到无线，从低速到高速，从单一通信方式到多元化融合，现代通信技术正逐步构建一个更加智能、高效、安全的信息社会。

（1）5G及后续移动通信技术的持续演进。

① 5G技术的全面应用：5G技术以其高速度、低延迟、大容量等特点，正在逐步改变人们的通信方式。未来，随着5G网络的全面覆盖和应用的深入，将出现更多基于5G技术的创新应用，如自动驾驶、远程医疗、虚拟现实等。

② 6G技术的研发与探索：在5G技术取得显著成果的基础上，6G技术的研发已经开始。6G技术预计将实现更高的数据传输速率、更低的延迟和更广泛的覆盖范围，为未来的信息社会提供更加坚实的基础。

（2）物联网与大数据技术的深度融合。

①物联网技术的广泛应用：物联网技术通过将各种智能设备连接到互联网，实现了信息的实时采集、传输和处理。未来，随着物联网技术的不断发展，将出现更多基于物联网的创新应用，如智能家居、智慧城市等。

②大数据技术的深入挖掘：大数据技术通过对海量数据的分析和挖掘，可以揭示数据背后的规律和趋势，为决策提供有力支持。未来，随着大数据技术的不断成熟，将出现更多基于大数据的创新应用，如个性化推荐、风险预警等。

（3）人工智能与通信技术的紧密结合。

①人工智能技术的广泛应用：人工智能技术以其强大的计算能力和学习能力，正在逐步改变人们的生活和工作方式。未来，随着人工智能技术的不断发展，将出现更多基于人工智能的创新应用，如智能客服、自动驾驶等。

②人工智能与通信技术的融合：人工智能技术与通信技术的融合将推动通信技术的智能化发展。未来，将出现更多基于人工智能技术的通信优化方案，如智能网络管理、智能流量调度等。

（4）量子通信技术的突破与应用。

①量子通信技术的研发：量子通信技术以其高安全性、高效率等优点，正在成为未来通信技术的重要发展方向。未来，随着量子通信技术的不断突破，将出现更多基于量子通信的创新应用，如量子密钥分发、量子网络等。

②量子通信技术的商业化应用：随着量子通信技术的不断成熟和商业化应用的推进，量子通信技术将在金融、军事等领域发挥重要作用，为信息安全提供更加可靠的保障。

（5）绿色通信技术的推广与应用。

①绿色通信技术的研发：绿色通信技术旨在降低通信过程中的能耗和排放，实现通信技术的可持续发展。未来，随着绿色通信技术的不断研发和推广，将出现更多基于绿色通信技术的创新应用，如节能网络设备、绿色数据中心等。

②绿色通信技术的政策支持：政府将加大对绿色通信技术的支持力度，推动绿色通信技术的广泛应用和产业化发展。

3. 未来通信技术的展望

未来，随着物联网、云计算、大数据等新技术的不断发展，通信技术将朝着更高速度、更低延迟、更广泛互联的方向发展。同时，量子通信、太赫兹通信等前沿技术的突破也将为未来的通信技术发展带来新的机遇和挑战。未来的通信技术将更加便捷、高效、安全和智能，为人类社会的发展提供强大的支撑和动力。

现代通信技术的未来发展趋势将呈现出多元化、智能化、高效化、安全化和绿色化的特点。随着新技术的不断涌现和融合，现代通信技术将继续推动人类社会的进步和发展。

任务实施

1. 了解现代移动通信技术的迭代升级

移动通信技术的迭代升级是一个持续不断的过程，从最早的模拟通信到如今的 5G 乃至未来的 6G 技术，每一次升级都带来了显著的性能提升和应用拓展。

移动通信技术的迭代历程如表 11–7 所示。

表 11–7 移动通信技术的迭代历程

序号	历程	描述
1	1G 时代（模拟通信）	1987 年，我国第一个无线基站在广州建成，标志着我国进入移动通信时代。主要使用模拟信号进行通信，语音质量较差，且容易受到干扰。代表产品为“大哥大”
2	2G 时代（数字通信）	引入了数字通信技术，显著提高了语音质量和通信稳定性。短信业务开始兴起，成为人们日常沟通的重要方式。代表技术为 GSM 和 CDMA，其中 GSM 在我国得到了广泛应用
3	3G 时代（移动互联网的起步）	实现了高速数据传输，为移动互联网的发展奠定了基础。视频通话、流媒体播放等应用开始普及。代表技术为 WCDMA、CDMA2000 和 TD–SCDMA
4	4G 时代（移动互联网的爆发）	实现了更高的数据传输速度和更低的时延，推动了移动互联网的爆发式增长。智能手机和移动应用如雨后春笋般涌现，彻底改变了人们的生活方式。代表技术为 LTE（包括 FDD–LTE 和 TD–LTE）
5	5G 时代（万物互联的时代）	5G 商用牌照于 2019 年在我国正式发放，标志着我国进入 5G 时代。5G 具有超高速度、超低时延和超大连接数的特点，为物联网、智慧城市、自动驾驶等领域提供了强大的技术支持

2. 认知现代移动通信技术 6G 的迭代升级

6G 技术将进一步提升数据传输速度和降低时延，同时引入更先进的频谱共享技术和更高效的能源利用方案。6G 技术还将更加注重安全性和隐私保护，以满足未来社会对通信安全的需求。预计 6G 技术将在未来十年内实现商用。随着移动通信技术的不断发展，更高频段的频谱资源将得到更广泛的应用。这将有助于提高数据传输速度和降低时延，但同时也需要解决频谱资源短缺和干扰等问题。

移动通信技术将与物联网技术深度融合，实现万物互联。这将推动智能家居、智慧城市、工业物联网等领域的快速发展。

移动通信网络的管理和优化将更加智能化和自动化。网络将根据用户需求和网络状况自动调整配置，提高网络性能和用户体验。

综上所述，移动通信技术的迭代升级是一个不断演进的过程。随着技术的不断发展，人们将迎来更加高效、智能和安全的通信时代。

任务评价

请填写如表 11-8 所示的自我评价表。

表 11-8　自我评价表

知识与技能	掌握程度		
	熟练掌握	掌握	基本掌握
现代通信技术的发展阶段			
现代通信技术各阶段的标志特点			
现有通信技术的发展状况			
通信技术未来的发展趋势			
通信技术融合及其应用领域			
自评结果	A. 优秀　B. 良好	C. 中等　D. 及格	E. 不及格

习　题

单选题

1. 现代通信技术的发展始于（　　）。

A.19 世纪中叶　　B.20 世纪初

C.20 世纪中叶　　D.21 世纪初

2. 以下通信技术中，利用电磁波在空间传播信号实现通信的是（　　）。

A. 光纤通信　　B. 微波通信

C. 卫星通信　　D. 以上都是

3. 第一代（1G）移动通信系统的主要特点是（　　）。

A. 采用数字技术　　B. 频谱利用率高

C. 通信质量好　　D. 采用模拟技术

4. 从 1G 到 4G，通信技术的主要发展方向是（　　）。

A. 提高通信的保密性　　B. 增加通信的业务种类

C. 提高数据传输速率　　D. 降低通信费用

5. 以下选项中属于现代通信技术未来发展趋势的是（　　）。

A. 通信速度更快　　B. 通信容量更大

C. 通信更加智能　　D. 以上都是

任务拓展

积极思考，联系日常生活，回答以下两个问题。

（1）现代通信技术的发展给人们的生活带来了哪些便利？请简要列举。

（2）简要描述未来通信技术可能在哪些领域有新的应用。

任务 3　移动通信的关键技术

任务概述

移动通信的关键技术是构建现代移动通信系统的基石。首先，蜂窝网络技术作为移动通信的基础，通过划分地理区域为小区，实现高效的频谱资源利用。其次，多址接入技术允许多用户共享频谱，提高了通信系统的容量。第三，调制与解调技术将数字信号转换为适合传输的模拟信号，确保信息准确传递。此外，无线传输技术和天线技术负责信息的空中传播和接收，是移动通信中不可或缺的一环。最后，编码与解码技术保证数据在传输过程中的可靠性和完整性，为用户提供高质量的通信服务。

移动通信的关键技术相互配合，共同推动移动通信技术的不断发展和进步。

任务目标

（1）深入理解调制与编码技术，熟悉其原理、特点以及不同编码技术（如卷积编码、Turbo 编码、低密度奇偶校验码等）在提高信号传输可靠性方面的作用和机制。能够分析它们在不同移动通信系统中的应用场景和优势。

（2）全面掌握多址接入技术，包括频分多址、时分多址、码分多址和正交频分多址的工作原理、特点及演进过程，了解它们各自的优缺点和适用范围。

（3）能够根据具体的通信场景和需求，选择合适的调制、编码、多址接入等技术方案，并分析其性能和效果。

（4）熟悉多天线技术，理解空间分集和空间复用的概念及实现原理。知晓多天线技术在现代移动通信系统中对提高数据传输速率和改善通信质量的重要作用。

（5）提升技术创新思维能力。通过学习关键技术的发展历程和趋势，激发创新意识，思考如何在现有技术基础上进行改进和创新，以适应不断变化的移动通信市场需求。

任务要求

（1）通过课堂学习和课后复习，提升技术创新思维能力。

（2）通过学习关键技术的发展历程和趋势，激发创新意识，思考如何在现有技术基础上进行改进和创新，以适应不断变化的移动通信市场需求。

（3）将学习成果与实际行业应用相结合，为未来的职业发展做好准备，思考大学生该如何适应移动通信领域不断变化的技术和市场环境，最后形成总结提交。

基础知识

移动通信技术是指通过无线电波在移动中实现语音、数据、视频等信息的传输和交换的技术，是现代通信的重要组成部分。其关键技术主要包括以下几个方面。

1. 调制与编码技术

（1）调制技术。调制的功能是将原始信息信号转换为适合在无线信道中传输的形式。例如，将数字基带信号转换为射频信号。

它通过改变载波的某些特性（如幅度、频率或相位）携带信息。例如，在幅度调制（AM）中，载波的幅度随基带信号变化；在频率调制（FM）中，载波的频率根据基带信号改变；在相位调制（PM）中，载波的相位随基带信号变动。

常见的调制类型主要有正交幅度调制（QAM）和相移键控（PSK）两种类型。

①正交幅度调制：将幅度和相位调制相结合，可以在相同的带宽内传输更多的信息，广泛应用于现代移动通信系统中，如在 4G LTE 和 5G 中都有不同程度的应用。

②相移键控：包括二进制相移键控（BPSK）、四相相移键控（QPSK）等。QPSK 可以在每个符号周期内传输 2 比特信息，相比 BPSK 提高了传输效率，常用于早期的移动通信系统。

（2）编码技术。编码主要用于提高信号传输的可靠性。通过对原始信息进行编码，可以增加信号的冗余度，从而在接收端能够检测和纠正传输过程中产生的错误。

常见的编码类型有卷积编码、Turbo 编码和低密度奇偶校验码。

①卷积编码：是一种前向纠错（FEC）编码技术，具有较好的纠错性能。在 3G 移动通信系统中被广泛应用。

② Turbo 编码：由两个或多个卷积编码器组成，通过迭代译码可以接近香农极限的纠错性能，在 3G 及后续的移动通信标准中得到大量使用。

③低密度奇偶校验码：在 5G 移动通信中被采用，具有接近香农极限的纠错性能，译码复杂度相对较低，适合高速率数据传输的纠错需求。

2. 多址接入技术

（1）频分多址（FDMA）。FDMA 将可用的频段划分为多个较窄的频带，每个用户被分配一个特定的频带进行通信。不同用户的信号在频率上相互区分，各用户可以同时进行通信，但占用不同的频率资源。

在第一代移动通信（1G）系统中广泛使用 FDMA 技术，例如模拟蜂窝系统及美国的 AMPS 系统。

（2）时分多址（TDMA）。TDMA 将时间划分为若干个时隙，每个用户在不同的时隙内进行通信。多个用户共享同一个频段，但在时间上依次轮流使用，从而实现多用户通信。

在第二代移动通信（2G）系统中广泛使用 TDMA 技术，如全球移动通信系统（GSM）。GSM 将每个载频分为 8 个时隙，不同用户在不同的时隙内发送和接收信号。

（3）码分多址（CDMA）。CDMA 是基于扩频技术的多址接入方式。它为每个用户分配一个唯一的扩频码，所有用户的信号在相同的频段和时间内进行传输。在接收端，通过与发送端相同的扩频码进行解扩，可以恢复出原始用户信号。由于扩频码之间具有良好的正交性，不同用户的信号可以被区分开来。

在 2G 的 CDMA IS–95 系统和 3G 的 CDMA 2000、WCDMA 系统中广泛使用 CDMA。

（4）正交频分多址（OFDMA）。OFDMA 将整个频段划分为多个相互正交的子载波，用户的数据被分配到这些子载波上进行传输。它是基于正交频分复用（OFDM）技术发展而来的多址接入方式。不同用户可以占用不同的子载波组或者在不同的时间 – 子载波资源块上进行通信。

在 4G LTE 和 5G NB（新空口）中的下行链路多址接入技术中应泛使用 OFDMA。

3. 多天线技术（MIMO）

MIMO 技术在发射端和接收端均采用多个天线。通过多个天线发射和接收信号，可以在不增加频谱资源和发射功率的情况下，提高系统的信道容量和传输可靠性。例如，在发射端将数据分成多个并行的数据流，然后通过不同的天线发射出去，在接收端利用多个天线接收信号并进行处理，以恢复出原始数据。MIMO 的主要类型包括空间分集 MIMO 和空间复用 MIMO。

（1）空间分集 MIMO：利用多天线在空间上的分布，使得接收端接收到多个衰落特性相互独立的信号副本，从而提高接收信号的可靠性。例如，在多径衰落环境下，不同天线接收到的信号衰落情况不同，通过合并这些信号可以抵抗衰落的影响。

（2）空间复用 MIMO：在信道条件良好的情况下，在发射端将不同的数据流同时通过多个天线发送出去，接收端通过信号处理技术分离出这些数据流，从而提高系统的数据传输速率。例如，在 4G 和 5G 系统中，空间复用 MIMO 技术可以显著提高小区的峰值速率。

4. 无线资源管理技术

（1）功率控制技术。功率控制的目的是在保证通信质量的前提下，尽可能降低发射功率。在移动通信中，由于用户之间的距离、信道衰落等因素不同，如果所有用户都以最大功率发射，会造成严重的干扰并且浪费电池能量。通过功率控制，根据信道状况动态调整发射功率，可以减少对其他用户的干扰，提高系统的整体性能。功率控制的主要类型包括以下两种。

①开环功率控制：发射端根据自身的一些已知信息，如接收信号强度指示（RSSI）估计信道状况，从而调整发射功率。这种方式不需要接收端反馈信息，但精度相对较低。

②闭环功率控制：发射端根据接收端反馈的信息，如信号与干扰加噪声比（SINR），精确调整发射功率。这种方式的精度较高，但需要额外的反馈链路。

（2）信道分配技术。信道分配是将有限的无线信道资源分配给不同的用户或业务。合理的信道分配可以提高频谱利用率，满足不同用户的需求。信道分配的主要类型包括以下两种。

①固定信道分配（FCA）：预先将信道分配给各个小区或用户，在通信过程中不再改变。这种方式简单，但缺乏灵活性，不能很好地适应动态的业务需求和信道变化。

②动态信道分配（DCA）：根据实时的业务需求和信道状况动态地分配信道资源。例如，当某个小区的业务量突然增加时，可以从其他业务量较小的小区调配信道资源，提高整个系统的资源利用率。

5. 软件定义无线电（SDR）技术

SDR 技术是一种以软件为核心的无线电通信技术。它通过软件定义无线电的功能，如调制、解调、滤波等。传统的无线电设备是通过硬件电路实现这些功能的，而 SDR 将这些功能软件化，可以通过修改软件代码改变无线电设备的工作模式和参数。SDR 的主要优势如下。

①灵活性：可以方便地适应不同的通信标准和频段。例如，同一台 SDR 设备可以通过加载不同的软件实现 GSM、LTE 等不同移动通信系统的功能。

②可升级性：随着新的通信技术和标准的出现，可以通过软件升级使设备支持新的功能，而不需要更换硬件设备。

任务实施

1. 认知现代移动通信的拓扑结构

现代移动通信的拓扑结构如图 11-10 所示。

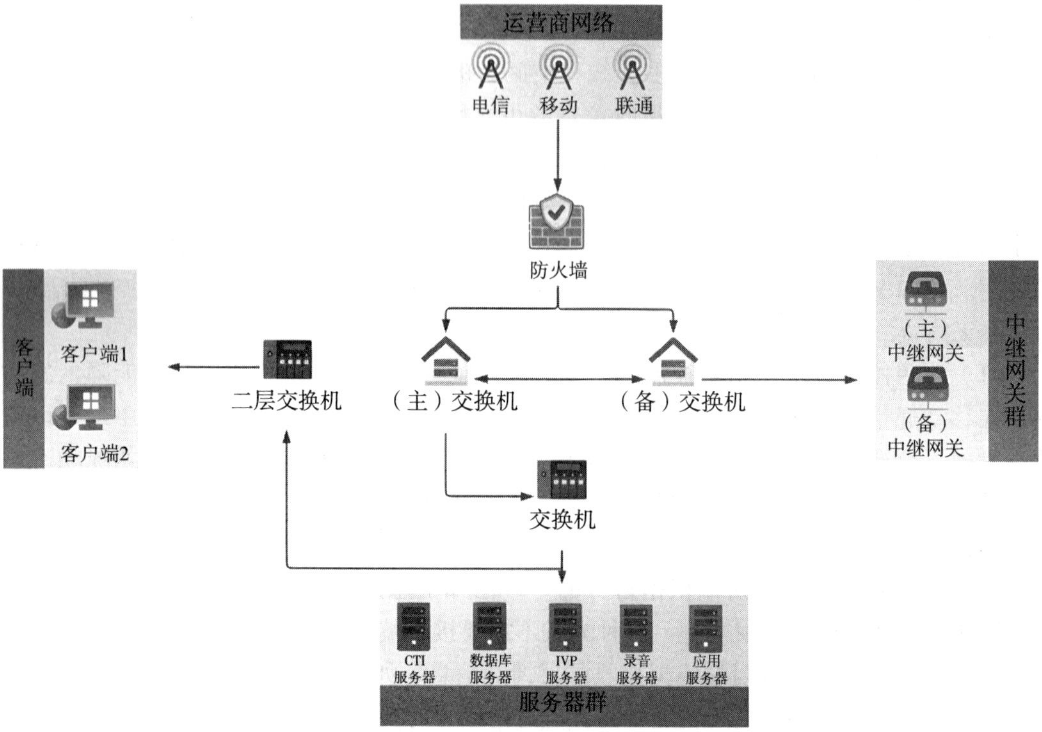

图 11-10 现代移动通信的拓扑结构

2. 了解现代移动通信的基本原理

现代移动通信原理是一个复杂而又精妙的体系，涵盖了多个方面。

在信号处理环节，信源编码将模拟信源信号数字化并压缩，以提高传输效率，如语音编码采用特定算法去除冗余。信道编码则为信号添加冗余信息，增强其在信道传输中的可靠性，常见的编码方式有卷积码等。

在调制解调过程中，调制把基带数字信号转换为适合无线信道传输的高频带通信号，QAM 等调制方式通过改变幅度和相位实现信息传输。解调则在接收端将已调信号还原为基带数字信号。

多址接入技术是实现多个用户同时通信的关键。频分多址划分频段给不同用户，时分多址按时隙分配，码分多址利用扩频码区分用户，正交频分多址基于 OFDM 技术分配子载波。

无线传播方面，存在路径损耗、多径衰落和阴影衰落等特性。路径损耗随传播距离增加而使信号功率降低，多径衰落导致信号波动，阴影衰落由障碍物遮挡引起。为应对这些问题，可采取增加发射功率、分集技术、均衡技术、OFDM 技术以及小区规划等措施，以保障移动通信的质量和效率，满足人们日益增长的通信需求。

任务评价

请填写如表 11-9 所示的自我评价表。

表 11-9　自我评价表

知识与技能	掌握程度		
	熟练掌握	掌握	基本掌握
移动通信的定义及概述			
调制与编码技术			
多址接入技术			
移动通信技术的发展阶段			
关键通信技术的性能特点			
通信技术的常用参数			
自评结果	A. 优秀　B. 良好　C. 中等　D. 及格　E. 不及格		

习　题

单选题

1. 在 FDMA、TDMA 和 CDMA 三种多址接入方式中，(　　) 方式的频谱效率最高。

A.FDMA　　B.TDMA

C.CDMA　　D. 无法比较

2. 移动通信中常用的分集方式有 (　　)。

A. 时间分集　　B. 频率分集

C. 空间分集　　D. 极化分集

E. 以上都是

3. 以下属于 4G 移动通信的关键技术的是 (　　)。

A.OFDM　　B. 智能天线

C.MUD　　D.IPv6

E. 以上都是

任务拓展

查阅资料，了解现在移动通信技术的发展水平，试论述 5G 移动通信的关键技术及其对未来通信的影响。

项目 4　虚 拟 现 实

虚拟现实（virtual reality，VR）技术是 20 世纪随着计算机、电子信息及仿真技术的发展而逐渐成熟的一种创新技术，它融合了虚拟与现实，创造了一个三维、多感官的虚拟世界。用户通过 VR 设备，如头戴显示器，能够身临其境地体验虚拟环境，感受视觉、听觉乃至触觉的全方位沉浸。

VR 技术不仅在娱乐和游戏领域大放异彩，为玩家带来前所未有的沉浸感和交互体验，还在教育、医学、科技等多个领域展现出巨大潜力。在教育领域，VR 能模拟实验环境，使学生安全地进行实践操作；在医学领域，可以利用 VR 进行手术模拟和康复训练，提升医疗水平；在科技领域，可以通过 VR 优化产品设计和生产流程。

随着技术的不断进步，VR 设备的便携性和交互性也在持续提升，虚拟与现实的边界日益模糊。未来，VR 技术有望在更多领域发挥重要作用，改变人们的生活和工作方式，开启一个充满无限可能的数字时代。

任务 1　虚拟现实技术的基本概念

任务背景

随着科技领域的不断进步，精通虚拟现实技术已成为增强个人能力与提高企业竞争力的必要条件。学习虚拟现实技术的核心理念，构建一个包含基本原理、实践应用、开发工具以及性能优化等多方面内容的知识体系，以满足行业对高级技术人才日益增长的需求。

任务目标

（1）理解虚拟现实技术的定义、特征、关键技术及其系统分类。

（2）掌握虚拟现实技术的核心构成，如硬件设备、软件平台、内容制作等。

任务要求

（1）利用网络资源，搜集并整理关于虚拟现实技术的相关资料，包括但不限于技术原理、核心构成、关键技术、系统分类以及应用案例等。

（2）使用虚拟现实头戴显示器、手柄等工具，实际操作虚拟现实项目，加深对虚拟现实技术的理解和感知。

基础知识

虚拟现实技术是一种高级仿真技术，通过计算机创建三维环境，让用户沉浸并与之交互。它融合了计算机图形学、仿真技术、人工智能等前沿科技，具备沉浸感、交互性和构想性三大特征。其知识点涵盖 VR 的定义、特征、核心构成、关键技术及系统分类等多个方面，为用户提供丰富、逼真的虚拟体验。虚拟现实技术知识导图如图 11-11 所示。

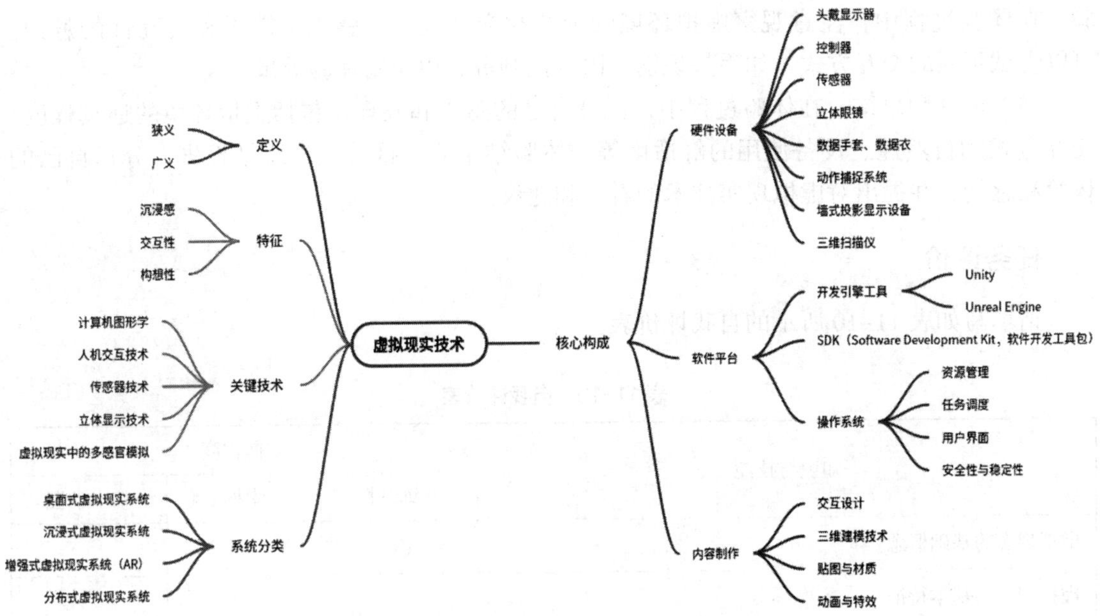

图 11-11　虚拟现实技术知识导图

任务实施

1. 利用网络资源搜集虚拟现实相关资料

（1）确定搜索关键词：虚拟现实技术、虚拟现实技术原理、虚拟现实发展历程、虚拟现实核心构成、虚拟现实关键技术、虚拟现实系统分类。

（2）选择搜索工具：学术数据库（如 CNKI、万方数据等）、在线图书馆资源、搜索引擎（如谷歌、百度等）、专业论坛和社区（如知乎、豆瓣等）、虚拟现实技术的相关网站和博客。

（3）执行搜索并筛选结果：根据关键词在搜索工具中搜索。浏览搜索结果，筛选出与虚拟现实技术相关的高质量资源。注意资源的来源和可靠性，优先选择权威机构、知名学者或专业网站发布的资料。

（4）整理资料：将搜集到的资料进行分类整理，如技术原理、核心构成等，制作资料汇总表或思维导图。

（5）撰写报告：根据整理的资料，撰写一份关于虚拟现实技术的综述报告。报告应结构清晰、逻辑严谨，并注明资料来源和引用。

2. 实际操作虚拟现实项目

（1）准备设备：使用虚拟现实设备（如 Oculus Quest 3、Valve Index、HTC Vive Pro 2、Pico 4 等），确保设备完好无损，熟悉设备的使用方法和注意事项。

（2）选择虚拟现实项目：在虚拟现实应用商店或专业网站上查找并下载虚拟现实项目，选择不同类型的项目，如游戏、教育、旅游、模拟等进行体验。

（3）安装和配置：按照设备说明书和虚拟现实项目的安装指南，正确安装并配置设备和软件。确保设备与计算机的连接稳定，调整设备参数以获得最佳的视觉效果和交互体验。

（4）体验虚拟现实项目：佩戴虚拟现实头戴显示器，手持手柄，进入虚拟世界进行体验。在体验过程中，注意观察虚拟环境的细节和交互效果，感受沉浸感和交互性的魅力。可以尝试不同的交互方式，如手势识别、语音控制等，以丰富体验效果。

（5）记录和总结：在体验过程中，记录自己的感受和发现，包括虚拟环境的逼真程度、交互方式的自然性、设备使用的舒适度等。体验结束后，撰写一份总结报告，分享自己的体验和感受，并提出对虚拟现实技术的看法和建议。

任务评价

请填写如表 11–10 所示的自我评价表。

表 11–10　自我评价表

<table>
<tr><td rowspan="2">知识与技能</td><td colspan="3">掌握程度</td></tr>
<tr><td>熟练掌握</td><td>掌握</td><td>基本掌握</td></tr>
<tr><td>虚拟现实的基础概念</td><td></td><td></td><td></td></tr>
<tr><td>虚拟现实的基本特征</td><td></td><td></td><td></td></tr>
<tr><td>虚拟现实的关键技术</td><td></td><td></td><td></td></tr>
<tr><td>虚拟现实的核心构成</td><td></td><td></td><td></td></tr>
<tr><td>自评结果</td><td colspan="3">A. 优秀　B. 良好　C. 中等　D. 及格　E. 不及格</td></tr>
</table>

习　题

单选题

1. 虚拟现实技术狭义上被定义为（　　）。

A. 对虚拟想象或真实三维世界的模拟

B. 一种高度自然的人机交互界面

C. 一种仅通过视觉反馈创造沉浸感的技术

D. 主要用于教育领域的仿真工具

2. 下列选项中（　　）不是虚拟现实系统的核心特征。

A. 沉浸感　B. 交互性　C. 构想性　D. 实时性

3.Unity 开发引擎在虚拟现实领域的主要优势不包括（　　）。

A. 支持跨平台开发　B. 提供丰富的资源库

C. 仅限于使用 C# 编程语言　D. 拥有庞大的社区和插件生态系统

4. 虚拟现实系统的各种类型中，（　　）是通过将虚拟元素叠加到现实世界中来实现的。

A. 桌面式虚拟现实系统　B. 沉浸式虚拟现实系统

C. 增强式虚拟现实系统　D. 分布式虚拟现实系统

任务拓展

（1）体验虚拟现实技术项目，并撰写反馈报告，以加深对技术的理解和提供用户视角的反馈。

（2）设计一个创新的虚拟现实技术应用方案，并展示讨论，旨在培养创新思维和实际应用能力。

任务 2　虚拟现实的发展过程和未来趋势

任务背景

本任务聚焦于虚拟现实技术的发展过程与未来趋势，要求学生通过资料研究、案例分析等方法，深入理解虚拟现实技术从起源到现今的演变过程，预测并探讨其未来的发展方向和潜在影响。

任务目标

（1）梳理虚拟现实技术的发展脉络，理解其中的关键时间节点和里程碑事件。

（2）分析当前虚拟现实技术的市场状况，预测其未来几年的发展趋势。

（3）基于趋势分析，培养前瞻性思维，为个人职业规划或企业决策提供参考。

任务要求

（1）搜集虚拟现实技术发展过程的相关资料，利用多种资源搜集与其发展相关的资料。

（2）筛选关键事件并明确细节，从搜集的资料中筛选出对虚拟现实技术的发展有重要影响的事件，包括技术突破、产品发布、市场规模扩张等，确保每个事件都有明确的时间点和描述。

（3）制作并展示时间线图，选择合适的工具，根据筛选出的关键事件按时间顺序设计并制作时间线图，保存为图片格式并在课堂上展示。

基础知识

1. 虚拟现实技术的发展过程

随着计算机科技的进步，虚拟现实技术起源于早期的声形动态模拟，经历了从初步形成到理论构建，再到应用逐步完善的发展历程。其现状表现为市场规模不断扩大、竞争格局多元、技术特点鲜明，但也存在局限性。虚拟现实技术的发展过程如表 11-11 所示。

表 11-11　虚拟现实技术的发展过程

时期	年份	事　　件
概念萌芽期	1935	斯坦利·温鲍姆在 *Pygmalion's Spectacles* 中首次描述类似 VR 的概念
	1956	英顿·海利希发明 Sensorama，这是 VR 技术的雏形
	1964	钱学森在《工程控制论》中提出“灵境技术”的概念
	1968	伊凡·苏泽兰和鲍勃·斯普劳尔创造第一个头戴显示器系统“达摩克利斯之剑”

续表

时期	年份	事　　件
技术探索期	1978	麻省理工学院开发 Aspen Movie Map，这是虚拟旅游系统的早期尝试
	1984	杰伦·拉尼尔创立 VPL 研究公司，开发早期 VR 设备
	1991	NASA 设计用于控制火星车的 VR 系统
	1993	SEGA 宣布用于 Mega Drive/Genesis 主机的 VR 头盔
早期商业化	1995	任天堂推出 Virtual Boy，这是首款面向消费者的便携式 3D 游戏机
	2007	Google 推出街景服务，为 VR 应用奠定基础
	2010	帕尔墨·勒基制作 Oculus Rift 的第一个原型
	2014	Facebook 以 20 亿美元收购 Oculus
VR 大众化时代	2015	HTC 与 Valve 合作发布 Vive VR 系统
	2016	Sony 发布 PlayStation VR
	2019	Oculus 推出 Quest 独立头显
	2022 及以后	随着元宇宙概念的兴起，VR/AR 技术进入新的发展阶段

2. 虚拟现实技术的未来趋势

（1）技术不断演进。随着计算机图形学、人工智能、传感技术等领域的不断进步，虚拟现实技术将迎来更加成熟和完善的阶段。计算机图形学的发展将使得虚拟现实场景中的画面更加逼真，细节更加丰富，为用户带来更具沉浸感的体验。同时，人工智能技术的融入将使虚拟现实系统具备更高的智能性和自适应性，能够根据用户的需求和偏好进行个性化的内容推荐和交互体验。传感技术的提升将进一步增强虚拟现实系统的感知能力，使得用户能够更加自然地与虚拟环境进行交互，实现更加流畅和逼真的体验。

（2）应用场景拓展。除传统的娱乐和游戏领域外，虚拟现实将逐渐拓展到更多元化的应用场景中。在医疗领域，虚拟现实将被广泛应用于手术模拟、康复训练、远程医疗咨询等方面，为医生和患者提供更加高效、安全的医疗解决方案。在教育领域，虚拟现实将为学生提供更加生动、直观的学习体验，帮助他们更好地理解和掌握知识。此外，虚拟现实还将渗透到工业制造、城市规划、文物保护等多个领域，为这些领域的发展带来新的机遇和挑战。

（3）设备轻量化及虚拟与现实边界模糊。为了提升用户体验和便携性，虚拟现实设备将逐渐向轻量化、隐形化的方向发展。未来的虚拟现实设备可能更加小巧轻便，甚至可能融入日常穿戴中，使得用户能够随时随地享受到虚拟现实带来的乐趣。同时，随着技术的发展和应用场景的拓展，虚拟与现实之间的边界将逐渐模糊。未来的虚拟现实系统可能更加注重与现实世界的融合和互动，使得用户能够在虚拟与现实之间自由穿梭，获得更加丰富多样的体验。这种虚拟与现实边界的模糊将为用户带来更加广阔的探索空间和无限的可能性。

任务实施

制作虚拟现实技术发展里程碑与重要事件的时间线图。

1. 资料搜集

（1）确定资料来源。查阅相关领域的学术论文、书籍，以获取权威的虚拟现实技术发展历史资料；使用搜索引擎、专业网站、博客等，搜集虚拟现实技术的新闻报道、产品发布、技术突破等信息；查看市场研究机构发布的虚拟现实技术行业报告，了解市场趋势和关键数据。

（2）筛选关键事件。从搜集到的资料中，筛选出对虚拟现实技术发展具有重要影响的事件，如技术突破、重要产品发布、市场规模扩张等；确保每个事件都有明确的时间点、事件描述的相关图片或链接。

（3）整理资料。将筛选出的关键事件按照时间顺序整理成表格或文档，方便后续制作时间线图。

2. 时间线图制作

（1）选择工具。根据个人喜好和技能水平，选择适合的时间线图制作工具，如 Microsoft Visio、在线时间线生成器等。

（2）设计时间线图结构。确定时间线图的布局和风格，如时间轴的划分、事件的呈现方式（文字、图片、图标等）。考虑如何清晰地展示事件之间的关联和顺序。

（3）添加事件。将整理好的关键事件按照时间顺序添加到时间线图中，确保每个事件都有明确的标识和描述，并根据事件的性质和影响程度，使用不同的颜色、大小或形状区分。

（4）优化与美化。对时间线图进行整体优化，确保布局合理、美观大方，添加必要的说明文字、注释或链接，以便观众更好地理解事件的背景和意义。

（5）审查与修正。仔细审查时间线图，确保没有遗漏或错误的事件；根据反馈和审查结果，对时间线图进行必要的修正和完善。

3. 成果展示与分享

（1）将制作好的时间线图以图片格式保存，并准备进行展示。

（2）在课堂上展示时间线图，分享虚拟现实技术的发展过程和关键事件。

（3）通过社交媒体、博客等渠道在线分享时间线图，以扩大其影响力和传播范围。

任务评价

请填写如表 11–12 所示的自我评价表。

表 11–12 自我评价表

知识与技能	掌握程度		
	熟练掌握	掌握	基本掌握
虚拟现实技术的起源			
虚拟现实技术的发展			
虚拟现实技术的现状			
虚拟现实的未来发展趋势			
自评结果	A. 优秀 B. 良好 C. 中等 D. 及格 E. 不及格		

习　题

单选题

1.（　　）被誉为“虚拟现实之父”。

A. 斯坦利·温鲍姆　　B. 英顿·海利希

C. 伊凡·苏泽兰　　D. 钱学森

2.（　　）是首款面向消费者的便携式 3D 游戏机。

A.SEGA VR 头盔　　B.Virtual Boy　　C.PlayStation VR　　D.Oculus Rift

3. Facebook 在（　　）收购了 Oculus。

A.2010 年　　B.2014 年　　C.2016 年　　D.2019 年

4. 中国科学家钱学森在（　　）提出了“灵境技术”的概念。

A.1935 年　　B.1956 年　　C.1964 年　　D.1968 年

任务拓展

（1）持续关注虚拟现实技术的最新进展，定期更新趋势报告。

（2）探索虚拟现实技术与其他新兴技术（如 AI、5G、区块链）的融合应用。

任务 3　虚拟现实的应用场景

任务背景

本任务聚焦于虚拟现实技术在跨领域应用中的深入探索，旨在通过案例分析、实地考察及用户调研，揭示虚拟现实如何重塑并优化各行业的工作流程、用户体验与业务价值。虚拟现实技术在娱乐游戏、工业制造、医疗健康、教育、城市规划及房地产等领域展现出巨大潜力，不仅为游戏和娱乐带来沉浸式体验，还助力工业提升效率、医疗实现精准治疗、教育创新模式、城市规划直观展示及房地产科学营销。通过全面剖析，本任务将展现虚拟现实技术在推动行业变革与创新中发挥的重要作用。

任务目标

（1）全面了解虚拟现实在娱乐、教育、医疗、工业、军事等领域的具体应用。

（2）分析虚拟现实为各行业带来的效率提升、成本节约、用户体验改善等价值。

（3）激发创新思维，探索虚拟现实在新兴领域或传统行业中的潜在应用机会。

任务要求

（1）案例收集与分析。广泛搜集不同行业中虚拟现实的成功应用案例，并分析其技术特点、应用效果及可借鉴之处，以全面了解虚拟现实在各行业中的具体应用和带来的价值。

（2）实地考察与体验。选择具有代表性的虚拟现实项目进行实地考察，亲自体验虚拟现实应用的实际操作流程，并与项目负责人、技术人员及用户进行深入交流，以获取第一手资料和真实的用户体验反馈。

（3）用户体验评估与报告撰写。设计并实施用户体验评估，包括问卷调查和深度访谈，收集用户对虚拟现实应用的反馈意见，并对收集到的数据进行整理、分析，撰写详细的报告，总结虚拟现实的应用现状、存在的问题、改进建议及未来发展趋势。

基础知识

虚拟现实技术作为前沿科技的代表，正逐步渗透至各行各业，以其独特的沉浸式体验引领着科技变革。在医疗、制造、教育等领域，虚拟现实技术不仅提升了工作效率，还带来了前所未有的学习与治疗体验。同时，房地产、文物保护、能源仿真及军事安全防护等领域也受益于虚拟现实技术的应用，实现了高效规划与精准决策。根据信息搜集到的虚拟现实技术在各个领域的应用，详细展示虚拟现实技术如何以创新之姿，重塑并优化着人们的工作、学习与生活方式，如表 11–13 所示。

表 11–13　虚拟现实技术的应用领域

领域	应用描述	应用图片
医疗	手术模拟与训练：创建逼真的手术环境进行反复练习； 康复治疗：提供个性化、互动式的康复训练方案； 远程医疗咨询和患者教育：通过 VR 平台进行远程交流和病情分析	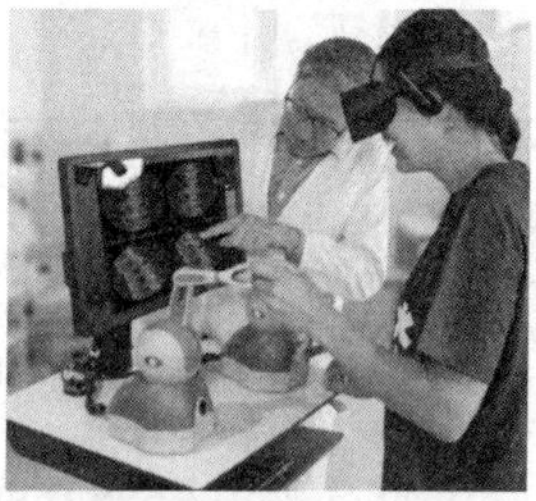
制造	产品设计：进行虚拟原型制作和测试，快速迭代设计方案； 生产流程模拟：模拟整个生产线，识别潜在的瓶颈和优化点； 员工培训：在虚拟空间中进行安全、高效的培训	
教育	自然科学教学：进入虚拟实验室进行实验操作； 历史和地理学习：重现历史场景和地理环境； 职业教育和技能培训：进行虚拟手术、设备维修等技能训练	
房地产	购房体验：在虚拟空间中“参观”尚未建成的房屋； 营销工具：通过虚拟样板间展示项目优势； 城市规划和建筑设计：在虚拟环境中进行测试与优化	

续表

领域	应用描述	应用图片
文物保护	数字化保护和传承：对文物进行高精度扫描和三维建模； 文物修复和保护：在虚拟环境中进行模拟修复实验； 增强公众文物保护意识：帮助公众理解文物保护的重要性	
能源仿真	能源系统规划、设计和优化：创建逼真的能源系统虚拟环境进行模拟和分析； 能源教育和培训：通过虚拟场景模拟能源系统的运行过程	
军事、安全防护	军事训练：模拟真实的战场环境和作战任务进行反复练习和战术推演； 应急演练和事故模拟：帮助安全人员熟悉应急响应流程和操作规程； 安全教育和培训：通过虚拟场景模拟危险环境和操作过程	
游戏、多媒体	游戏：提供沉浸式的游戏体验，如 VR 射击游戏； 多媒体娱乐：应用于影视制作、音乐会、虚拟主题公园等娱乐项目中	

虚拟现实技术作为一种创新的科技手段，已经在多个领域中得到了广泛的应用和深入的探索。随着技术的不断进步和应用场景的不断拓展，虚拟现实技术将在未来发挥更加重要的作用，为人们的生活和工作带来更多的便利和乐趣。

任务实施

虚拟现实技术的应用场景探索。

1. 案例收集与分析

（1）确定案例收集范围。根据任务背景，确定收集案例的主要行业，包括娱乐游戏、工业制造、医疗健康、教育、城市规划、房地产、文物保护、能源仿真、军事及安全防护。关注成功应用虚拟现实技术且产生显著效益的案例，如提高效率、降低成本、改善用户体验等。

（2）收集案例。利用学术数据库、行业报告、新闻报道等网络资源，搜集各行业应用虚拟现实技术的详细案例。联系虚拟现实技术领域的专家、学者或行业从业者，进行深度访谈，获取第一手资料。查阅相关领域的学术论文、研究报告，提取有价值的案例信息。

（3）案例分析。分析每个案例中虚拟现实技术的具体应用方式、技术难点及解决方案。评估虚拟现实技术为各行业带来的具体效益，如效率提升、成本节约、用户体验改善等。提炼各个案例中的成功经验、失败教训及可借鉴之处。

2. 实地考察

（1）选择考察对象。根据案例收集与分析的结果，挑选具有代表性、创新性且应用效果显著的虚拟现实项目作为实地考察对象。

（2）制定考察计划。明确考察的具体时间、行程安排及考察重点。与考察对象提前沟通，确定考察内容、接待人员及所需准备的事项。

（3）实施考察。亲自体验虚拟现实技术应用的实际操作流程，观察其在真实环境中的表现；与项目负责人、技术人员及用户进行深入交流，了解虚拟现实技术的实际应用效果及存在的问题；拍摄照片、视频，记录考察过程中的重要信息。

3. 用户体验评估

（1）设计评估问卷。根据实地考察的内容，设计用户体验评估问卷，包括虚拟现实技术应用的易用性、沉浸感、交互性、满意度等方面。

（2）选择评估对象。选取具有代表性的用户群体，如行业专家、普通用户、潜在用户等，进行用户体验评估。

（3）实施评估。向评估对象发放问卷，收集其对虚拟现实技术应用的反馈意见。选取部分评估对象进行深度访谈，获取更加详细的用户体验信息。对收集到的问卷数据和访谈记录进行整理、分析，提炼出用户体验评估的主要结论。

（4）撰写报告。根据案例收集与分析、实地考察及用户体验评估的结果，撰写详细的报告，包括虚拟现实技术在各行业的应用现状、存在的问题、改进建议及未来发展趋势等。

任务评价

请填写如表 11-14 所示的自我评价表。

表 11-14 自我评价表

<table>
<tr><td rowspan="2">知识与技能</td><td colspan="3">掌握程度</td></tr>
<tr><td>熟练掌握</td><td>掌握</td><td>基本掌握</td></tr>
<tr><td>虚拟现实技术应用领域的多样性</td><td></td><td></td><td></td></tr>
<tr><td>虚拟现实技术应用领域的专业性</td><td></td><td></td><td></td></tr>
<tr><td>自评结果</td><td colspan="3">A. 优秀　　B. 良好　　C. 中等　　D. 及格　　E. 不及格</td></tr>
</table>

习　题

案例分析题

“永恒的巴黎圣母院”VR 数字沉浸展，作为一年一度的“中法文化之春”系列活动中的一颗璀璨明珠，于近日盛大开幕，为观众带来了一场前所未有的文化盛宴。此次展览由久事文传精心策划并主办，携手国际知名合作伙伴——法国 Orange 公司、巴黎市政府以及享誉法国的 VR 工作室 Excurio，共同打造了这一科技与艺术完美融合的展览项目。同时，HTC（VIVE ARTS）作为亚太区的独家授权方，为展览提供了顶尖的技术支持，确保了 VR 体验的流畅与逼真。

展览以“沉浸式探索”为核心理念，巧妙地结合了虚拟现实技术与历史文化，为体验者开启了一扇通往巴黎圣母院神秘殿堂的大门。通过佩戴特制的 VR 设备，体验者仿佛被瞬间传送至巴黎圣母院的现场，以第一人称的视角，在虚拟世界中自由穿梭、探索。无论是广场上的熙熙攘攘，还是教堂内部的庄严肃穆，每一个细节都被精心还原，让人仿佛置身于这座历史悠久的建筑之中。

在虚拟世界中，体验者不仅可以近距离地欣赏巴黎圣母院的建筑之美，还能感受其深厚的历史底蕴和文化内涵。从广场的雕塑到教堂内部的壁画，从高耸的尖塔到精致的雕花，每一处都充满了艺术的气息，让人流连忘返。此外，展览还通过 VR 技术，为体验者呈现了一些平时难以触及的视角和场景，如登上大金字塔顶俯瞰吉萨高原全景，或是观看法老变成木乃伊的制作现场，这些独特的体验无疑为观众带来了极大的惊喜和震撼。

“永恒的巴黎圣母院”VR 数字沉浸展不仅是一场视觉与听觉的盛宴，更是一次心灵与文化的碰撞。它让人们在享受科技带来的便捷与乐趣的同时，也深刻感受到了历史文化的魅力与价值。此次展览的成功举办，不仅为“中法文化之春”系列活动增添了浓墨重彩的一笔，也为 VR 技术在文旅领域的应用开辟了新的道路，预示着未来科技与文化的融合将带来更加广阔的发展前景。

（1）分析该案例中 VR 技术在文旅领域的应用，并阐述其如何为游客提供独特的文化体验。

（2）分析该案例中 VR 技术在教育领域的应用潜力，并探讨其如何助力历史、艺术等学科的教学。

任务拓展

（1）建立 VR 应用案例库，持续跟踪并更新各行业中 VR 技术的最新应用。

（2）探索 VR 与其他行业或技术领域的合作机会，共同推动 VR 技术的创新应用。

（3）建立用户反馈机制，持续优化 VR 应用的用户体验。